Erhard Meister

Randwertaufgaben der Funktionentheorie

Leitfäden der angewandten Mathematik und Mechanik

Unter Mitwirkung von

Prof. Dr. E. Becker, Darmstadt   Prof. Dr. G. Hotz, Saarbrücken
Prof. Dr. P. Kall, Zürich   Prof. Dr. Dr.-Ing. E. h. K. Magnus, München
Prof. Dr. E. Meister, Darmstadt   Prof. Dr. Dr. h. c. F. K. G. Odqvist, Stockholm

herausgegeben von

Prof. Dr. Dr. h. c. H. Görtler, Freiburg

Band 59

B. G. Teubner Stuttgart

Randwertaufgaben der Funktionentheorie

Mit Anwendungen auf singuläre Integralgleichungen und Schwingungsprobleme der mathematischen Physik

Von Dr. rer. nat. Erhard Meister
Professor an der Technischen Hochschule Darmstadt

Mit 67 Figuren

B. G. Teubner Stuttgart 1983

Prof. Dr. rer. nat. Erhard Meister

Geboren 1930 in Bernburg/Saale. Studium der Mathematik, Physik und
Astronomie an den Universitäten Heidelberg und Saarbrücken. 1956 Di-
plom in Heidelberg, 1958 Promotion und 1963 Habilitation in Saarbrücken. Von 1958 bis 1964 Assistent und von 1964 bis 1966 Dozent in
Saarbrücken. 1965/66 Lehrstuhlvertretung an der TU Berlin, 1966 Gastdo-
zent an der University of Strathclyde in Glasgow. 1966 bis 1970 o. Professor an der TU Berlin, 1970 bis 1974 an der Universität Tübingen und ab
1974 an der TH Darmstadt.

CIP-Kurztitelaufnahme der Deutschen Bibliothek

Meister, Erhard:
Randwertaufgaben der Funktionentheorie : mit An-
wendungen auf singuläre Integralgleichungen u.
Schwingungsprobleme d. math. Physik / von Erhard
Meister. – Stuttgart: Teubner, 1983.
  (Leitfäden der angewandten Mathematik und
  Mechanik; Bd. 59)
  ISBN 978-3-322-99819-4   ISBN 978-3-322-99818-7 (eBook)
  DOI 10.1007/978-3-322-99818-7
NE: GT

Meinen Söhnen Frithjof und Olaf
zu ihrem Abitur gewidmet

Vorwort

Dieses Buch ist eine Einführung in die funktionentheoretischen Methoden, mit denen sich Randwertprobleme der ebenen Potentialtheorie und allgemeinere Kopplungsprobleme für stückweise holomorphe Funktionen lösen lassen. Die Theorie singulärer Integralgleichungen mit Cauchyschem Hauptwert und anderer Klassen läßt sich wie in den klassischen Arbeiten und Büchern von N.I. M u s h k h e l i s h v i l i , F.D. G a k h o v , N.P. V e k u a durch Rückführung auf das Riemannsche Kopplungsproblem aufbauen. Aber auch nach Anwendung der Fourier- oder Laplace-Transformation können Integralgleichungen vom Wiener-Hopf-Typ oder gemischte Randwertprobleme für die Helmholtzsche Schwingungsgleichung auf derartige funktionentheoretische Kopplungsprobleme zurückgeführt werden.

Es ist das Ziel des Buches, im ersten Kapitel dem Leser die Grundtatsachen der Funktionentheorie einer komplexen Variablen einschließlich ihres geometrischen Aspekts der konformen Abbildungen so zu vermitteln, daß die einfachsten Randwertaufgaben der Potentialtheorie explizit gelöst werden können. Die Transformation der allgemeinen Poincaréschen Randwertaufgaben unter konformer Abbildung wird dann ebenfalls dargelegt.

Im zweiten und dritten Kapitel werden die Hilfsmittel über Integrale vom Cauchy-Typus und deren Randverhalten bei Annäherung an die Integrationskurve und deren Endpunkte untersucht. Das klassische lineare Riemannsche Kopplungsproblem wird dann formuliert und sukzessiv, beginnend mit dem inhomogenen Sprungwertproblem, gelöst. Das homogene Kopplungsproblem führt formal durch Logarithmieren auf ein Sprungwertproblem. Aber es stellt sich dabei das Problem, daß der Logarithmus des Kopplungskoeffizienten auf einer geschlossenen Jordankurve i.a. nicht eindeutig ist. Die Änderung des Arguments bei einem vollen Umlauf definiert den sog. *"Windungsindex"*, der sich als fundamentaler Begriff der Theorie und ihrer Anwendungen herausstellt und eine Aussage über die Lösungsraumdimension bzw. die Zahl der zu erfüllenden Nebenbedingungen gestattet.

Die Ergebnisse sind klassisch und schon in den Büchern der genannten sowjetischen Autoren enthalten, umfassen aber auch periodische und kombinierte Probleme. Ein Schwerpunkt des vorliegenden Buches liegt jedoch in den Anwendungen der Funktionentheorie auf die Behandlung ebener Strömungen reibungsfreier Fluide. Hier soll an dem komplizierteren Problem der Umströmung eines instationär bewegten Profils im freien Raum bzw. im Gitterverband die Stärke der direkten funktionentheoretischen Methoden demonstriert werden.

Nach Anwendung der komplexen Fouriertransformation läßt sich der Wirkungsbereich der funktionentheoretischen Methode erheblich erweitern. Das klassische Beispiel hierzu ist das sog. *"Sommerfeldsche Halbebenenproblem"* und die Integralgleichung, die von Wiener & Hopf 1931 zum ersten Male studiert wurde. Entscheidend bei der sog. *"Wiener-Hopf-Methode"* ist dabei die multiplikative - *"Faktorisierung"* - und additive Zerlegung von in Streifen holomorphen Funktionen. Viele Randwertaufgaben der Mikrowellenphysik und der Wasserwellentheorie wurden in den Vierziger- und Fünfziger Jahren u.a. von A.E. Heins und vielen anderen Autoren erfolgreich damit behandelt.

Vom theoretischen abstrakten Standpunkt aus ist die Wiener-Hopf-Methode der fundamentale Baustein für die moderne allgemeine Theorie gemischter Randwertprobleme für Pseudo-Differential-Gleichungen. Insofern möge das vorliegende Buch, das sich an Studierende in mittleren Semestern und Praktiker wendet, die diese Methoden auch an konkreten Beispielen erlernen wollen, wie sie im nun klassischen Buch 1958 von B. N o b l e behandelt werden, neue Interessenten für die funktionentheoretischen Methoden gewinnen.

Das Manuskript besitzt eine lange - vielleicht zu lange - Vorgeschichte, die mit einer Vorlesung über einen Teil des Gegenstands in englischer Sprache an der University of Strathclyde im Sommersemester 1966 begann. Herrn Professor D.C. Pack sei auch an dieser Stelle gedankt für die Gastdozentur, die dem Autor damals in Glasgow gewährt wurde. In verschiedenen Versionen hat der Verfasser dann an der Technischen Universität Berlin, der Universität Tübingen und an der Technischen Hochschule Darmstadt in Vorlesungsreihen über den Gegenstand des Buches vorgetragen.

Viele Anregungen verdankt der Autor seinen Mitarbeitern und manchem Kollegen. Besonders genannt seien die Herren Dr. F.-O. Speck und Dipl.-Math. G. Thelen, die bei der Abfassung von Skripten mitwirkten und der Durchsicht des Manuskripts viele Stunden bereitwillig opferten. Herr Speck hat auch viele Zeichnungen angefertigt, sowie wesentliche Beiträge zur Theorie des schwingenden Einzelflügels beigesteuert.

Das mehrfache Schreiben des Manuskripts war mühsam und schien kein Ende zu nehmen. Hier gilt mein großer Dank meinen Sekretärinnen Frau C. Karl und D. Lohrer, die schließlich die vervielfältigungsreife Vorlage mit der Maschine sehr sorgfältig schrieb. Fräulein cand.math. B. Becker danke ich für das Korrekturlesen und das Anfertigen des Sach-, Figuren- und Symbolverzeichnisses im endgültigen Manuskript.

Darmstadt, im Juli 1983   Erhard Meister

Inhalt

Kapitel 1: Holomorphe und harmonische Funktionen   9

    1.1. Einleitung   9
    1.2. Ergebnisse der elementaren Funktionentheorie   12
    1.3. Einige mehrdeutige analytische Funktionen   31
    1.4. Harmonische Funktionen in der Ebene   37
    1.5. Konforme Abbildung   49
    1.6. Konforme Abbildung und Randwertprobleme für harmonische Funktionen   61
    1.7. Folgen, Reihen und Familien holomorpher Funktionen   74

Kapitel 2: Randverhalten analytischer Funktionen   84

    2.1. Integrale vom Cauchy-Typus   84
    2.2. Randwerte von Integralen vom Cauchy-Typus   95
    2.3. Einfache Anwendungen der Plemelj-Sochozki-Formeln   115

Kapitel 3: Riemannsche Kopplungsprobleme und Randwertprobleme für holomorphe Funktionen   122

    3.1. Das Riemannsche Kopplungsproblem für Systeme geschlossener Kurven   122

        3.1.1. Formulierung des allgemeinen Problems   122
        3.1.2. Das einfache Sprungwertproblem   123
        3.1.3. Das homogene Kopplungsproblem · Index   124
        3.1.4. Das inhomogene Kopplungsproblem   131

    3.2. Das Riemannsche Kopplungsproblem für Bögen und unstetige Koeffizienten   135
    3.3. Periodische Riemannsche Kopplungsprobleme   145
    3.4. Allgemeine Kopplungsprobleme für holomorphe Funktionen   151
    3.5. Das Riemann-Hilbertsche Randwertproblem   157
    3.6. Das kombinierte Riemann-Hilbertsche Kopplungs-Randwertproblem   169

Kapitel 4: <u>Singuläre Integralgleichungen</u>   173

    4.1. Anwendungen auf singuläre Integralgleichungen vom   173
        Cauchy-Hauptwert-Typ
    4.2. Integralgleichungen vom Abel- und Logarithmustyp   186
    4.3. Grundlagen der Fourier- und Laplace-Transformation   196
    4.4. Anwendung auf Integralgleichungen vom Faltungstyp   202

Kapitel 5: <u>Anwendungen auf Probleme der Strömungsmechanik</u>   212

    5.1. Die Grundgleichungen der Hydromechanik   212
    5.2. Einfache ebene Potentialströmungen   218
    5.3. Ebene Strömung eines inkompressiblen Gases um ein   234
        instationär bewegtes, dünnes Profil
    5.4. Strömung eines inkompressiblen Gases durch ein Gitter   242
        schwingender, dünner Profile

Kapitel 6: <u>Einige Randwertprobleme aus der Schwingungstheorie</u>   258

    6.1. Das Sommerfeldsche Halbebenenproblem   258
    6.2. Das schwingende dünne Profil in einer kompressiblen   269
        Unterschallströmung
    6.3. Beugung ebener elektromagnetischer Wellen an Systemen   283
        von dünnen, parallelen Platten

Literaturverzeichnis   300
Symbolverzeichnis   310
Verzeichnis der Definitionen   311
Verzeichnis der Lemmata, Sätze und Korollare   312
Figurenverzeichnis   314
Sachverzeichnis   316

KAPITEL 1: HOLOMORPHE UND HARMONISCHE FUNKTIONEN

1.1. Einleitung

Viele Probleme der mathematischen Physik und der Ingenieurwissenschaften
führen auf die sogen. <u>Potentialgleichung</u> $\Delta\emptyset = 0$ oder auf die allgemeinere <u>Helmholtzsche Schwingungsgleichung</u> $(\Delta+k^2)\emptyset = 0$.

So genügt beispielsweise das elektrische Potential, das Geschwindigkeitspotential einer wirbelfreien Strömung eines inkompressiblen, rei-
bungsfreien Gases oder das zeitlich nicht veränderliche Temperaturfeld
in einem Körper der homogenen Potentialgleichung. Zeitlich stationäre
(eingeschwungene) Wellenvorgänge wie beispielsweise in der Akustik,
Elektrodynamik (Mikrowellenausbreitung) oder Elastodynamik resultieren
in sogen. <u>Randwertproblemen</u> zur skalaren oder vektoriellen Schwingungsgleichung, die durch Abspaltung des Zeitfaktors $e^{-i\omega t}$ vom Wellenpotential, d.h. $\phi(x,y,z,t) = \emptyset(x,y,z)e^{-i\omega t}$, aus der <u>d'Alembertschen Wel-</u>
<u>lengleichung</u> $\square\phi \equiv \Delta\phi - \dfrac{1}{c^2}\dfrac{\partial^2\phi}{\partial t^2} = 0$ entsteht.

In der Theorie elastischer Körper treten als Verallgemeinerungen der genannten partiellen Differentialgleichungen zweiter Ordnung auch Gleichungen vierter Ordnung auf: beispielsweise die <u>Bipotentialgleichung</u>
$\Delta^2\emptyset \equiv \dfrac{\partial^4\emptyset}{\partial x^4} + 2\dfrac{\partial^4\emptyset}{\partial x^2\partial y^2} + \dfrac{\partial^4\emptyset}{\partial y^4} = 0$ oder die <u>Plattengleichung</u> $(\Delta^2-k^4)\emptyset = 0$.

Der mathematisch einfachste Fall liegt offenbar dann vor, wenn möglichst
wenige unabhängige Variable vorhanden sind, d.h. zwei (x,y) bei der Po-
tentialgleichung. Die Lösungen von $\Delta_2\emptyset = \dfrac{\partial^2\emptyset}{\partial x^2} + \dfrac{\partial^2\emptyset}{\partial y^2} = 0$ in einem zweidimensionalen Gebiet D nennt man <u>ebene harmonische Funktionen</u> oder <u>Po-</u>
<u>tential-Funktionen.</u>
Sie können als Real- oder Imaginärteile von holomorphen, d.h. komplex-
analytischen Funktionen $F(z) = \emptyset(x,y) + i\cdot\psi(x,y)$ der komplexen unabhängigen Variablen $z = x+iy$ in D dargestellt werden.
Viele Eigenschaften harmonischer Funktionen - und auch der Lösungen der
anderen genannten Differentialgleichungen (DGLn) - sind dimensionsunab-
hängig, so daß die funktionentheoretische Methode gewissermaßen exempla-
risch ist. Es sollen in diesem Buch Rand- und Übergangsprobleme für
(ebene) harmonische bzw. holomorphe Funktionen formuliert und effektiv
mit analytischen Methoden gelöst werden. Die einfachsten Randbedingungen
lassen sich in der Form

$$(1.1.1) \quad a(x,y)\cdot\emptyset(x,y) + b(x,y)\cdot\psi(x,y) = \mathrm{Re}\,[(a-ib)F(z)] = c(x,y)$$

schreiben mit $(x,y) \in \partial D$, dem Rande des Gebiets D, und dort vorgegebenen Funktionen a,b,c.

Im Falle eines Übergangsproblems sind hingegen z.B. vorgegeben: eine geschlossene, etwa stückweise glatte, doppelpunktfreie Kurve L, die das
Innengebiet D^+ und Außengebiet D^- in der komplexen Ebene $\mathbb{C}$ besitzt,
und auf L vorgegebene, etwa stückweise stetige Funktionen G(t), H(t)
und g(t). Gesucht sind alle <u>stückweise holomorphen</u> Funktionen
$F(z) = F^{\pm}(z)$, $z \in D^{\pm}$, mit den Randwerten

$$F^{\pm}(t) = \lim_{z \to t, z \in D^{\pm}} F^{\pm}(z) \quad \text{auf } L, \text{ so daß gilt:}$$

$$(1.1.2) \quad F^+(t) = G(t)F^-(t) + H(t)\overline{F^-(t)} + g(t)$$

mit den konjugiert komplexen Funktionswerten $\overline{F^-(t)}$ zu $F^-(t)$.

Allgemeine Rand- oder Übergangsbedingungen können auch Ableitungen von
ϕ, ψ bzw. $F^{\pm}$ auf der Randkurve ∂D oder L enthalten oder sind sogar allgemeine Funktionalgleichungen zwischen den Randwertfunktionen.

<u>Gemischte Rand- und Übergangsprobleme</u>, bei denen die vorgegebenen Funk-
tionen a,b,c oder G,H,g stückweise stetig sind, so daß auf disjunkten Teilen - etwa L_1 und L_2 - von L verschiedene Bedingungen an die
Randwerte von ϕ,ψ oder F und deren Ableitungen gestellt sind, haben
große Bedeutung auch für andere partielle DGLn, die nicht unmittelbar
mit holomorphen Funktionen zusammenhängen. In vielen Fällen gelingt es
aber, bei diesen mittels einer Integraltransformation - meist der Fouriertransformation - angewendet auf die gesuchte Funktion bzgl. einer
ausgezeichneten Variablen Rand- oder Übergangsprobleme der beschriebenen
Form zu gewinnen und diese funktionentheoretisch zu behandeln. Dies
trifft auch für gewisse Klassen von Integralgleichungen, wie die vom
<u>Wiener-Hopf-Typ</u>

$$(1.1.3) \quad (W\phi)(x) := c \cdot \phi(x) - \int_0^\infty k(x-\xi)\phi(\xi)d\xi = f(x) \quad \text{für } 0 < x < \infty$$

mit gegebenem absolut integrablem Kern k(x), $x \in \mathbb{R}$, Konstanten c und
bekannter Funktion f(x) mit geeigneter Eigenschaft, zu. Diese läßt
sich nämlich mittels der Fouriertransformation

$$(1.1.4) \quad \hat{\phi}(t) := (\mathcal{F}\phi)(t) := \int_{-\infty}^\infty e^{itx}\phi(x)dx, \quad t \in \mathbb{R},$$

überführen in die <u>Kopplungsgleichung</u>

$$(1.1.5) \quad (c-\hat{k}(t))\hat{\phi}^+(t) - \hat{\psi}^-(t) = \hat{f}^+(t), \quad t \in \mathbb{R}$$

mit den gesuchten einseitigen F-Transformierten $\hat{\phi}^+$ bzw. $\hat{\psi}^-$.

Auch <u>Singuläre Integralgleichungen vom Cauchy-Hauptwert-Typ längs L</u>

$$(1.1.6) \qquad a(t)\phi(t) + \frac{b(t)}{\pi i} \int\limits_L \frac{\phi(\tau)d\tau}{\tau-t} = f(t), \ t \in L,$$

mit vorgegebenen Funktionen a,b,f auf L lassen sich durch den Ansat:

$$(1.1.7) \qquad F(z) = \frac{1}{2\pi i} \int\limits_L \frac{\phi(\tau)d\tau}{\tau-z}, \ z \in \mathbb{C}\backslash L,$$

in ein Übergangsproblem (1.1.2) mit $H(t) \equiv O$ überführen. Der <u>singuläre
Kern</u> $(\tau-t)^{-1}$ in (1.1.6) darf auch durch periodische Kerne
$\cot \frac{\pi}{T} (\tau-t)$ oder sogen. <u>schwach singuläre vom Abel-Typ</u> $|\tau-t|^{-\alpha}$ mit
$O < \alpha < 1$ ersetzt werden. Entsprechend abgewandelte Ansätze (1.1.7)
liefern dann wiederum gleichartige Kopplungsprobleme (1.1.2) mit $H(t) \equiv O$.

Bei Problemen der ebenen Elastizitätstheorie erscheint - wie schon erwähnt - die Gleichung $\Delta^2 \emptyset = O$, deren Lösungen in der Form

$$(1.1.8) \qquad \emptyset(x,y) = \mathrm{Re}[\bar{z}\cdot F_1(z) + F_2(z)] \ , \ z = x + iy \in D,$$

mit zwei in D holomorphen Funktionen F_1, F_2 darstellbar sind. Die
Rand- bzw. Übergangsbedingungen für $\emptyset$ führen dann auf Systeme von Kopplungsgleichungen vom Typ (1.1.2) mit vorgegebenen 2x2-Matrizen <u>G(t)</u>,
<u>H(t)</u> und bekanntem 2-Vektor $\vec{g}(t)$ sowie gesuchtem stückweise holomor-
phem 2-Vektor $\vec{F}^\pm(2) = (F_1^\pm(z), F_2^\pm(z))$. Hier werden wir uns jedoch aus-
schließlich mit skalaren Problemen befassen.

In den folgenden Abschnitten werden zunächst - i.a. ohne Beweise - die
grundlegenden Resultate der Funktionentheorie zusammengestellt werden
einschließlich der Hauptsätze über die konforme Abbildung, die ein wich-
tiges Hilfsmittel zur Vereinfachung ist, wenn Standardgebiete D für
spezielle Lösungsverfahren benötigt werden.

1.2. Ergebnisse der elementaren Funktionentheorie

Die wichtigsten Begriffe und Ergebnisse der Funktionentheorie seien
jetzt systematisch zusammengestellt, soweit wir uns später auf sie
beziehen wollen. Das Rechnen mit komplexen Zahlen z und die verschiedenen geometrischen Darstellungsweisen in kartesischen (x,y) und Polarkoordinaten (r,θ) werden dabei als bekannt vorausgesetzt:

$$(1.2.1) \qquad z = x + iy = re^{i\theta} \ ,$$

$r = |z|$ bezeichne den (absoluten) Betrag und $\theta = \arg z$ mit $0 \leq \arg z$
$< 2\pi$ das Argument von z. $\bar{z} = x - iy$ sei die zu z konjugiert komplexe Zahl. Bekanntlich darf das Konjugieren mit den vier rationalen
Rechenoperationen vertauscht werden. Weiterhin sind unmittelbar einsich-
tig die Formeln

$$(1.2.2) \qquad r^2 = z\bar{z}, \qquad x = \operatorname{Re} z = (z+\bar{z})/2, \qquad y = \operatorname{Im} z = (z-\bar{z})/2i \ .$$

Ist $D \subset \mathbb{C}$ eine nichtleere Punktmenge und $w : D \to \mathbb{C}$ eine eindeutige
Vorschrift, die jedem $z = x + iy \in D$ genau eine komplexe Zahl
$w(z) = u(x,y) + iv(x,y)$ zuordnet, so heiße w eine Funktion der komplexen Variablen z auf D, D ihr Definitionsbereich und $W = w(D) =$
$\{w \in \mathbb{C} : w = w(z)$ für ein $z \in D\}$ ihr Bild- oder Wertebereich. Die komplexwertige Funktion w auf D läßt sich also stets auch als ein Paar re-
ellwertiger Funktionen (u,v) der zweidimensionalen reellen Variablen
(x,y), auf D variierend, auffassen. Demnach heiße w in
$z_0 = x_0 + iy_0 \in D$ stetig bzw. besitze dort die partielle Ableitung
$w_x(z_0) := \frac{\partial w}{\partial x}(z_0)$ oder $w_y(z_0) := \frac{\partial w}{\partial y}(z_0)$, wenn dies für u und v in
z_0 zutrifft.
Die Gesamtheit der auf D, d.h. in allen Punkten von D, stetigen (komplexwertigen) Funktionen w bezeichnen wir mit $C(D)$, die der k-mal
$(1 \leq k \leq \infty)$ nach x und y stetig partiell differenzierbaren Funktionen
mit $C^k(D)$. w besitze den lokalen Hölderexponenten α in $z_0 \in D$, falls

$$(1.2.3) \qquad |w(z) - w(z_0)| \leq K \cdot |z - z_0|^{\alpha}$$

gilt für $|z - z_0| \leq \delta$, $z \in D$, bei geeigneten von z_0 abhängigen Kon-
stanten $0 < \alpha < 1$, $K > 0$, $\delta > 0$. Gilt (1.2.3) einheitlich für alle
z, $z_0 \in D$ mit festem $0 < \alpha < 1$ und $K > 0$, so heiße w auf D global
oder gleichmäßig hölderstetig (H-stetig). Für die Menge der k-mal in D
gleichmäßig hölderstetig, mit Hölderexponent $\alpha \in (0,1)$, differenzierbaren Funktionen schreiben wir $C^{k,\alpha}(D)$.

Die wichtigsten nachfolgend auftretenden Punktmengen $D \subset \mathbb{C}$ als Definitionsbereiche sind

1. Systeme $L = \bigcup\limits_{\nu=0}^{m} L_\nu$ von endlich vielen oder abzählbar unendlich vielen, $L = \bigcup\limits_{\nu=0}^{\infty} L_\nu$, disjunkten Jordankurven, also Kurven L_ν, die eine stetige Parametrisierung der Form $z = z_\nu(t) = x_\nu(t) + iy_\nu(t)$, $\alpha_\nu \leq t \leq \beta_\nu$, besitzen. Diese seien überdies <u>doppelpunktfrei</u>, d.h. es gelte stets $z_\nu(t) \neq z_\nu(t')$ für $t < t'$, es sei denn, L_ν ist geschlossen, in welchem Falle $z_\nu(\alpha_\nu) = z_\nu(\beta_\nu)$ gelte. Die Kurven L_ν seien durch die gewählte Parametrisierung im Sinne wachsender Parameterwerte t orientiert. Ist $a_\nu = z_\nu(\alpha_\nu) \neq z_\nu(\beta_\nu) = b_\nu$, so spricht man auch von einem <u>Jordanbogen</u> $L_\nu = \overset{\frown}{a_\nu b_\nu}$.

Die Kurve L_ν heiße <u>stückweise glatt</u>, falls $\dot{z}_\nu := \dfrac{dz_\nu}{dt} = \dot{x}_\nu + i\dot{y}_\nu$ auf $[\alpha_\nu, \beta_\nu]$ stückweise stetig ist und höchstens in endlich vielen Stellen $t_{\nu,\rho} \in [\alpha_\nu, \beta_\nu]$ verschwindet. L_ν ist also glatt, falls $z_\nu \in C^1([\alpha_\nu, \beta_\nu])$ und $\dot{z}_\nu(t) \neq 0$ auf $[\alpha_\nu, \beta_\nu]$.

2. $\mathbb{C}$, $\overline{\mathbb{C}} := \mathbb{C} \cup \{\infty\}$, der Riemannschen Zahlenkugel entsprechend, und Gebiete D (oder G) $\subset \overline{\mathbb{C}}$ als offene und bogenweise zusammenhängende Punktmengen. Ist m ($1 \leq m \leq \infty$) die Anzahl der disjunkten Randkomponenten (hier: isolierte Punkte oder Jordankurven), so heiße D <u>m-fach zusammenhängend</u>.

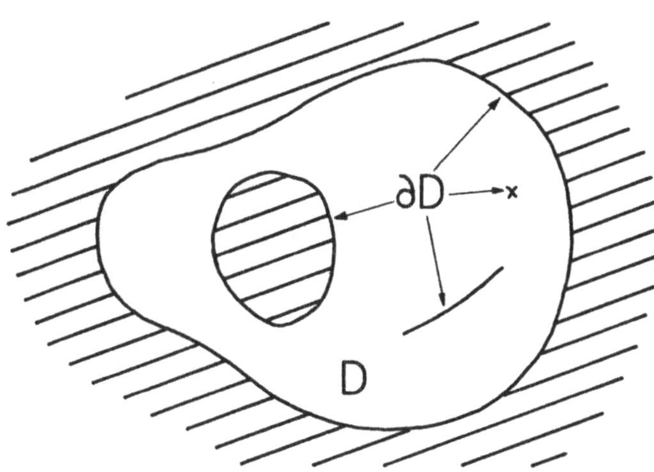

Figur 1.1: Beispiel für 4-fach zusammenhängendes beschränktes Gebiet.

Gelegentlich sind auch Gebiete zugelassen, bei denen Randkomponenten ins Unendliche laufen. Das sind hier doppelpunktfreie, stückweise glatte Kurven, die - wie z.B. ein Strahl - von einem Punkt z_o ins Unendliche laufen oder - wie eine Gerade oder Parabel - aus dem Unendlichen kommend dorthin zurückkehren. Auf der Riemannschen Zahlenkugel $\mathcal{R} \stackrel{\wedge}{=} \overline{C}$ sind dies stückweise glatte Jordankurven durch den Punkt ∞.

3. <u>Bereiche</u> $B = \overline{D} = D \cup \partial D$, die durch Abschluß, d.h. Hinzunehmen der Randpunkte, von beschränkten Gebieten entstehen. B heiße insbesondere <u>regulär</u>, wenn sein Rand ∂B aus endlich vielen disjunkten, stückweise glatten, geschlossenen Jordankurven besteht : $L = \bigcup\limits_{\nu=o}^{m} L_\nu$ $(m \geq 0)$. Bei regulären Bereichen werde die Orientierung auf den Randkurven L_ν so gewählt, daß bei ihrer Durchlaufung B links liegt. Eine Kurve, L_o, umschließt mithin die übrigen L_ν, $\nu = 1,\ldots,m$.

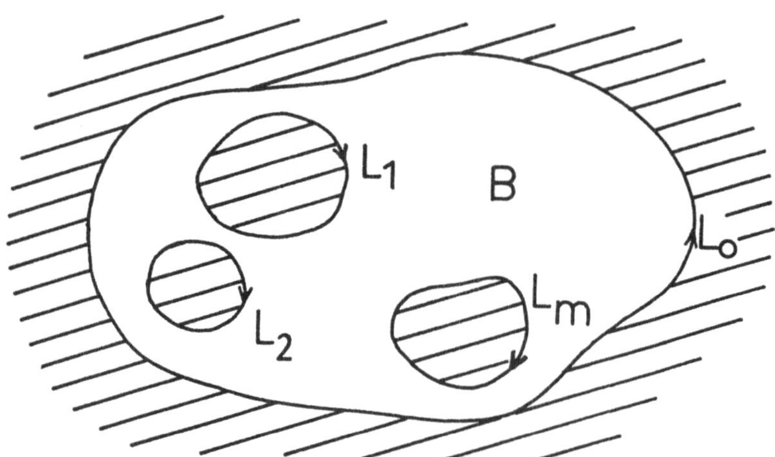

<u>Figur 1.2:</u> m-fach zusammenhängender regulärer Bereich

<u>Definition 1.1:</u> *Die Funktion* w *auf* D *heiße <u>in dem Gebiet</u>* $D_o \subset D$ *<u>holomorph</u>, falls sie in jedem Punkt* $z_o \in D_o$ *komplex differenzierbar ist, d.h. wenn dort für jedes* z_o

$$(1.2.4) \qquad w'(z_o) = \frac{dw}{dz}(z_o) := \lim_{D_o \ni z \to z_o} \frac{w(z)-w(z_o)}{z-z_o}$$

existiert und unabhängig ist von der Art der Annäherung von z *gegen* z_o.

Bekanntlich gilt der

<u>Satz 1.1:</u> *Die Funktion* w = u + iv *auf* D *ist auf dem Teilgebiet* D_o *genau dann holomorph, wenn* $w \in C^1(D_o)$ *ist und dort den Cauchy-Riemannschen Differentialgleichungen genügt:*

$$(1.2.5) \qquad u_x = v_y, \quad u_y = - v_x$$

Definition 1.2: *Ist* $w = u + iv$ *eine auf der stückweise glatten Jordan-kurve* $L \subset \mathbb{C}$ *definierte Funktion, so versteht man unter dem* <u>komplexen</u> <u>Kurvenintegral</u> *von* w *längs* L

$$\int_L w(z)\,dz := \int_\alpha^\beta w(z(t)) \cdot \dot{z}(t)\,dt =$$

$$(1.2.6) \qquad = \int_\alpha^\beta [u(x(t),y(t)) \cdot \dot{x}(t) - v(x(t),y(t)) \cdot \dot{y}(t)]\,dt +$$

$$+ i \int_\alpha^\beta [u(x(t),y(t)) \cdot \dot{y}(t) + v(x(t),y(t)) \cdot \dot{x}(t)]\,dt,$$

wenn die beiden reellen Integrale als eigentliche oder uneigentliche Riemannintegrale bei der zulässigen Parametrisierung von L *existieren.*

Für holomorphe Funktionen gilt die Wegunabhängigkeit der Kurvenintegrale, nämlich der

Satz 1.2: *(Cauchyscher Integralsatz): Ist* w *auf dem Gebiet* D *holo-morph und* L *eine beliebige geschlossene, stückweise glatte Jordan-kurve in* D *, deren Innengebiet* D_L^+ *ganz zu* D *gehöre, so gilt*

$$(1.2.7) \quad \oint_L w(z)\,dz = 0 \quad \text{oder} \quad \int_{\substack{z_0 \\ (L_1)}}^{z_1} w(z)\,dz = \int_{\substack{z_0 \\ (L_2)}}^{z_1} w(z)\,dz,$$

wenn L_1*,* L_2 *zwei verschiedene stückweise glatte Jordanbögen mit End-punkten* z_0*,* z_1 *sind, so daß* $L_1^{-1} \circ L_2 = L$ *ergibt.* $L_1^{-1} = \overset{\frown}{z_1 z_0}$ *bezeichne den mit umgekehrter Orientierung versehenen Jordanbogen* $L_1 = \overset{\frown}{z_0 z_1}$ *und* $\circ$ *die Aneinanderkettung von zwei orientierten Jordanbögen.*

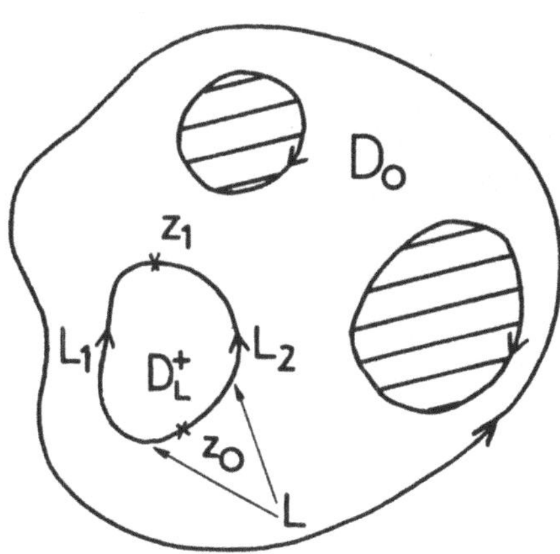

<u>Figur 1.3:</u> Zum Cauchyschen Integralsatz

Weiter läßt sich leicht daraus folgern

__Satz 1.3:__ (_Cauchysche Integralformel_): _Ist_ w _auf dem Gebiet_ D _holomorph und ist_ B $\subset$ D _ein regulärer, einfach zusammenhängender Bereich mit_ $\partial B = L$, _so gilt für alle_ $z \in \mathring{B}$, _dem Innern von_ B, _und alle_ $k = 0,1,2,\ldots$

$$(1.2.8) \qquad w^{(k)}(z) = \frac{k!}{2\pi i} \oint\limits_{L} \frac{w(\zeta)d\zeta}{(\zeta-z)^{k+1}}$$

Also folgt aus der einmaligen (komplexen) Differenzierbarkeit von $w = u + iv$ in D bereits die beliebig häufige dort, d.h. $w,u,v \in C^{\infty}(D)$. Es gilt aber sogar die Entwickelbarkeit in Potenzreihen.

__Satz 1.4:__ _Ist_ w _im Gebiet_ D _holomorph und_ $z_O \in D$ _beliebig gewählt, so ist_ w _mindestens in der Kreisscheibe_ $K_{r_O}(z_O) := \{z\in\mathbb{C}: |z-z_O| < r_O\}$ _mit_ $r_O := \text{dist}(z_O,\partial D) = \inf\limits_{\tilde{z}\in\partial D} |z_O-\tilde{z}|$ _in die Potenzreihe_

$$(1.2.9) \qquad w(z) = \mathcal{P}(z;z_O) := \sum_{k=o}^{\infty} a_k(z_O)\cdot(z-z_O)^k$$

mit

$$(1.2.10) \qquad a_k(z_O) = \frac{w^{(k)}(z_O)}{k!} ; \qquad k = 0,1,2,\ldots,$$

entwickelbar. Die Reihe konvergiert absolut und in jeder abgeschlossenen Teilkreisscheibe gleichmäßig.

Aus der Gültigkeit der Cauchy-Riemannschen Differentialgleichungen für (u,v) in D und wegen $u,v \in C^{\infty}(D)$ folgt nun leicht in D

$$(1.2.11a) \qquad \Delta u = \Delta v = 0 \quad \text{mit} \quad \Delta u := \frac{\partial^2 u}{\partial x^2} + \frac{\partial^2 u}{\partial y^2}$$

und

$$(1.2.11b) \qquad \Delta\left(\frac{\partial^{j+k} u}{\partial x^j \partial y^k}\right) = \Delta\left(\frac{\partial^{j+k} v}{\partial x^j \partial y^k}\right) = 0 \quad \text{für alle} \quad j,k \in \mathbb{N}_O$$

Weiterhin ist mit $a_k(z_O) = \rho_k \cdot e^{i\Theta_k} = \alpha_k + i\beta_k$; $k = 0,1,2,\ldots$; und $z - z_O = re^{i\Theta}$ aus (1.2.9) die Gültigkeit der Reihenentwicklungen abzulesen

$$
\begin{aligned}
u(x,y) &\equiv u^*(r,\Theta) = \sum_{k=o}^{\infty} \rho_k r^k \cos(k\Theta+\Theta_k) \\
&= \sum_{k=o}^{\infty} r^k(\alpha_k \cos k\Theta - \beta_k \sin k\Theta)
\end{aligned}
$$

$$(1.2.12a)$$

und

$$v(x,y) = v^*(r,\theta) = \sum_{k=o}^{\infty} \rho_k\, r^k \sin(k\theta+\Theta_k)$$

(1.2.12b)

$$= \sum_{k=o}^{\infty} r^k\, (\alpha_k \sin k\theta+\beta_k \cos k\theta),$$

die für $0 \leq r < r_o$, $0 \leq \theta < 2\pi$, absolut und für $0 \leq r \leq r_1 < r_o$, $0 \leq \theta < 2\pi$, gleichmäßig konvergieren.

Wenn die Potenzreihe (1.2.9) für alle $z \in \mathbb{C}$ bei beliebiger Wahl des Zentrums $z_o \in \mathbb{C}$ konvergiert, d.h. wenn der Konvergenzradius $r_o(z_o) = \infty$ ist, dann heiße die durch die Reihe von D auf ganz $\mathbb{C}$ fortgesetzte und dann für alle z holomorphe Funktion w _ganz_. Beispiele hierfür sind die Polynome oder ganzrationalen Funktionen $w = p(z) = \sum_{\nu=o}^{N} a_\nu \cdot z^\nu$ mit $a_N \neq 0$ wie auch die Exponentialfunktion $w = e^z = \sum_{\nu=o}^{\infty} \frac{z^\nu}{\nu!}$. Die Beträge $|w(z)|$ der Funktionswerte von Polynomen und der Exponentialfunktion wachsen für $|z| \to \infty$ - zumindest längs gewisser Richtungen - über alle Schranken. Allgemein gilt der

__Satz 1.5:__ (_Liouville-Satz_): _Ist_ w _eine ganze Funktion, die für_ $|z| \to \infty$ _sich wie_ $O(|z|^m)$ _mit festem_ $m = 0,1,2,\ldots$ _verhält, d.h. für die_ $|w/z^m| \leq M$ _ist, etwa für_ $|z| \geq 1$, _so ist_ w _ein Polynom höchstens vom Grade_ m.

Hieraus läßt sich leicht folgern das

__Korollar__ (_Fundamentalsatz der Algebra_):

Jedes Polynom N-_ten Grades_ $p_N(z) = \sum_{\nu=o}^{N} a_\nu z^\nu$ _mit_ $N \geq 1$ _hat höchstens_ N _Nullstellen_ $z_1,\ldots,z_n$, $n \leq N$ _der Ordnungen_ $\alpha_1,\ldots,\alpha_n \in \mathbb{N}$ _mit_ $\sum_{k=1}^{n} \alpha_k = N$, _so daß_ p_N _faktorisiert werden kann:_

$$(1.2.13) \qquad p_N(z) = a_N \cdot \prod_{k=1}^{n} (z-z_k)^{\alpha_k}$$

mit $z_k \neq z_\ell$ _für_ $k \neq \ell$.

So wie der Wert $w(z_o)$ einer holomorphen Funktion w und alle Werte $w^{(k)}(z_o)$ ihrer Ableitungen $w^{(k)}$, $k \in \mathbb{N}$, an einer festen Stelle z_o die Funktion durch ihre Taylorreihe $\mathcal{P}(z,z_o)$ in einer Kreisscheibe $K_{r_o}(z_o)$ eindeutig festlegen, ist w auch durch ihre Funktionswerte $w(z_\nu)$; $\nu = 0,1,2,\ldots$; bestimmt, wenn $z_\nu \to z_o$ für $\nu \to \infty$ und z_o zum

Holomorphiegebiet von w gehört. Wenn also insbesondere zwei holomorphe Funktionen w_1 und w_2 auf der offenen Teilmenge $\tilde{D}$, die zu beiden Holomorphiegebieten D_1 bzw. D_2 gehört, übereinstimmen, so sind sie auf $D_1 \cap D_2$ identisch.

Dieser sogenannte Identitätssatz für analytische Funktionen erlaubt folgende Begriffsbildung:

Definition 1.3: D_1, D_2 _seien zwei Gebiete_ $\subset \mathbb{C}$, _die einen nichtleeren Durchschnitt_ $D_o = D_1 \cap D_2$ _besitzen mögen. Die Funktionen_ w_1, w_2 _mögen auf_ D_1, D_2 _holomorph sein und auf_ D_o _übereinstimmen. Dann heiße_ $w_2(w_1)$ _die (unmittelbare) analytische Fortsetzung von_ $w_1(w_2)$ _von_ $D_1(D_2)$ _nach_ $D_2(D_1)$. _Mit_

$$(1.2.14) \quad w(z) := \begin{cases} w_1(z) \ , \ z \in D_1 \\ w_2(z) \ , \ z \in D_2 \end{cases}$$

bezeichnet man die _analytisch fortgesetzte Funktion_ _in das umfassende Gebiet_ $\tilde{D} := D_1 \cup D_2$.

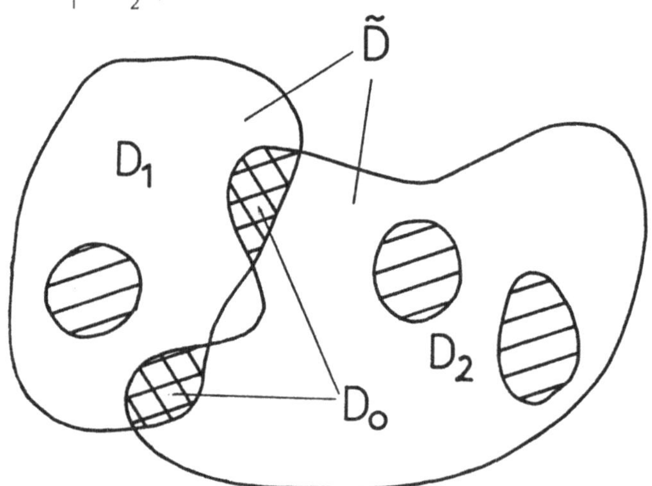

Aufgrund dieses Identitätssatzes ist die analytische Fortsetzung eindeutig bestimmt. Die analytische Fortsetzung kann z.B. sukzessive mittels des sogenannten Kreiskettenverfahrens vorgenommen werden. Dies beruht auf Folgendem:

1. Ist w im Gebiet D holomorph und $z_o \in D$ beliebig gewählt, so

wissen wir, daß die Potenzreihe $\mathfrak{p}(z,z_o)$ von w zum Zentrum z_o mindestens für $|z-z_o| < r_o$, $r_o \geq \text{dist}(z_o,\partial D)$ konvergiert. Ist $r_o > \text{dist}(z_o,\partial D)$, so gibt es mindestens ein $z \notin D$, wo die Potenzreihe noch konvergiert und w durch diese nach z analytisch fortgesetzt wird. w ist dadurch in einem D umfassenden Gebiet $D_1 := D \cup K_{r_o}(z_o)$ erklärt und holomorph.

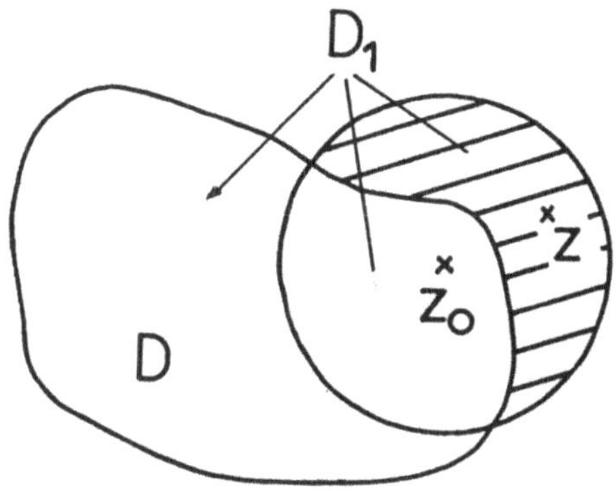

Figur 1.5: Analytische Fortsetzung durch Potenzreihenentwicklung

2. Ist nun G ein D umfassendes Gebiet und $z^* \in G \setminus D$ ein beliebig gewählter Punkt, dann verbinde man den festgehaltenen Punkt $z_o \in D$ durch einen stückweise glatten Jordanbogen $L = \overset{\frown}{z_o z^*}$ in G.

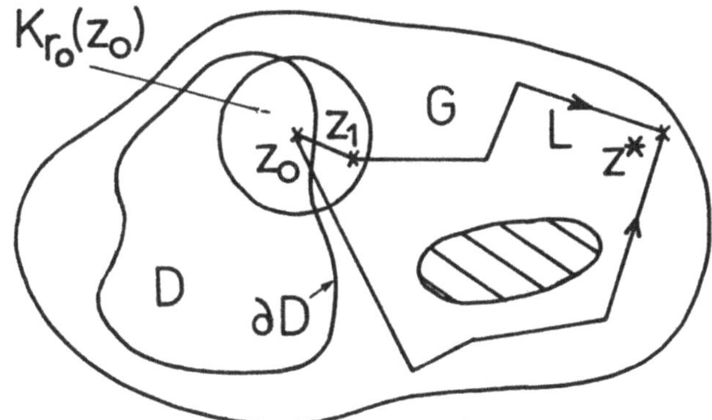

Figur 1.6.: Zur analytischen Fortsetzung längs eines Jordanbogens

Es werde nun angenommen, daß die Konvergenzkreisscheibe $K_{r_o}(z_o)$ um z_o wie in Fig. 1.5 über den Rand ∂D hinausragt und mindestens einen Punkt $z_1 \in L \setminus D$ enthält. Nun wähle man den Punkt z_1 als Entwicklungszentrum der von D nach $D \cup K_{r_o}(z_o)$ fortgesetzten Funktion w_1. Der Konvergenzradius r_1 zum Zentrum z_1 ist $\geq r_o - |z_o - z_1| > 0$. Gilt das $>$-Zeichen, so findet man mindestens einen Punkt $z_2 \in L \setminus K_{r_o}(z_o)$ in $K_{r_1}(z_1)$. Es können nun mehrere Fälle eintreten:

i) $z^* \in K_{r_1}(z_1)$, d.h. für z_2 könnte z^* gewählt werden, dann ist w von D nach z^* längs $L = \overset{\frown}{z_o z^*}$ analytisch fortgesetzt worden.

ii) $z^* \notin K_{r_1}(z_1)$, aber es gibt endlich viele Punkte $z_\nu \in L$ mit $z_\nu \in K_{r_{\nu-1}}(z_{\nu-1})$, $\nu = 1,\ldots,n$, $r_{\nu-1} > 0$, und $z^* \in K_{r_{n-1}}(z_{n-1})$, so daß $z^* = z_n \in L$ gewählt werden kann. In diesem Falle hat man n Kreise, die kettenförmig aneinanderhängen.

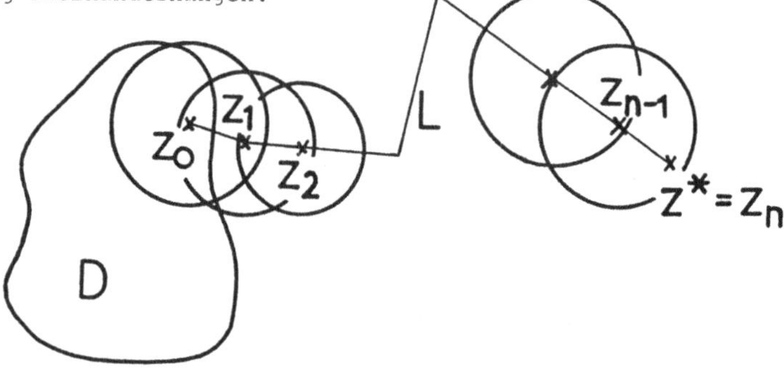

<u>Figur 1.7</u>: Zum Kreiskettenverfahren längs eines Jordanbogens

Die fortgesetzte Funktion w_{n-1} ist nun vermöge der Potenzreihenentwicklungen $\mathfrak{p}(z; z_{\nu-1})$; $\nu = 1,\ldots,n$; in $D_{n-1} := D \cup \bigcup_{\nu=1}^{n} K_{r_{\nu-1}}(z_\nu)$ holomorph.

iii) Der Punkt z^* ist längs L nicht durch endlich viele Zwischenpunkte z_ν erreichbar, d.h. wegen der Kompaktheit (gleichwertig mit der endlichen Bogenlänge von $L = \overset{\frown}{z_o z^*}$) gibt es eine Folge von Punkten z_ν, $\nu \in \mathbb{N}$, mit $z_\nu \to \tilde{z} \in L$ und $r_\nu \to 0$ für $\nu \to \infty$ für die zugehörigen Konvergenzkreisscheiben, so daß z^* nicht im Innern irgendeiner dieser $K_{r_\nu}(z_\nu)$ liegt. $\tilde{z}$ ist dann ein <u>singulärer Punkt</u> für die fortgesetzte analytische Funktion.

Verbindet man $z^* \in G \setminus D$ mit $z_o \in D$ über einen anderen Jordanbogen $\Gamma = \overset{\frown}{z_o z^*}$ in G, so kann man in den Fällen ii) und iii) zu verschiedenen Resultaten gelangen. z^* kann wiederum über endlich viele Zwischenpunkte $z_1', \ldots, z_m'$ auf Γ erreichbar sein, aber der durch die Potenzreihe gelieferte Funktionswert in z^* ist verschieden von dem beim ersten Kreiskettenverfahren längs L. Dann gelangt man zu einer mehrdeutigen analy-

tisch fortgesetzten Funktion. Eine eindeutig analytisch fortgesetzte
Funktion W in $G \supset D$ erhält man genau dann, wenn sich für jeden Punkt
$z^* \in G\backslash D$ und für jeden Jordanbogen $L = \widehat{z_o z^*} \subset G$ beim Fortsetzungspro-
zeß stets derselbe Funktionswert $w(z^*)$ ergibt.

Wenn längs eines Jordanbogens $L = \widehat{z_o z^*}$ ein singulärer Punkt $\tilde{z} \in L$
auftritt, dann können drei Fälle eintreten:

a) $\tilde{z}$ liegt isoliert, d.h. es gibt eine Kreisumgebung $K_{\tilde{r}}(\tilde{z})$, so daß w
zwar eindeutig in die punktierte Umgebung $\dot{K}_{\tilde{r}}(\tilde{z}) = K_{\tilde{r}}(\tilde{z})\backslash\{\tilde{z}\}$ analytisch
fortgesetzt werden kann, aber nicht in $\tilde{z}$ hinein.

b) $\tilde{z}$ liegt isoliert, aber kann nicht eindeutig in $\dot{K}_{\tilde{r}}(\tilde{z})$ hinein analytisch fortgesetzt werden, so daß die Fortsetzung von $z_o \in D$ in
$z \in \dot{K}_{\tilde{r}}(\tilde{z})$ vom Weg $L = \widehat{z_o z}$ abhängt.

c) $\tilde{z}$ ist Häufungspunkt von singulären Stellen für w, so daß es keine
punktierte Umgebung $\dot{K}_{\tilde{r}}(\tilde{z})$ mit $\tilde{r} > 0$ gibt, in die w analytisch fortgesetzt werden kann.

Für den Fall a) gilt nun der

<u>Satz 1.6</u> *(Laurententwicklung): Ist* w *holomorph im Gebiet* $D\backslash\{\tilde{z}\}$, *dann
läßt sich* w *mindestens in der punktierten Kreisscheibe*
$\dot{K}_r(\tilde{z}) = \{z \in \mathbb{C} : 0 < |z-\tilde{z}| < r\}$ *mit* $r := \text{dist}(\tilde{z},\partial D)$ *in die absolut
konvergente Laurentreihe*

$$(1.2.15) \quad w(z) = \mathcal{L}(z;\tilde{z}) = \sum_{n=-\infty}^{\infty} a_n (z-\tilde{z})^n$$

entwickeln mit

$$(1.2.16) \quad a_n = \frac{1}{2\pi i} \int\limits_{|\zeta-\tilde{z}|=\delta<r} \frac{w(\zeta)d\zeta}{(\zeta-\tilde{z})^{n+1}} \quad \text{für} \quad n \in \mathbb{Z} \; .$$

<u>Bemerkung</u>: Die Aussage gilt auch für Ringgebiete

$$\mathcal{R}_{r_1 r_2}(\tilde{z}) = \{z \in \mathbb{C} : 0 < r_1 < |z-\tilde{z}| < r_2 \leq \infty\}$$

<u>Definition 1.4</u>: *Besitzt die in der punktierten Kreisscheibe* $\dot{K}_r(\tilde{z})$ *holo-
morphe Funktion* w *die Laurententwicklung (1.2.15) so heiße*

$$(1.2.17) \quad \mathfrak{h}(w;z,\tilde{z}) := \sum_{n=-\infty}^{-1} a_n(z-\tilde{z})^n$$

der Hauptteil von w *an der Stelle* $\tilde{z}$ *und*

$$(1.2.18) \quad \mathop{\text{Res}}_{z=\tilde{z}} w(z) := a_{-1} = \frac{1}{2\pi i} \int\limits_{|\zeta-\tilde{z}|=\delta} w(\zeta)d\zeta$$

das Residuum von w *an der Stelle* $\tilde{z}$.

Ist w an der Stelle $z = z_O$ holomorph, so gilt die Potenzreihenentwicklung (1.2.9), so daß der Hauptteil $\mathfrak{h}(w;z,z_O)$ zu dieser Stelle verschwindet. Je nach der Gestalt des Hauptteils klassifiziert man die isolierten Singularitäten gemäß

<u>Definition 1.5</u>: *Ist* w *holomorph in* $D\setminus\{\tilde{z}\}$, *so besitzt* w *in* $\tilde{z}$ *entweder*

<u>1</u>. *eine* <u>*hebbare Singularität*</u>, *falls* $\mathfrak{h}(w;z,\tilde{z}) \equiv 0$ *ist, d.h. alle* $a_n = 0$ *für* $n \leq -1$ *sind, oder*

<u>2</u>. *einen* <u>*Pol der Ordnung*</u> k, *falls alle* $a_n = 0$ *sind für* $n \leq -k-1$, $k \in \mathbb{N}$, *aber* $a_{-k} \neq 0$ *ist, oder*

<u>3</u>. *eine* <u>*wesentliche Singularität*</u>, *falls unendlich viele der* $a_n \neq 0$ *für* $n \leq -1$ *sind, d.h.* $\mathfrak{h}$ *wirklich eine unendliche Reihe ist.*

<u>Beispiele:</u>

$$1.1 \qquad w(z) = \begin{cases} \dfrac{\sin z}{z} & \text{für } z \neq \tilde{z} = O \\[3mm] O & \text{für } z = \tilde{z} = O \end{cases}$$

Es gilt in $K_r(O)$, $r > O$ beliebig,

$$w(z) = \sum_{n=O}^{\infty} (-1)^n \cdot \frac{z^{2n}}{(2n+1)!}, \text{ d.h. } \mathfrak{h}(w;z,O) \equiv O.$$

Durch $w(O) = 1$ statt O kann man die Singularität in $\tilde{z} = O$ beseitigen.

$$1.2. \qquad w(z) = \frac{e^z}{z^2} \qquad \text{für } z \neq \tilde{z} = O$$

$$= \sum_{n=O}^{\infty} \frac{z^{n-2}}{n!} \quad \text{gültig für alle } z \in \mathbb{C} \setminus \{O\}$$

$$= \frac{1}{z^2} + \frac{1}{z} + \sum_{\nu=O}^{\infty} \frac{z^\nu}{(\nu+2)!}$$

also

$$\mathfrak{h}(w;z,O) = \frac{1}{z^2} + \frac{1}{z} ,$$

d.h. es liegt ein Pol zweiter Ordnung mit $\underset{z=O}{\text{Res}}\, w(z) = 1$ vor.

1.3 $\qquad w(z) = \sin \dfrac{1}{z} \qquad$ für $\quad z \neq \tilde{z} = 0$

$$= \sum_{n=o}^{\infty} (-1)^n \frac{z^{-2n-1}}{(2n+1)!} \qquad \text{gültig für} \quad z \neq 0 \; ,$$

also $\quad \mathcal{H}(w;z,0) = \sum_{n=o}^{\infty} (-1)^n \dfrac{z^{-2n-1}}{(2n+1)!} \quad$ und $\quad \operatorname*{Res}_{z=o} w(z) = 1$.

Ist w in einem Gebiet D holomorph mit Ausnahme von isolierten singulären Stellen $\{\tilde{z}_\nu\}$, die eine endliche Teilmenge von D darstellen oder sich zumindest im Innern von D nicht häufen, so gilt der

Satz 1.7 (Residuensatz) : *w sei im einfach zusammenhängenden Gebiet* D *holomorph mit Ausnahme der nirgends dichten Menge von isolierten Punkten* $\{\tilde{z}_\nu\} \subset D$, *in denen* w *Pole oder wesentliche Singularitäten besitze. Ist* L *eine geschlossene, stückweise glatte Jordankurve in* D, *die in ihrem Innengebiet die Stellen* $\tilde{z}_{\nu_1},\dots,\tilde{z}_{\nu_m}$ *enthält, und liegt kein Punkt* $\tilde{z}_\nu$ *auf* L, *so gilt:*

$$(1.2.19) \qquad \oint_L w(\zeta)d\zeta = 2\pi i \cdot \sum_{\mu=1}^{m} \operatorname*{Res}_{z=\tilde{z}_{\nu_\mu}} w(z) \; .$$

Dieser Satz ist insbesondere auf rationale Funktionen w und beliebige geschlossene Jordankurven L anwendbar, auf denen kein Pol, d.h. keine Nullstelle des Nennerpolynoms liegt.

Definition 1.6: *Eine Funktion* w *auf* D *heiße im Teilgebiet* D_o *meromorph, falls sie in* D_o *bis auf eine sich höchstens zum Rand* ∂D_o *hin häufende Folge* $\{\tilde{z}_\nu\} \subset D_o$ *holomorph ist und in diesen Ausnahmepunkten Pole (der Ordnungen* $k_\nu \in \mathbb{N}$ *) hat. Sie heiße meromorph (schlechthin), falls* $D = D_o = \mathbb{C}$ *ist, so daß – im Falle von unendlich vielen Polstellen –* $|\tilde{z}_\nu| \to \infty$ *gilt.*

Beispiel 1.4: $w(z) = \cot z = \dfrac{\sin z}{\cos z}$ hat Pole erster Ordnung in $z = \tilde{z}_\nu := \pi(\nu+1/2)$, $\nu \in \mathbf{Z}$.

Betrachtet man im Meromorphiegebiet D_o einer Funktion w den regulären Bereich B mit der stückweise glatten Jordanrandkurve $L = \partial B$, so können in B nur endlich viele Nullstellen z_n und endlich viele Polstellen $\tilde{z}_p$ von w liegen. Dasselbe trifft dann aber auch für die Funktionen w' und w'/w zu, denn aufgrund der Laurententwicklungen in $K_{r_p}(\tilde{z}_p)$

$$(1.2.20) \qquad w(z) = \sum_{j=-k_p}^{\infty} a_j(\tilde{z}_p)(z-\tilde{z}_p)^j$$

gilt dort

$$(1.2.21) \quad w'(z) = \sum_{j=-k_p}^{\infty} a_j(\tilde{z}_p) j (z-\tilde{z}_p)^{j-1} = \sum_{\ell=-k_p-1}^{\infty} a_{\ell+1}(\tilde{z}_p)(\ell+1)(z-\tilde{z}_p)^{\ell},$$

d.h. die Polordnungen von w' werden jeweils um eins größer, während
die Nullstellenordnungen um eins kleiner werden. Daher hat w'/w in
allen Null- <u>und</u> Polstellen von w selbst Pole sämtlich von erster Ordnung. Somit gilt der

<u>Satz 1.8</u> *(Argumentprinzip) : Ist die Funktion w im einfach zusammen-
hängenden Gebiet D meromorph mit Polstellen in $\{\tilde{z}_p\} \subset D$, so gilt für
jede geschlossene, stückweise glatte Jordankurve L in D, auf der keine Null- oder Polstellen von w liegen:*

$$(1.2.22) \quad \frac{1}{2\pi i} \oint_L \frac{w'(z)}{w(z)} \, dz = \frac{1}{2\pi} \oint_L d \arg w(z) = N - P$$

*mit N = Summe der Nullstellenordnungen in den $z_n \in D_L^+$, dem Innengebiet
von L, und P = Summe der Polstellenordnungen in den $z_p \in D_L^+$. Man
nennt $\frac{1}{2\pi} \oint_L d \arg w(z)$ auch <u>die Windungszahl von w bzgl. L</u>. Sie beschreibt die Anzahl von Umläufen der Bildkurve $\Gamma := \{w \in \mathbb{C} : w = w(z(t)),$
$z(t) \in L\}$ um den w-Ursprung (positiv, wenn entgegen dem Uhrzeiger orientiert!).*

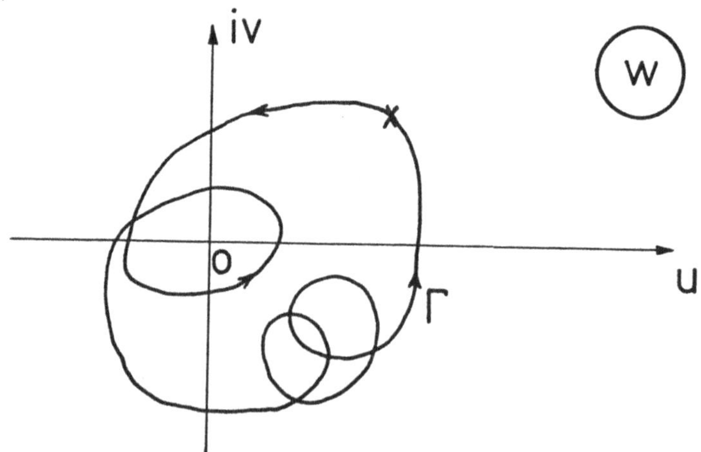

<u>Figur 1.8:</u> Windungszahl einer geschlossenen Kurve

In der Funktionentheorie schließt man bekanntlich die komplexe (Gaußsche)
Ebene $\mathbb{C}$ häufig durch den unendlich fernen Punkt, ∞, ab, so daß man
eine eindeutige Zuordnung zwischen $\overline{\mathbb{C}} = \mathbb{C} \cup \{\infty\}$ und den Punkten der

Riemannschen Zahlenkugel $\mathcal{R}$ vermöge der stereographischen Projektion erhält, bei der ∞ dem Nordpol der Zahlenkugel und O dem Südpol entsprechen. Die Transformation $z \to 1/z$, die eine Spiegelung am Einheitskreis $\partial E = \partial K_1(O) = \{z \in \mathbb{C} : |z| = 1\}$, nämlich $z = re^{i\Theta} \to \frac{1}{\bar{z}} = \frac{e^{i\Theta}}{r}$, mit anschließender Spiegelung an der reellen Achse $z' = r'e^{i\Theta} \to \bar{z}' = r'e^{-i\Theta}$ darstellt, erlaubt es, Funktionen w in einer Umgebung $U_R(\infty) := \{z \in \mathbb{C} : |z| > R\}$ dadurch zu studieren, daß man $\tilde{w}$, definiert durch $\tilde{w}(z) := w(1/z)$, in der Bildumgebung $K_{1/R}(O) := \{z \in \mathbb{C} : |z| < 1/R\}$ untersucht. So sagt man: <u>w sei in ∞ holomorph</u> oder <u>habe in ∞ einen Pol der Ordnung k</u> oder <u>eine wesentliche Singularität</u> oder <u>einen Verzweigungspunkt,</u> falls $\tilde{w}$ diese entsprechenden Eigenschaften in $z = O$ besitzt. So hat beispielsweise ein Polynom

$$p_N(z) = \sum_{\nu=O}^{N} a_\nu \cdot z^\nu \quad \text{mit} \quad a_N \neq O \ (N \in \mathbb{N}) \quad \text{einen Pol der Ordnung } N \text{ in } \infty,$$

denn $\tilde{p}_N(z) := p_N(1/z) = \sum_{\nu=O}^{N} a_\nu \cdot z^{-\nu}$ hat einen endlichen, nicht verschwindenden Hauptteil zu $z_O = O$ mit der höchsten auftretenden negativen Potenz z^{-N}.

Alle ganzen Funktionen, die <u>nicht</u> Polynome sind, also die durch unendliche für alle z konvergente Potenzreihen zu beliebigem $z_O \in \mathbb{C}$ darstellbar sind, haben in $z = \infty$ eine wesentliche Singularität. Die rationalen Funktionen $R(z) = p_M(z)/q_N(z)$ mit Zählerpolynom $p_M(z)$ vom Grad $M \geq O$ und Nennerpolynom $q_N(z)$ vom Grad $N \geq O$ (in gekürzter Darstellung) sind in $\overline{\mathbb{C}}$ die einzigen meromorphen Funktionen, d.h. sie haben auf $\overline{\mathbb{C}}$ nur endlich viele Null- und Polstellen. Aufgrund des Korollars zu Satz 1.5, Formel (1.2.13) läßt sich $R(z)$ wie folgt <u>multiplikativ</u> zerlegen

$$(1.2.23) \qquad R(z) = \frac{a_M}{b_N} \cdot \frac{\prod\limits_{\mu=1}^{m} (z-z_\mu)^{\alpha_\mu}}{\prod\limits_{\nu=1}^{p} (z-\tilde{z}_\nu)^{\beta_\nu}}$$

bzw. <u>additiv als Partialbruchzerlegung</u>

$$(1.2.24) \qquad R(z) = \sum_{\nu=1}^{p} \sum_{j=1}^{\beta_\nu} \frac{A_{\nu j}}{(z-\tilde{z}_\nu)^j} + \sum_{k=o}^{M-N} C_k z^k \, ,$$

worin die zweite Summe wegzulassen ist, falls $M - N < O$, d.h. $R(z)$ echt rational gebrochen ist.

Ist R eine rationale Funktion und $L \subset \mathbb{C}$ eine geschlossene, stückweise glatte, orientierte Jordankurve oder eine von ∞ nach ∞ laufende doppelpunktfreie Kurve mit Innengebiet D_L^+ und Außengebiet D_L^- und

liegen keine Null- und Polstellen von R auf L, so läßt sich R eindeutig - bis auf die Wahl eines konstanten Faktors $\neq 0$ - wie folgt <u>fak-
torisieren</u>:

$$(1.2.25) \qquad R(z) = R_+(z) \cdot R_-(z)$$

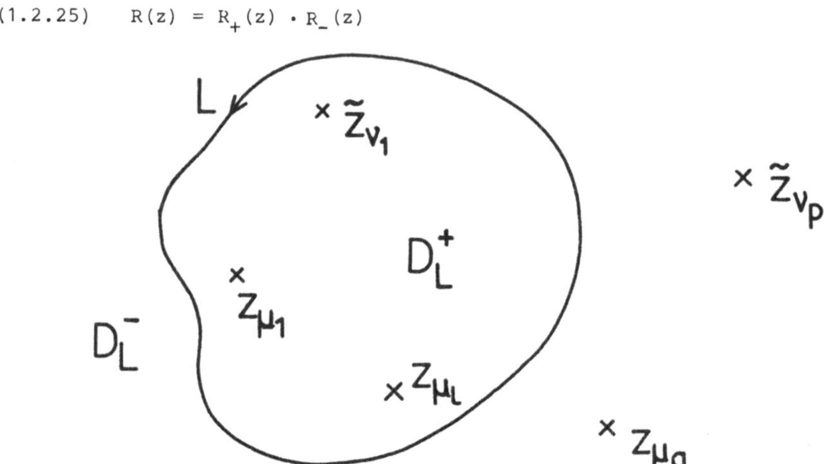

<u>Figur 1.9</u>: Zur multiplikativen und additiven Zerlegung von rationalen
Funktionen bzgl. einer Kurve L

Dabei sind $R_\pm(z)$ holomorph und $\neq 0$ in $D_L^\pm$. In $R_+(z)$ nimmt man
alle diejenigen Faktoren vom Zähler und Nenner aus Formel (1.2.23) auf,
die zu Null- und Polstellen in D_L^- gehören, während die übrigen in D_L^+
liegenden, zu $R_-(z)$ geschlagen werden. (Dabei besteht eine Willkür, wo
der Zahlfaktor a_M/b_N - oder reelle Faktoren $\neq 0$ davon - angebracht wird.)
Eine additive Aufspaltung - bei $L \subset \mathbf{C}$, d.h. $\infty \in D_L^-$ - ergibt sich eindeutig in der Form

$$(1.2.26) \qquad R(z) = r_+(z) + r_-(z)$$

mit $r_\pm(z)$ holomorph in $D_L^\pm$, indem man zu $r_+(z)$ bzw. $r_-(z)$ diejenigen
Partialbrüche von $R(z)$ gemäß (1.2.24) nimmt, die zu Polstellen $\tilde{z}_\nu \in D_L^-$
bzw. $\in D_L^+$ gehören und den ganzen Polynomanteil zu r_+ schlägt. Wenn
L durch ∞ läuft, darf ∞ nicht Pol von R sein, d.h. es muß
grad $p_M \leq$ grad q_N sein, so daß in (1.2.24) höchstens C_o auftritt.
Diese Konstante werde zu r_- geschlagen.

Der Residuensatz findet weitreichende Anwendungen z.B. bei der Berechnung bestimmter uneigentlicher Integrale. Ist beispielsweise w in der
oberen Halbebene $H^+ := \{z \in \mathbf{C} : \text{Im } z > 0\}$ holomorph und einschließlich des
Randes $\partial H^+ = \dot{\mathbb{R}} := \mathbb{R} \cup \{\infty\}$ stetig bis auf endlich viele isolierte singu-

läre Stellen $z_1^*,\ldots,z_n^* \in H^+$ und verhält sich $w(z)$ für $z \to \infty$ in $H^+ \cup \dot{\mathbb{R}} = \overline{H}^+$ wie $o(|z|^{-1})$, d.h. klingt $w(z)$ stärker als $1/z$ ab, so gilt

$$(1.2.27) \qquad \int_{-\infty}^{\infty} w(x)\,dx = 2\pi i \cdot \sum_{\nu=1}^{n} \operatorname*{Res}_{z=z_\nu^*} w(z) \; .$$

Dies sieht man folgendermaßen ein:

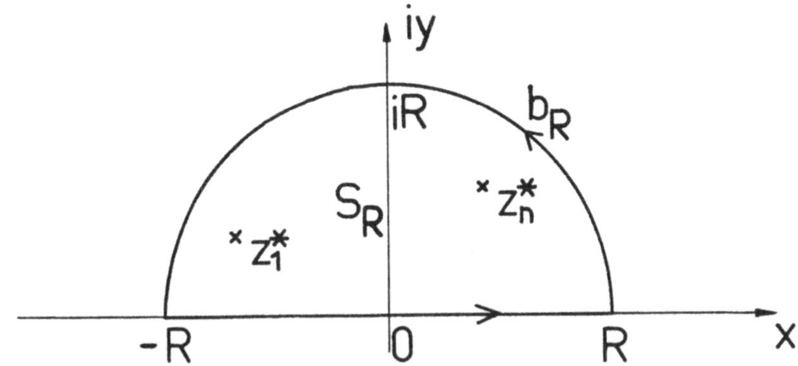

<u>Figur 1.10</u>: <u>Halbkreismethode</u> zur Berechnung uneigentlicher Integrale längs der reellen Achse

Sei $R_o > 0$ so groß gewählt, daß im Innern der Halbkreisscheibe S_R in H^+ vom Radius $R \geq R_o$ alle Polstellen z_ν^*; $\nu = 1,\ldots,n$; enthalten sind. Dann liefert der Residuensatz (1.2.19)

$$(1.2.28) \qquad \int_{\partial S_R} w(z)\,dz = \int_{-R}^{R} w(x)\,dx + \int_{b_R} w(z)\,dz = 2\pi i \cdot \sum_{\nu=1}^{n} \operatorname*{Res}_{z=z_\nu^*} w(z) \, ,$$

was für $R \geq R_o$ unabhängig von R ist. Zu vorgegebenem $\varepsilon > 0$ gibt es nun aufgrund des Abklingverhaltens von $w(z)$ in H^+ ein $R_1(\varepsilon) \geq R_o$, so daß $|w(z)| \leq \varepsilon/R$ ist für alle $z = Re^{i\Theta}$, $0 \leq \Theta \leq \pi$, d.h. für $z \in b_R$, sobald $R \geq R_1(\varepsilon)$ ist. Dann gilt aber für diese R:

$$(1.2.29) \qquad \begin{aligned} \left| \int_{b_R} w(z)\,dz \right| &= \left| \int_{\Theta=o}^{\pi} w(Re^{i\Theta}) R i e^{i\Theta}\,d\Theta \right| \leq \\ &\leq \int_{\Theta=o}^{\pi} |w(Re^{i\Theta})| \cdot R \cdot d\Theta \leq \varepsilon \cdot \int_{\Theta=o}^{\pi} d\Theta = \varepsilon \cdot \pi . \end{aligned}$$

Es ist also $\lim\limits_{R \to \infty} \int_{b_R} w(z)\,dz = 0$, so daß gilt

$$\lim_{R \to \infty} \int_{-R}^{R} w(x)\,dx = \int_{-\infty}^{\infty} w(x)\,dx = 2\pi i \cdot \sum_{\nu=1}^{n} \operatorname*{Res}_{z=z_\nu^*} w(z) \; .$$

<u>Beispiel 1.5</u>: $I(a) := \int_{-\infty}^{\infty} \dfrac{\cos x \, dx}{x^2 + a^2}$; $a > 0$.

Die Funktion $w(z) = \cos z \cdot (z^2+a^2)^{-1}$ ist zwar in $H^+ \cup \mathbb{R}\setminus\{ia\}$ holomorph und hat in $z = z_1^* = ia$ einen Pol 1. Ordnung, aber klingt nicht stärker als z^{-1} für $z \to \infty$ in $\overline{H^+}$ ab, denn $\cos z = \frac{1}{2}(e^{iz}+e^{-iz}) = \frac{1}{2}(e^{ix-y}+e^{-ix+y}) = O(e^y)$ für $y \to +\infty$. Es gilt aber

$$I(a) = \operatorname{Re} \int_{-\infty}^{\infty} \frac{e^{ix}dx}{x^2+a^2} \quad \text{und} \quad \tilde{w}(z) := \frac{e^{iz}}{z^2+a^2}$$

erfüllt wegen $|e^{iz}| = |e^{ix}| \cdot e^{-y} = e^{-y} \leq 1$ in $\overline{H^+} = H^+ \cup \dot{\mathbb{R}}$ die Voraussetzungen. Nun ist

$$(1.2.30) \qquad \operatorname*{Res}_{z=ia} \frac{e^{iz}}{z^2+a^2} = \lim_{z\to ia} \frac{e^{iz}}{z+ia} = \frac{e^{-a}}{2ia} \; ,$$

also folgt $\quad I(a) = 2\pi i \cdot \dfrac{e^{-a}}{2ia} = \dfrac{\pi}{a} e^{-a} \; .$

In der Theorie und Anwendung der Fourier- und Laplacetransformation treten Integrale auf, die das obige als Spezialfall enthalten. Zur Auswertung solcher Integrale ist häufig von Nutzen das folgende

<u>Lemma</u> *(von Jordan): w sei holomorph in $H^+ \setminus \{z_\nu^*\}_{\nu \in \mathbb{N}_n}$ mit Polen in z_ν^*; $\nu = 1,2\ldots,n \leq \infty$, die sich im Falle von $n = \infty$ nur gegen $z = \infty$ häufen sollen. w sei überdies stetig bis $\partial H^+ = \overline{\mathbb{R}}$ heran. Es existiere eine Folge $\{b_j\}_{j \in \mathbb{N}}$ von Halbkreisbögen in $\overline{H^+}$, $b_j := \{z \in \overline{H^+} : z = R_j e^{i\Theta}; 0 \leq \Theta \leq \pi\}$, mit streng monoton wachsenden Radien $R_j \to \infty$ für $j \to \infty$, für die $\lim\limits_{j\to\infty} \max\limits_{z\in b_j} |w(z)| = 0$ gilt. Dann ist für alle $\lambda > 0$:*

$$(1.2.31) \qquad \lim_{j\to\infty} \int_{b_j} w(z)e^{i\lambda z} \, dz = 0$$

und die <u>Fouriertransformierte von w</u>

$$(1.2.32) \qquad (Fw)(\lambda) := \int_{-\infty}^{\infty} w(x)e^{i\lambda x} \, dx = \sum_{k=1}^{\infty} A_k(\lambda)$$

mit

$$(1.2.33a) \qquad A_1(\lambda) := 2\pi i \cdot \sum_{z_\nu \in \overset{\circ}{C}_1} \operatorname*{Res}_{z=z_\nu^*} w(z) \cdot e^{i\lambda z_\nu^*}$$

$$(1.2.33b) \qquad A_k(\lambda) := 2\pi i \cdot \sum_{z_\nu \in \overset{\circ}{C}_k \setminus C_{k-1}} \operatorname*{Res}_{z=z_\nu^*} w(z) \cdot e^{i\lambda z_\nu^*} \; ; \; k \geq 2$$

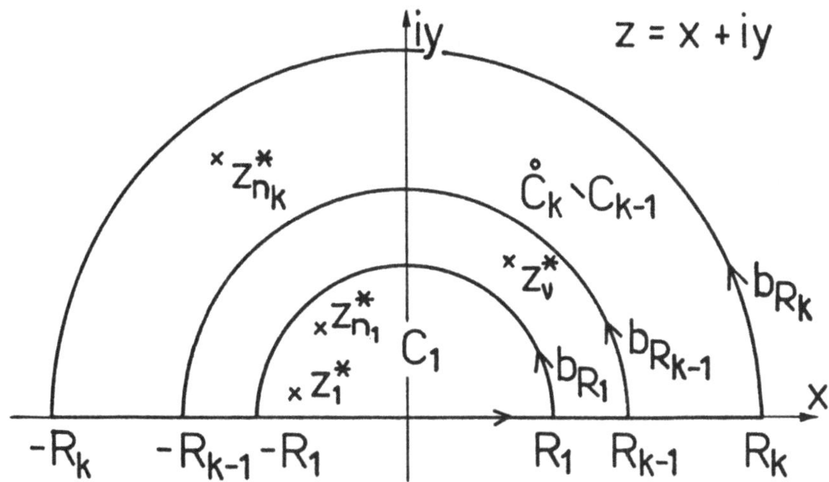

<u>Figur 1.11</u>: Zum Jordan-Lemma

mit den durch die Bögen b_{R_k} und die Intervalle $[-R_k, R_k]$ begrenzten abgeschlossenen Halbkreisscheiben C_k; $k \in \mathbb{N}$.

<u>Beweis:</u> Da sich die Polstellen $z_\nu^* \in H^+$ nur gegen ∞ häufen dürfen, liegen in jedem Halbkreisring $\mathring{C}_k \setminus C_{k-1}$ höchstens endlich viele z_ν^*, d.h. in (1.2.33) treten stets nur endliche Summen $A_k(\lambda)$ auf. Der Residuensatz liefert für jedes $j \in \mathbb{N}$ und alle $\lambda \in \mathbb{C}$:

$$\oint_{\partial C_j} w(z) e^{i\lambda z}\, dz = 2\pi i \cdot \sum_{z_\nu^* \in \mathring{C}_j} \operatorname{Res}_{z=z_\nu^*} w(z) \cdot e^{i\lambda z}$$

$$(1.2.34) \qquad = 2\pi i \cdot \sum_{k=1}^{j} \sum_{z_\nu^* \in \mathring{C}_k \setminus C_{k-1}} \operatorname{Res}_{z=z_\nu^*} w(z) \cdot e^{i\lambda z}$$

$$= 2\pi i \cdot \sum_{k=1}^{j} A_k(\lambda)\ ,$$

denn es ist $C_j = C_1 \cup (C_2 \setminus C_1) \cup \ldots \cup (C_j \setminus C_{j-1})$ als disjunkte Vereinigung, wenn $C_o = \emptyset$ gesetzt wird. Die Formel (1.2.32) ist bewiesen, sobald die Richtigkeit von Formel (1.2.31) gezeigt worden ist, denn es folgte dann

$$(1.2.35) \quad \int_{\partial C_j} \ldots dz = \int_{-R_j}^{R_j} \ldots dx + \int_{b_j} \ldots dz \to \int_{-\infty}^{\infty} \ldots dx \quad \text{für}\ j \to \infty$$

Seien nun $\lambda > 0$ und $j \geq j_o(\varepsilon)$ so gewählt, daß aufgrund der Voraussetzung an w:

$$(1.2.36) \quad \max_{z \in b_j} |w(z)| = \max_{0 \le \theta \le \pi} |w(R_j \cdot e^{i\theta})| \le \varepsilon$$

zutrifft. Dann können wir wie folgt abschätzen

$$(1.2.37) \quad |\int_{b_j} w(z)e^{i\lambda z}dz| \le \int_{\theta=0}^{\pi} |w(R_j \cdot e^{i\theta})| \, |e^{i\lambda R_j e^{i\theta}}| \, |ie^{i\theta}|R_j d\theta$$

$$\le \varepsilon \cdot R \cdot \int_{\theta=0}^{\pi} e^{-\lambda R_j \cdot \sin\theta} \cdot d\theta = \varepsilon R_j (\int_{\theta=0}^{\pi/2} + \int_{\pi/2}^{\pi} e^{-\lambda R_j \sin\theta} d\theta) \, .$$

Im zweiten Integral substituiere man $\theta' = \pi - \theta$, so daß sich derselbe Wert wie für das erste Integral ergibt. Nun gilt bekanntlich für $0 \le \theta \le \pi/2 : \theta \ge \sin\theta \ge \frac{2}{\pi}\theta$:

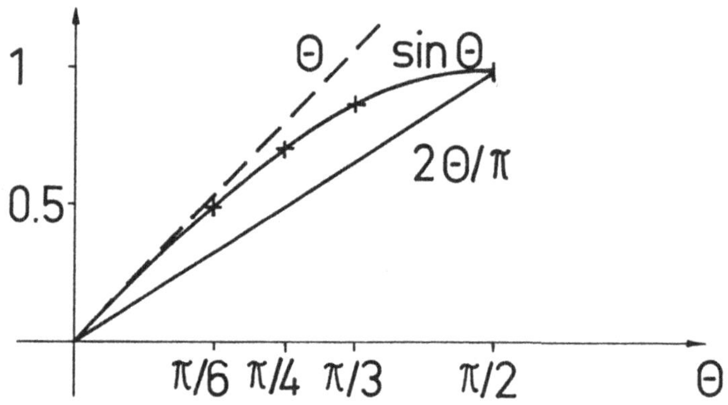

Figur 1.12: Schranken für $\sin\theta$ in $[0,\pi/2]$

Damit wird für alle $\lambda > 0$

$$(1.2.38) \quad 0 \le \int_{0}^{\pi/2} e^{-\lambda R_j \sin\theta} d\theta \le \int_{0}^{\pi/2} e^{-\lambda R_j \cdot 2\theta/\pi} d\theta$$

$$= \frac{-\pi}{\lambda R_j \cdot 2} e^{-\lambda R_j \cdot 2\theta/\pi} \Big|_{\theta=0}^{\pi/2}$$

$$\le \frac{\pi}{2\lambda R_j} \, .$$

Für alle $\lambda > 0$ und $j \ge j_0(\varepsilon)$ haben wir dann die Abschätzung

$$(1.2.39) \quad |\int_{b_j} w(z)e^{i\lambda z} dz| \le 2\varepsilon R_j \cdot \frac{\pi}{2\lambda R_j} = \varepsilon\pi/\lambda \, . \qquad \#$$

<u>Bemerkungen:</u> <u>1.</u> Da die letzte Abschätzung gleichmäßig bzgl. $\lambda \geq \lambda_o > 0$ für jedes feste $\lambda_o > 0$ gilt, so konvergiert die Reihe (1.2.32) gleichmäßig bzgl. $\lambda \geq \lambda_o > 0$.

<u>2.</u> Gilt die Voraussetzung an $w(z)$ nicht bzgl. einer Folge $\{b_j\}_{j\in\mathbb{N}}$ von Halbkreisbögen $\subset H^+$, sondern bzgl. anderer stückweise glatter, paarweise disjunkter Jordankurven mit $d_j := \text{dist}(b_j,0) \to \infty$ für $j \to \infty$, so bleiben (1.2.31) und (1.2.32) gültig, wenn C_j jetzt das Innengebiet bezeichnet, das von der Kurve b_j und dem Intervall $[a_j,b_j] \subset \mathbb{R}$ berandet wird. a_j, b_j seien die gemeinsamen Punkte von b_j mit der reellen Achse. Die Bogenlänge von b_j darf dabei allerdings nur linear mit d_j für $j \to \infty$ wachsen.

1.3. Einige mehrdeutige analytische Funktionen

Jetzt wollen wir noch einige Bemerkungen machen über in Gebieten $D \subset \mathbb{C}$ holomorphe Funktionen, die bei analytischer Fortsetzung über $\mathbb{C}$ hinaus nicht eindeutig bleiben, bei denen also der Funktionswert $W(z^*)$ der fortgesetzten Funktion W vom Kurvenbogen abhängt, längs dessen von $z_o \in D$ die Fortsetzung erfolgte. Wir haben hier

<u>Definition 1.7:</u> *Ist $\tilde{z} \in \mathbb{C}$ eine isolierte singuläre Stelle für w derart, daß bei einem vollen Umlauf von z um $\tilde{z}$ w nicht denselben Funktionswert $w(z^*)$ in $z^* \in \dot{K}_{\tilde{r}}(\tilde{z})$ ($\tilde{r} > 0$ geeignet) annimmt, so heiße $\tilde{z}$ ein Verzweigungspunkt für w, und zwar*

a) ein algebraischer Verzweigungspunkt der Ordnung $k (\geq 2)$, falls $w(z)$ nach k Umläufen von z um $\tilde{z}$ zum selben Funktionswert $w(z^*)$, $z^* \in \dot{K}_{\tilde{r}}(\tilde{z})$ zurückkehrt,

b) ein logarithmischer Verzweigungspunkt, falls es kein endliches k gibt.

<u>Beispiel 1.6:</u> Die Potenzfunktion $w(z) = z^n$, $n \in \mathbb{N}$, bildet jede Kreisscheibe $K_\rho(0)$ auf die n-fach überdeckte Kreisscheibe $K_{\rho^n}(0) \subset \mathbb{C}_w$ so ab, daß nur der Mittelpunkt $z = 0$ genau einmal in den Mittelpunkt $w = 0$ überführt wird. Der Winkelbereich $\{z \in \mathbb{C} : 0 \leq \arg z < 2\pi\}$ geht nämlich über in den Winkelbereich $\{w \in \mathbb{C} : 0 \leq \arg w < n\cdot 2\pi\}$. So gibt es zu jedem $w \neq 0$ n verschiedene Urbildpunkte $z_1,\ldots,z_n$ definiert durch

$$(1.3.1) \qquad z_\nu := (\sqrt[n]{w})_\nu := \sqrt[n]{|w|} \cdot e^{\frac{i}{n} \arg w} \cdot \xi_\nu^{(n)}$$

mit den n <u>Einheitswurzeln</u>

$$(1.3.2) \qquad \xi_\nu^{(n)} := \exp\{2\pi i(\nu-1)/n\} \qquad \text{für} \qquad \nu = 1,\ldots,n.$$

Die Umkehrabbildung $\sqrt[n]{w}$ zur Potenzfunktion $w = z^n$ existiert also nicht als eindeutig definierte Funktion auf $\mathbb{C}$. Aus verschiedenen Gründen benutzt man zwei Darstellungsweisen, die am Beispiel erläutert seien:

1. Dem Standpunkt der reellen Analysis folgend - etwa bei nicht streng monotonen Funktionen einer reellen Variablen - schränkt man w, d.h. ihren Definitionsbereich, ein, etwa auf einen Kreissektor vom Öffnungswinkel $2\pi/n$, z.B. $S_1 := \{z \in \mathbb{C} : 0 \leq \arg z < 2\pi/n\}$. $w_1 := w\big|_{S_1}$ bildet dann S_1 holomorph und bijektiv auf $\mathbb{C}_w$ ab, was sich in der Form $\{w \in \mathbb{C} : 0 \leq \arg w < 2\pi\}$ darstellen läßt. Die eindeutig definierbare Umkehrfunktion auf $\mathbb{C}_w$ ist dann erklärt durch

$$(1.3.3) \qquad z_1 := \sqrt[n]{w_1} := \sqrt[n]{|w_1|} \cdot e^{\frac{i}{n}\arg w_1} \, ,$$

wobei $0 \leq \arg w_1 < 2\pi$ zu wählen ist. Die Funktion z_1 ist dann holomorph in $\mathbb{C} \setminus \mathbb{R}^+$ und hat über $\mathbb{R}^+$ hinweg Unstetigkeitsstellen erster Art (nämlich einen Sprung im Argument von $2\pi/n$ auf O). $\mathbb{R}^+$ wird als <u>Verzweigungsschnitt von</u> z_1 bezeichnet. Er verbindet die Verzweigungspunkte $w_1 = 0$ und $w_1 = \infty$.

Die Funktion $z_1(w_1)$ ist andererseits eindeutig bestimmt durch Vorgabe des Verzweigungsschnitts - hier $\mathbb{R}^+$ - , die Forderung der Holomorphie in $\mathbb{C} \setminus \mathbb{R}^+$, der stetigen Ergänzbarkeit bis an die Ufer von $\mathbb{R}^+$ heran so, daß $z_1 = \sqrt[n]{w_1} > 0$ ist für $w_1 > 0$ am oberen (+) Ufer.

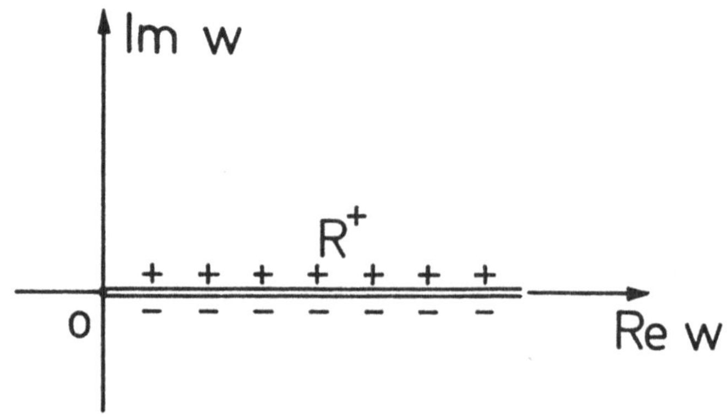

<u>Figur 1.13</u>: Zur Definition der Wurzelfunktion

Dieses Verfahren führt zu den n _Zweigen_ von $\sqrt[n]{w}$ _zum Verzweigungs-_
schnitt $\mathbb{R}^+$

$$(1.3.4) \qquad z_\nu := (\sqrt[n]{w})_\nu := \sqrt[n]{|w|} \cdot e^{\frac{i}{n}\arg_\nu w}$$

mit $2\pi(\nu-1) \leqq \arg_\nu w < 2\pi\nu$; $\nu = 1,\ldots,n$. Ensprechendes läßt sich formulieren, wenn statt $\mathbb{R}^+$ eine andere geeignete, stückweise glatte, doppelpunktfreie, von 0 nach ∞ laufende Kurve als Verzweigungsschnitt
gewählt wird.

2. Nach der Formel (1.3.4) erhält man die n verschiedenen Zweige von
$\sqrt[n]{w}$ dadurch, daß man $\arg w$ nicht modulo 2π, sondern nur modulo $2\pi n$
identifiziert. Denkt man sich daher die komplexe w-Ebene in n Exem-
plaren, _Blättern_, übereinandergelegt und heftet längs $\mathbb{R}^+$ am unteren
Ufer das νte Blatt mit dem $(\nu+1)$ten $(\nu=1,\ldots,n-1)$ am oberen Ufer von
$\mathbb{R}^+$ aneinander und schließlich das nte Blatt mit dem ersten, so gehen
die n Zweige der Wurzelfunktion auf diesem Gebilde stetig und für
$w \neq 0$ und ∞ sogar lokal holomorph ineinander über. Nach Durchlaufen
aller n Blätter kehrt diese mehrdeutige Funktion $\sqrt[n]{w}$ dann zum Aus-
gangsfunktionswert zurück, wenn 0 und ∞ gemieden werden. Die auf
diese Weise n-fach überdeckte, im Ursprung gelochte Ebene nennt man die
Riemannsche Fläche für $\sqrt[n]{w}$. Auf ihr ist $z = \sqrt[n]{w}$ eindeutig definiert.

Da die Potenzfunktion $w = z^n$ auf $\overline{\mathbb{C}}$, der Riemannschen Zahlenkugel, meromorph ist und der Punkt ∞ eindeutig in ∞ abgebildet wird (die
Funktion $w'(z) := w(1/z) = z^{-n}$ bildet ∞ in $w' = 0$ ab), ist leicht
einzusehen, daß die Riemannsche Fläche $\mathcal{R}$ zu $\sqrt[n]{w}$ im Verzweigungspunkt
$w = \infty$ analog wie in $w = 0$ beschaffen ist, so daß $\overline{\mathcal{R}} := \mathcal{R} \cup \{\infty\}$ eine
kompakte Fläche wird.

Zu einem genaueren Studium verzweigter Funktionen sei verwiesen auf die
Lehrbuchliteratur, z.B. [3], [48], [65]. Hier sollen nur noch diejenigen
Fälle eingehender diskutiert werden, die im folgenden benötigt werden.

Beispiel 1.7: Hat man eine linear gebrochene Funktion oder ein quadrati-
sches Polynom mit den Null- und Polstellen z_1, z_2, d.h. $(z-z_1)(z-z_2)^{-1}$
bzw. $(z-z_1)(z-z_2)$, so erhält man Quadratwurzeln daraus, die auf einer
zweiblättrigen Riemannschen Fläche $\mathcal{R}$ mit Verzweigungspunkten z_1, z_2
erklärt und lokal holomorph sind. Jeweils einen Zweig gewinnt man auf
jedem Blatt von $\mathcal{R}$, wenn man zwischen z_1 und z_2 einen Verzweigungsschnitt L legt. Dabei sind die wichtigsten Fälle für die Wahl von L
die folgenden zwei:

a) Sei σ die Verbindungsstrecke zwischen z_1 und z_2 und ℓ_1, ℓ_2 die Verlängerungen von z_1 bzw. z_2 nach ∞. Zu $\sqrt{z-z_k}$, $k = 1,2$, definiere man je einen Zweig

$$\zeta_k = \sqrt{|z-z_k|}\, e^{i/2\,\arg(z-z_k)}$$

mit z.B. $\arg(z_2-z_1) =: \alpha \leq \arg(z-z_k) < \alpha + 2\pi$ und dem Verzweigungsschnitt $L = \sigma \cup \ell_2$ für ζ_1 bzw. ℓ_2 für ζ_2 .

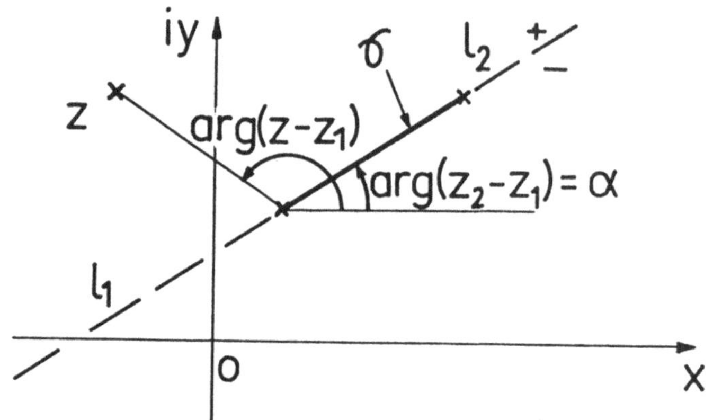

Figur 1.14: Zur Definition der Funktion $\sqrt{(z-z_1)(z-z_2)}$

Die zweiten Zweige ergeben sich in beiden Fällen durch Wahl von $\alpha - 2\pi \leq \arg(z-z_k) < \alpha$, also durch Multiplikation mit $e^{i/2\cdot(-2\pi)} = -1$ aus ζ_k . Damit erhält man einen Zweig von $\sqrt{(z-z_1)(z-z_2)}$ durch

$$(1.3.5) \quad w_1 = \zeta_1 \cdot \zeta_2 = \sqrt{|z-z_1|\,|z-z_2|} \cdot \exp\{i/2[\arg(z-z_1) + \arg(z-z_2)]\}$$

mit obiger Wahl der Argumente, also $\alpha \leq \arg w_1 < \alpha + 2\pi$, und mit σ als Verzweigungsschnitt; denn wegen

$$(1.3.6a) \quad \arg w_1\big|_{\ell_{2+}} = \frac{1}{2}[\arg(z-z_1) + \arg(z-z_2)]_{\ell_{2+}} = \frac{1}{2}[\alpha+\alpha] = \alpha$$

$$(1.3.6b) \quad \arg w_1\big|_{\ell_{2-}} = \frac{1}{2}[\alpha+2\pi+\alpha+2\pi] = \alpha + 2\pi$$

ist w_1 stetig über ℓ_2 hinweg. Der Sprung auf σ drückt sich aus durch

(1.3.7a) $\quad \arg w_1 \big|_{\delta_+} = \frac{1}{2} [\alpha + \alpha + \pi] = \alpha + \frac{\pi}{2}$

(1.3.7b) $\quad \arg w_1 \big|_{\delta_-} = \frac{1}{2} [\alpha + 2\pi + \alpha + \pi] = \alpha + \frac{3\pi}{2} = \arg w_1 \big|_{\delta_+} + \pi,$

während der Betrag von w_1 natürlich stetig ist, also

(1.3.8) $\quad w_1 \big|_{\delta_-} = - w_1 \big|_{\delta_+} .$

Der zweite Zweig zu $\sqrt{(z-z_1)(z-z_2)}$ und δ ist $-w_1 = -\zeta_1 \cdot \zeta_2$.

Entsprechende Zweige von $\sqrt{\dfrac{z-z_1}{z-z_2}}$ zu δ lauten:

(1.3.9) $\quad w_2 = \dfrac{\zeta_1}{\zeta_2} = \sqrt{\left|\dfrac{z-z_1}{z-z_2}\right|} \, \exp\{i/2[\arg(z-z_1) - \arg(z-z_2)]\}$

und $- w_2$ mit obiger Argumentwahl, $-\pi \le \arg w_2 < \pi$, sowie

(1.3.10) $\quad \arg w_2 \big|_{\ell_{2+}} = \arg w_2 \big|_{\ell_{2-}} = 0, \; w_2 \big|_{\delta_-} = -w_2 \big|_{\delta_+} .$

Dabei gilt

(1.3.11) $\quad w_2 = w_1 \cdot (z-z_2)^{-1}$ und $\sqrt{\dfrac{z-z_1}{z-z_2}} = \sqrt{(z-z_1)(z-z_2)} \cdot (z-z_2)^{-1}$

für die Zweige bzw. die mehrdeutigen analytischen Funktionen.

b) Als Verzweigungsschnitt L wird eine Verbindungskurve von z_1 und z_2 über ∞ hinweg gewählt, z.B. $L = \ell_1 \cup \ell_2$. Wählt man nämlich ζ_2 wie zuvor, aber $\tilde{\zeta}_1$ symmetrisch (d.h. Vertauschung der Indizes):

(1.3.12) $\quad \tilde{\zeta}_1 = \sqrt{|z-z_1|} \cdot e^{i/2 \arg(z-z_1)}$

mit $\arg(z_1-z_2) = -\alpha \le \arg(z-z_1) < -\alpha + 2\pi$

und Verzweigungsschnitt ℓ_1, so erhält man statt w_1 den Zweig

(1.3.13) $\quad \tilde{w}_1 = \tilde{\zeta}_1 \cdot \zeta_2 = \sqrt{|z-z_1||z-z_2|} \exp\{i/2[\arg(z-z_1) + \arg(z-z_2)]\}$

mit $-\alpha \le \arg(z-z_1) < 2\pi-\alpha, \; \alpha \le \arg(z-z_2) < 2\pi + \alpha$ und dem Verzweigungsschnitt $\ell_1 \cup \ell_2$.

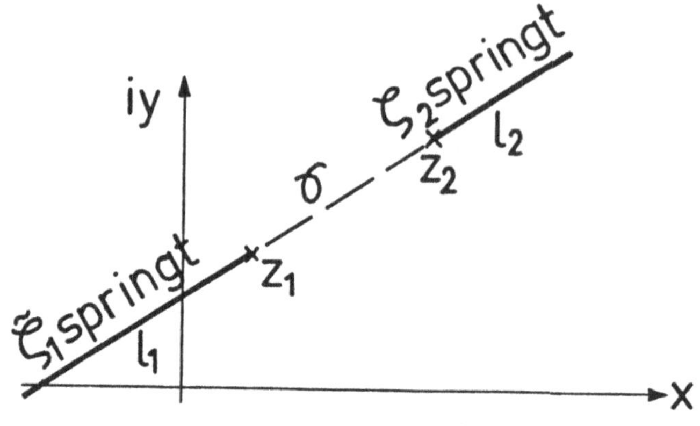

__Figur 1.15:__ Zur Definition von $\sqrt{(z-z_1)(z-z_2)}$

Häufig wählt man aber zwei Strahlen parallel zur positiven bzw. zur negativen imaginären Achse von z_2 bzw. z_1 ausgehend, so daß

$$-\pi/2 < \arg(z-z_1) \leq \frac{3\pi}{2} \text{ und } -\frac{3\pi}{2} \leq \arg(z-z_2) < \frac{\pi}{2} \text{ gilt.}$$

__Beispiel 1.8:__ Treten Funktionen $w(z)$ auf, die logarithmische Verzweigungspunkte, d.h. solche unendlich hoher Ordnung, haben, so gibt es nach
Aufschneiden der z-Ebene zwischen diesen Verzweigungspunkten und $z = \infty$
- oder paarweise zwischen zwei benachbarten, so daß sich keine kreuzen -,
jeweils unendlich viele verschiedene Zweige w_ν der auf der zu w gehörigen Riemannschen Fläche $\mathcal{R}$ analytischen Funktion. Man erhält diese
Funktion, wenn man zu $\log(z-z^*)$, wobei z^* solch ein Verzweigungspunkt
ist, die Zweige gegeben durch

$$(1.3.14) \quad \log_H(z-z^*)+2\pi i\nu \quad \text{mit} \quad \log_H(z-z^*):=\log|z-z^*|+i\cdot\arg_H(z-z^*), \nu \in \mathbb{Z},$$

als Umkehrfunktionen von $z(w) = z^* + e^w$, definiert auf
$\{w \in \mathbb{C} : 2\pi\nu+\delta \leq \text{Im } w < 2\pi(\nu+1)+\delta\}$ betrachtet. Sie sind holomorph in
$\mathbb{C} \setminus L$ und auf dem Verzweigungsschnitt $L := \{z^*+te^{i\delta}, t \geq 0\}$ von links
her stetig, z^* ausgenommen. Gerade hier erweist sich das Rechnen mit
der mehrdeutigen analytischen Funktion $\log(z-z^*)$ oft als besonders
sinnvoll, da ihre (auf einem beliebigen Blatt der Riemannschen Fläche
gebildete) Ableitung $(z-z^*)^{-1}$ eindeutig ist. Man bezeichnet $\log(z-z^*)$
als __Stammfunktion__ zu $(z-z^*)^{-1}$.

__Beispiel 1.9:__ Für nichtrationale $\alpha = \alpha_1 + i\alpha_2$, $\beta = \beta_1 + i\beta_2 \in \mathbb{C}$ ist

$$(z-z_1)^\alpha (z-z_2)^\beta = \exp\{\alpha \cdot \log(z-z_1) + \beta \cdot \log(z-z_2)\}$$

$$(1.3.15) \qquad = \exp\{\alpha_1 \log|z-z_1| + \beta_1 \log|z-z_2| - \alpha_2 \arg(z-z_1) - \beta_2 \arg(z-z_2)\} \cdot$$

$$\cdot \exp i\{\alpha_2 \log|z-z_1| + \beta_2 \log|z-z_2| + \alpha_1 \arg(z-z_1) + \beta_1 \arg(z-z_2)\}.$$

Wenn sich α und β nicht um eine ganze Zahl unterscheiden, sind zwei Verzweigungsschnitte L_1, L_2 von z_1, z_2 nach ∞ zu führen.

Bei komplizierteren Funktionen - wie z.B. $w(z) = \sqrt{\sin z}$ - treten unendlich viele Verzweigungspunkte $z_\nu = \nu\pi$, $\nu \in \mathbf{Z}$ (hier von zweiter Ordnung) auf. Hier ist es möglich, jeweils zwischen $z_{2\nu}$ und $z_{2\nu+1}$ einen endlichen Verzweigungsschnitt σ_ν zu legen:

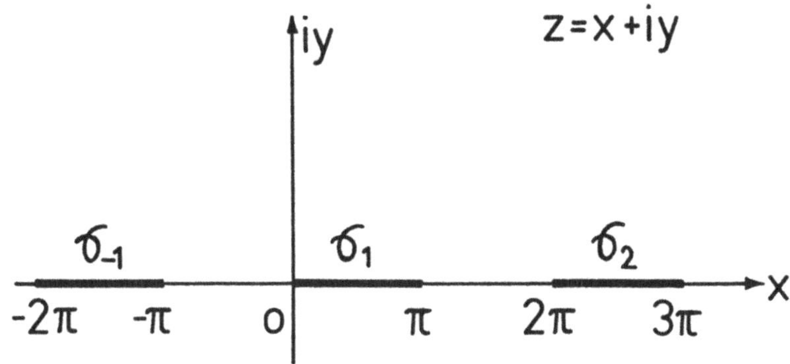

<u>Figur 1.16:</u> Zur Definition der Zweige von $\sqrt{\sin z}$

1.4. Harmonische Funktionen in der Ebene

Im Abschnitt 1.2 haben wir die in einem ebenen Gebiet D harmonischen Funktionen u bzw. v als Real- bzw. Imaginärteile von in D holomorphen Funktionen $w(z) = u(x,y) + i \cdot v(x,y)$ in Fourierreihen bzgl. lokaler Polarkoordinaten $z = z_0 + re^{i\theta}$, $0 \le \theta < 2\pi$, $0 < r < \text{dist}(z_0, \partial D)$ entwickelt. Ist etwa $z_0 = 0$ - auf diesen Fall können wir uns stets beschränken, da der Laplacesche Differentialoperator Δ invariant gegenüber Koordinatentranslationen ist - und $u \in C^2(K_R(O)) \cap C^1(\overline{K_R(O)})$ gesucht mit

$$\text{i)} \quad \Delta u = O \quad \text{in} \quad K_R(O) \quad \text{und}$$
$$(1.4.1)$$
$$\text{ii)} \quad u\big|_{\partial K_R(O)} = f(\theta), \ 0 \le \theta < 2\pi,$$

mit vorgegebener stetig differenzierbarer Funktion f auf $[0,2\pi]$, so
denke man sich f in eine Fourierreihe entwickelt (die bei 2π-periodi-
schem, stetig differenzierbarem f gleichmäßig konvergiert)

$$(1.4.2) \qquad f(\Theta) = a_o + \sum_{k=1}^{\infty} (a_k \cos k\Theta + b_k \sin k\Theta)$$

mit den Fourierkoeffizienten

$$(1.4.3a) \qquad a_o = \frac{1}{2\pi} \int_0^{2\pi} f(\Theta)d\Theta$$

$$(1.4.3b) \qquad \left.\begin{array}{c} a_k \\[2mm] b_k \end{array}\right\} = \frac{1}{\pi} \int_0^{2\pi} f(\Theta) \cdot \left\{\begin{array}{c} \cos k\Theta \\[2mm] \sin k\Theta \end{array}\right\} d\Theta \qquad \text{für} \quad k \in \mathbb{N} \; .$$

Aus (1.2.12a) folgt dann mit $r = R$ für $0 \leq \Theta < 2\pi$

$$(1.4.4) \qquad u\big|_{\partial K_R(O)} = \alpha_o + \sum_{k=1}^{\infty} R^k (\alpha_k \cos k\Theta - \beta_k \sin k\Theta) = f(\Theta) \; ,$$

woraus sich durch Koeffizientenvergleich ergibt

$$(1.4.5) \qquad \begin{array}{l} \alpha_o = a_o \\[3mm] \alpha_k = a_k/R^k, \quad \beta_k = - b_k/R^k, \quad k \in \mathbb{N}, \end{array}$$

so daß u die Darstellung hat

$$(1.4.6) \qquad u(x,y) = u^*(r,\Theta) = a_o + \sum_{k=1}^{\infty} \left(\frac{r}{R}\right)^k (a_k \cos k\Theta + b_k \sin k\Theta).$$

Diese Reihe konvergiert für $0 \leq r \leq R,\ 0 \leq \Theta \leq 2\pi$ absolut und gleichmäßig.

Setzen wir für die Fourierkoeffizienten die Integrale (1.4.3) ein, so
folgt aufgrund der gleichmäßigen Konvergenz der Reihe bzgl. $\Theta, \vartheta \in [0,2\pi)$
für

$$u^*(r,\Theta) = \frac{1}{2\pi} \int_0^{2\pi} f(\vartheta)d\vartheta + \sum_{k=1}^{\infty} \frac{1}{\pi} \left(\frac{r}{R}\right)^k \int_0^{2\pi} f(\vartheta)[\cos k\vartheta \cos k\Theta + \sin k\vartheta \sin k\Theta] \cdot d\vartheta$$

$$(1.4.7)$$

$$= \frac{1}{\pi} \int_0^{2\pi} f(\vartheta)[\frac{1}{2} + \sum_{k=1}^{\infty} \left(\frac{r}{R}\right)^k \cdot \cos k(\Theta - \vartheta)] \cdot d\vartheta \; .$$

Nun gilt aber für $0 \leq \rho = r/R < 1$

$$\frac{1}{2} + \sum_{k=1}^{\infty} \rho^k \cos k(\theta-\vartheta) = -\frac{1}{2} + \operatorname{Re} \sum_{k=0}^{\infty} (\rho e^{i(\theta-\vartheta)})^k =$$

$$(1.4.8) \quad = -\frac{1}{2} + \operatorname{Re}\left(\frac{1}{1-\rho e^{i(\theta-\vartheta)}}\right) =$$

$$= \frac{1}{2} \cdot \frac{1-\rho^2}{1+\rho^2 - 2\rho \cos(\theta-\vartheta)} \quad .$$

Damit wird:

$$(1.4.9) \quad u^*(r,\theta) = \frac{1}{2\pi} \int_0^{2\pi} f(\vartheta) \cdot \frac{R^2 - r^2}{R^2 + r^2 - 2r\cos(\theta-\vartheta)} \, d\vartheta \ .$$

Das ist die sogen. <u>Poisson-Integralformel</u>. Sie definiert für jede stetige, ja sogar nur absolut uneigentlich integrierbare, und 2π-periodische Funktion f in $K_R(0)$ eine harmonische Funktion. Man kann zeigen (s. z.B. [90], S. 37) : $\lim\limits_{r \to R} u^*(r,\theta) = f(\theta)$ für fast alle $0 \le \theta < 2\pi$ (d.h. bis auf eine Lebesguesche Nullmenge von $[0,2\pi)$), insbesondere für alle Stetigkeitspunkte von f.

<u>Bemerkungen</u>: 1. Ist u eine im Kreisring $\mathscr{R}_{R_1 R_2}(z_0)$ harmonische Funktion, so braucht die konjugiert harmonische Funktion v wegen des zweifachen Zusammenhangs von $\mathscr{R}_{R_1,R_2}(z_0)$ dort nicht mehr eindeutig zu sein, d.h. auch die lokal holomorphe Funktion $w = u + i \cdot v$ kehrt nach einem Umlauf von z in $\mathscr{R}_{R_1,R_2}(z_0)$ um z_0 nicht notwendig zum Ausgangswert $w(z)$ zurück. Dies ist z.B. der Fall für $u(x,y) = u^*(r,\theta) = \log r$ und $v(x,y) = v^*(r,\theta) = \theta$ d.h. für die mehrdeutige analytische Funktion $w(z) = \log r + i\theta = \log z$ zu $z_0 = 0$. $\log r$ ist in jedem Kreisring $\mathscr{R}_{R_1,R_2}(0)$ harmonisch und eindeutig, während v nur bis auf $2\pi g$, $g \in \mathbf{Z}$, festgelegt ist. Ist u in $\mathscr{R}_{R_1,R_2}$ harmonisch, so sind es auch u_x und u_y und folglich auch v_y und $-v_x$ aufgrund der Cauchy-Riemannschen Differentialgleichungen, so daß die Mehrdeutigkeit der konjugiert harmonischen Funktion v nur von den ganzzahligen Vielfachen der Werte des Umlaufintegrals

$$(1.4.10) \quad c := \oint_L (v_x dx + v_y dy) = \oint_L (-u_y dx + u_x dy)$$

herrühren kann, wenn L eine geschlossene stückweise glatte Jordankurve ist, die in $\mathscr{R}_{R_1,R_2}(0)$ verlaufend 0 einmal im positiven Sinne umschließt. Dabei ist insofern c von der Kurve L unabhängig, als die Werte c_1 und c_2 zu zwei verschiedenen, innerhalb $\mathscr{R}_{R_1,R_2}(0)$ verlaufenden und sich stetig ineinander deformierbaren Kurven L_1 und L_2 übereinstimmen.

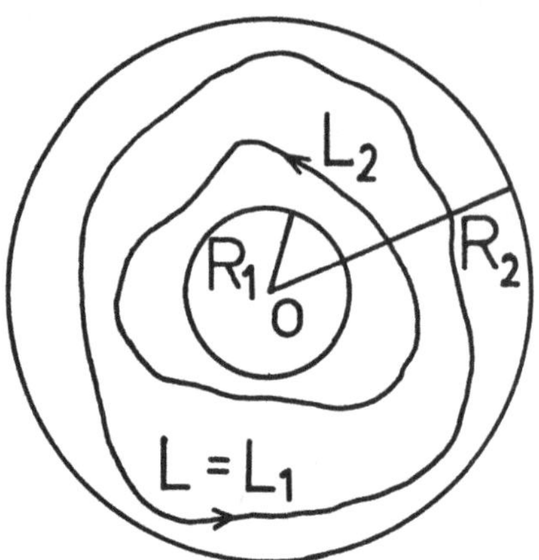

<u>Figur 1.17:</u> Zu Umlaufintegralen längs geschlossener Kurven in einem
Kreisring

Es ist dann

$$(1.4.11) \quad \oint_L w'(z)\,dz = \oint_L (u_x+iv_x)(dx+idy) = \oint_L (u_x dx - v_x dy) + i\cdot\oint_L (u_x dy + v_x dx)$$

$$= \oint_L (u_x dx + u_y dy) + i\cdot\oint_L (-u_y dx + u_x dy) = ic \ ,$$

da u eindeutig sein sollte in $\mathcal{R}_{R_1,R_2}(O)$. Nun gilt aber in jedem Kreisring $\mathcal{R}_{R_1,R_2}(O)$:

$$(1.4.12) \quad \oint_L \frac{dz}{z} = 2\pi i \ ,$$

so daß

$$(1.4.13) \quad w'(z) - \frac{c}{2\pi}\cdot\frac{1}{z} = (w(z) - \frac{c}{2\pi}\log z)'$$

eine in $\mathcal{R}_{R_1,R_2}(O)$ eindeutige Stammfunktion $w(z) - \frac{c}{2\pi}\cdot\log z$ hat.
Diese ist dann also in $\mathcal{R}_{R_1,R_2}(O)$ in eine Laurentreihe (1.2.15) entwickelbar, woraus für $z \in \mathcal{R}_{R_1,R_2}(O)$ folgt:

$$(1.4.14) \quad w(z) = \frac{c}{2\pi}\log z + \sum_{k=-\infty}^{\infty} A_k \cdot z^k \ .$$

Für den Realteil u ergibt sich dann in $\mathcal{R}_{R_1,R_2}(O)$:

(1.4.15a) $\quad u(x,y) = u^*(r,\theta) = \frac{c}{2\pi} \log r + \sum_{k=-\infty}^{\infty} |A_k| \cdot r^k \cdot \cos(k\theta + \theta_k)$

(1.4.15b) $\qquad\qquad\qquad = \frac{c}{2\pi} \log r + \alpha_0 + \sum_{k=1}^{\infty} \{ (\alpha_k r^k + \alpha_{-k} r^{-k}) \cos k\theta$

$$- (\beta_k r^k - \beta_{-k} r^{-k}) \sin k\theta \} ,$$

wenn $\alpha_k = |A_k| \cdot \cos \theta_k$, $\beta_k = |A_k| \cdot \sin \theta_k$ gesetzt wird. Sind die Funktionen $u\big|_{\partial K_{R_1}(0)} = f_1$ und $u\big|_{\partial K_{R_2}(0)} = f_2$ auf den beiden konzentrischen Kreisen als 2π-periodische, etwa stetig differenzierbare vorgeschrieben, so resultieren für die Koeffizienten c, α_0, α_k, α_{-k}, β_k, β_{-k}; $k \in \mathbb{N}$; Gleichungssysteme, die eindeutig auflösbar sind:

(1.4.16a)
$$\frac{c}{2\pi} \log R_1 + \alpha_0 = a_0^{(1)} := \frac{1}{2\pi} \int_0^{2\pi} f_1(\theta) d\theta$$
$$\frac{c}{2\pi} \log R_2 + \alpha_0 = a_0^{(2)} := \frac{1}{2\pi} \int_0^{2\pi} f_2(\theta) d\theta$$

(1.4.16b)
$$\alpha_k R_1^k + \alpha_{-k} R_1^{-k} = a_k^{(1)} := \frac{1}{\pi} \int_0^{2\pi} f_1(\theta) \cdot \cos k\theta \cdot d\theta$$
$$\alpha_k R_2^k + \alpha_{-k} R_2^{-k} = a_k^{(2)} := \frac{1}{\pi} \int_0^{2\pi} f_2(\theta) \cdot \cos k\theta \cdot d\theta \qquad (k \in \mathbb{N})$$

(1.4.16c)
$$\beta_k R_1^k - \beta_{-k} R_1^{-k} = -b_k^{(1)} := \frac{-1}{\pi} \int_0^{2\pi} f_1(\theta) \cdot \sin k\theta \cdot d\theta$$
$$\beta_k R_2^k - \beta_{-k} R_2^{-k} = -b_k^{(2)} := \frac{-1}{\pi} \int_0^{2\pi} f_2(\theta) \cdot \sin k\theta \cdot d\theta \qquad (k \in \mathbb{N})$$

Die Endformeln seien hier weggelassen.

2. Wenn $u \in C^2(K_R(0))$ als harmonische Funktion gesucht wird, für die auf der Kreisperipherie $\partial K_R(0)$ statt der Werte die ihrer Normalableitung $\frac{\partial u^*}{\partial r}\big|_{\partial K_R(0)} = g(\theta)$ vorgeschrieben sind, so kann man ebenfalls die Fourierreihenmethode verwenden. In diesem Fall erhält man aus

(1.4.17)
$$\frac{\partial u^*}{\partial r}\bigg|_{r=R} = \sum_{k=1}^{\infty} kR^{k-1} \cdot (\alpha_k \cdot \cos k\theta - \beta_k \cdot \sin k\theta) =$$
$$= g(\theta) = \sum_{k=1}^{\infty} (a_k' \cdot \cos k\theta + b_k' \cdot \sin k\theta)$$

(es muß $a_0' = \frac{1}{2\pi} \int_0^{2\pi} g(\theta) d\theta$ notwendigerweise $= 0$ sein!)

die Fourierkoeffizienten von $u^*(r,\theta)$ zu

(1.4.18) $\quad \alpha_k = a_k'/kR^{k-1}$ und $\beta_k = -b_k'/kR^{k-1}$, $k \in \mathbb{N}$

setzen wir diese in (1.2.12a) ein und formen analog zu (1.4.7) um, dann
resultiert

$$u(x,y) = u^*(r,\theta) = \alpha_0 + \sum_{k=1}^{\infty} \frac{r^k}{kR^{k-1}} (a_k' \cdot \cos k\theta + b_k' \cdot \sin k\theta)$$

$$(1.4.19) \qquad = \alpha_0 + \frac{R}{\pi} \int_0^{2\pi} g(\vartheta) \cdot \sum_{k=1}^{\infty} \left(\frac{r}{R}\right)^k \cdot \frac{\cos k(\theta-\vartheta)}{k} \, d\vartheta$$

$$= \alpha_0 - \frac{R}{\pi} \int_0^{2\pi} g(\vartheta) \cdot \log\left|1 - \frac{r}{R} e^{i(\theta-\vartheta)}\right| d\vartheta$$

$$= \alpha_0 + \frac{R}{\pi} \cdot \log R \cdot \underbrace{\int_0^{2\pi} g(\vartheta) \, d\vartheta}_{=0} -$$

$$- \frac{R}{2\pi} \int_0^{2\pi} g(\vartheta) \cdot \log[R^2+r^2-2rR\cos(\theta-\vartheta)] \, d\vartheta \ .$$

Dabei ist $\alpha_0 \in \mathbb{R}$ beliebig wählbar, so daß

$$(1.4.20) \qquad u^*(r,\theta) = \alpha_0 - \frac{R}{2\pi} \int_0^{2\pi} g(\vartheta) \cdot \log[R^2+r^2-2rR\cos(\theta-\vartheta)] \, d\vartheta$$

---

die Lösungen des sogen. <u>zweiten Randwert-</u> oder <u>Neumann-Problems der Potentialtheorie für einen Kreis</u> darstellen

3. Auch für einen Kreisring $\mathcal{k}_{R_1,R_2}(0)$ läßt sich das zweite Randwertproblem oder auch das <u>spezielle gemischte</u> Randwertproblem mit

$$u\big|_{\partial K_{R_1}(0)} = f \quad \text{und} \quad \frac{\partial u}{\partial n}\Big|_{\partial K_{R_2}(0)} = \frac{\partial u^*}{\partial r}\Big|_{r=R} = g, \quad \text{mittels der Fourierrei-}$$

henmethode explizit lösen.
Da auf Grund der Cauchy-Riemannschen Differentialgleichungen, $u_x = v_y$,
$u_y = -v_x$, die zugehörige holomorphe Funktion $w = u + iv$ im einfach zusammenhängenden Gebiet D durch u bereits eindeutig bis auf eine rein
imaginäre additive Konstante ic festgelegt ist, kann man mittels der
Poissonformel (1.4.9) bzw. mittels (1.4.20) w durch die Randwerte ihres

Realteils u bzw. von dessen Normalableitung $\frac{\partial u}{\partial n} = \frac{\partial u^*}{\partial r}$ im Falle einer
Kreisscheibe wie folgt darstellen:

$$(1.4.21) \qquad w(z) = \frac{1}{2\pi} \int_{\vartheta=0}^{2\pi} f(\vartheta) \cdot \frac{e^{i\vartheta}+z}{e^{i\vartheta}-z} \, d\vartheta + ic; \quad z \in E \ ,$$

das ist die sogen. <u>Schwarzsche Formel für den Einheitskreis</u> bei Vorgabe
der Randwerte f. $c \in \mathbb{R}$ ist darin beliebig wählbar.

$$(1.4.22) \qquad w(z) = - \frac{1}{\pi} \int_{\vartheta=0}^{2\pi} g(\vartheta) \cdot \log(e^{i\vartheta}-z)\, d\vartheta + C; \quad z \in E.$$

Das ist die sogen. <u>Dinische Formel für den Einheitskreis</u> mit beliebig wählbarem $C \in \mathbb{C}$ bei Vorgabe der Werte der Normalableitung g. Hierin ist jeder Zweig von $\log(e^{i\vartheta}-z)$ für $z \in E$ eindeutig und holomorph, d.h. der Verzweigungsschnitt ist jeweils von $z_o = e^{i\vartheta} \in \partial E$ im Äußeren von E etwa als Strahl $\delta_\vartheta := \{z=t \cdot e^{i\vartheta},\ t \geq 1\}$ nach ∞ zu führen.

Die Richtigkeit der Formeln folgt sofort aus

$$\mathrm{Re}\ \frac{e^{i\vartheta}+z}{e^{i\vartheta}-z} = \frac{\mathrm{Re}[\,(e^{i\vartheta}+z)(e^{-i\vartheta}-\bar{z})\,]}{|e^{i\vartheta}-z|^2} = \frac{\mathrm{Re}[\,e^{i\vartheta}+re^{i\theta})(e^{-i\vartheta}-re^{-i\theta})\,]}{1+r^2-2r\cos(\theta-\vartheta)}$$

$$(1.4.23)$$

$$= \frac{1-r^2}{1+r^2-2r\cos(\theta-\vartheta)}$$

bzw.

$$\mathrm{Re}\ \log(e^{i\vartheta}-z) = \log|e^{i\vartheta}-z| =$$

$$(1.4.24)$$

$$= \frac{1}{2}\log[\,(e^{i\vartheta}-z)(e^{-i\vartheta}-\bar{z})\,] = \frac{1}{2}\log[\,1+r^2-2r\cos(\theta-\vartheta)\,].$$

Man kann zeigen, daß die durch die Formeln (1.4.21) und (1.4.22) für beliebige 2π-periodische, stetige Funktionen f bzw. g mit $\int_o^{2\pi} g(\vartheta)\,d\vartheta = 0$ dargestellten holomorphen Funktionen $w = u + iv$ die Randwerte f bzw. g von u bzw. $\frac{\partial u}{\partial r}$ stetig annehmen.

Weitere Eigenschaften ebener harmonischer Funktionen lassen sich leicht aus den Integralsätzen gewinnen:

<u>Satz 1.9</u> *(Mittelwertformel): Ist* u *eine im Gebiet* $D \subset \mathbb{C}$ *harmonische Funktion, so gilt für jeden Punkt* $z_o = x_o + iy_o \in D$ *und jede Kreisscheibe* $K_r(z_o) \subset D$:

$$(1.4.25a) \qquad u(x_o,y_o) = \frac{1}{2\pi} \int_{\theta=o}^{2\pi} u(z_o+re^{i\theta})\,d\theta$$

bzw.

$$(1.4.25b) \qquad u(x_o,y_o) = \frac{1}{\pi r^2} \int\int_{K_r(z_o)} u(x,y)\,d(x,y)\ .$$

<u>Beweis:</u> Ist $w = u + iv$ - zumindest lokal, d.h. in $K_r(z_o) \subset D$ - eine zum gegebenen harmonischen u gehörige (eindeutige) holomorphe Funktion, so liefert die Cauchysche Integralformel (1.2.8) im Falle $k = 0$ mit

$$L = \partial K_r(z_o) = \{\zeta \in \mathbb{C} : \zeta = z_o + re^{i\theta}, \ 0 \leq \theta \leq 2\pi\} :$$

$$(1.4.26) \qquad w(z_o) = \frac{1}{2\pi i} \int_{\theta=o}^{2\pi} \frac{w(z_o+re^{i\theta})rie^{i\theta}d\theta}{re^{i\theta}} \ ,$$

woraus durch Trennung in Real- und Imaginärteil die erste Mittelwertformel resultiert. Wählt man statt r den Radius $\rho \in [0,r]$ und formt um zu

$$(1.4.27) \qquad 2\pi\rho \cdot u(x_o,y_o) = \int_{\theta=o}^{2\pi} u(z_o+\rho e^{i\theta})\rho d\theta \ ,$$

so ergibt eine Integration bzgl. ρ von 0 bis r :

$$(1.4.28) \qquad \pi r^2 \cdot u(x_o,y_o) = \int\int_{K_r(z_o)} u(x,y)d(x,y) \ ,$$

woraus sich unmittelbar die zweite Mittelwertformel ergibt. $\quad\#$

Bemerkung: Die Mittelwertformeln bleiben gültig, wenn $w = u + iv$ zwar in $K_r(z_o)$ holomorph aber in $\overline{K_r(z_o)}$ nur stetig oder sogar nur auf $\overline{K_r(z_o)}$ absolut uneigentlich integrable Randwerte hat.

Aus der Mittelwertformel, die auch für harmonische oder Potentialfunktionen u in höheren Dimensionen gilt, folgt nun der wichtige

Satz 1.10 (Maximumprinzip): *Ist* u *im Gebiet* D *harmonisch und nicht konstant, so nimmt* u *im Innern von* D *weder sein Maximum noch sein Minimum an.*

Beweis: a) Es reicht o. B. d. A. aus zu zeigen, daß u in D kein Maximum hat, denn mit u ist auch $-u$ in D harmonisch und nicht konstant und hätte sein Maximum dort, wo u sein Minimum hätte.

b) Wir schließen nun indirekt: Angenommen $z_o \in D$ wäre die Stelle des Maximums für u, dann folgte $u(x,y) \leq u(x_o,y_o)$ für alle $z = x + iy \in D$. Durch Integration über eine mit ihrem Rand ganz in D gelegene Kreisscheibe $K_r(z_o)$ erhielte man

$$(1.4.29) \qquad \int\int_{K_r(z_o)} u(x,y)d(x,y) \leq \pi r^2 \cdot u(x_o,y_o) = \int\int_{K_r(z_o)} u(x,y)d(x,y)$$

aufgrund der Mittelwertformel (1.4.25b). Es kann mithin in der letzten Formel nur das Gleichheitszeichen gültig sein. Wegen der Stetigkeit von u muß aber dann auch $u(x,y) = u(x_o,y_o)$ in $K_r(z_o)$ sein, denn ein $z_1 = x_1 + iy_1 \in K_r(z_o)$ mit $u(x_1,y_1) < u(x_o,y_o)$ führte zu $u(x,y) < u(x_o,y_o)$ in einer vollen Umgebung $K_\rho(z_1)$ und damit zu

$$\int\int_{K_\rho(z_1)} u(x,y)\,d(x,y) < \pi\rho^2 u(x_o,y_o).$$

c) Sei nun $z_o' \in D$, das nicht in solch einem Kreise $K_r(z_o) \subset D$ liegt, so kann man z_o und z_o' durch einen stückweise glatten Jordanbogen $b = \overset{\frown}{z_o z_o'}$ verbinden. $K_{r_o}(z_o)$ sei eine Kreisscheibe mit $\overline{K_{r_o}(z_o)} \subset D$ und z_1 sei der letzte Durchstoßpunkt von $\overset{\frown}{z_o z_o'}$ durch $\partial K_r(z_o)$. Nach Beweisteil b) ist dann $u(z_1) = u(z_o)$. Sei $K_{r_1}(z_1)$ eine Kreisscheibe um z_1 so daß $K_{r_1}(z_1) \subset D$ ist. Der letzte Durchstoßpunkt von $\overset{\frown}{z_o z_o'}$ durch $\partial K_r(z_1)$ sei z_2 . Dann ist $u(z_2) = u(z_1)$. So fahre man fort. Da $b = \overset{\frown}{z_o z_o'} \subset D$ eine kompakte Punktmenge ist und alle Radien $r_\nu \geq \frac{1}{2} \operatorname{dist}(\partial D,b) > 0$ gewählt werden können, reichen endlich viele - sagen wir $m + 1$ - Kreisscheiben $K_{r_\nu}(z_\nu)$ aus, um b zu überdecken, d.h. um z_o zu erreichen: $z_o' \in K_{r_m}(z_m)$. Aus $u(z_\nu) = u(z_{\nu-1})$; $\nu = 1,\ldots, m$; und $u(z_o') = u(z_m)$ folgt schließlich $u(z_o') = u(z_o)$. Also ist $u(z) = u(z_o)$ für alle $z \in D$, also u konstant in D, was der Voraussetzung an u widerspricht. $\#$

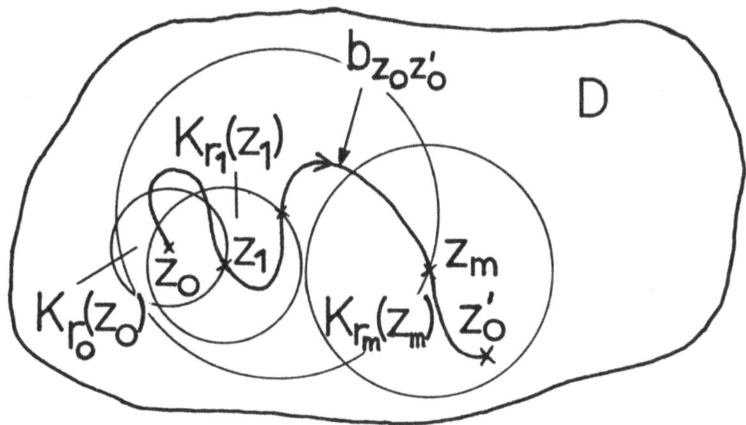

<u>Figur 1.18:</u> Zum Beweis des Maximumprinzips

<u>Folgerungen</u>: 1. Ist $B \subset \mathbb{C}$ ein regulärer Bereich, in dessen Innerem $\overset{\circ}{B}$ die Funktion u harmonisch und auf dessen kompaktem Abschluß $B = \overline{B} = \overset{\circ}{B} \cup \partial B$ u stetig ist, so nimmt u sein Maximum und sein Minimum auf dem Rande ∂B an.

2. Wenn u_1, u_2 zwei auf dem regulären Bereich B stetige und im Innern harmonische Funktionen sind, für die $|u_2 - u_1| \leq \varepsilon$ auf dem Rand ist, so gilt diese Abschätzung auf ganz B, denn diese ist gleichwertig mit der

für $z \in B$ gültigen

$$(1,4.30) \quad -\varepsilon \leq \min_{z \in \partial B} (u_2(z)-u_1(z)) \leq u_2(z) - u_1(z) \leq \max_{z \in \partial B} (u_2(z) - u_1(z)) \leq \varepsilon,$$

denn die Differenz $u_2 - u_1$ ist ebenfalls in $\overset{\circ}{B}$ harmonisch.

3. Ist $\{u_n\}_{n \in \mathbb{N}}$ eine Folge von im Innern harmonischer und auf B stetiger Funktionen, die auf dem Rande gleichmäßig konvergiert, so trifft dies in ganz B zu.

Aus der Cauchyschen Integralformel folgt noch der

<u>Satz 1.11</u> *(Darstellungsformel): Ist* $D \subset \mathbb{C}$ *ein Gebiet und* $B \subset D$ *ein regulärer, einfach zusammenhängender Bereich, so gilt für jede in* D *harmonische Funktion* u *und jeden Punkt* $z = x + iy \in \overset{\circ}{B}$:

$$(1.4.31) \quad u(x,y) = \frac{1}{2\pi} \int_{s=o}^{\ell} [u(\zeta(s)) \frac{\partial}{\partial n} \log|z-\zeta(s)| - \frac{\partial u}{\partial n} \cdot \log|z-\zeta(s)|] ds$$

mit dem Bogenlängenparameter s von $L = \partial B$ und dem in $\zeta(s) = \xi(s) + i\eta(s) \in L$ nach außen gerichteten Normaleneinheitsvektor n und der Normalableitung $\frac{\partial}{\partial n}$.

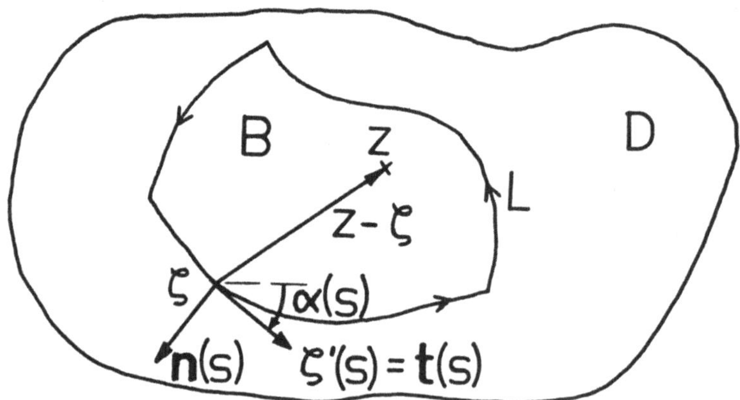

<u>Figur 1.19:</u> Zum Darstellungssatz für harmonische Funktionen in der Ebene

<u>Beweis:</u> Bis auf endlich viele Ausnahmestellen $\zeta = \xi + i\eta \in L$ existiert der Tangenteneinheitsvektor $\zeta'(s) = e^{i\alpha(s)} \cdot \alpha(s)$ ist dabei der Winkel dieses Vektors gegen eine Parallele zur positiven reellen Achse. Bezeichnen wir mit $w = u + iv$ eine zu u gehörige holomorphe Funktion in $\overset{\circ}{B}$, die wegen des einfachen Zusammenhangs von B eindeutig ist und bis auf eine additive Konstante ic, $c \in \mathbb{R}$, festliegt, so liefert der

Cauchysche Integralsatz mit $k = 0$ für $z \in \overset{\circ}{B}$, da w sogar in einem B umfassenden Gebiet noch holomorph ist:

$$w(z) = \frac{1}{2\pi i} \oint\limits_{L} \frac{w(\zeta)d\zeta}{\zeta - z} = \frac{1}{2\pi i} \int\limits_{s=0}^{\ell} \frac{w(\zeta(s)) \cdot \zeta'(s)ds}{\zeta(s) - z}$$

$$(1.4.32) \qquad = \frac{1}{2\pi i} \int\limits_{s=0}^{\ell} w(\zeta(s)) \cdot \frac{d}{ds} \log(\zeta(s)-z)ds$$

$$= -\frac{i}{2\pi} \int\limits_{s=0}^{\ell} w(\zeta(s)) \cdot [\frac{d}{ds} \log|\zeta(s)-z| + i \cdot \frac{d}{ds} \arg(\zeta(s)-z)]ds.$$

Halten wir $z \in \overset{\circ}{B}$ fest, so ist die mehrdeutige Funktion $\log(\zeta - z)$ bzgl. ζ lokal holomorph und jeder ihrer Zweige global holomorph in $\mathbb{C} \setminus \Gamma_z$, wobei Γ_z ein Verzweigungsschnitt von $\zeta = z$ nach $\zeta = \infty$ ist. Es gelten mithin für $\zeta \notin \Gamma_z$ die Cauchy-Riemannschen Differentialglei-chungen

$$(1.4.33) \quad \frac{\partial}{\partial \xi} \log|\zeta-z| = \frac{\partial}{\partial \eta} \arg(\zeta-z), \quad \frac{\partial}{\partial \eta} \log|\zeta-z| = -\frac{\partial}{\partial \xi} \arg(\zeta-z) \ .$$

Wegen

$$(1.4.34a) \qquad \zeta'(s) = t(s) = \cos\alpha + i \sin\alpha$$

und

$$(1.4.34b) \quad -i\zeta'(s) = n(s) = \sin\alpha - i \cos\alpha$$

erhalten wir durch Multiplikation der ersten Gleichung (1.4.33) mit $\cos\alpha$ und der zweiten mit $\sin\alpha$ und anschließender Addition

$$\cos\alpha \cdot \frac{\partial}{\partial \xi} \log|\zeta-z| + \sin\alpha \cdot \frac{\partial}{\partial \eta} \log|\zeta-z| = \frac{\partial}{\partial s} \log|\zeta-z|$$

$$(1.4.35a)$$

$$= -\sin\alpha \cdot \frac{\partial}{\partial \xi} \arg(\zeta-z) + \cos\alpha \cdot \frac{\partial}{\partial \eta} \arg(\zeta-z) = -\frac{\partial}{\partial n} \arg(\zeta-z)$$

und analog

$$(1.4.35b) \quad \frac{\partial}{\partial n} \log|\zeta-z| = \frac{\partial}{\partial s} \arg(\zeta-z).$$

Beachten wir diese <u>allgemeinen Cauchy-Riemann-Differentialgleichungen</u>, so wird aus (1.4.32)

$$(1.4.36) \quad w(z) = \frac{1}{2\pi} \int\limits_{s=0}^{\ell} \{v(\zeta(s)) - i \cdot u(\zeta(s))\}[\frac{d}{ds} \log|\zeta(s)-z| +$$

$$+ i \frac{\partial}{\partial n} \log|\zeta(s)-z|]ds.$$

Bildet man den Realteil und integriert partiell, so resultiert

$$u(x,y) = \frac{1}{2\pi} \int\limits_{s=0}^{\ell} v(\zeta(s)) \cdot \frac{d}{ds} \log|\zeta(s)-z|\,ds$$

$$+ \frac{1}{2\pi} \int\limits_{s=0}^{\ell} u(\zeta(s)) \cdot \frac{\partial}{\partial n} \log|\zeta(s)-z|\,ds$$

$$= \frac{1}{2\pi} \cdot v(\zeta(s)) \cdot \log|\zeta(s)-z| \Big|_{s=0}^{\ell}$$

(1.4.37)

$$- \frac{1}{2\pi} \int\limits_{s=0}^{\ell} \frac{d}{ds} v(\zeta(s)) \cdot \log|\zeta(s)-z|\,ds$$

$$+ \frac{1}{2\pi} \int\limits_{s=0}^{\ell} u(\zeta(s)) \cdot \frac{\partial}{\partial n} \log|\zeta(s)-z|\,ds$$

$$= \frac{1}{2\pi} \int\limits_{s=0}^{\ell} \{u(\zeta(s)) \frac{\partial}{\partial n} \log|\zeta(s)-z| - \frac{\partial u}{\partial n} \cdot \log|\zeta(s)-z|\}\,ds$$

wegen $\zeta(0) = \zeta(\ell)$ und der Gültigkeit von (1.4.35b) auch für das Paar (u,v).   #

Bemerkung: Da die Cauchysche Integralformel auch noch für in $\overset{\circ}{B}$ holomorphe und in B stetige Funktionen w gilt mit Bereichen B, deren Rand $\partial B = \overset{m}{\underset{\mu=0}{\cup}} L_\mu$ ist mit m+1 stückweise glatten, geschlossenen Jordankurven, so daß L_0 alle übrigen umfaßt, so behält die Darstellungsformel (1.4.31) ihre Gültigkeit noch für derartige B und für in $\overset{\circ}{B}$ harmonische und in B stetig differenzierbare u.

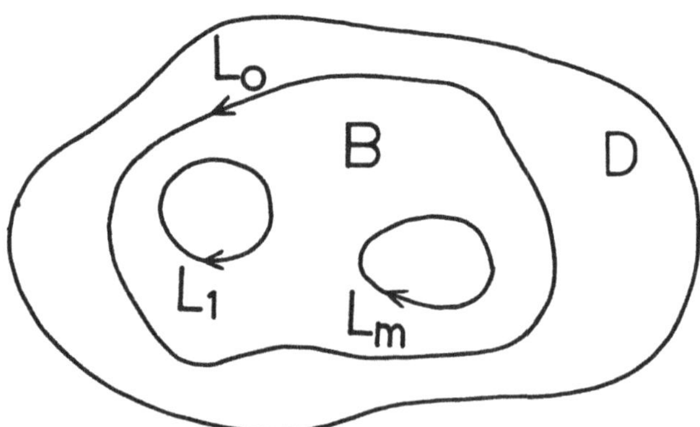

Figur 1.20: Zur Darstellungsformel bei mehrfach zusammenhängendem Gebiet D

1.5. Konforme Abbildung

In diesem Abschnitt sollen die wichtigsten geometrischen Abbildungsei-
genschaften holomorpher Funktionen zusammengestellt werden. Durch
$D \ni z \to w(z) \in \mathbb{C}$ oder $D \ni (x,y) \to (u(x,y), v(x,y)) \in \mathbb{R}^2$ wird eine Abbildung der Teilmenge D der komplexen z-Ebene, oder reellen (x,y)-
Ebene, in die komplexe w-Ebene, oder reelle (u,v)- Ebene, vermittelt.
Sind $u,v \in C^1(D)$, D ein Gebiet, so ist bekanntlich die Abbildung <u>lo-
kal topologisch</u>, d.h. zu jedem Punkt $(x_o,y_o) \in D$ gibt es eine Umgebung $U_\varepsilon(x_o,y_o) \subset D$, die umkehrbar eindeutig (bijektiv) und in beiden
Richtungen stetig auf eine Teilmenge $V \subset \mathbb{R}^2$ abgebildet wird, falls in
D gilt:

$$(1.5.1) \qquad \frac{\partial(u,v)}{\partial(x,y)} := \begin{vmatrix} u_x & u_y \\ v_x & v_y \end{vmatrix} = u_x v_y - u_y v_x \neq 0 \; .$$

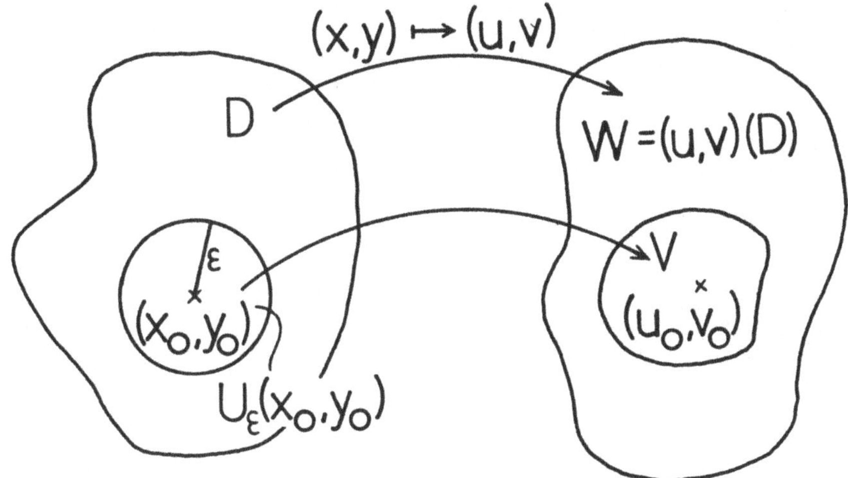

<u>Figur 1.21:</u> Zur lokal topologischen Abbildung (u,v)

Ist nun die Funktion $w(z) = u(x,y) + i \cdot v(x,y)$ in D holomorph, so sind
$u,v \in C^\infty(D)$ und auf Grund der Cauchy-Riemannschen Differentialgleichungen (1.2.5) gilt dort

$$|w'(z)|^2 = \frac{\partial w}{\partial x} \cdot \overline{\frac{\partial w}{\partial x}} = (u_x + i v_x)(u_x - i v_x)$$

$$(1.5.2)$$

$$= u_x v_y - u_y v_x = \frac{\partial(u,v)}{\partial(x,y)} \geq 0 \; .$$

Da sich die Nullstellen z_n' der holomorphen Ableitung w' in D nicht
häufen können, so gibt es in jedem Bereich $B \subset D$ höchstens endlich

viele Ausnahmestellen, in deren Umgebungen die Abbildung w nicht bijektiv ist. Ist $w'(z_o) = 0$, so gibt es eine natürliche Zahl $n = n(z_o)$, so daß in D

$$(1.5.3) \qquad w'(z) = (z-z_o)^n \cdot g(z;z_o)$$

mit holomorphem g und $g(z_o;z_o) \neq 0$ geschrieben werden kann. Durch Integration resultiert hieraus

$$(1.5.4) \qquad w(z) = w(z_o) + \int_{z_o}^{z} (\zeta-z_o)^n \cdot g(\zeta;z_o) d\zeta$$
$$= w(z_o) + \frac{1}{n+1}(z-z_o)^{n+1} \cdot g(z;z_o) + h(z;z_o)$$

mit der in D holomorphen Funktion

$$h(z;z_o) := -\frac{1}{n+1} \int_{z_o}^{z} (\zeta-z_o)^{n+1} g'(\zeta) d\zeta$$

$$(1.5.5)$$

$$= -\frac{(z-z_o)^{n+2}}{n+1} \int_{o}^{1} t^{n+1} g'[z_o + t(z-z_o)] dt$$

die sich für $z \to z_o$ asymptotisch wie $O(|z-z_o|^{n+2})$ verhält, da das letzte Integral in jeder Kreisscheibe $K_R(z_o) \subset D$ beschränkt ist. Damit haben wir gezeigt

$$(1.5.6) \qquad w(z) - w(z_o) = (z-z_o)^{n+1} \cdot f(z;z_o)$$

mit in D holomorphem f und $f(z_o;z_o) \neq 0$. Da die Potenz $(z-z_o)^{n+1}$ für ein $n \in \mathbb{N}$ jede Kreisscheibe $K_\rho(z_o)$ bijektiv auf die $(n+1)$-fach überdeckte in 0 punktierte Kreisscheibe $K_{\rho^{n+1}}(0)$ abbildet, wird durch die holomorphe Funktion w mit n-facher Nullstelle ihrer Ableitung w' in $z = z_o$ eine genügend kleine Umgebung $U_\varepsilon(z_o)$ auf eine $(n+1)$-fach überdeckte und in $w_o = w(z_o)$ punktierte Umgebung der Bildebene $\mathbb{C}_w$ abgebildet. Dieses Bild ist ein Teil einer in w_o verzweigten $(n+1)$-blättrigen Riemannschen Fläche $\mathcal{R}_w$. Man kann zeigen, daß holomorphe, nicht konstante Funktionen <u>gebietstreu</u> abbilden, d.h. die Bildmenge jedes Gebiets D, in der die Funktion holomorph ist, ist selbst ein Gebiet, d.h. eine in $\mathbb{C}_w$ offene und zusammenhängende Punktmenge. Hieraus folgt u.a., daß $|w(z)|$ sein Maximum nie im Innern eines beliebigen Holomorphiegebiets D_o annehmen kann.

Ist durch $L := \{z \in \mathbb{C} : z = z(t), \alpha \leq t \leq \beta\}$ eine stückweise glatte Jordankurve im Holomorphiegebiet D der Funktion w gegeben, so bildet w die Kurve L auf eine stückweise glatte Kurve $\Gamma \subset \mathbb{C}_w$ ab, denn es besteht die Parametrisierung $\Gamma := \{w \in \mathbb{C} : w = w(z(t)),\ \alpha \le t \le \beta\}$ mit $\dot{w}(t) := \frac{dw}{dt} = w'(z(t)) \cdot \dot{z}(t)$, was auf $\alpha \le t \le \beta$ stückweise stetig ist mit höchstens endlich vielen Stellen $t_1, \dots, t_m \in [\alpha, \beta]$, in denen $\dot{w}(t_\mu) = 0$ ist: dies sind die endlich vielen t_ν; $\nu = 1, \dots, n$; mit $\dot{z}(t_\nu) = 0$ und, gegebenenfalls, die endlich vielen t_ρ; $\rho = 1, \dots, r$; mit $w'(z(t_\rho)) = 0$. Ist also $w'(z_0) \ne 0$, so existiert eine Umgebung $U_\delta(z_0) \subset D$, in der jede glatte Jordankurve auf eben solch eine in einer Bildumgebung $V(w(z_0))$ abgebildet wird.

Definition 1.8: *Eine Abbildung* $w : D \to \mathbb{C}$ *heiße in* $z_0 \in D$ *konform, wenn sie in einer geeigneten Umgebung* $U_\delta(z_0) \subset D$ *topologisch und winkeltreu ist. Winkeltreu bedeutet dabei, daß der Schnittwinkel zwischen zwei durch* z_0 *in* $U_\delta(z_0)$ *verlaufenden glatten Jordanbögen* L_1, L_2 *nach Größe und Zählsinn für die Bildkurvenbögen* Γ_1, Γ_2 *erhalten bleibt.*

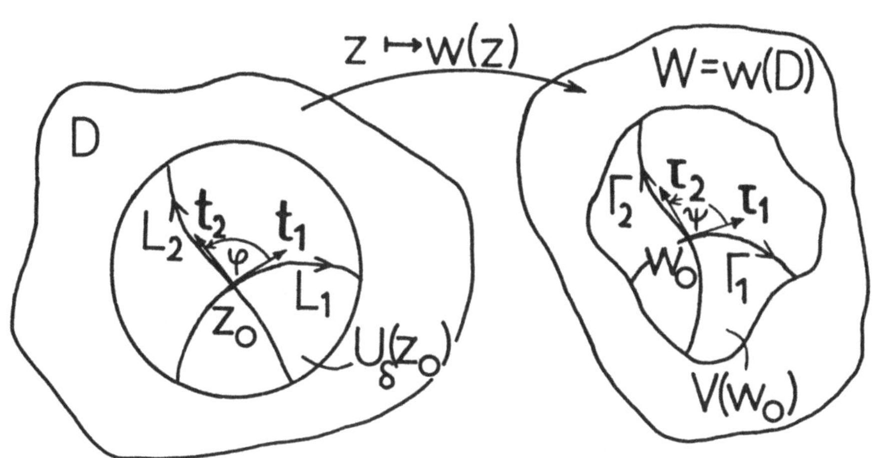

Figur 1.22: Zur Konformität der Abbildung w in z_0

Satz 1.12: *Ist* w *eine in* D *holomorphe Funktion, so ist sie bis auf eine Ausnahmemenge, die Nullstellenmenge* $\mathfrak{N}' \subset D$ *von* w' *lokal konform, d.h. in jedem Punkt* $z_0 \in D \setminus \mathfrak{N}'$ *insbesondere winkeltreu.*

Beweis: a) Wegen $0 < |w'(z_0)| = \frac{\partial(u,v)}{\partial(x,y)}(x_0, y_0)$ für alle $z_0 = x_0 + iy_0 \in D \setminus \mathfrak{N}'$ ist w in $D \setminus \mathfrak{N}'$ lokal topologisch.

b) Es ist $t_j = \dot{z}_j(t_0)/|\dot{z}_j(t_0)|$; $j = 1,2$; mit $z_j(t_0) = z_0$ der Tangenteneinheitsvektor an den glatten Jordanbogen L_j in z_0, also arg $\dot{z}_j(t_o)$ der Winkel zwischen positiver reeller z-Achse und Tangenten-vektor $\underline{t}_j$, d.h.

(1.5.7) $\varphi = \arg \dot{z}_2(t_o) - \arg \dot{z}_1(t_o)$

gibt den Winkel zwischen den beiden Kurvenbögen in z_o an. Analog erhält man für den Schnittwinkel ψ der glatten Bild-Jordanbögen durch $w_o = w(z(t_o))$:

(1.5.8) $\psi = \arg \dot{w}_2(t_o) - \arg \dot{w}_1(t_o)$

und dies ist nach (1.5.6) und wegen $z_1(t_o) = z_2(t_o) = z_o$:

$$= \arg w'(z_2(t_o)) + \arg \dot{z}_2(t_o) - \arg w'(z_1(t_o)) - \arg \dot{z}_1(t_o) = \varphi.$$

Von besonderem Interesse ist die Frage nach der <u>globalen Konformität</u> einer holomorphen Funktion w in einem Gebiet D_o, d.h. danach, wann w das gesamte Gebiet D_o topologisch und in jedem Punkt $z_o \in D_o$ konform abbildet. Die Funktion $w(z) := z^2$ hat die Ableitung $w'(z) \neq 0$ für alle $z \neq 0$, so daß sie jede genügend kleine Umgebung $U_\delta(z_o)$ für $z_o \neq 0$ konform abbildet, aber z.B. nicht den Kreisring $\mathcal{R}_{1,2}(0) :=$ $\{z \in \mathbb{C} : 1 < |z| < 2\}$, denn dieser geht in den doppelt überdeckten $\mathcal{R}_{1,4}(0) \subset \mathbb{C}_w$ über wegen $0 \leq \arg w = \arg z^2 = 2 \arg z < 2 \cdot 2\pi = 4\pi$.

<u>Definition 1.9</u>: *Unter dem <u>Hauptproblem der geometrischen Funktionentheorie</u> versteht man das folgende: Welche Paare von Gebieten D und W lassen sich global konform durch in D holomorphe Funktionen w aufeinander abbilden und gegebenenfalls durch welche Zusatzbedingungen sind die Abbildungen bei gegebenen zulässigen D und W eindeutig bestimmt?*

Wir können uns in diesem Buch mit diesem sehr allgemeinen Problem nicht ausführlich beschäftigen, sondern müssen auf die Lehrbuchliteratur verweisen (s. u. a. [3], [39], [48]).

<u>Definition 1.10</u>: *Die durch $w(z) = \ell(z) := \dfrac{az+b}{cz+d}$ mit $|c| + |d| > 0$ definierte Abbildung heiße <u>linear gebrochen</u>, falls b,c $\neq$ 0 ist, und <u>ganz linear</u> für c = 0. Alle Abbildungen ℓ heißen auch <u>Moebiustransformationen</u>.*

Da ℓ für cz + d $\neq$ 0 holomorph ist und $z_o := -d/c$ in ∞ abgebildet wird, während $z_1 := \infty$ in a/c überführt wird, kann jede linear gebrochene Transformation auf der Riemannschen Zahlenkugel $\overline{\mathbb{C}} = \mathbb{C} \cup \{\infty\}$ studiert werden. Es gilt der

<u>Satz 1.13</u>: *Die Gesamtheit der nichtkonstanten Moebiustransformationen auf $\overline{\mathbb{C}}$ bildet eine Gruppe, d.h. die Komposition zweier solcher Transformationen und die Inverse sind vom selben Typ. Sie stellen überdies sogen. <u>Kreisverwandtschaften</u> dar, d.h. jeder Kreis auf $\overline{\mathbb{C}}$ geht in einen Kreis auf $\overline{\mathbb{C}}$ über - oder äquivalent dazu -, die Menge aus allen Kreisen und Geraden in $\mathbb{C}$ ist invariant. Eine lineare Transformation von einem Kreis (im allgemeineren Sinne) auf einen anderen ist durch Angabe von drei verschiedenen Peripheriepunkten z_1, z_2, z_3 bzw. w_1, w_2, w_3 eindeutig festgelegt aufgrund der Invarianz des <u>Doppelverhältnisses</u>*

$$(1.5.9) \qquad \frac{w-w_1}{w-w_3} : \frac{w_2-w_1}{w_2-w_3} = \frac{z-z_1}{z-z_3} : \frac{z_2-z_1}{z_2-z_3} .$$

Man rechnet leicht nach, daß die Abbildung $w = \ell(z) = (z-i)(z+i)^{-1}$ das Innere der oberen (unteren) z-Halbebene, $H^+(H^-)$ global konform auf das Innere (Äußere) des Einheitskreises $E = K_1(0)$ der w-Ebene abbildet. Die Drehung $\ell(z) := e^{i\alpha}z$ mit $0 \leq \alpha < 2\pi$ bildet den Einheitskreis konform auf sich ab. Es gibt aber noch andere Abbildungen, die dies leisten. Allgemein gilt der

<u>Satz 1.14</u>: *1. Die Gesamtheit der Moebiustransformationen, die die obere (untere) Halbebene, $H^+(H^-)$, konform auf sich abbilden, ist durch*

$$(1.5.10) \qquad \ell(z) = \frac{az+b}{cz+d}$$

mit reellen a,b,c,d mit $ad - bc > 0$ gegeben.

2. Die Gesamtheit aller Moebiustransformationen, die den Einheitskreis E konform auf sich abbilden, ist gegeben durch

$$(1.5.11) \qquad \ell(z) = e^{i\alpha} \cdot \frac{z - z_o}{1 - \overline{z_o} \cdot z}$$

mit beliebigem $0 \leq \alpha < 2\pi$ und $|z_o| < 1$.

<u>Bemerkung</u>: Die Familie von Abbildungsfunktionen ist also - bei Beschränkung auf lineare Transformationen - in den Fällen von H^+ und E reell dreiparametrig, denn im ersten Fall kann stets auf $ad - bc = 1$ normiert werden, während $\alpha \in [0,2\pi)$ und x_o, y_o mit $x_o^2 + y_o^2 < 1$ die 3 reellen Parameter im zweiten Falle sind.

Diese Eigenschaft ist viel allgemeiner gültig und kommt zum Ausdruck im

<u>Satz 1.15</u> *(Riemannscher Abbildungssatz und Ränderzuordnung):*

1. Ist $D \subset \mathbb{C}$ *ein einfach zusammenhängendes Gebiet mit mindestens zwei*
Randpunkten (also $D \neq \mathbb{C}$*), dann gibt es Funktionen* **w**, *die* D *global*
konform auf das Innere E *des Einheitskreises abbilden. Die Familie*
aller solcher Abbildungen ist reell dreiparametrig. Eine Abbildung ist
eindeutig festgelegt durch die beiden Forderungen i) $w(z_o) = 0$,
ii) $\arg w'(z_o) = \alpha_o$ *mit* $0 \leq \alpha_o < 2\pi$ *für einen beliebig gewählten (in-*
neren) Punkt $z_o \in D$.

2. Ist D *von einer geschlossenen Jordankurve* L *berandet, so kann je-*
des w *zu einer topologischen Abbildung von* $\bar{D} = D \cup L$ *auf* $\bar{E}$ *fortge-*
setzt werden. w *ist aber auch eindeutig fixiert durch Angabe von je*
drei einander zugeordneten Randpunkten in gleicher Reihenfolge:

$$L \ni z_j \to w(z_j) = w_j \in \partial E, \quad j = 1,2,3.$$

<u>Bemerkungen</u>: 1. Die Abbildung $w : D \to W$, die zwei beliebige einfach zu-
sammenhängende Gebiete $D \subset \mathbb{C}_z$ und $W \subset \mathbb{C}_w$ der genannten Art aufeinander abbildet, kann durch Zwischenschaltung der <u>konformen Normalabbil-</u>
<u>dungen</u> $z \to \zeta = f(z)$ und $w \to \zeta = g(w)$ auf das einfach zusammenhängen-
de <u>Normalgebiet</u>, die Einheitskreisscheibe E, bewerkstelligt werden.

Ist $g^{-1} : E \to W$ die auf E global konforme Umkehrabbildung, die
$\zeta_o \in E$ in $w_o \in W$ so abbildet, daß jeder Tangentenvektor an jede glatte Jordankurve L durch ζ_o um den gleichen Winkel α gedreht wird,
so bildet die zusammengesetzte Funktion $g^{-1} \circ f : D \to W$ dann D global
konform auf W ab mit $g^{-1} \circ f(z_o) = w_o$.

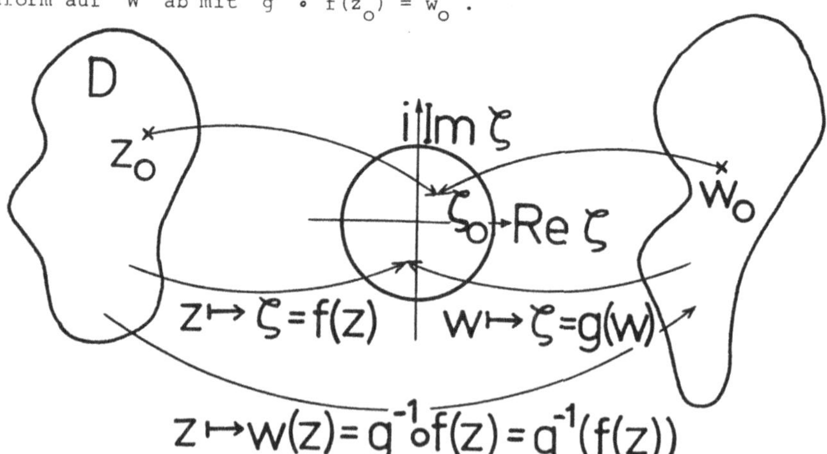

<u>Figur 1.23:</u> Zur konformen Abbildung zweier einfach zusammenhängender Ge-
biete aufeinander

2. Sind die Jordankurven $L = \partial D$ und $\Gamma = \partial W$ glatt bis zu einer gewissen Ordnung, z.B. $L, \Gamma \in C^{m,\lambda}$ mit $m \in \mathbb{N}_o$, $\lambda \in (0,1)$, so ist die Abbildungsfunktion $w(z; z_1, z_2, z_3)$ mit $z_j \in L$ zugeordneten Bildrandpunkten $w_j \in \Gamma$ aus der Klasse $C^{m,\lambda}(\overline{D})$ und ebenso ihre Inverse $w^{-1} \in C^{m,\lambda}(\overline{W})$ (s. z. B. [39]).

3. Wenn die Randkurve $L = \partial D$ sogar analytisch ist, oder zumindest einen analytischen Teilbogen b enthält, für den also eine Parameterdarstellung $b := \{z \in \mathbb{C} : z = z(t), t \in (\alpha, \beta)\}$, existiert mit für

$|t - t_o| < r = r(t_o)$ konvergentem $z(t) = \sum\limits_{n=o}^{\infty} a_n(t_o) \cdot (t - t_o)^n$, so kann

die Funktion $w : D \to W$, die die konforme Abbildung vermittelt, über b hinaus sogar analytisch fortgesetzt werden, so daß ein D umfassendes Gebiet D_1 noch global konform auf $W_1 \supset W$ abgebildet wird.

Diese Tatsache beruht letztlich auf dem

<u>Satz 1.16</u> *(Schwarzsches Spiegelungsprinzip): Sei* w *holomorph im Gebiet* D^+ *der oberen Halbebene* H^+. *Ein Teil des Randes von* D^+ *liege auf* $\mathbb{R}$, *etwa* $[a,b] \subset \partial D^+$. *Strebt* z *gegen* $t \in (a,b)$, *d.h. Im* $z = y$ *gegen* O^+ *und Re* $z = x$ *gegen* t, *so sollen die Grenzwerte* $\lim\limits_{z \to t} w(z) = f(t)$ *existieren, und eine auf* (a,b) *stetige und reellwertige Funktion definieren. Dann ist* w *eindeutig holomorph fortsetzbar nach* $D := D^+ \cup D^- \cup (a,b)$ *zur Funktion* ω *vermöge*

$$(1.5.12) \quad \omega(z) := \begin{cases} w(z) & \text{für } z \in D^+ \subset H^+ \\ f(t) & \text{für } z = t \in (a,b) \subset \mathbb{R} \\ \overline{w(\overline{z})} & \text{für } z \in D^- \subset H^- \end{cases}$$

Dabei ist D^- *das* <u>*bzgl.*</u> $\mathbb{R}$ *zu* D^+ <u>*gehörige Spiegelgebiet*</u> :
$D^- := \{z \in \mathbb{C} : \overline{z} \in D^+\}$.

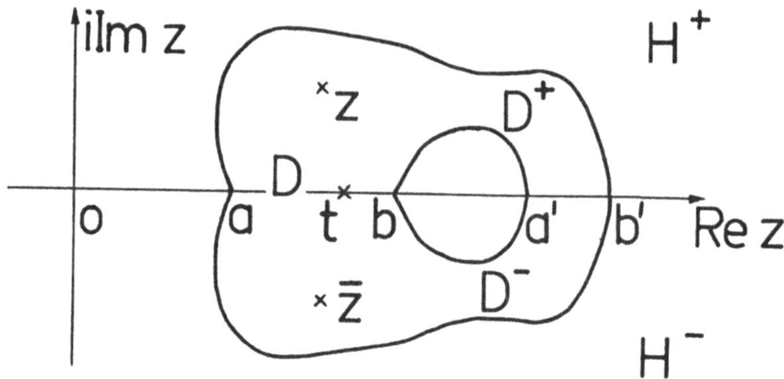

<u>Figur 1.24:</u> Zum Schwarzschen Spiegelungsprinzip

<u>Beweis:</u> a) Zunächst ist $w(z)$ für $z \in D$ eindeutig definiert, denn zu $z \in D^-$ ist $\operatorname{Im} z = y < 0$ also $\bar{z} \in D^+$, $\operatorname{Im} \bar{z} > 0$. Für $z \to t \in \mathbb{R}$ folgt auch $\bar{z} \to t \in \mathbb{R}$ und wegen $\lim\limits_{D^+ \ni z \to t} w(z) = f(t) \in \mathbb{R}$ auch

$$\lim_{D^- \ni z \to t} w(z) = \lim_{D^+ \ni \bar{z} \to t} \overline{w(\bar{z})} = f(t) \quad \text{für} \quad t \in (a,b).$$

b) Ist $z_0 \in D^-$, also $\bar{z}_0 \in D^+$, so folgt aus der Gültigkeit der Potenzreihenentwicklung

$$(1.5.13) \qquad w(z) = \sum_{n=0}^{\infty} a_n(\bar{z}_0)(z-\bar{z}_0)^n \quad \text{für} \quad z \in K_\delta(\bar{z}_0) \subset D^+ \, ,$$

$$(1.5.14) \qquad \overline{w(\bar{z})} = \sum_{n=0}^{\infty} \overline{a_n(\bar{z}_0)} \cdot (z-z_0)^n \quad \text{für} \quad z \in K_\delta(z_0) \subset D^- \, ,$$

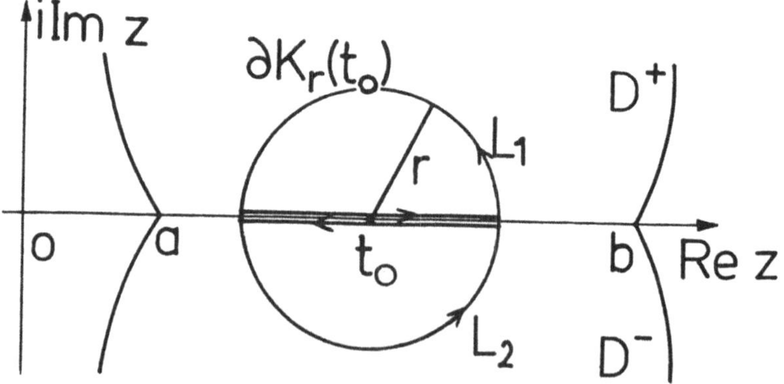

<u>Figur 1.25:</u> Zur analytischen Fortsetzung nach dem Spiegelungsprinzip

also die Holomorphie in D^-. Wenn $z_o = t_o \in (a,b)$ ist, so sei $K_r(t_o)$ eine Kreisscheibe um t_o, die ganz zu D gehöre, für die insbesondere also der horizontale Durchmesser $[t_o-r, t_o+r] \subset (a,b)$ sei. Es ist aufgrund der Voraussetzungen ω auf D stetig, also insbesondere über (a,b) hinweg. Für $z \in K_r(t_o) \setminus \mathbb{R}$ gilt aufgrund der Cauchy-Integral-Formel:

$$(1.5.15a) \quad \omega(z) = w(z) = \frac{1}{2\pi i} \oint\limits_{L_1} \frac{\omega(\zeta)d\zeta}{\zeta - z} \quad \text{für} \quad z \in D^+ \cap K_r(t_o) \ ,$$

wenn L_1 den Rand der in H^+ liegenden Halbkreisscheibe bezeichnet, und

$$(1.5.15b) \quad \omega(z) = \overline{w(\bar{z})} = \frac{1}{2\pi i} \oint\limits_{L_2} \frac{\omega(\zeta)d\zeta}{\zeta - z} \quad \text{für} \quad z \in D^- \cap K_r(t_o) \ ,$$

wenn L_2 den Rand der in H^- liegenden Halbkreisscheibe bezeichnet. Der Cauchysche Integralsatz ergibt zudem

$$(1.5.16a) \quad 0 = \frac{1}{2\pi i} \oint\limits_{L_1} \frac{\omega(\zeta)d\zeta}{\zeta - z} \quad \text{für} \quad z \in H^-$$

und

$$(1.5.16b) \quad 0 = \frac{1}{2\pi i} \oint\limits_{L_2} \frac{\omega(\zeta)d\zeta}{\zeta - z} \quad \text{für} \quad z \in H^+ \ .$$

Da der Durchmesser $[t_o-r, t_o+r]$ beiden Kurven L_1, L_2 gemeinsam ist, aber in entgegengesetzten Richtungen durchlaufen wird, heben sich bei Addition von (1.5.15a) und (1.5.16b) bzw. (1.5.15b) und (1.5.16a) die Anteile darüber weg und es bleibt die Integration über $\partial K_r(t_o)$, so daß zunächst für $z \in K_r(t_o) \setminus [t_o-r, t_o+r]$ gilt

$$(1.5.17) \quad \omega(z) = \frac{1}{2\pi i} \oint\limits_{\partial K_r(t_o)} \frac{\omega(\zeta)d\zeta}{\zeta - z} \ .$$

Das Kurvenintegral bewirkt aber die direkte analytische Fortsetzung von ω in ganz $K_r(t_o)$, d.h. ω ist insbesondere in t_o holomorph. **#**

Bemerkung: Das soeben benutzte Verfahren kann auch zur direkten analytischen Fortsetzung einer Funktion w_1 benutzt werden, die holomorph im Gebiet D_1 ist mit stetigen Randwerten $f(t)$ oder sogar nur mit in p-ter Potenz (p>1) absolut integrablen Randwerten. Wenn auf dem Bogen $b \subset \partial D_1$, der zugleich Randstück des Gebiets D_2 ist, in dem w_2 holomorph ist und von dem heraus w_2 an b dieselben Randwerte $f(t)$ hat, kann die fortgesetzte Funktion ω in $D := D_1 \cup D_2 \cup b$ wie folgt erklärt werden:

$$(1.5.18) \quad \omega(z) := \begin{cases} w_1(z) \ , \ z \in D_1 \\ w_2(z) \ , \ z \in D_2 \\ f(t) \quad , \ t \in b \ . \end{cases}$$

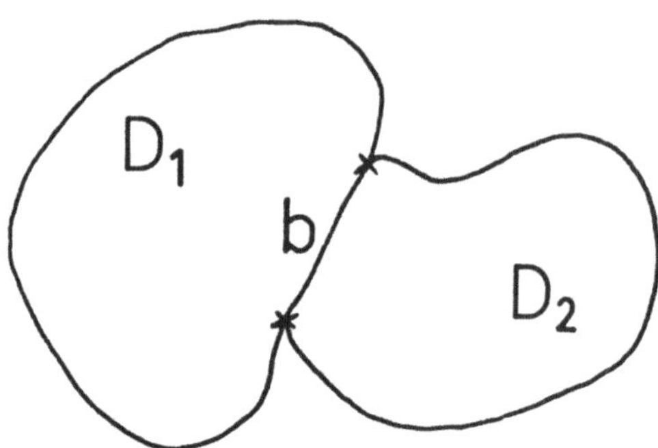

Figur 1.26: Zur analytischen Fortsetzung über einen gemeinsamen Randbo-
gen b hinweg

Während für einfach zusammenhängende Gebiete $D \subset \mathbb{C}$ als Normalgebiete
in erster Linie die Einheitskreisscheibe E oder eine Halbebene H aus-
gezeichnet sind, gibt es bei mehrfachem Zusammenhang von D verschiedene Typen. Zunächst gilt für zweifach zusammenhängende Gebiete der

Satz 1.17) (z.B. [39, S. 175/76]): *Ist D ein beliebiges zweifach zusammenhängendes Gebiet mit mindestens drei Randpunkten, so gibt es stets
eine einparametrige Familie von Funktionen w, die D global konform
auf einen Kreisring* $\mathcal{R}_{R_1,R_2} := \{w \in \mathbb{C} : 0 \leq R_1 < |w| < R_2 < \infty\}$ *abbilden. Das*

Radienverhältnis $R_1 : R_2$ *ist durch D eindeutig bestimmt. Nach Wahl
von* $0 \leq R_1 < R_2$ *unterscheiden sich die konformen Abbildungen nur um
Drehungen um das Zentrum* w = 0.

Bemerkung: Zwei Kreisringe mit verschiedenen Radienverhältnissen
$R_1 : R_2 \neq R_1' : R_2'$ lassen sich also nicht global konform aufeinander abbilden, also beispielsweise nicht ein echter Kreisring $(0 < R_1 < R_2 < \infty)$ auf
eine punktierte Kreisscheibe $(0 = R_1' < R_2' < \infty)$.

Für die die Behandlung von Randwertaufgaben unter Verwendung der konformen Abbildungsmethode spielen bei beliebigem Zusammenhangsgrad $m \in \mathbb{N}$
des Gebiets D die folgenden Normalgebiete eine Rolle:

__Definition 1.11:__ *Ein unbeschränktes Gebiet in* $\overline{\mathbb{C}}$*, das* ∞ *im Innern ent-halte, vom Zusammenhangsgrad* $m \in \mathbb{N}$ *oder* ∞ *heiße*

a) *ein* __Parallelschlitzgebiet__ *(zum Winkel* θ*), wenn die Randpunkte von* D *endliche Strecken füllen oder isolierte Punkte sind, die disjunkt auf parallelen Geraden liegen, die mit der positiven reellen Achse den Win-kel* θ *bilden. Speziell spricht man für* $\theta = 0$ *von* __Horizontalschlitz-gebieten;__

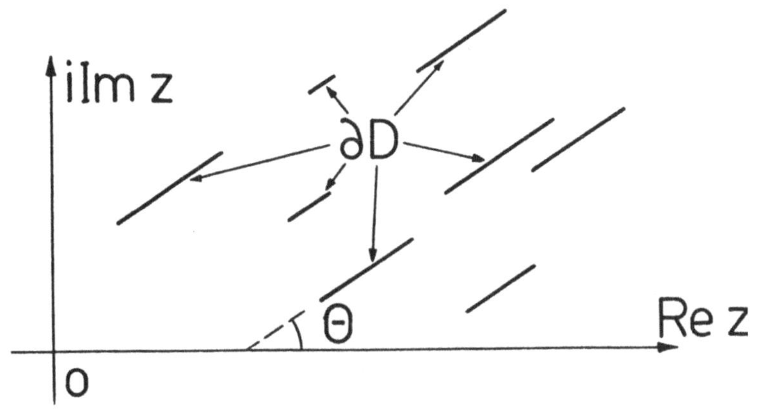

__Figur 1.27:__ Parallelschlitzgebiet zum Winkel θ

b) *ein* __Radialschlitzgebiet__*, wenn die Randpunkte endliche Strecken füllen oder isolierte Punkte sind, die disjunkt auf Strahlen liegen, die vom Ursprung ausgehen;*

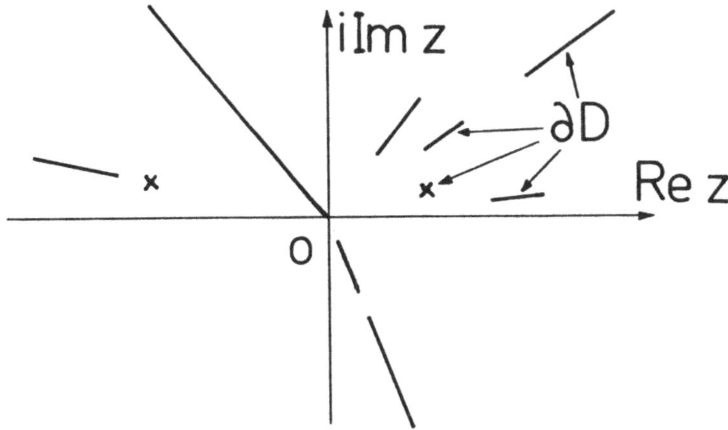

__Figur 1.28:__ Radialschlitzgebiet

c) *ein* <u>*Kreisschlitzgebiet*</u>*, falls die Randpunkte Kreisbögen mit Öffnungs-winkeln kleiner als* 2π *füllen, die auf konzentrischen Kreisen um den Ursprung liegen oder einzelne Punkte sind:*

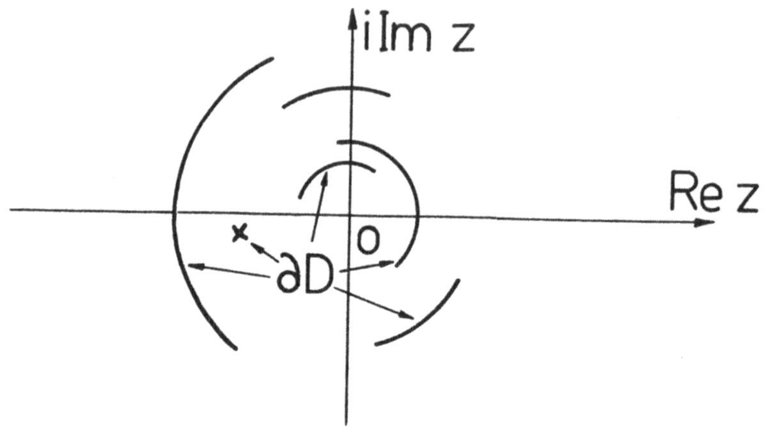

<u>Figur 1.29:</u> Kreisbogenschlitzgebiet

Für diese Normalgebiete gilt nun der

<u>Satz 1.18:</u> (s. z. B. [39, S. 181, 187/188, 208]): *Ist* D *ein m-fach* (m$\in$IN) *zusammenhängendes Gebiet, dessen Rand aus* m *getrennt liegenden isolierten Punkten und/oder Jordankurven besteht, so gibt es jeweils stets eine in* $D\backslash\{z_o\}$ *holomorphe, in* $\overline{D}\backslash\{z_o\}$ *stetige Funktion* w = $w(z;z_o)$*, die* D *global konform auf ein Parallelschlitz-, Radial-schlitz- bzw. Kreisbogenschlitzgebiet abbildet. Dabei geht der beliebig in* D *gewählte Punkt* z_o *in* $w_o = \infty$ *über und* w *ist eindeutig fest-gelegt aufgrund der lokalen Laurententwicklungen*

$$(1.5.19) \quad w(z;z_o) = \begin{cases} (z-z_o)^{-1} + \sum_{k=1}^{\infty} \alpha_k \cdot (z-z_o)^k, & \text{falls} \quad z_o \neq \infty \\[2mm] z \qquad\quad + \sum_{k=1}^{\infty} \alpha_k \cdot z^{-k}, & \text{falls} \quad z_o = \infty \end{cases}$$

ist.

<u>Bemerkung:</u> Der voranstehende Satz behält seine Gültigkeit auch bei un-endlich-fachem Zusammenhang, m = ∞, für Parallelschlitzgebiete. Zwischen den Normalabbildungen auf die verschiedenen Normalgebiete besteht im übrigen ein enger Zusammenhang. Sie sind Lösungen von Extremalaufgaben.

1.6. Konforme Abbildung und Randwertprobleme für harmonische Funktionen

Wie in der Einleitung schon erwähnt, treten in den verschiedensten Anwendungsbereichen der Physik und der Ingenieurwissenschaften sog. Randwertprobleme oder auch Übergangs- oder Transmissionsprobleme auf. Hier seien zunächst die wichtigsten Begriffe und Methoden zusammengestellt, soweit sie sich allein auf die bisherigen funktionentheoretischen Hilfsmittel stützen. Später werden dann weitere bereitgestellt werden.

Definition 1.12: *Unter einer Randwertaufgabe (RWA) für die Potentialgleichung zum Gebiet D versteht man die folgende Aufgabe (das Problem):*

Suche eine Funktion $u : D \to \mathbb{R}$ *mit* $u \in C^2(D) \cap C^r(\bar{D})$ $(r \in \mathbb{N}_o)$
zum Gebiet D mit stückweise glatten Jordanrandkurven,

$\partial D = \bigcup\limits_{\mu=(0),1}^{m} L_\mu$. *D heiße ein Innengebiet D_i, falls L_o alle übrigen L_μ umschließe, und ein Außengebiet D_a, falls L_o abwesend ist. In D genüge u der Potentialgleichung $\Delta u = O$ und auf ∂D einer Randbedingung $Ru = f$. Im Falle eines Außengebiets wird ferner das asymptotische Verhalten von u für $|z| \to \infty$ vorgeschrieben.*

Speziell spricht man von

der ersten RWA oder dem Dirichletproblem, falls $r = O$ ist und zu vorgegebenem $f \in C(\partial D)$

$$(1.6.1) \qquad Ru := u\big|_{\partial D} = f$$

sein soll,

der zweiten RWA oder dem Neumannproblem, falls $r = 1$ ist und zu vorgegebenem $g \in C(\partial D)$

$$(1.6.2) \qquad Ru := \frac{\partial u}{\partial n}\bigg|_{\partial D} = f$$

sein soll mit dem äußeren Normaleneinheitsvektor $\underset{\sim}{n}$ an ∂D,

der dritten RWA, falls $r = 1$ ist und zu vorgegebenen $h \in C(\partial D)$ und $\sigma \in C(\partial D)$ mit $\sigma(z) \geq O$, $\sigma(z) \not\equiv O$,

$$(1.6.3) \qquad Ru := \frac{\partial u}{\partial n} + \sigma(z) \cdot u\big|_{\partial D} = h$$

sein soll,

der Poincaré'schen RWA, falls $r = 1$ *ist und zu vorgegebenen Funktionen* $f, a, b, c, \in C(\partial D)$ *mit* $a^2 + b^2 + c^2 > 0$

$$(1.6.4) \qquad Ru := a(z) \frac{\partial u}{\partial x} + b(z) \frac{\partial u}{\partial y} + c(z) u = f$$

sein soll,

der gemischten RWA, falls zu vorgegebenen Funktionen f_1 *auf* $\Gamma_1 \subset \partial D$ *und* f_2 *auf* $\Gamma_2 := \partial D \setminus \Gamma_1$

$$(1.6.5a) \qquad R_1 u \big|_{\Gamma_1} = f_1$$

und

$$(1.6.5b) \qquad R_2 u \big|_{\Gamma_2} = f_2$$

sein soll mit zwei verschiedenen Randbedingungen R_1, R_2. *In diesem Falle kann die r-malige stetige Differenzierbarkeit von* u *in* $\gamma := \overline{\Gamma_1} \cap \overline{\Gamma_2} \neq \emptyset$ *i.a. nicht mehr verlangt werden.*

Bemerkungen: 1. Statt einer oder mehreren disjunkten geschlossenen Jordankurven als Rand kann auch eine stückweise glatte, doppelpunktfreie Kurve L (oder mehrere disjunkte L_μ dieser Art), die von ∞ nach ∞ läuft, auftreten.

2. Die Poincaré'sche RWA umfaßt die zuvor genannten, denn mit den Vektoren $\underset{\sim}{a} := (a, b)$, grad $u = (u_x, u_y)$ und der Tangential- und Normalableitung von u längs $\partial D : \frac{\partial u}{\partial s} = \langle (\cos\alpha, \sin\alpha), \text{grad } u \rangle$, $\frac{\partial u}{\partial n} = \langle (\sin\alpha, -\cos\alpha), \text{grad } u \rangle$ bei $e^{i\alpha(s)} = \zeta'(s)$ - bis auf die Ecken von ∂D - kann man in komplexer Form mit der zugeordneten lokal holomorphen Funktion $w = u + iv$ schreiben

$$(1.6.6) \qquad \text{grad } u := u_x + iu_y = u_x - iv_x = \overline{w'(z)},$$

so daß sich ergibt

$$
\begin{aligned}
(1.6.7a) \qquad \zeta'(s) \cdot w'(z) &= u_x \cdot \cos\alpha + u_y \cdot \sin\alpha \quad (= \tfrac{\partial u}{\partial s}) \\
&\quad + i \cdot (u_x \cdot \sin\alpha - u_y \cdot \cos\alpha) \quad (= i \cdot \tfrac{\partial u}{\partial n})
\end{aligned}
$$

oder

$$(1.6.7b) \qquad w'(z) = \left(\frac{\partial u}{\partial s} + i \frac{\partial u}{\partial n} \right) \cdot [\zeta'(s)]^{-1} = \left(\frac{\partial u}{\partial s} + i \frac{\partial u}{\partial n} \right) \cdot \overline{\zeta'(s)},$$

d.h.

$$u_x = \cos\alpha \cdot \frac{\partial u}{\partial s} + \sin\alpha \cdot \frac{\partial u}{\partial n}$$

(1.6.8)

$$u_y = -\sin\alpha \cdot \frac{\partial u}{\partial s} + \cos\alpha \cdot \frac{\partial u}{\partial n} \quad .$$

Also lautet (1.6.4) mit $z = \zeta(s)$ auf ∂D :

(1.6.9) $\quad A(z) \cdot \frac{\partial u}{\partial s} + B(z) \frac{\partial u}{\partial n} + C(z)u \Big|_{\partial D} = f$

mit

$$A(z) := a(z)\cos\alpha - b(z) \cdot \sin\alpha$$

(1.6.10) $\quad B(z) := a(z)\sin\alpha + b(z) \cdot \cos\alpha$

$$C(z) := c(z) \quad .$$

Mithin resultiert die erste RWA für $A = B = O$, $C \equiv 1$, die zweite RWA für $A = C \equiv O$, $B \equiv 1$, die dritte RWA für $A \equiv O$, $B \equiv 1$, $C = \sigma$. Sind die Koeffizienten A, B, C nur stückweise stetig auf ∂D, so kann man die gemischten Randwertaufgaben leicht (1.6.9) subsummieren.

<u>Definition 1.13:</u> *Ist* **C** *durch die stückweise glatte geschlossene Jordankurve* L *in das Innengebiet* $D_i = D^+$ *und das Außengebiet* $D_a = D^-$ *zerlegt, so spricht man von einem <u>Übergangs- oder Transmissionsproblem</u> <u>für die Potentialgleichung,</u> wenn* $u \in C^2(D^+ \cup D^-) \cap C^r(\overline{D^+}) \cup C^r(\overline{D^-})$ *gesucht ist mit*

$$\text{i)} \qquad \Delta u = O \qquad \qquad in \quad D^+ \cup D^- = \mathbf{C} \setminus L$$

$$\text{ii a)} \quad R_1^+ u \Big|_{\partial D^+} - R_1^- u \Big|_{\partial D^-} = f$$

(1.6.11)

$$\text{b)} \quad R_2^+ u \Big|_{\partial D^+} - R_2^- u \Big|_{\partial D^-} = g$$

mit den vier Randoperatoren $R_j^\pm$ *;* $j = 1, 2,$ *und vorgegebenen Randfunktionen* $f, g \in C(L)$.

Der wichtigste Fall ist gegeben durch

$$R_1^+ u \Big|_{\partial D^+} - R_1^- u \Big|_{\partial D^-} := a^+(z)u^+ - a^-(z) \cdot u^- = f$$

(1.6.12) $\qquad$ und

$$R_2^+ u \Big|_{\partial D^+} - R_2^- u \Big|_{\partial D^-} := b^+(z) \cdot \frac{\partial u^+}{\partial n} - b^-(z) \cdot \frac{\partial u^-}{\partial n} = g$$

mit der Normalableitung $\frac{\partial}{\partial n}$ in Richtung der bzgl. D^+ äußeren Normalen $\underset{\sim}{n}$ auf $L = \partial D^+ = \partial D^-$.

Bei dem Versuch, die voranstehenden RWAen oder Übergangsaufgaben zu lösen, stellen sich die folgenden Teilprobleme:

1. *Gibt es überhaupt eine Lösung? Das ist das sogenannte Existenzproblem.*

2. *Ist die Lösung eindeutig bestimmt? Das ist das sogenannte Eindeutigkeitsproblem.*

3. *Hängt die Lösung stetig von den Daten, also von den auf L vorgegebenen Funktionen ab? Das ist das sogenannte Stetigkeits- (auch Stabilitäts-)Problem.*

Können alle drei Fragen positiv beantwortet werden, so spricht man von einem korrekt gestellten Problem. Hinzu kommt dann noch

4. *Wie bestimmt man die Lösung effektiv oder approximativ? Das ist das sogenannte Berechnungsproblem.*

Besonders zur ersten Frage werden wir die Funktionentheorie als Hilfsmittel heranziehen, während die Frage 2 weitgehend mit Hilfe der Greenschen Formeln beantwortet werden kann:

__Lemma:__ *Sind* $U,V \in C^2(\overset{\circ}{B}) \cap C^1(B)$ *für einen regulären ebenen Bereich* B, *so lauten die Greenschen Formeln:*

$$(1.6.13) \qquad \int_B \{<\text{grad } U, \text{grad } V> + U\Delta V\}d(x,y) = \oint_{\partial B} U \frac{\partial V}{\partial n} \, ds$$

und

$$(1.6.14) \qquad \int_B \{U\Delta V - V\Delta U\}d(x,y) = \oint_{\partial B} \{U \frac{\partial V}{\partial n} - V \frac{\partial U}{\partial n}\} \, ds$$

Sei im Folgenden $D = B$ ein regulärer Bereich, also beschränkt. Die eindeutige Lösbarkeit der ersten RWA folgt - wie schon erwähnt in 1.4 - aus dem Maximumprinzip, da die Differenz $u_o := u_2 - u_1$ zweier möglicher Lösungen in D harmonisch und auf $\overline{D}$ stetig ist mit verschwindenden Randwerten. Im Falle der zweiten RWA setze man $U = V = u_o$ und in (1.6.13) ein, dann folgt

$$(1.6.15) \qquad \int_D (\text{grad } u_o)^2 d(x,y) = O, \text{ also } \text{grad } u_o \equiv O \text{ in } D,$$

d.h. $u_o \equiv$ const. in D wegen der Stetigkeit, so daß zu jeder Lösung u eine beliebige Konstante addiert werden darf.

Beim dritten Randwertproblem folgt aus $\frac{\partial u_o}{\partial n} = -\sigma(z)u_o$ auf ∂D mit $U = V = u_o$ gesetzt aus (1.6.13)

$$(1.6.16) \qquad \int_D (\text{grad } u_o)^2 d(x,y) + \oint_D \sigma(z(s)) \cdot u_o^2 ds = 0 \ ,$$

so daß zunächst - wie zuvor - $u_o \equiv$ const. in D sein muß, wenn $\sigma(z)$ stetig auf ∂D und $\geqq 0$ ist. Da $\sigma(z) \not\equiv 0$ sein soll, so gibt es ein $z_o \in \partial D$ und einen Teilbogen $b(z_o) \subset \partial D$ um z_o, wo $\sigma(z) > 0$ ist. Dort muß aber $u_o(z) = 0$ sein, da $\sigma(z) \cdot u_o^2(z) \equiv 0$ auf ∂D sein muß. Es sei stets $B(z) \neq 0$ und $\in C^1(\partial D)$, dann kann o. B. d. A. in (1.6.9) $B(z) \equiv 1$ angenommen werden, so daß die erste Greensche Formel (1.6.13), mit $U = V = u_o$ gesetzt, liefert:

$$(1.6.17) \qquad \int_D (\text{grad } u_o)^2 d(x,y) + \oint_{\partial D} (A \cdot u_o \frac{\partial u_o}{\partial s} + C \cdot u_o^2) ds = 0$$

Hier interessiert als Verallgemeinerung zur dritten RWA nur $A(z) \not\equiv 0$ auf ∂D. Ist $A \in C^1(\partial D)$, so folgt

$$(1.6.18) \qquad \oint_{\partial D} A \cdot u_o \frac{\partial u_o}{\partial s} ds = \frac{1}{2} \oint_{\partial D} A \cdot \frac{\partial u_o^2}{\partial s} ds = \frac{1}{2} A \cdot u_o^2 \Big|_{\partial D} - \frac{1}{2} \oint_{\partial D} \frac{\partial A}{\partial s} \cdot u_o^2 ds \ ,$$

worin das ausintegrierte Glied verschwindet. Also gilt

$$(1.6.19) \qquad \int_D (\text{grad } u_o)^2 d(x,y) + \oint_{\partial D} (C - \frac{1}{2} \frac{\partial A}{\partial s}) u_o^2 ds = 0 \ ,$$

woraus $u_o \equiv 0$ in $\overline{D}$ folgt, wenn $C - \frac{1}{2} \frac{\partial A}{\partial s} \geqq 0$ und $\not\equiv 0$ auf ∂D ist.

Klingen die gesuchten Lösungen und ihre ersten Ableitungen für $|z| \to \infty$ stark genug ab, so bleiben die voranstehenden Eindeutigkeitsaussagen auch für Außengebiete $D_a = D^-$ gültig.

Sind die Koeffizienten $a^\pm, b^\pm$ auf $L = \partial D^+ = \partial D^-$ konstant und $u^- = u(\infty) + O(r^{-1})$, grad $u^- = O(r^{-2})$ für $r = |z| \to \infty$, so liefert die zweimalige Anwendung der ersten Greenformel auf $U = V = u_o^+$ zu D^+ bzw. $U = V = u_o^-$ zu D^- :

$$a^+ b^+ \cdot \int_{D^+} (\text{grad } u_o^+)^2 d(x,y) + a^- b^- \cdot \int_{D^-} (\text{grad } u_o^-)^2 d(x,y) =$$

$$(1.6.20)$$

$$= \oint_L (a^+ u_o^+ + b^+ \frac{\partial u_o^+}{\partial n} - a^- u_o^- - b^- \frac{\partial u_o^-}{\partial n}) ds = 0$$

bei homogenen Übergangsbedingungen (1.6.12) für u_o, so daß im Falle von $a^\pm, b^\pm > 0$ grad $u_o^+ \equiv 0$ in D^+ und grad $u_o^- \equiv 0$ in D^- resultieren, d.h. $u_o^+ \equiv$ const. $=: c^+$ bzw. $u_o^- \equiv$ const. $=: c^- = u_2(\infty) - u_1(\infty)$. Die erste Übergangsbedingung fordert $a^+c^+ = a^-c^-$. Kann diese Gleichung nur für $c_1 = c_2 = 0$ bestehen, so bedeutet das die eindeutige Lösbarkeit des Übergangsproblems.

Die Darstellungsformel (1.4.29) in Verbindung mit der zweiten Greenschen Formel (1.6.14) erlaubt es, die Lösung u der ersten, zweiten und dritten RWA explizit anzugeben, wenn spezielle sogenannte __Fundamentallösungen__ $G(z;z_o)$ zu $z, z_o \in D$ bekannt sind, die sich von $\frac{1}{2\pi} \log|z-z_o|$ höchstens additiv um eine bezüglich $z = x + iy$ in D harmonische und in $\overline{D}$ stetig differenzierbare Funktion $\omega(z;z_o)$ unterscheiden. Ist nämlich $u \in C^2(D) \cap C^1(\overline{D})$ harmonisch in D, so liefert die zweite Greensche Formel mit $U = u$, $V = \omega$:

$$(1.6.21) \qquad 0 = \int_D (u\Delta\omega - \omega\Delta u)\,d(x,y) = \oint_{\partial D} (u\,\frac{\partial \omega}{\partial n} - \omega\,\frac{\partial u}{\partial n})\,ds,$$

also statt (1.4.29) für $z_o = x_o + iy_o \in D$

$$(1.6.22) \qquad u(x_o, y_o) = \oint_D (u\,\frac{\partial G}{\partial n} - \frac{\partial u}{\partial n}\,G(z(s),z_o))\,ds .$$

__Definition 1.14:__ *Unter einer* __Greenschen Funktion für die Potentialglei-__ __chung zum Gebiet__ D *versteht man eine Funktion* $G : (\overline{D} \times \overline{D}) \setminus \{z_o = \zeta_o\} \to \mathbb{R}$ *mit den Eigenschaften:*

1. $G \in C^2((D \times D) \setminus \{z_o = \zeta_o\}) \cap C^1((\overline{D} \times \overline{D}) \setminus \{z_o = \zeta_o\})$

2. $\Delta_{(x,y)} G(z;z_o) = 0$ *für* $z \in D \setminus \{z_o\}$

3. $G(z;z_o) + \frac{1}{2\pi} \log|z-z_o| = \omega(z;z_o)$
   ist harmonisch in D *für alle* $z_o \in \overline{D}$.

4. i) $G_1\big|_{z \in \partial D} = 0$ *für alle* $z_o \in D$,

das ist die __Greensche Funktion erster Art__*,*
oder

ii) $\frac{\partial G}{\partial n}\big|_{z \in \partial D} = \frac{\partial G_2}{\partial n}\big|_{z \in \partial D} = $ *const. für alle* $z_o \in D$,

das ist die __Greensche Funktion zweiter Art__
oder

iii) $\frac{\partial G}{\partial n} + \sigma(z)G\big|_{z \in \partial D} = \frac{\partial G_3}{\partial n} + \sigma(z)G_3\big|_{z \in \partial D} = 0$ *für alle* $z_o \in D$,

das ist die __Greensche Funktion dritter Art__ .

Wählen wir nun nacheinander in Formel (1.6.22) für G die erste, zweite bzw. dritte Greenfunktion, so kann man die Lösungen der RWAen schreiben, wenn z_o durch $z \in D$ und z durch $\zeta = \zeta(s) \in \partial D$ ersetzt werden:

$$(1.6.23) \quad u(x,y) = \oint_{\partial D} u(\zeta(s)) \cdot \frac{\partial G_1}{\partial n_\zeta} (\zeta(s),z)ds = \oint_{\partial D} f \cdot \frac{\partial G_1}{\partial n} ds$$

als Lösung der ersten RWA, oder

$$u(x,y) = \text{const.} \cdot \oint_{\partial D} u(\zeta(s)ds - \oint_{\partial D} \frac{\partial u}{\partial n_\zeta} \cdot G_2(\zeta(s),z)ds,$$

d.h. mit beliebigem reellen C

$$(1.6.24) \quad u(x,y) = - \oint_{\partial D} f \cdot G_2(\zeta(s),z)ds + C$$

als Lösung der zweiten RWA, oder

$$u(x,y) = \oint_{\partial D} \{-u(\zeta(s)) \cdot \sigma(\zeta(s)) \cdot G_3(\zeta(s),z) - \frac{\partial u}{\partial n_\zeta} \cdot G_3(\zeta(s),z)\}ds,$$

d.h.

$$(1.6.25) \quad u(x,y) = - \oint_{\partial D} f \cdot G_3(\zeta(s),z)ds$$

als Lösung der dritten RWA.

Das Poisson-Integral (1.4.9) enthält die Greenfunktion erster Art für einen Kreis $D = K_R(0)$, während das Integral (1.4.20) die Greenfunktion zweiter Art dafür enthält. Die Stärke der Funktionentheorie zeigt sich nun bei den folgenden Sätzen, die es gestatten, die Greenfunktionen anzugeben, wenn die konformen Abbildungen von D auf gewisse Normalgebiete bekannt sind.

<u>Satz 1.19:</u> *Ist* $D \subset \mathbb{C}_z$ *ein einfach zusammenhängendes Gebiet, berandet von einer glatten Jordankurve* L, *und vermittelt* $\zeta(z;z_o)$ *eine konforme Abbildung von* D *auf das Innere des Einheitskreises* $E \subset \mathbb{C}_\zeta$ *derart, daß* $\zeta(z_o;z_o) = 0$ *ist und* $\zeta : \bar{D} \to \bar{E}$ *noch stetig differenzierbar und topologisch ist, so ist die Greenfunktion erster Art zu* D *gegeben durch*

$$(1.6.26) \quad G_1(z;z_o) = - \frac{1}{2\pi} \log|\zeta(z;z_o)| \ .$$

<u>Beweis:</u> Es ist $\zeta'(z_o;z_o) \neq 0$ wegen der Konformität, also ist $\chi(z;z_o) := \zeta(z;z_o)(z-z_o)^{-1}$ ebenfalls in D holomorph (bzgl. z) und stetig differenzierbar (bzgl. x,y) in $\bar{D}$ für jede Wahl von $z_o \in D$. Da $\chi(z) \neq 0$ in $\bar{D}$ ist wegen der Eineindeutigkeit von ζ, ist jeder Zweig von $f(z;z_o) := \log \chi(z;z_o) = u + iv$ in D holomorph (bzgl. z) und

stetig differenzierbar (bzgl. x,y) in $\bar{D}$, d.h. u und v sind harmonisch in D und $\in C^1(\bar{D})$. Wir können folglich schreiben

$$\zeta(z;z_0) = (z-z_0)\cdot\exp\{f(z;z_0)\} \quad \text{für} \quad (z,z_0) \in \bar{D} \times D.$$ Dann ist aber

(1.6.27)
$$\frac{1}{2\pi} \log|\zeta(z;z_0)| = \frac{1}{2\pi} \log|z-z_0| + \frac{1}{2\pi} \operatorname{Re} f(z;z_0)$$
$$= \frac{1}{2\pi} \log|z-z_0| + \frac{1}{2\pi} u(z;z_0)$$

harmonisch für $z \in D\setminus\{z_0\}$ und aus $C^1(\bar{D}\setminus\{z_0\})$. Außerdem ist für $z \in \partial D : \zeta(z;z_0) \in \partial E$, d.h. $|\zeta(z;z_0)| = 1$, so daß $\frac{1}{2\pi} \log|\zeta(z;z_0)| = 0$ ist für $z \in \partial D$, $z_0 \in D$. Damit erfüllt $G_1(z;z_0) := -\frac{1}{2\pi} \log|\zeta(z;z_0)|$ die vier Eigenschaften einer Greenfunktion erster Art. $\#$

<u>Bemerkungen</u>: 1. Jede weitere konforme Abbildungsfunktion $\zeta^*(z;z_0)$ geht aus einer festen $\zeta(z;z_0)$ durch Multiplikation lediglich mit $e^{i\alpha}$, $0 \le \alpha < 2\pi$, hervor, so daß $|\zeta| = |\zeta^*|$ ist.

2. Kennt man andererseits die Greenfunktion $G_1(z;z_0)$ zu D, so kann man aus ihr die konformen Abbildungen $\zeta(z;z_0)$ mit $|\zeta(z;z_0)| = $ $= \exp\{-2\pi G_1(z;z_0)\}$ konstruieren.

3. Der Satz gilt auch noch für <u>halbunendliche Gebiete D</u>, deren Rand aus einer glatten doppelpunktfreien Kurve L besteht, die von ∞ nach ∞ läuft.

<u>Beispiele</u>: <u>1.10</u>: $D = H^+$: obere Halbebene. Die Funktionen $\zeta = \zeta(z;z_0) := (z-z_0)(z-\bar{z}_0)^{-1}$ mit $\operatorname{Im} z_0 > 0$ bilden H konform auf E_ζ ab, denn

$$|\zeta|^2 = \frac{|z-z_0|^2}{|z-\bar{z}_0|^2} = \frac{(x-x_0)^2 + (y-y_0)^2}{(x-x_0)^2 + (y+y_0)^2} < 1$$

für $z = x + iy \in H^+$ und $= 1$ für $y = 0$. Folglich ist die Greenfunktion erster Art gegeben durch

(1.6.28)
$$G_1(z;z_0) = -\frac{1}{2\pi} \log\left|\frac{z-z_0}{z-\bar{z}_0}\right|$$

und die Lösung der ersten RWA für $\Delta u = 0$ in H^+ lautet wegen $\partial/\partial n_\zeta = -\partial/\partial_\eta$:

(1.6.29a)
$$u(x,y) = \frac{1}{2\pi} \int_{-\infty}^{\infty} f(\xi)\cdot\frac{\partial}{\partial n_\zeta} \log\left|\frac{\xi-z}{\xi-\bar{z}}\right| \cdot d\xi$$

oder

(1.6.29b)
$$u(x,y) = \frac{1}{\pi} \int_{-\infty}^{\infty} f(\xi)\cdot\frac{y}{(\xi-x)^2+y^2} d\xi \quad \text{für} \quad (x,y) \in H^+$$

das ist das sogenannte <u>Poisson-Integral für die obere Halbebene.</u> Die zu
u gehörigen, in H^+ holomorphen Funktionen w lauten wegen

$$(1.6.30) \qquad u(x,y) = \frac{1}{\pi} \int_{-\infty}^{\infty} f(\xi) \cdot \frac{\partial}{\partial y} \log|z-\xi| \, d\xi$$

$$(1.6.31) \qquad w(z) = u + iv = ic + \frac{1}{\pi i} \int_{-\infty}^{\infty} \frac{f(\xi) \, d\xi}{\xi - z} \qquad \text{für} \quad z \in H^+,$$

das ist das sogenannte <u>Cauchy-Integral für die obere Halbebene.</u>

<u>1.11:</u> $D = S_T := \{z \in \mathbb{C} : |\text{Im } z| < T\}$: Parallelstreifen der Breite 2T.
Aufgrund von Satz 1.14, 2., genügt es, eine konforme Abbildung
$\zeta_0 : S_T \to E_\zeta$ zu kennen, um dann durch
$\zeta(z;z_0,\alpha) = e^{i\alpha} (\zeta_0(z) - \zeta_0(z_0))(1 - \overline{\zeta_0(z_0)}\zeta_0(z))^{-1}$ die reell dreipara-
metrige Familie $\zeta : S_T \to E_\zeta$ zu gewinnen. Sei

$$(1.6.32) \qquad \zeta_0(z) := \tanh \frac{\pi z}{4T} = \frac{\sin h \frac{\pi}{4T} (x+iy)}{\cos h \frac{\pi}{4T} (x+iy)} \qquad \text{für} \quad z \in S_T \, ,$$

dann ist

$$(1.6.33)$$

$$|\zeta_0(z)|^2 = \frac{\sin h^2 \frac{\pi x}{4T} \cdot \cos^2 \frac{\pi y}{4T} + \cosh^2 \frac{\pi x}{4T} \, \sin^2 \frac{\pi y}{4T}}{\cosh^2 \frac{\pi x}{4T} \cdot \cos^2 \frac{\pi y}{4T} + \sinh^2 \frac{\pi x}{4T} \cdot \sin^2 \frac{\pi y}{4T}}$$

$$= \frac{\cosh^2 \frac{\pi x}{4T} - \cos^2 \frac{\pi y}{4T}}{\cosh^2 \frac{\pi x}{4T} - \sin^2 \frac{\pi y}{4T}} \le 1$$

für $0 \le \sin^2 \frac{\pi y}{4T} \le \cos^2 \frac{\pi y}{4T} \le 1$, was genau dann der Fall ist, wenn
$|\pi y/4T| \le \pi/T$, d.h. $|y| \le T$, also $z \in \overline{S_T}$, ist.

Es ist ferner $d\zeta_0/dz = \pi/4T \cdot (\cosh \pi z/4T)^{-2} \neq 0$ und $\neq \infty$ für $z \in \overline{S_T}$.
Für $z = x \pm iT \in \partial S_T$ folgt

$$\zeta_0(x \pm iT) = \tanh \frac{\pi}{4T}(x \pm iT) = \frac{\sinh \frac{\pi}{4T}(x \pm iT)}{\cosh \frac{\pi}{4T}(x \pm iT)}$$

$$= \frac{\sinh \frac{\pi x}{4T} \cdot \frac{1}{2}\sqrt{2} \pm i \cdot \cosh \frac{\pi x}{4T} \cdot \frac{1}{2}\sqrt{2}}{\cosh \frac{\pi x}{4T} \cdot \frac{1}{2}\sqrt{2} \pm i \cdot \sinh \frac{\pi x}{4T} \cdot \frac{1}{2}\sqrt{2}}$$

$$(1.6.34) \qquad = \frac{e^{\pi x/4T} - e^{-\pi x/4T} \pm i(e^{\pi x/4T} + e^{-\pi x/4T})}{e^{\pi x/4T} + e^{-\pi x/4T} \pm i(e^{\pi x/4T} - e^{-\pi x/4T})}$$

$$= \frac{e^{\pi x/4T} \pm i \cdot e^{-\pi x/4T}}{e^{\pi x/4T} \pm i \cdot e^{-\pi x/4T}} \, ,$$

d.h. es ist

$$|\zeta_o(x\pm iT)| = 1 \quad \text{für} \quad x \in \mathbb{R} \quad \text{und} \quad \zeta_o(x\pm iT) = \frac{1-e^{-\pi x/T}}{1+e^{-\pi x/T}} \pm 2i\cdot\frac{e^{-\pi x/2T}}{1+e^{-\pi x/T}}$$

oder

$$(1.6.35) \qquad \zeta_o(x\pm iT) = \tanh \pi x/2T \pm i/\cosh \pi x/2T \quad \text{für} \quad x \in \mathbb{R}.$$

Läuft x von $-\infty$ bis $+\infty$, so wächst $\operatorname{Re} \zeta_o$ von -1 bis $+1$, während $|\operatorname{Im} \zeta_o|$ von 0 bis 1 wächst und wieder bis 0 fällt, d.h. die untere (obere) Gerade $y = -T$ $(y=T)$ geht in den unteren (oberen) Einheitshalbkreis $E_\zeta^{(\mp)}$ über.

Nun ist

$$(1.6.36) \qquad |\zeta(z;z_o)| = \left| \frac{\tanh \pi z/4T - \tanh \pi z_o/4T}{1-\tanh \pi\overline{z_o}/4T\cdot\tanh \pi z/4T} \right|$$

und damit

$$G_1(z;z_o) = -\frac{1}{2\pi} \log|\ldots| \qquad \text{oder}$$

$$= -\frac{1}{2\pi}\log \left| \frac{\sinh \pi z/4T\cdot\cosh \pi z_o/4T-\sinh \pi z_o/4T\cdot\cosh \pi z/4T}{\cosh \pi z/4T\cdot\cosh \pi\overline{z_o}/4T-\sinh \pi z/4T \cdot\sinh \pi\overline{z_o}/4T} \right|$$

$$(1.6.37) \qquad = -\frac{1}{2\pi}\log \left| \frac{\sinh \pi(z-z_o)/4T}{\cosh \pi(z-\overline{z_o})/4T} \right|$$

$$= -\frac{1}{4\pi}\log \frac{\cosh^2 \pi(x-x_o)/4T - \cos^2 \pi(y-y_o)/4T}{\cosh^2 \pi(x-x_o)/4T - \sin^2 \pi(y+y_o)/4T} \quad \text{für} \quad |y|,|y_o|<T.$$

Um dies in die Darstellungsformel (1.6.23) für die erste RWA einsetzen zu können, benötigen wir noch die Werte der Normalableitung von $G_1(x+iy;z_o)$ auf $y = \pm T$. Anschließend wird z durch $\xi \pm iT$ und z_o durch $z = x + iy$ ersetzt; so resultiert:

$$\frac{\partial}{\partial y} G_1(x+iy;z_o) = -\frac{1}{4\pi} \cdot \frac{\frac{\pi}{4T}\cdot 2\cos \pi(y-y_o)/4T\cdot\sin \pi(y-y_o)/4T}{\cosh^2 \pi(x-x_o)/4T - \cos^2 \pi(y-y_o)/4T}$$

$$(1.6.38)$$

$$+ \frac{1}{4\pi} \cdot \frac{-\frac{\pi}{4T}\cdot 2\cdot\sin \pi(y+y_o)/4T\cdot\cos \pi(y+y_o)/4T}{\cosh^2 \pi(x-x_o)/4T - \sin^2 \pi(y+y_o)/4T}$$

und auf $y = \pm T$:

$$(1.6.39) \qquad \frac{\partial}{\partial n} G_1(\xi\pm iT;z) = -\frac{1}{4T} \cdot \frac{\cos \pi y/2T}{\cosh \pi(\xi-x)/2T \mp \sin \pi y/2T} \quad .$$

Mit $f_{\pm}(\xi) := f(\xi \pm iT)$, $\xi \in \mathbb{R}$, erhält man schließlich als Lösung der ersten RWA im Horizontalstreifen S_T:

$$u(x,y) = -\frac{1}{4T} \int_{-\infty}^{\infty} f_+(\xi) \, \frac{\cos \pi y/2T}{\cosh \pi(\xi-x)/2T - \sin \pi y/2T} \, d\xi$$

(1.6.40)

$$-\frac{1}{4T} \int_{-\infty}^{\infty} f_-(\xi) \, \frac{\cos \pi y/2T}{\cosh \pi(\xi-x)/2T + \sin \pi y/2T} \, d\xi$$

<u>1.12:</u> Betrachten wir nun ein sog. <u>Einfachschlitzgebiet</u> D_a mit dem Rand $\partial D_a = \{z \in \mathbb{C} : z = x, \ -a \leq x \leq a\}$, der für $z \neq \pm a$ glatt ist.

Die sogenannte <u>Joukowski-Abbildung</u> $\zeta : E_\zeta \to D_a$ gegeben durch

$$(1.6.41) \qquad z = z(\zeta) = \frac{a}{2}(\zeta + \zeta^{-1})$$

bildet den Einheitskreis E_ζ auf D_a konform ab, wobei $\zeta = 0$ in $z = \infty$ und $\zeta = e^{i\theta}$, $0 \leq \theta \leq \pi$ in das obere Ufer $y = 0^+$, $a \geq x \geq -a$, und $\pi \leq \theta \leq 2\pi$ in das untere Ufer $y = 0^-$, $-a \leq x \leq +a$ des Schlitzes ∂D_a übergehen.
Die Umkehrabbildung $z : D_a \to E_\zeta$ lautet:

$$(1.6.42) \qquad \zeta = \zeta(z) := (z - \sqrt{z^2 - a^2})/a$$

mit positiver Quadratwurzel für $z = x > a$. Die Familie der Abbildungen von D auf E_ζ lautet gemäß Satz 1.14, 2., zu $z_o \in D$, $0 \leq \alpha < 2\pi$:

$$(1.6.43) \qquad \zeta = \zeta(z;z_o,\alpha) = e^{i\alpha} \, a \, \frac{z - z_o - \sqrt{z^2 - a^2} + \sqrt{z_o^2 - a^2}}{a^2 - (z - \sqrt{z^2 - a^2})(\overline{z}_o - \sqrt{\overline{z}_o^2 - a^2})} \, .$$

Damit heißt die Greenfunktion erster Art zu D_a:

$$(1.6.44) \qquad G_1(z;z_o) = -\frac{1}{2\pi} \log \left(a \left| \frac{z - z_o - \sqrt{z^2 - a^2} + \sqrt{z_o^2 - a^2}}{a^2 - (z - \sqrt{z^2 - a^2})(\overline{z}_o - \sqrt{\overline{z}_o^2 - a^2})} \right| \right) .$$

Wir wenden uns nunmehr Greenschen Funktionen zweiter Art zu. Die Bedingung 4. ii) in Definition 1.14 legt die Konstante von $\partial G_2(z;z_o)/\partial n \big|_{z \in \partial D}$ = const. nicht näher fest. Hat man eine gewählt, so ist auch $G_2 + c$ eine Greenfunktion zweiter Art zur gleichen Konstanten der zweiten Randbedingung. Es kann daher etwa eine Nebenbedingung der Art $\oint_{\partial D} G_2(z;z_o) ds_z = 0$ stets erfüllt werden durch Wahl von c.

Ein anderer Weg zur expliziten Darstellung der Lösungen der zweiten RWA besteht in folgender Überlegung. Es ist

$$(1.6.45) \qquad u(x_o,y_o) = C - \oint_{\partial D} f(\zeta(s)) \cdot G_2(\zeta(s);z_o) \, ds$$

bei festgehaltenem $z_o = x_o + iy_o \in D$, so daß (1.6.24) durch Subtraktion des letzten Ausdrucks übergeht in

$$
\begin{aligned}
u(x,y) &= u(x_o,y_o) - \oint_{\partial D} f(\zeta(s)) \cdot [G_2(\zeta(s);z) - G_2(\zeta(s);z_o)] \, ds \\
&= u(x_o,y_o) - \oint_{\partial D} f(\zeta(s)) \cdot N(\zeta(s);z,z_o) \, ds \ .
\end{aligned}
$$
(1.6.46)

Die Funktion $N(\zeta;z,z_o)$ heiße <u>Neumann-Funktion der Potentialgleichung zum Gebiet D,</u> wenn N bzgl. $\zeta \in D \setminus \{z,z_o\}$ harmonisch und in $\bar{D} \setminus \{z,z_o\}$ stetig differenzierbar bzgl. ξ,η ist. Die Funktion

$$N(\zeta;z,z_o) + \frac{1}{2\pi} \log|\zeta-z| - \frac{1}{2\pi} \log|\zeta-z_o|$$

sei bzgl. $\zeta = \xi + i\eta$ in ganz D harmonisch und besitze die Randeigenschaft

$$(1.6.47) \qquad \partial N(\zeta;z,z_o)/\partial n_\zeta \Big|_{\zeta \in \partial D} = 0 \ .$$

Für diese Funktion besteht der folgende Zusammenhang mit konformen Abbildungen:

<u>Satz 1.20:</u> *Sei* $D \subset \mathbb{C}_z$ *ein m-fach zusammenhängendes Gebiet, dessen Rand* ∂D *aus den* m *geschlossenen glatten Jordankurven* $L_\mu; \mu = 1,\dots,m;$ *bestehe.* $\omega = \omega(z;z_o,z_1)$ *sei die nach Satz 1.18 existierende konforme Abbildung von* D *auf ein Radialschlitzgebiet* $R_m \subset \mathbb{C}_\omega$, *so daß* z_o *in* ∞ *und* z_1 *in* O *übergehen und* ω *gemäß (1.5.19) normiert sei. Dann lautet die Neumannfunktion zu* D *für* $z \neq z_o,z_1$:

$$(1.6.48) \qquad N(z;z_o,z_1) = \frac{1}{2\pi} \log |\omega(z;z_o,z_1)| \quad .$$

<u>Beweis:</u> Da ω bzgl. $z \in D \setminus \{z_1\}$ holomorph und für $z \neq z_o,z_1$ auch $\neq O$ ist, so ist $\log|\omega(z;z_o,z_1)|$ harmonisch in $D \setminus \{z_o,z_1\}$. Auf Grund der Konformität der Abbildung ω kann man aufspalten in

$$(1.6.49) \qquad \omega(z;z_o,z_1) = \frac{z-z_1}{z-z_o} \cdot \Omega(z;z_o,z_1)$$

mit $\Omega \neq O$ in $\bar{D}$ und bzgl. x,y dort stetig differenzierbar. Dabei ist $d\Omega/dz$ nur in den 2m Urbildpunkten $a_\mu,b_\mu \in L_\mu$ Null, die in die Endpunkte der m Schlitze $\mathscr{S}_\mu$ übergehen, da dort die Außenwinkel 2π sind. Damit ist

(1.6.50) $f_N(z;z_o,z_1) := \log \Omega(z;z_o,z_1) := u + iv$

eine in D analytische, evtl. bzgl. v mehrdeutige Funktion, die bzgl. (x,y) in $\bar{D}$ stetig differenzierbar ist. Daraus folgt für $z \neq z_o,z_1$:

(1.6.51) $\frac{1}{2\pi} \log|\omega(z;z_o,z_1)| = -\frac{1}{2\pi} \log|z-z_o| + \frac{1}{2\pi} \log|z-z_1| + \frac{u}{2\pi}$

sowie für $z \in \partial D$ mit Ausnahme von $a_\mu,b_\mu \in L_\mu$:

(1.6.52) $\frac{\partial}{\partial n_z} \frac{1}{2\pi} \log|\omega(z;z_o,z_1)| = \frac{\partial}{\partial s} \frac{1}{2\pi} \arg \omega(z;z_o,z_1).$

Nun ist aber auf L_μ : $\arg \omega = \theta_\mu = $ const., da der μ-te Schlitz als Bild von L_μ auf einem Strahl mit Winkel θ_μ gegen die reelle ω-Achse liegt (s. Definition 1.11,b). Mithin ist auf $\partial D \setminus \{a_\mu,b_\mu;\mu=1,\dots,m\}$

(1.6.53) $\frac{\partial}{\partial n_z} \frac{1}{2\pi} \log|\omega(z;z_o,z_1)| = 0,$

so daß die Eigenschaften einer Neumann-Funktion für die Potentialgleichung und das Gebiet D damit alle nachgewiesen sind. **#**

Zum Schluß soll noch gezeigt werden, wie sich die allgemeine Poincaré-sche RWA (1.6.4) oder (1.6.9) vermittels konformer Abbildung transformiert. Sie enthält ja die übrigen wichtigsten RWAen als Spezialfälle.

Sei also $\zeta : D \to \tilde{D}$ eine konforme Abbildung des Gebiets $D \subset \mathbb{C}_z$ mit glattem Rand ∂D auf ein ebensolches Gebiet $\tilde{D} \subset \mathbb{C}_\zeta$, so daß ζ^{-1} auf $\tilde{D}$ noch stetige Ableitungen nach ξ und η besitzt. Die Poincaré'sche Randbedingung auf ∂D (1.6.4) $a(z(s)) \cdot u_x(x(s),y(s)) +$ $+ b(z(s)) \cdot u_y(x(s),y(s)) + c(z(s)u(x(s),y(s)) = f(s)$, kann mit in D lokal holomorphem $w = u + iv$ - evtl. mehrdeutigem v - und $w'(z) = u_x + iv_x = u_x - iu_y$ äquivalent umgeschrieben werden auf

(1.6.54) $\mathrm{Re}\ \{(a+ib) \cdot w'(z) + c \cdot w(z)\}\Big|_{z\in\partial D} = f(z)\ .$

Mittels $\omega(\zeta) := w(z(\zeta))$, $\zeta \in \tilde{D} \subset \mathbb{C}_\zeta$, und der Kettenregel wird daraus

(1.6.55) $\mathrm{Re}\ \{(a+ib)\omega'(\zeta) \cdot \frac{d\zeta}{dz}(z(\zeta)) + c(z(\zeta)) \cdot \omega(\zeta)\}\Big|_{\zeta\in\partial\tilde{D}} = f(z(\zeta))$

oder

(1.6.56) $\mathrm{Re}\ \{(\alpha+i\beta)(\zeta) \cdot \omega'(\zeta) + \gamma(\zeta) \cdot \omega(\zeta)\}\Big|_{\zeta\in\partial\tilde{D}} = \phi(\zeta)$

mit

$(1.6.57a) \qquad \alpha(\zeta) := \mathrm{Re}[\,(a+ib)(z(\zeta)) \cdot \frac{d\zeta}{dz}(z(\zeta))\,]$

$(1.6.57b) \qquad \beta(\zeta) := \mathrm{Im}[\,(a+ib)(z(\zeta)) \cdot \frac{d\zeta}{dz}(z(\zeta))\,]$

$(1.6.57c) \qquad \gamma(\zeta) := c(z(\zeta))$

$(1.6.57d) \qquad \varphi(\zeta) := f(z(\zeta))$

als reellwertige stetige Funktionen auf $\partial\tilde{D}$. Ist $(a+ib)(z) \equiv 0$ auf ∂D, so auch $(\alpha+i\beta)(\zeta) \equiv 0$ auf $\partial\tilde{D}$, so daß die erste RWA für D in die erste RWA für $\tilde{D}$ übergeht. Da die Abbildung $\zeta : \bar{D} \to \bar{\tilde{D}}$ auch am Rande noch konform ist wegen $d\zeta/dz \neq 0$ dort, so geht auch die zweite RWA für D in solch eine für $\tilde{D}$ über.

1.7. Folgen, Reihen und Familien holomorpher Funktionen

Jetzt betrachten wir allgemeinere Folgen und Reihen von holomorphen oder meromorphen Funktionen in Gebieten $D \subset \mathbb{C}$ als Potenz- und Laurentreihen.

Satz 1.21: $\{w_n\}_{n \in \mathbb{N}}$ *sei eine Folge von in* D *holomorphen Funktionen, die lokal gleichmäßig in* D *(d.h. gleichmäßig auf jedem abgeschlossenen Teilbereich* B*) gegen die Funktion* w *konvergieren mögen, dann ist die Grenzfunktion* w *ebenfalls in* D *holomorph.*

Beweis: Da $w_n(\zeta)/(\zeta-z)^{k+1}$ bei festem $z \in B \subset D$ mit $L = \partial B$ und für $k \in \mathbb{N}_o$ bzgl. $\zeta \in L$ gleichmäßig gegen $w(\zeta)/(\zeta-z)^{k+1}$ konvergiert, folgt aus der Cauchyschen Integralformel (1.2.8) die Existenz von

$$(1.7.1) \qquad \int_L \frac{w(\zeta)}{(\zeta-z)^2}\,d\zeta = \frac{d}{dz}\int_L \frac{w(\zeta)}{\zeta-z}\,d\zeta = \frac{d}{dz}\lim_{n\to\infty}\int_L \frac{w_n(\zeta)\,d\zeta}{\zeta-z} = 2\pi i \cdot \frac{d}{dz}\,w(z).$$

Ist J eine unendliche Indexmenge, so nennt man $\{w_\iota\}_{\iota \in J}$ eine Familie oder Schar von Funktionen auf D, wenn die Funktionen w_ι, $\iota \in J$, auf der gleichen Menge D definiert sind. Ist beispielsweise $J = L \subset \mathbb{C}$ eine stückweise glatte Jordankurve oder eine ins Unendliche laufende, doppelpunktfreie und glatte Kurve und $\{w(t,z)\}_{t \in L}$ eine Familie von bzgl. $z \in D \subset \mathbb{C}$ holomorphen Funktionen, die bzgl. $t \in L$ eigentlich oder uneigentlich Riemann - integrabel sind, so folgt aus dem letzten Satz, daß das Parameterintegral

$$(1.7.2) \qquad W(z) := \int_L w(t,z)\,dt$$

ebenfalls in D holomorph ist mit

$$(1.7.3) \qquad W^{(k)}(z) = \int_L \frac{\partial^k}{\partial z^k} w(t,z)\,dt \quad \text{in} \quad D \quad \text{für} \quad k \in \mathbb{N},$$

sofern die Integrale auf der rechten Seite bzgl. z lokal gleichmäßig in D konvergieren.

__Beispiel 1.13:__ Die Eulersche Γ-Funktion ist definiert durch

$$(1.7.4) \qquad \Gamma(z) := \int_0^\infty e^{-t} t^{z-1}\,dt \quad \text{für} \quad \text{Re } z > 0,$$

und dort holomorph. Zunächst ist $w(t,z) := e^{-t} \cdot t^{z-1} = \exp[-t+(z-1)\log t]$ für alle festen $t > 0$ und für alle $z \in \mathbb{C}$ holomorph. Für $0 < \delta \leq \text{Re } z \leq M < \infty$ gelten die Abschätzungen

$$(1.7.5) \qquad |e^{-t} t^{z-1}| = e^{-t} \cdot e^{(x-1)\log t} \leq \begin{cases} e^{-t} \cdot t^{M-1} & \text{für} \quad t \geq 1 \\[2mm] 1 \cdot t^{\delta-1} & \text{für} \quad 0 < t \leq 1 \end{cases}$$

so daß

$$(1.7.6) \qquad |\Gamma(z)| \leq \int_0^1 t^{\delta-1}\,dt + \int_1^\infty e^{-t} \cdot t^{M-1}\,dt \leq C(\delta,M) < \infty$$

für diese z gilt. Damit ist die lokal gleichmäßige Konvergenz des definierenden Parameterintegrals für $\text{Re } z > 0$ gesichert. Es gilt überdies

$$(1.7.7) \qquad \Gamma'(z) = \int_0^\infty e^{-t} \log t \cdot t^{z-1}\,dt \qquad \text{für} \quad \text{Re } z > 0$$

und

$$(1.7.8) \qquad \Gamma(n) = (n-1)! \quad \text{für} \quad n \in \mathbb{N}.$$

__Definition 1.15:__ *Eine Familie $\mathcal{F}$ von in D holomorphen Funktionen, $\{w_\iota\}_{\iota \in J}$, heiße __normal__, wenn es zu jeder Folge $\{w_n\}_{n \in \mathbb{N}} \subset \mathcal{F}$ eine Teilfolge $\{w_{n_k}\}_{k \in \mathbb{N}}$ gibt, die eine __lokal gleichmäßig konvergente Cauchy-Folge__ ist, d.h. für die $\lim\limits_{k,\ell \to \infty} |w_{n_k}(z) - w_{n_\ell}(z)| = 0$ gilt gleichmäßig für $z \in B$, wobei B ein beliebiger abgeschlossener Teilbereich von D ist.*

__Bemerkung:__ Da holomorphe Funktionen insbesondere stetig sind, so hat die auf jedem $B \subset D$ gleichmäßig konvergente Cauchy-Folge $\{w_{n_k}\}_{k \in \mathbb{N}}$ von Funktionen eine stetige Grenzfunktion w, die sich aufgrund von Satz 1.21 sogar als holomorph in D erweist.

Es gilt nun der bemerkenswerte

<u>Satz 1.22</u>(Montel): *Ist* $\mathcal{F} = \{w_\iota\}_{\iota \in J}$ *eine Familie von in* D *holomorphen und lokal gleichmäßig beschränkten Funktionen, so ist* $\mathcal{F}$ *eine normale Familie.*

<u>Lokal gleichmäßig beschränkt</u> heißt hierbei, daß es zu gegebenem Bereich $B \subset D$ eine für alle $w_\iota \in \mathcal{F}$ einheitliche Schranke $M = M(B) > 0$ so gibt, daß $|w_\iota(z)| \in M$ gilt für alle $z \in B$.

Unter Verwendung von unendlichen Reihen und Produkten kann die additive und multiplikative Zerlegung von allgemeineren als rationalen Funktionen analog zu den Formeln (1.2.23) bis (1.2.26) vorgenommen werden - zumindestens dann, wenn w gemäß Definition 1.6 in ganz $\mathbb{C}$ meromorph ist. Die höchstens abzählbare Menge $\{z_\nu^*\}_{\nu \in \mathbb{N}}$ von Polen der Ordnungen m_ν, die sich nur gegen ∞ häufen dürfen, sei so indiziert, daß gilt

$$(1.7.9) \qquad |z_1^*| \leq |z_2^*| \leq \ldots \leq |z_\nu^*| \leq |z_{\nu+1}^*| \leq \ldots \; .$$

Dabei haben höchstens endlich viele z_ν^* gleiche Beträge. Diese werden dann gemäß $0 \leq \arg z_\nu^* < \arg z_{\nu+1}^* < 2\pi$ geordnet. Es gilt hierzu der wichtige

<u>Satz 1.23</u> *(Mittag-Lefflerscher Partialbruchsatz)*: *Ist* w *eine beliebige in* $\mathbb{C}$ *meromorphe und in* $z_o = 0$ *holomorphe Funktion, mit den Hauptteilen*

$$\mathcal{h}(z;w,z_\nu^*) = \sum_{k=1}^{m_\nu} \frac{c_{-k}^{(\nu)}}{(z-z_\nu^*)^k}$$

zu den Polstellen z_ν^* *und den Taylorabschnitten*

$$h_{\nu,m}(z) := \sum_{j=o}^{m} \frac{1}{j!} \frac{d^j}{dz^j} \mathcal{h}(z;w,z_\nu^*)\Big|_{z=0} \cdot z^j$$

dieser Hauptteile, so gibt es eine Folge $\{p_\nu\}_{\nu \in \mathbb{N}} \subset \mathbb{N}_o$ *und eine ganze Funktion* h, *derart daß*

$$(1.7.10) \qquad w(z) = h(z) + \sum_{\nu=1}^{\infty} \{\mathcal{h}(z;w,z_\nu^*) - h_{\nu,p_\nu}(z)\}$$

für alle $z \in \{z_\nu^*\}_{\nu \in \mathbb{N}}$ *gilt. Die unendliche Reihe konvergiert dabei lokal gleichmäßig in* $\mathbb{C} \setminus \{z_\nu^*\}_{\nu \in \mathbb{N}}$.

Umgekehrt kann man zu jeder vorgegebenen Folge $\{z_\nu^*\}_{\nu \in \mathbb{N}}$, die sich höchstens gegen ∞ häuft, mit zugeordneten endlichen Hauptteilen

$$g_\nu(z) := \sum_{k=1}^{m_\nu} \frac{c_{-k}^{(\nu)}}{(z-z_\nu^*)^k}$$ eine Zahlenfolge $\{p_\nu\}_{\nu \in \mathbb{N}} \subset \mathbb{N}_0$ so finden, daß

$$w(z) = \sum_{\nu=1}^{\infty} \{g_\nu(z) - h_{\nu,p_\nu}(z)\}$$

eine in $\mathbb{C}$ meromorphe Funktion mit $\natural(z;w,z_\nu^*) = g_\nu(z)$, $\nu \in \mathbb{N}$, definiert. Dabei bezeichne h_{ν,p_ν} den Taylorreihenabschnitt von g_ν zu $z_0 = 0$ bis zur Ordnung p_ν.

<u>Bemerkungen</u>: 1. Statt des Punktes $z_0 = 0$ kann ebensogut ein anderer Holomorphiepunkt z_0 ausgezeichnet werden. Alle meromorphen Funktionen mit vorgeschriebenen Hauptteilen in den z_ν^* und keinen weiteren Singularitäten in $\mathbb{C}$ unterscheiden sich additiv höchstens um eine ganze Funktion.

2. Die Folge $\{p_\nu\}_{\nu \in \mathbb{N}} \subset \mathbb{N}_0$ kann in vielen Fällen als konstante, $p = p_\nu$ für alle ν, gewählt werden. Das ist z.B. dann der Fall, wenn die vorgegebene meromorphe Funktion w auf einer Folge $D_{L_1}^+ \subset D_{L_2}^+ \subset \ldots$ von durch stückweise glatten Jordankurven $L_1, L_2, \ldots$ berandeten Gebieten so beschaffen ist, daß w auf den L_n, $n \in \mathbb{N}$, polynomial beschränkt ist:

$$|w(z)| \leq M \cdot |z|^p \quad \text{für} \quad z \in \bigcup_{n=1}^{\infty} L_n \ .$$

Dabei gelte noch: $\text{dist}(L_n, L_{n+1}) \geq d > 0$ und $\ell_n/d_n \leq C$ für alle n, wenn ℓ_n die Länge von L_n und d_n den Durchmesser von $D_{L_n}^+$ bezeichnen sowie $\lim\limits_{n \to \infty} \ell_n = \infty$ ist. Beispielsweise ist für die Funktion

$$w(z) = \cot z = i \cdot \frac{e^{iz}+e^{-iz}}{e^{iz}-e^{-iz}}$$ auf den L_n, den Kreisen vom Radius $(n+1/2)\pi$

mit Zentren 0,

$$(1.7.11) \quad |\cot z| \leq \frac{e^{-y}+e^{y}}{|e^{-y}-e^{y}|} \leq \frac{1+e^{-2|y|}}{1-e^{-2|y|}} \leq \frac{1+e^{-2}}{1-e^{-2}} \quad \text{für} \quad |y| \geq 1,$$

während im Periodenstreifen $\gamma := \{z=x+iy \in \mathbb{C} : 0 \leq x \leq \pi, \ y \in \mathbb{R}\}$ $\cot z$ auf jedem Kompaktum beschränkt ist, das die beiden Pole (1. Ordnung) in $z_0^* = 0$ und $z_1^* = \pi$ nicht enthält. Hier darf mithin wegen

$$\text{dist}(L_{n+1}, L_n) = \pi > 0 \quad \text{und} \quad \ell_n/d_n = \frac{2\pi \cdot (n+1/2)\pi}{2 \cdot (n+1/2)\pi} = \pi \quad \text{für} \quad n \in \mathbb{N},$$

$p_\nu = p = 0$ gewählt werden und es resultiert nach Abspaltung des Hauptteils zu $z_0 = 0$: $\natural(z;w,0) = \frac{1}{z} \cdot \operatorname*{Res}\limits_{z=0} \cot z = \frac{1}{z}$:

$$(1.7.12) \quad \cot z = \frac{1}{z} + \sum_{\substack{\nu=-\infty \\ (\nu \neq 0)}}^{\infty} \left(\frac{1}{z-\nu\pi} + \frac{1}{\nu\pi}\right) = \frac{1}{z} + \sum_{\nu=1}^{\infty} \frac{2z}{z^2-(\nu\pi)^2} \; .$$

Diese Reihe konvergiert absolut und gleichmäßig für alle z, für die gleichzeitig gilt $|z| \leq M$, $|z-g\pi| \geq \varepsilon > 0$ für alle $g \in \mathbf{Z}$. Durch gliedweise Differentiation ergibt sich die Partialbruchentwicklung von

$$(1.7.13) \quad \frac{1}{\sin^2 z} = \frac{1}{z^2} + \sum_{\substack{\nu=-\infty \\ (\nu \neq 0)}}^{\infty}{}' \frac{1}{(z-\nu\pi)^2} = \sum_{n=-\infty}^{\infty} \frac{1}{(z-n\pi)^2}$$

<u>Korollar 1</u>: *(Additive Zerlegung einer meromorphen Funktion bzgl. einer geschlossenen Kurve)*

Ist w eine in $\mathbf{C}$ meromorphe Funktion mit Polen in z_ν^*; $\nu \in \mathbb{N}$; und zugehörigen Hauptteilen $\mathfrak{h}(z;w,z_\nu^*)$ und L eine geschlossene, stückweise glatte Jordankurve mit Innengebiet D_L^+ und Außengebiet D_L^-, so läßt sich $w(z)$ für $z \in \mathbf{C} \smallsetminus \{z_\nu^*\}_{\nu \in \mathbb{N}}$ in der Form darstellen

$$(1.7.14) \quad w(z) = w_+(z) + w_-(z) + w_o(z) .$$

Dabei sind w_+ holomorph in $D_1^+ \supset \overline{D_L^+} := D_L^+ \cup L$, w_- holomorph in $D_2^- \supset \overline{D_L^-} := D_L^- \cup L$ und w_o holomorph in $D_L^+ \cup D_L^- \cup \{\infty\}$, meromorph in $\mathbf{C}$ mit höchstens endlich vielen Polen in $z_{\nu_j}^*$; $j = 1, \ldots, m = m(L)$; auf L. Die Zerlegung ist eindeutig bis auf ganze Funktionen. Sie ist festgelegt z.B. durch $\mathfrak{h}(z;w_+,\infty) = \mathfrak{h}(z;w,\infty)$.

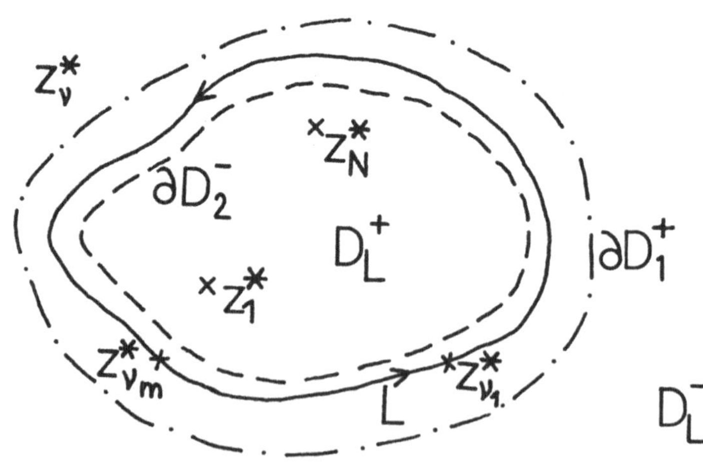

<u>Figur 1.30</u>: Zur additiven Zerlegung einer meromorphen Funktion

<u>Bemerkung</u>: Die additive Zerlegung kann auch bzgl. einer stückweise glatten, doppelpunktfreien von ∞ nach ∞ laufenden Kurve L vorgenommen werden, wenn diese $\mathbb{C}$ in ein "linkes", D_L^+, und "rechtes", D_L^-, Gebiet zerlegt. w_0 enthält dann nur die im Endlichen von L gelegenen Pole. Das können abzählbar unendlich viele sein!

So läßt sich $w(z) = \cot z$ beispielsweise bzgl. $L = K_{3\pi}(0)$ wie folgt additiv zerlegen:

$$(1.7.15) \quad \cot z = \underbrace{\sum_{\nu=4}^{\infty} \frac{2z}{(z^2-\nu\pi)^2}}_{= :w_+(z)} + \frac{1}{z} + \underbrace{\sum_{\nu=1}^{2} \frac{2z}{(z^2-\nu\pi)^2} + \frac{2z}{(z^2-3\pi)^2}}_{= :w_-(z) \qquad = :w_0(z)}$$

oder bzgl. der imaginären Achse, mit $D^{\pm} = \{z : \operatorname{Re} z \gtrless 0\}$:

$$(1.7.16) \quad \cot z = \underbrace{\sum_{\nu=1}^{\infty} \left(\frac{1}{z-\nu\pi} + \frac{1}{\nu\pi}\right)}_{= :w_+(z)} + \underbrace{\sum_{\nu=1}^{\infty} \left(\frac{1}{z+\nu\pi} - \frac{1}{\nu\pi}\right)}_{= :w_-(z)} + \underbrace{\frac{1}{z}}_{= :w_0(z)} \ .$$

Für jede von der imaginären Achse, $i\mathbb{R}$, verschiedene, vertikale Gerade L im Abstand davon kleiner als π ist $1/z$ zu $w_+(z)$ bzw. $w_-(z)$ zu schlagen, so daß $w_0(z)$ entfällt, je nachdem ob $-\pi < t < 0$ oder $0 < t < \pi$ ist.

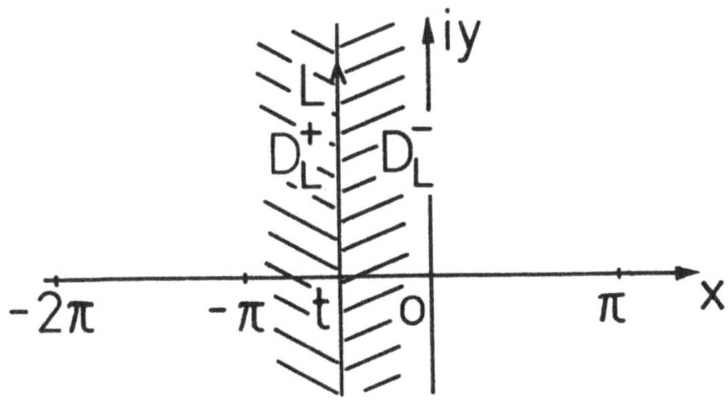

<u>Figur 1.31:</u> Zur additiven Zerlegung der Funktion $\cot z$

Um nun auch zu einer multiplikativen Zerlegung von meromorphen Funktionen in $\mathbb{C}$ zu gelangen, betrachtet man zuerst ganze Funktionen, deren Nullstellen z_ν sich also im Endlichen nicht häufen können. Möglicherweise hat die Funktion $w(z)$, wie $w(z) = e^z$ lehrt, überhaupt keine Nullstellen. Sei nun w in $\mathbb{C}$ holomorph. Dann hat w, z.B. in

$B = \overline{K_R(O)}$, höchstens endlich viele Nullstellen $z_1,\ldots,z_N$ mit $N = N(B)$. Die <u>logarithmische Ableitung</u> $W := w'/w$ ist dann in ganz $\mathbb{C}$ meromorph und besitzt Polstellen erster Ordnung in $z_1,\ldots,z_N$ - soweit sie in $\overline{K_R(O)}$ liegen. Auf W kann nun der Satz von Mittag-Leffler, Teil 1), angewendet werden, falls $w(O) \neq O$ ist:

$$(1.7.17) \qquad W(z) \quad = H(z) + \sum_{\nu=1}^{\infty} \{G_\nu(z) - H_\nu(z)\}$$

mit

$$(1.7.18a) \qquad G_\nu(z) \quad := \mathfrak{h}(w'/w;z;z_\nu)$$

und

$$(1.7.18b) \qquad H_\nu(z) \quad := \sum_{k=o}^{P_\nu} \frac{G_\nu^{(k)}(O)}{k!} z^k \ .$$

Nach Integration von $w'/w = W$ folgt dann

$$(1.7.19) \qquad w(z) = C \cdot e^{\widetilde{W}(z)}$$

wobei $C = w(O) \neq O$ und $\widetilde{W}(z)$ die Stammfunktion $\widetilde{W}(z) := \int_{o}^{z} W(\zeta)d\zeta$ von $W(z)$ sei. Der Integrationsweg von O nach z sei ein beliebiger stückweiser glatter Jordanbogen in $\mathbb{C}$, der keine Polstelle z_ν von W berühre. Ferner sind $\widetilde{H}(z) = \int_{o}^{z} H(\zeta)d\zeta$ und $e^{\widetilde{H}(z)}$ ganze Funktionen, die letztere ohne Nullstellen. Die Hauptteile $G_\nu(z)$ sind alle eingliedrig, da w'/w nur Pole 1. Ordnung besitzt:

$$(1.7.20) \qquad G_\nu(z) = \frac{m_\nu}{z-z_\nu}$$

mit der Nullstellenordnung m_ν von w in $z = z_\nu$ als Residuum. Hieraus folgt aber leicht

$$(1.7.21) \qquad H_\nu(z) = - \frac{m_\nu}{z_\nu} \sum_{k=o}^{P_\nu} (\frac{z}{z_\nu})^k$$

als Anfang der Potenzreihe zu $z_o = O$. Damit resultiert nach Integration von O bis z

$$(1.7.22) \qquad \begin{aligned} \widetilde{W}(z) &= \widetilde{H}(z) + \sum_{\nu=1}^{\infty} \{\int_{o}^{z} G_\nu(\zeta)d\zeta - \int_{o}^{z} H_\nu(\zeta)d\zeta\} \\ &= \widetilde{H}(z) + \sum_{\nu=1}^{\infty} m_\nu \{\log(1- \frac{z}{z_\nu}) + \sum_{k=o}^{P_\nu} (\frac{z}{z_\nu})^{k+1} \frac{1}{k+1}\} \ . \end{aligned}$$

Betrachtet man nun die Konvergenzaussagen über unendliche Produkte definiert durch

$$(1.7.23) \qquad \prod_{\nu=1}^{\infty} (1+a_\nu) := \lim_{N \to \infty} \prod_{\nu=1}^{N} (1+a_\nu) \; ,$$

worin keiner der Faktoren $1+a_\nu$ gleich Null sei, die besagen, daß das Produkt genau dann absolut konvergiert, wenn die unendlichen Reihen - mit den Hauptwerten des Logarithmus -

$$\sum_{\nu=1}^{\infty} \log(1+a_\nu) \quad \text{und} \quad \sum_{\nu=1}^{\infty} a_\nu$$

absolut konvergieren, so erhalten wir den

<u>Satz 1.24</u> *(Weierstraßscher Produktsatz):* 1) *Ist* w *eine beliebige ganze Funktion, so gibt es stets eine zweite ganze Funktion* h, *eine ganze Zahl* $n_0 \geq 0$ *und zur Folge* $\{z_\nu\}_{\nu \in \mathbb{N}}$ *der Nullstellen von* w *mit Ordnungen* m_ν *eine Zahlfolge* $\{p_\nu\}_{\nu \in \mathbb{N}} \subset \mathbb{N}_0$, *so daß*

$$(1.7.24) \qquad w(z) = z^{n_0} \cdot e^{h(z)} \cdot \prod_{\nu=1}^{\infty} (1- \frac{z}{z_\nu})^{m_\nu} \cdot \exp\{ \sum_{k=0}^{p_\nu} (\frac{z}{z_\nu})^{k+1} \frac{1}{k+1} \}$$

für z *aus beliebigen Teilbereichen* $B \subset \mathbb{C}$ *absolut und gleichmäßig konvergiert.*

2) *Umgekehrt kann man zu jeder vorgegebenen Folge* $\{z_\nu\}_{\nu \in \mathbb{N}}$ *mit* $z_\nu \to \infty$ *für* $\nu \to \infty$ *und zugehörigen Ordnungen* $\{m_\nu\}_{\nu \in \mathbb{N}}$ *eine Zahlfolge* $\{p_\nu\}_{\nu \in \mathbb{N}} \subset \mathbb{N}_0$ *so angeben, daß das obige unendliche Produkt lokal gleichmäßig konvergiert und eine ganze Funktion mit den vorgeschriebenen Nullstellen* z_ν *darstellt. Der Quotient zweier ganzer Funktionen mit diesen vorgeschriebenen Nullstellen ist eine ganze Funktion ohne Nullstellen.*

<u>Bemerkung</u>: In vielen Fällen kann $p_\nu = p = $ const. gewählt werden.

<u>Beispiel 1.14</u>: Wegen

$$(1.7.25) \qquad w(z) = \cot z = \frac{\cos z}{\sin z} = \frac{1}{z} + \sum_{\substack{\nu=-\infty \\ (\nu \neq 0)}}^{\infty} \!\!' \; \{ \frac{1}{z-\nu\pi} + \frac{1}{\nu\pi} \}$$

folgt

$$(1.7.26) \qquad \frac{\sin z}{z} = \prod_{\substack{\nu=-\infty \\ (\nu \neq 0)}}^{\infty} \!\!' \; (1- \frac{z}{\nu\pi}) e^{z/\nu\pi}$$

oder

$$(1.7.27) \qquad \sin z = z \cdot \prod_{\nu=1}^{\infty} (1- \frac{z^2}{(\nu\pi)^2}) \quad \text{für} \quad z \in \mathbb{C} \; .$$

Wegen

$$(1.7.28) \qquad \cos z = \frac{\sin 2z}{2 \sin z} = \frac{2z \cdot \prod\limits_{\nu=1}^{\infty} (1 - \frac{4z^2}{(\nu\pi)^2})}{2z \cdot \prod\limits_{\nu=1}^{\infty} (1 - \frac{z^2}{(\nu\pi)^2})}$$

resultiert

$$(1.7.29) \qquad \cos z = \prod\limits_{n=1}^{\infty} (1 - \frac{4z^2}{(2n-1)^2 \pi^2}) \qquad \text{für} \quad z \in \mathbb{C},$$

also gilt für $z \neq \pm(n-1/2)\pi$, $n \in \mathbb{N}$,

$$(1.7.30) \qquad \cot z = \frac{\cos z}{\sin z} = \frac{1}{z} \cdot \prod\limits_{n=1}^{\infty} \frac{1 - \frac{z^2}{(n\pi)^2}}{1 - \frac{z^2}{(n-1/2)^2 \pi^2}} \quad .$$

Das letzte Beispiel lehrt, daß man in $\mathbb{C}$ meromorphe Funktionen in unendlicher Produktform schreiben kann, sofern die Null- und Polstellen mit ihren Ordnungen bekannt sind. Die Darstellung ist dann fixiert bis auf eine nullstellenfreie ganze Funktion $e^{s(z)}$ als Faktor. Die ganze Funktion $s(z)$ muß aus dem asymptotischen Verhalten von $w(z)$ für $z \to \infty$ ermittelt werden.

Korollar 2: *(Multiplikative Zerlegung einer meromorphen Funktion bezüglich einer geschlossenen Kurve)*

Ist w *eine in* $\mathbb{C}$ *meromorphe Funktion mit Polen in* z_ν^*, $\nu \in \mathbb{N}$, *und Nullstellen in* z_μ, $\mu \in \mathbb{N}$; L *eine geschlossene, stückweise glatte Jordankurve mit Innengebiet* D_L^+ *und Außengebiet* D_L^- *, so läßt sich* w(z) *für* $z \in \mathbb{C} \smallsetminus \{z_\nu^*\}_{\nu \in \mathbb{N}}$ *in der Form darstellen*

$$(1.7.31) \qquad w(z) = W_+(z) \cdot W_-(z) \cdot W_o(z) \quad .$$

Hierin sind W_+ *in* $D_1^+ \supset \overline{D_L^+} := D_L^+ \cup L$ *holomorph und* $\neq O$, W_- *in* $D_2^- \supset \overline{D_L^-} := D_L^- \cup L$ *holomorph und* $\neq O$ *und* W_o *meromorph in* $\mathbb{C}$ *mit Null- und Polstellen nur auf* L. *Dabei ist - bei* $z_o = O \in D_L^+$ *-*

$$(1.7.32a) \qquad W_+(z) = e^{s_+(z)} \cdot \frac{\displaystyle\prod_{z_\mu \in D_L^-} \left(1 - \frac{z}{z_\mu}\right)^{m_\mu} \cdot \exp\left\{ \sum_{k=o}^{p_\mu} \frac{1}{k+1} \cdot \left(\frac{z}{z_\mu}\right)^k \right\}}{\displaystyle\prod_{z_\nu^* \in D_L^-} \left(1 - \frac{z}{z_\nu^*}\right)^{n_\nu} \exp\left\{ \sum_{k=o}^{p_\nu^*} \frac{1}{k+1} \cdot \left(\frac{z}{z_\nu^*}\right)^k \right\}}$$

$$(1.7.32b) \qquad W_-(z) = z^g \cdot e^{s_-(z)} \frac{\displaystyle\prod_{z_\mu \in D_L^+} \left(1 - \frac{z}{z_\mu}\right)^{m_\mu} \cdot \exp\left\{ \sum_{k=o}^{p_\mu} \frac{1}{k+1} \cdot \left(\frac{z}{z_\mu}\right)^k \right\}}{\displaystyle\prod_{z_\nu^* \in D_L^+} \left(1 - \frac{z}{z_\nu^*}\right)^{n_\nu} \cdot \exp\left\{ \sum_{k=o}^{p_\nu^*} \frac{1}{k+1} \cdot \left(\frac{z}{z_\nu^*}\right)^k \right\}}$$

$$(1.7.32c) \qquad W_o(z) = \frac{\displaystyle\prod_{z_\mu \in L} \left(1 - \frac{z}{z_\mu}\right)^{m_\mu}}{\displaystyle\prod_{z_\nu^* \in L} \left(1 - \frac{z}{z_\mu^*}\right)^{n_\nu}} \cdot$$

<u>Bemerkungen</u>: 1. Da auf geschlossenen Jordankurven L nur endlich viele Null- und Polstellen von w liegen können, darf man die <u>konvergenzerzeugenden Faktoren</u> exp{...} weglassen. D_L^+ ist dann aber ebenfalls beschränkt, so daß man mit $W_-(z)$ analog verfahren könnte.

2. Die Zerlegung bleibt auch für gewisse von ∞ nach ∞ laufende Kurven, z.B. Geraden, gültig, wenn für $W_o(z)$ ein Ausdruck wie für $W_-(z)$ angesetzt wird mit z_ν, $z_\nu^* \in L$.

Von besonderer Wichtigkeit ist in den Anwendungen der Fall einer Geraden L parallel zur reellen oder imaginären Achse, auf der höchstens endlich viele Null- und Polstellen von w liegen. So erhält man beispielsweise zu $L = i\mathbb{R}$ mit $H^- = D_L^+$, $H^+ = D_L^-$:

$$(1.7.33) \quad \cot z = \underbrace{\frac{\displaystyle\prod_{n=1}^{\infty} \left(1 - \frac{z}{n\pi}\right) e^{+z/n\pi}}{\displaystyle\prod_{n=1}^{\infty} \left(1 - \frac{z}{(n-1/2)\pi}\right) e^{z/(n-1/2)\pi}}}_{=: W_+(z)} \cdot \underbrace{\frac{\displaystyle\prod_{n=1}^{\infty} \left(1 + \frac{z}{n\pi}\right) e^{-z/n\pi}}{\displaystyle\prod_{n=1}^{\infty} \left(1 + \frac{z}{(n-1/2)\pi}\right) e^{-z/(n-1/2)\pi}}}_{=: W_-(z)} \cdot \underbrace{\frac{1}{z}}_{=: W_o(z)}$$

holom.u.$\neq 0$ in Re $z < \pi/2$ \qquad holom.u.$\neq 0$ in Re $z > -\pi/2$ \quad holom.u.

$\neq 0$ in Re $z \neq 0$

Man könnte bei W_+, W_-, W_o ganze Funktionen e^{s_+}, e^{s_-}, $e^{s_o} \neq 0$ so anbringen, daß $s_+(z) + s_-(z) + s_o(z) \equiv 0$ in $\mathbb{C}$ ist. Dies spielt u.a. eine Rolle bei der Fixierung des asymptotischen Verhaltens der unendlichen Produkte für $z \to \infty$.

Kapitel 2: Randverhalten analytischer Funktionen

2.1. Integrale vom Cauchy-Typus

Ziel dieses Kapitels ist es, die in der Einleitung formulierten Kopplungs- oder Transmisssionsprobleme (1.1.2) für stückweise holomorphe oder meromorphe Funktionen w zu untersuchen und explizite Lösungsformeln in den wichtigsten Fällen anzugeben. Mit den in dieser zentralen Theorie entwickelten Methoden lassen sich dann die ebenfalls in der Einleitung formulierten Randwertprobleme vom Riemann-Hilbert-Typ (1.1.1), gewisse Klassen von Integralgleichungen (1.1.6), (1.1.3) und andere, sowie - nach Anwendung der Fouriertransformation - einige gemischte Randwertprobleme explizit lösen.

In $\mathbb{C}$ betrachten wir (s. auch Kap. 1, Abschnitt 2) Systeme L aus höchstens abzählbar unendlich vielen disjunkten rektifizierbaren, sich im Endlichen nicht häufenden Jordan-Kurven L_μ , die wir uns mittels des Bogenlängenparameters s_μ parametrisiert denken, also
$L_\mu := \{t \in \mathbb{C} : t = t_\mu(s_\mu),\ 0 \le s_\mu \le \ell_\mu\}$. Gelegentlich seien auch doppelpunktfreie, stückweise glatte Kurven wie etwa Strahlen $\mathcal{S}$ oder Geraden $\mathcal{G}$ in $\mathbb{C}$ zugelassen, bei denen der Bogenlängenparameter s in $[0,\infty)$ oder $(-\infty,\infty)$ variiert. Von vornherein werde stets für jede Einzelkurve $L = L_\mu$ folgendes vorausgesetzt:

Es gebe eine für L universelle Konstante $c > 0$, so daß für alle $s_1,\ s_2,\ \in I$, wobei $I = [0,\ell],\ [0,\infty)$ oder $(-\infty,\infty)$ sei, gelte

$$(2.1.1) \qquad |t(s_2) - t(s_1)| \le |s_2 - s_1| \le c \cdot | t(s_2) - t(s_1)|$$

Darüberhinaus gehöre L von Fall zu Fall zur Klasse $\mathcal{L}^{m,\alpha}$ mit $0 < \alpha < 1$, $m \in \mathbb{N} \cup \{\infty\}$, falls $t(s) \in C^{m,\alpha}(I)$ ist mit $t'(s) \neq 0$ in I. (s. auch Kap. 1, Abschnitt 2).

Auf einer geschlossenen Jordankurve L - auch Kontur genannt - kann jeder Punkt als Anfangspunkt der Bogenlängenmessung gewählt werden. $s(\overset{\frown}{t_1 t_2})$ bezeichne stets die Bogenlänge des kürzeren der beiden Bögen $\overset{\frown}{t_1 t_2}$ oder $\overset{\frown}{t_2 t_1}$, also $s(\overset{\frown}{t_1 t_2}) = \min\{(s_2 - s_1),\ \ell - (s_2 - s_1)\}$.

Sind nur endlich viele geschlossene Jordankurven L_μ; $\mu = (0), 1, \ldots, m$; vorhanden, so soll L_o - falls vorhanden - die übrigen umschließen, so daß $L = \bigcup\limits_{\mu=o}^{m} L_\mu$ das beschränkte, $(m+1)$-fach zusammenhängende Gebiet D^+ berande während $D^- := \mathbb{C} \setminus \overline{D^+}$ aus den m einfach zusammenhängenden, beschränkten Gebieten D_μ; $\mu = 1, \ldots, m$; und dem unbeschränkten Gebiet D_o bestehe:

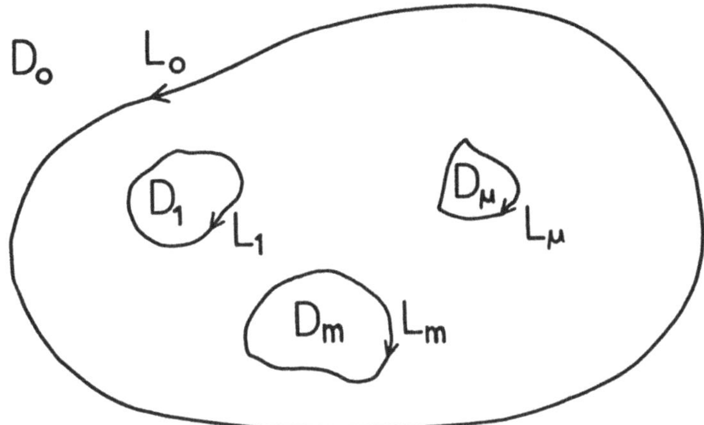

<u>Figur 2.1:</u> Normalfall des zugrunde gelegten Kurvensystems

<u>Bemerkung</u>: Gelegentlich darf L_o auch eine von ∞ nach ∞ laufende Kurve sein, zu deren Linken die übrigen L_μ liegen.

Ist w eine auf dem Kurvensystem L definierte komplexwertige Funktion, so ist sie stetig oder Hölderstetig in $t_o = t(s_o) \in L$ gemäß der Erklärung in Abschnitt 1.2. Aufgrund der Ungleichung (2.1.1) ist die Funktion $w(t)$ in $t_o \in L$ genau dann Hölderstetig mit Exponent $\alpha = \alpha(t_o)$, wenn die Funktion $\tilde{w}(s) := w(t(s))$ in $s_o \in [0,\ell]$ Hölderstetig ist mit demselben Exponenten α.

<u>Definition 2.1:</u> *Die Funktion* $w : L \to \mathbb{C}$ *heiße* <u>*auf L differenzierbar,*</u> *falls*

$$(2.1.2) \qquad w'(t_o) = \frac{dw}{dt}(t_o) := \lim_{\substack{t \to t_o \\ t \in L}} \frac{w(t) - w(t_o)}{t - t_o}$$

existiert. Höhere Ableitungen von w *auf* L *werden sukzessive erklärt für* $k = 1,2,\ldots$

$$(2.1.3) \qquad f^{(k)}(t_o) := \frac{d^k f}{dt^k}(t_o) := \lim_{\substack{t \to t_o \\ t \in L}} \frac{f^{(k-1)}(t) - f^{(k-1)}(t_o)}{t - t_o}$$

<u>Bemerkung</u>: Wenn L eine glatte Jordan-Kurve ist, so ist $\tilde{w}(s) = w(t(s))$ in s_o bzgl. s im gewöhnlichen Sinne genau dann differenzierbar, wenn w in $t_o = t(s_o) \in L$ eine Ableitung im Sinne von (2.1.2) besitzt:

$$(2.1.4) \quad \dot{\tilde{w}}(s_o) := \frac{d\tilde{w}}{ds}(s_o) = w'(t_o)\frac{dt}{ds}(s_o) = w'(t_o)\cdot\dot{t}(s_o)$$

Aufgrund der Glattheit ist $\dot{t}(s_o) \neq 0$ für alle $s_o \in I$, so daß $w'(t_o)= \dot{\tilde{w}}(s_o)/\dot{t}(s_o)$ ist.

<u>Definition 2.2:</u> *Sei* L *in* $\mathbb{C}$ *ein endliches System stückweise glatter Jordankurven und* f *eine auf* L *absolut integrierbare Funktion, für die also* $\int_L |f(t)|\ |dt| = \sum_{\mu=(o)1}^{m} \int_{s_\mu=o}^{\ell_\mu} |f(t(s_\mu))\cdot\dot{t}(s_\mu)|\,ds_\mu$ *, existiert, so heiße*

$$(2.1.5) \quad F(z) := \frac{1}{2\pi i} \int_L \frac{f(t)dt}{t-z} \quad \textit{für} \quad z \notin L$$

<u>*Integral vom Cauchy-Typ längs* L *mit Belegungsfunktion* f.</u>

Die Funktion im Integranden, $f(t)(t-z)^{-1}$, ist für $t \in L$ und $z \in \mathbb{C}\setminus L$ definiert, für die $f(t)$ erklärt ist. Sie ist bzgl. $z \in \mathbb{C}\setminus L$ holomorph und für festes derartiges z bzgl. t über L absolut integrabel. Für z aus einem beliebigen Kompaktum $K \subset\subset \mathbb{C}\setminus L$ gilt mit $\text{dist}(K,L) = d > 0$, $|f(t)(t-z)^{-1}| \leq |f(t)|/d$, so daß das Integral vom Cauchy-Typ lokal gleichmäßig konvergiert und folglich eine für $z \in \mathbb{C}\setminus L$ <u>stückweise holomorphe Funktion</u> F definiert. Wir schreiben auch im Falle von geschlossenen Kurven L_μ

$$(2.1.6) \quad F(z) = \begin{cases} F^+(z) & \text{für } z \in D^+ \\ F^-(z) & \text{für } z \in D^- := \mathbb{C}\setminus\overline{D^+} \end{cases}$$

Wir zeigen, daß F auch in ∞ holomorph ist. Sei $R_o > 0$ so groß gewählt, daß L in $K_{R_o}(o)$ liege, und sei $|z| \geq R_o$, d.h., für alle $t \in L$ gelte $|z| > t$. Dann dürfen wir $(t-z)^{-1}$ in die gleichmäßig bzgl. $t \in L$ und z mit $|z| \geq R_o$ konvergente geometrische Reihe entwickeln:

$$(2.1.7) \quad (t-z)^{-1} = -z^{-1}\cdot(1-t/z)^{-1} = -z^{-1}\sum_{k=o}^{\infty} (t/z)^k \, ,$$

so daß $F(z)$ als gleichmäßig konvergente Reihe für $|z| \geq R_o$ geschrieben werden darf:

$$(2.1.8) \quad F(z) = -\frac{1}{2\pi i}\sum_{k=1}^{\infty} z^{-k}\int_L f(t)t^{k-1}dt$$

F ist also in $z = \infty$ holomorph und verhält sich asymptotisch für $z \to \infty$ wie z^{-1}.

<u>Be</u><u>merkung</u>: Ist $f(t)$, $t \in L$, Randwert einer für $z \in D^+$ holomorphen und

für $z \in \overline{D^+}$ etwa stetigen Funktion - so daß insbesondere f auf L

stetig ist -, so liefert eine einfache Erweiterung des Cauchyschen Inte-

gralsatzes (Satz 1.2) $F(z) = F^-(z) = 0$ für alle $z \in D^-$. Ist L_o vor-

handen, so folgt insbesondere dann für $k = 1,2,\ldots$

$$(2.1.9) \qquad \int\limits_L f(t) t^{k-1} dt = 0$$

Wir wollen nunmehr hinreichende Bedingungen für die Existenz der Rand-

werte $F^{\pm}(t) := \lim\limits_{D^{\pm} \ni z \to t \in L} F(z)$ angeben. Dazu benötigen wir die Werte des

Cauchy-Integrals auf L, was wir folgendermaßen präzisieren in

<u>Definition 2.3</u>: *Ist L eine stückweise glatte Jordan-Kurve in $\mathbb{C}$ und*
f eine über L absolut integrierbare Funktion, so heiße für ein $t_o \in L$

$$(2.1.10) \qquad (S_L f)(t_o) := \frac{1}{\pi i} \oint\limits_L \frac{f(t)\,dt}{t-t_o} := \frac{1}{\pi i} \lim\limits_{\varepsilon \to 0^+} \int\limits_{L \setminus \gamma_\varepsilon(t_o)} \frac{f(t)\,dt}{t-t_o}$$

<u>*Hauptwert des Cauchy-Integrals oder Cauchyscher Hauptwert des Integrals*</u>
an der Stelle t_o, falls dieser Grenzwert existiert mit $\gamma_\varepsilon(t_o) :=$
<u>*$L \cap K_\varepsilon(t_o)$ für genügend kleine $\varepsilon > 0$.*</u>

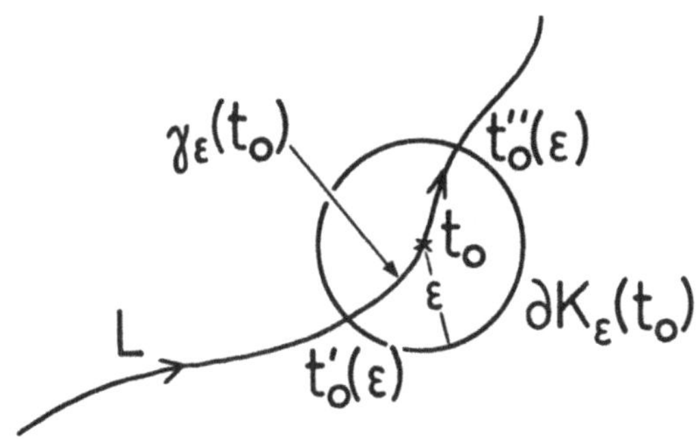

<u>Figur 2.2</u>: Zur Definition des Cauchyschen Hauptwerts

<u>Be</u><u>merkung</u>: Man kann zeigen (s.z.B. [82, S. 425]), daß für innere Kurven-

punkte t_o und genügend kleine $\varepsilon > 0$ der Kreis $\partial K_\varepsilon(t_o)$ die Kurve L

in genau zwei Punkten, $t_o'(\varepsilon)$ und $t_o''(\varepsilon)$, schneidet, so daß $\gamma_\varepsilon(t_o) =$

$= \widehat{t_o'(\varepsilon) t_o''(\varepsilon)}$ ein stückweise glatter Jordan-Bogen ist.

<u>Beispiele</u>: 2.1: $L := [-1,1] \subset \mathbb{R}$, $t_o = 0$, $f(t) := \text{sign } t$

Es ist für $0 < \varepsilon < 1$

$$\frac{1}{\pi i} \int\limits_{L \setminus \gamma_\varepsilon (0)} \frac{f(t)dt}{t-0} = \frac{1}{\pi i} \left\{ \int\limits_{-1}^{-\varepsilon} + \int\limits_{\varepsilon}^{+1} \frac{f(t)dt}{t-0} \right\} = \frac{1}{\pi i} \int\limits_{-1}^{-\varepsilon} \frac{(-1)dt}{\pi t} + \frac{1}{\pi i} \int\limits_{\varepsilon}^{+1} \frac{1 \cdot dt}{t} =$$

$$= -\frac{1}{\pi i} \log|t| \;\Big|_{-1}^{-\varepsilon} + \frac{1}{\pi i} \log|t| \;\Big|_{\varepsilon}^{1} =$$

$$= \frac{1}{\pi i} \left(-\log\varepsilon + 0 + 0 - \log\varepsilon \right) = -\frac{2}{\pi i} \log\varepsilon ,$$

d.h.

$$\frac{1}{\pi i} \oint\limits_{-1}^{+1} \frac{\operatorname{sign} t \cdot dt}{t-0} \quad \text{existiert nicht!}$$

__2.2:__ $L = [-1,1] \subset \mathbb{R}$, $t_o \in (-1,1)$ beliebig aber fest, $f(t) \equiv 1$. Es ist für $0 < \varepsilon < \operatorname{Min}(1-t_o, \; t_o+1)$:

$$\frac{1}{\pi i} \int\limits_{L \setminus \gamma_\varepsilon (t_o)} \frac{f(t)dt}{t-t_o} = -\frac{1}{\pi i} \left\{ \int\limits_{-1}^{t_o-\varepsilon} + \int\limits_{t_o+\varepsilon}^{+1} \frac{dt}{t-t_o} \right\}$$

$$= -\frac{1}{\pi i} \left\{ \log|t-t_o| \;\Big|_{-1}^{t_o-\varepsilon} + \log|t-t_o| \;\Big|_{t_o+\varepsilon}^{+1} \right\} = \frac{1}{\pi i} \log \frac{1-t_o}{1+t_o} ,$$

also unabhängig von ε, so daß existiert

$$(2.1.11) \qquad -\frac{1}{\pi i} \oint\limits_{-1}^{+1} \frac{dt}{t-t_o} = \frac{1}{\pi i} \log \frac{1-t_o}{1+t_o}$$

Für $t_o = \pm 1$ existieren die Cauchy-Hauptwerte jedoch nicht: t_o ist kein innerer Kurvenpunkt!

An dem letzten Beispiel wollen wir auch den Zusammenhang zwischen den Randwerten des Integrals vom Cauchy-Typ

$$(2.1.12) \qquad F_o(z) = \frac{1}{2\pi i} \int\limits_{-1}^{+1} \frac{dt}{t-z} = \frac{1}{2\pi i} \cdot \log \frac{1-z}{(-1-z)}$$

für $z \notin [-1,1]$ und dem Cauchy-Hauptwert-Integral untersuchen. Für $z \to \infty$ muß $F(z)$ gegen Null streben, so daß

$$\log \frac{(1-z)}{(-1-z)} := \log \frac{1-1/z}{1+1/z}$$

mit reellen Werten für $z = x > 1$ zu setzen ist.

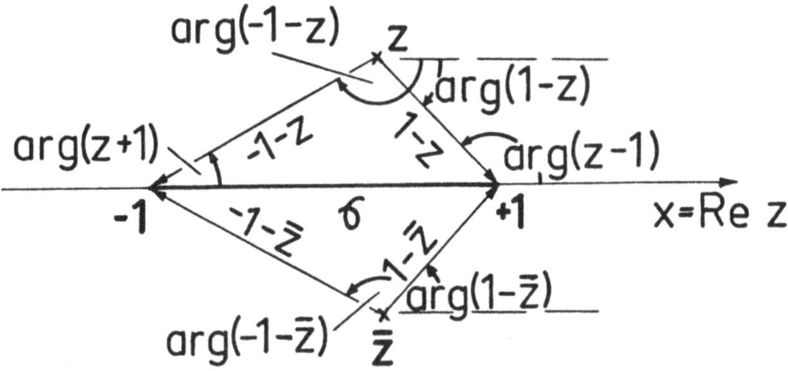

Figur 2.3: Zur Berechnung der Randwerte von $\log(1-z)/(-1-z)$

Der Verzweigungsschnitt $\mathfrak{s}$ ist die Strecke $[-1,1]$, wenn man z.B. wählt:

(2.1.13a) $\arg(1-x-i0) = 0$, $\arg(-1-x-i0) = -\pi$

für $x \in (1,\infty)$ für $x \in (-1,\infty)$,

(2.1.13b) $\arg(1-x+i0) = 0$, $\arg(-1-x+i0) = +\pi$

also für $x \in (-1,1)$

(2.1.14) $\log \dfrac{1-(x\pm i0)}{(-1-(x\pm i0)} = \log \dfrac{1-x}{1+x} \pm \pi i$

Damit haben wir für $x = t_o \in (-1,1)$:

$$F_o^{\pm}(t_o) = \lim_{\substack{z \to t_o \\ \operatorname{Im} z \gtrless 0}} F_o(z) = \lim_{\substack{z \to t_o \\ \operatorname{Im} z \gtrless 0}} \frac{1}{2\pi i} \int_{-1}^{+1} \frac{dt}{t-z}$$

$$= \pm \frac{1}{2} + \frac{1}{2\pi i} \oint_{-1}^{+1} \frac{dt}{t-t_o}$$

(2.1.15) $$= \pm \frac{1}{2} + \frac{1}{2} (S_{[-1,1]}1)(t_o)$$

2.3: $L = \partial E = \{t \in \mathbb{C} : |t| = 1\}$; $f(t) \equiv 1$ auf L; $t_o = e^{i\theta_o} \in L$ beliebig aber o.B.d.A. $\neq 1$

$$\frac{1}{2\pi i} \int\limits_{L \setminus \gamma_\varepsilon(t_0)} \frac{dt}{t-t_0} = \frac{1}{2\pi i}\left(\int\limits_{\theta=0}^{\theta_0-\varepsilon'} + \int\limits_{\theta=\theta_0+\varepsilon'}^{2\pi} \frac{ie^{i\theta}d\theta}{e^{i\theta}-e^{i\theta_0}} \right)$$

$$= \frac{1}{2\pi i}\left\{ \log(e^{i\theta}-e^{i\theta_0})\Big|_{\theta=0}^{\theta_0-\varepsilon'} + \log(e^{i\theta}-e^{i\theta_0})\Big|_{\theta=\theta_0+\varepsilon'}^{2\pi} \right\}$$

(2.1.16)

$$= \frac{1}{2\pi i}\left\{ \log(e^{i(\theta_0-\varepsilon')} - e^{i\theta_0}) - \log(1-e^{i\theta_0}) \right.$$

$$\left. - \log(e^{i(\theta_0+\varepsilon')} - e^{i\theta_0}) + \log(e^{2\pi i}-e^{i\theta_0}) \right\}$$

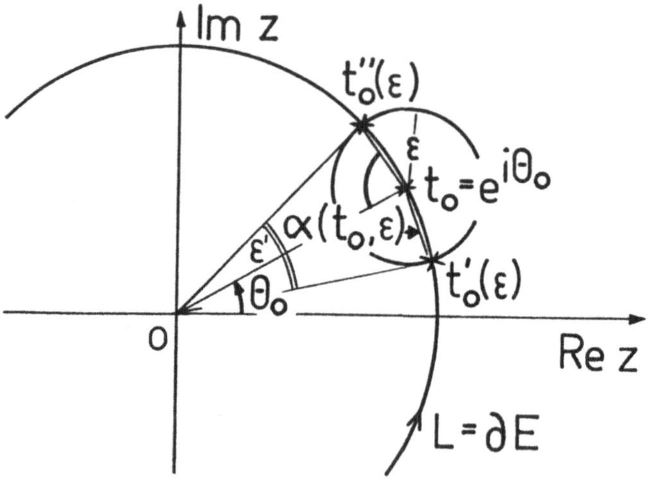

Figur 2.4: Zur Berechnung des Cauchy-Hauptwert-Integrals über den Einheitskreis

$t_0'(\varepsilon)$, $t_0''(\varepsilon)$ sind die Schnittpunkte $\partial K_\varepsilon(e^{i\theta_0}) \cap \partial E$ für $0 < \varepsilon < 1$, also $t_0'(\varepsilon) = x_0' + iy_0'$ und $t_0''(\varepsilon)$ genügen den Relationen $x_0'^2 + y_0'^2 = 1$ und $(x_0' - \cos\theta_0)^2 + (y_0' - \sin\theta_0)^2 = \varepsilon^2$ mit den Lösungen

$$x_0' = \cos\theta_0' = \cos(\theta_0-\varepsilon') \ , \ x_0'' = \cos\theta_0'' = \cos(\theta_0+\varepsilon')$$
$$y_0' = \sin\theta_0' = \sin(\theta_0'-\varepsilon') \ , \ y_0'' = \sin\theta_0'' = \sin(\theta_0+\varepsilon') \quad \text{mit}$$

$$4\cdot\sin^2\frac{\theta_0'-\theta_0}{2} \cdot\left(\sin^2\frac{\theta_0'-\theta_0}{2} + \cos^2\frac{\theta_0'+\theta_0}{2}\right) = \varepsilon^2 \ , \ \text{also}$$

$\sin^2\varepsilon'/2 = (\varepsilon/2)^2$, d.h. es gilt

(2.1.17) $\varepsilon' = 2\cdot\arcsin_H \varepsilon/2$ mit $\lim\limits_{\varepsilon\to+0} \varepsilon'/\varepsilon = 1$

Hieraus ergibt sich

$$(2.1.18a) \quad (x_o', y_o') = (\cos(\theta_o - 2\arc\sin_H \tfrac{\varepsilon}{2}), \sin(\theta_o - 2\arc\sin_H \tfrac{\varepsilon}{2})$$

$$(2.1.18b) \quad (x_o'', y_o'') = (\cos(\theta_o + 2\arc\sin_H \tfrac{\varepsilon}{2}), \sin(\theta_o + 2\arc\sin_H \tfrac{\varepsilon}{2}))$$

Der Grenzübergang $\varepsilon \to +0$ in (2.1.16) ergibt dann wegen $\log|t_o'-t_o| = \log|t_o''-t_o| = \varepsilon$ für $\varepsilon \to +0$ und (2.1.17)

$$\lim_{\varepsilon \to +0} (\log(t_o'-t_o) - \log(t_o''-t_o)) =$$

$$(2.1.19) \quad = \lim_{\varepsilon \to +0} i[\arg(t_o'-t_o) - \arg(t_o''-t_o)]$$

$$= \lim_{\varepsilon \to +0} (i \cdot \alpha(t_o,\varepsilon)) = i\pi \ .$$

Dabei muß $\arg(t-t_o) = \arg(e^{i\theta}-e^{i\theta_o})$ für $t \neq t_o$ auf ∂E stetig variieren. Somit erhalten wir

$$(2.1.20) \quad \frac{1}{2\pi i} \oint_{\partial E} \frac{dt}{t-t_o} = \frac{1}{2\pi i} \cdot i\pi = \frac{1}{2} \ .$$

Das zugehörige Integral vom Cauchy-Typ hat die Werte

$$(2.1.21) \quad F(z) := \frac{1}{2\pi i} \int_{\partial E} \frac{dt}{t-z} = \begin{cases} 1 & \text{für } |z| < 1 \\ 0 & \text{für } |z| > 1 \end{cases}$$

also die Randwerte

$$F^{\pm}(t_o) = \begin{cases} 1 = \frac{1}{2} \cdot 1 + \frac{1}{2} \\ 0 = -\frac{1}{2} \cdot 1 + \frac{1}{2} \end{cases} \quad \text{für } t_o \in \partial E \ .$$

Definition 2.4: *Ist* L *in* **C** *eine stückweise glatte, orientierte Jordankurve und* f *eine auf* L *absolut integrierbare Funktion und existiert das Cauchy-Hauptwert-Integral* $\frac{1}{\pi i} \oint_L \frac{f(t)dt}{t-t_o}$ *zumindest für fast alle* $t_o \in L$, *so heißt die Zuordnung* $f \to S_L f$ *definiert durch das letzte Hauptwert-Integral die* <u>Cauchy-Transformation längs</u> L *und* $S_L f$ *die* <u>Cauchy-Transformierte von</u> f <u>längs</u> L.

Wir beweisen nun den wichtigen

Satz 2.1: L *sei eine (endliche) glatte Jordankurve in* **C**, f *eine auf* L *definierte, mit möglicher Ausnahme der Bogenendpunkte, lokal Hölderstetige Funktion, die über* L *absolut integrabel sei. Dann existiert* *das Cauchy-Hauptwert-Integral* $(S_L f)(t_o)$ *für alle* $t_o \in \overset{\bullet}{L}$ *und läßt sich wie folgt berechnen*

$$(S_L f)(t_o) = \frac{1}{\pi i} \oint_L \frac{f(t)\,dt}{t-t_o}$$

$$= f(t_o) + \frac{f(t_o)}{\pi i} \log \frac{b-t_o}{a-t_o} + \frac{1}{\pi i} \int_L \frac{f(t)-f(t_o)}{t-t_o}\,dt \ .$$

a bezeichne dabei den Anfangs- und b den Endpunkt der Kurve L, falls diese nicht geschlossen ist. Ist sie geschlossen, so ist der zweite Summand auf der rechten Gleichungsseite wegzulassen.

<u>Beweis</u>: Sei $t_o \neq a,b$. Sollte L geschlossen sein, so wähle man irgendeinen Punkt $\neq t_o$ als $a = b$. $\varepsilon > 0$ sei bereits so klein gewählt, daß $\gamma_\varepsilon(t_o) = t_o'(\varepsilon)\,\overset{\frown}{t_o''(\varepsilon)} = \overset{\bullet}{L} \cap \partial K_\varepsilon(t_o)$ ein gerichteter glatter Jordanbogen ist. Die Beziehung (2.1.1) gelte also für $\gamma_\varepsilon(t_o)$. Nun ist

$$\frac{1}{\pi i} \int_{L \setminus \gamma_\varepsilon(t_o)} \frac{f(t)\,dt}{t-t_o} = \frac{f(t_o)}{\pi i} \int_{L \setminus \gamma_\varepsilon(t_o)} \frac{dt}{t-t_o} + \frac{1}{\pi i} \int_{L \setminus \gamma_\varepsilon(t_o)} \frac{f(t)-f(t_o)}{t-t_o}\,dt$$

$$=: \mathrm{I}(\varepsilon) \qquad\qquad + \qquad\qquad \mathrm{II}(\varepsilon)$$

wobei

a) $\quad \mathrm{I}(\varepsilon) = \dfrac{f(t_o)}{\pi i} \left\{ \log(t-t_o)\,\Big|_{t=a}^{t_o'(\varepsilon)} + \log(t-t_o)\,\Big|_{t=t_o''(\varepsilon)}^{b} \right\}$

ist.

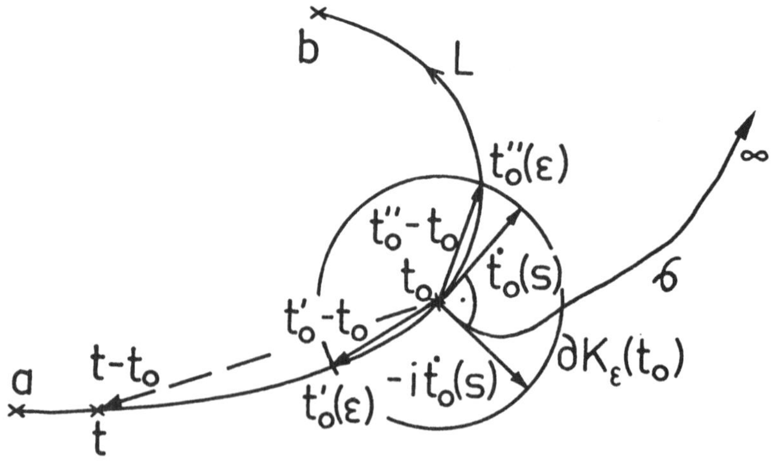

<u>Figur 2.5:</u> Zur Berechnung des Cauchyschen Hauptwerts

$\log(t-t_o)$ sei für $t \in L \setminus \{t_o\}$ so definiert, daß es eine stetige Funktion wird. Dies kann dadurch erreicht werden, daß wir - wie beim Beispiel 2.3 zuvor - von t_o nach ∞ einen Verzweigungsschnitt δ legen, der in t_o senkrecht auf L von rechts her einmündet, also entgegengesetzt zum Normalenvektor $i \cdot \dot{t}_o(s)$ in t_o, und $\arg(z-t_o)$ dann für z auf dem linken Ufer δ^+ von δ in einem Intervall $[\Theta_1, \Theta_2]$ mit $\Theta_1 \in [-\pi, 0]$ variiert . Das Einsetzen der Integrationsgrenzen liefert dann nach Umordnung

$$(2.1.23) \quad \begin{aligned} I(\varepsilon) &= \frac{f(t_o)}{\pi i} \{\log(b-t_o) - \log(a-t_o) + \log(t_o'(\varepsilon)-t_o) - \log(t_o''(\varepsilon)-t_o)\} \\ &= \frac{f(t_o)}{\pi i} \log \frac{b-t_o}{a-t_o} + \frac{f(t_o)}{\pi} \{\arg(t_o'(\varepsilon)-t_o) - \arg(t_o''(\varepsilon)-t_o)\} \end{aligned}$$

wegen $|t_o'(\varepsilon) - t_o| = |t_o''(\varepsilon) - t_o| = \varepsilon$. Aufgrund der Glattheit von L in t_o strebt die Differenz der Argumente mit $\varepsilon \to +0$ gegen π, denn die Sekanten durch t_o, t_o' bzw. t_o, t_o'' gehen in die Tangente an L durch t_o über. Also folgt

$$(2.1.24) \quad \lim_{\varepsilon \to +0} I(\varepsilon) = \frac{f(t_o)}{\pi i} \cdot \log \frac{b-t_o}{a-t_o} + f(t_o) \ ,$$

wobei im Falle $b = a$ das Glied mit dem Logarithmus den Wert Null hat.

b) $\qquad |II(\varepsilon)| \leq \frac{1}{\pi} \int\limits_{L \setminus \gamma_\varepsilon(t_o)} \frac{|f(t)-f(t_o)|}{|t-t_o|} |dt| =$

$$= \frac{1}{\pi} \left(\int\limits_{L \setminus \gamma_\delta(t_o)} \dots dt + \int\limits_{\gamma_\delta(t_o) \setminus \gamma_\varepsilon(t_o)} \dots \ dt \right)$$

Dabei sind $0 < \varepsilon < \delta$ so gewählt, daß $\gamma_\delta(t_o)$ ein gerichteter glatter Jordanbogen ist und auf $\overset{\circ}{\gamma}_\delta(t_o) \subset L$ die Hölderbedingung bzgl. f angewendet werden darf. Für $t \in L \setminus \gamma_\delta(t_o)$ gilt dann $|t-t_o| \geq \delta$, so daß wir weiter abschätzen dürfen unter Beachtung von (2.1.1):

$$|II(\varepsilon)| \leq \frac{1}{\pi\delta} \int\limits_{L \setminus \gamma_\delta(t_o)} |f(t) - f(t_o)| \ |dt| +$$

$$+ \frac{A}{\pi} \int\limits_{\gamma_\delta(t_o) \setminus \gamma_\varepsilon(t_o)} |t-t_o|^{\alpha-1} |dt|$$

$$(2.1.25) \quad \leq \frac{1}{\pi\delta} \int\limits_{L} |f(t)| \ |dt| + \frac{|f(t_o)|}{\pi\delta} \cdot \ell + \frac{A}{\pi} c^{1-\alpha} \int\limits_{s=0}^{\ell} \frac{ds}{|s-s_o|^{1-\alpha}} \ ,$$

wenn ℓ die Länge von L bezeichnet. Das letzte uneigentliche Integral existiert aber wegen $0 < \alpha \leq 1$ - und hat den Wert $\frac{1}{\alpha} s_o^\alpha + \frac{1}{\alpha}(\ell-s_o)^\alpha$. Da rechts kein ε mehr vorkommt, konvergiert $II(\varepsilon)$ absolut für $\varepsilon \to +0$

gegen $\dfrac{1}{\pi i} \oint\limits_{L} \dfrac{f(t)-f(t_o)}{t-t_o} \cdot dt$ **#**

Es sei nun $L = \mathbb{R}$ und $f : \mathbb{R} \cup \{\infty\} \to \mathbb{C}$ Hölderstetig derart, daß $\lim\limits_{|t| \to \infty} f(t) = f(\infty)$ existiert und mit geeigneten $C_\infty > 0$, $K > 0$ gilt

$$(2.1.26) \qquad |f(t) - f(\infty)| \le C_\infty \cdot |t|^{-K} \qquad \text{für} \quad |t| \ge R$$

(Hölderstetigkeit im Unendlichen)

Das Cauchy-Hauptwert-Integral längs $\mathbb{R}$ mit Dichte f ist dann definiert durch

$$(2.1.27) \qquad (S_{\mathbb{R}}f)(t_o) = \frac{1}{i}(Hf)(t_o) := \frac{1}{\pi i} \oint\limits_{-\infty}^{\infty} \frac{f(t)dt}{t-t_o} =$$

$$= \lim_{\substack{R \to +\infty \\ \varepsilon \to +0}} \frac{1}{\pi i} \int\limits_{\varepsilon \le |t-t_o| \le R} \frac{f(t)dt}{t-t_o} \ .$$

Es gilt nun der

<u>Satz 2.2:</u> *Ist* f *auf* $\overset{\bullet}{\mathbb{R}} := \mathbb{R} \cup \{\infty\}$ *Hölderstetig, so existiert* $(S_R f)(t_o)$ *für alle* $t_o \in \mathbb{R}$.

<u>Beweis:</u> Nach dem vorhergehenden Satz existiert

$$\frac{1}{\pi i} \oint\limits_{t_o-R}^{t_o+R} \frac{f(t)dt}{t-t_o} \quad \text{für alle} \quad t_o \in \mathbb{R} \quad \text{und alle} \quad R > 0,$$

so daß nur noch zu prüfen ist, ob der Grenzübergang $R \to \infty$ zulässig ist. Für genügend gro-ßes $R \ge 1$ (z.B. $\ge |t_o| + R_o$) gilt

$$\frac{1}{\pi i} \oint\limits_{t_o-R}^{t_o+R} \frac{f(t)dt}{t-t_o} = \frac{f(\infty)}{\pi i} \cdot \oint\limits_{t_o-R}^{t_o+R} \frac{dt}{t-t_o} + \frac{1}{\pi i} \oint\limits_{t_o-R}^{t_o+R} \frac{f(t)-f(\infty)}{t-t_o} dt =$$

$$(2.1.28) \qquad = \frac{f(\infty)}{\pi i} \{\log R - \log|-R|\} + \frac{1}{\pi i} \oint\limits_{t_o-1}^{t_o+1} \frac{f(t)-f(\infty)}{t-t_o} dt$$

$$+ \frac{1}{\pi i} \int\limits_{1 \le |t-t_o| \le R} \frac{f(t)-f(\infty)}{t-t_o} dt \ .$$

Das letzte Integral kann abgeschätzt werden:

$$\left| \frac{1}{\pi i} \cdot \int\limits_{1 \le |t-t_o| \le R} \cdots dt \right| \le \frac{C_\infty}{\pi} \cdot \int\limits_{1 \le |t-t_o| \le R} \frac{|t|^{-K}}{|t-t_o|} dt =$$

$$\frac{C_\infty}{\pi} \int\limits_{u=1}^{R} u^{-1} \cdot (u+t_o)^{-K} du + \frac{C_\infty}{\pi} \int\limits_{u=1}^{R} u^{-1} \cdot |u-t_o|^{-K} du \ ,$$

was bei $0 < K < 1$ für $R \to \infty$ konvergiert, d.h. für alle $t_o \in \mathbb{R}$ gilt

$$(S_{\mathbb{R}} f)(t_o) = \frac{1}{\pi i} \oint_{-\infty}^{\infty} \frac{f(t)-f(\infty)}{t-t_o} \, dt \quad .$$

Bemerkungen: Mit einem erheblich größeren analytischen Aufwand kann gezeigt werden, daß $(S_L f)(t_o)$ für fast alle $t_o \in L$, die als stückweise glatte Jordankurve endlicher oder unendlicher Bogenlänge vorausgesetzt sei, existiert, wenn $f \in L^p(L)$, $1 < p < \infty$ ist, also in p-ter Potenz Lebesgue-integrabel über L ist, oder $f \in L^p(\rho;L)$ ist mit geeigneter Gewichtsfunktion $\rho \in L^1(L)$ und $\rho^{1-p'} \in L^1(L)$, worin $1/p + 1/p' = 1$, $p > 1$, ist. Hierzu sei auf Originalarbeiten, speziell von B.V. CHWEDELIDSE [13] und das Buch von I. GOHBERG & N.V. KRUPNIK [37] verwiesen. Im Buch von E.C. TITCHMARSH, [114] wird die <u>Hilberttransformation</u> $f \to Hf = i \cdot S_{\mathbb{R}} f$ in den Räumen $L^p(\mathbb{R})$, $1 < p < \infty$, studiert.

2.2. Randwerte von Integralen vom Cauchy-Typus

In diesem Abschnitt untersuchen wir das Verhalten von stückweise holomorphen Funktionen $F(z)$ (2.1.5) bei Annäherung von z an die Integrationskurve L von links (+) bzw. rechts (-). Dabei interessiert die Stetigkeit der Randwerte und das asymptotische Verhalten an Endpunkten a bzw. b von Jordanbögen in besonderem Maße.

Sei L eine glatte Jordankurve in $\mathbb{C}$ mit der Bogenlängenparametrisierung $t = t(s)$; $0 \leq s \leq \ell$. Mit $t(s) - z = r(t,z) \cdot e^{i\vartheta(t,z)}$, $r \geq 0$, ergibt sich durch Zerlegung von $F(z)$ in Real- und Imaginärteil für $z \notin L$

$$
\begin{aligned}
F(z) = U(x,y) + i \cdot V(x,y) &= \frac{1}{2\pi i} \int_L \frac{f(t)\,dt}{t-z} , \\
&= \frac{1}{2\pi i} \int_{s=0}^{\ell} \frac{u(t(s))+i \cdot v(t(s))}{t(s)-z} \, t'(s)\,ds \\
&= \frac{1}{2\pi i} \int_{s=0}^{\ell} [u(t(s))+i \cdot v(t(s))]\,d\,\log(t(s)-z) \\
&= \frac{1}{2\pi} \int_{s=0}^{\ell} [v(t(s))-i \cdot u(t(s))] \cdot [d\,\log r(t,z)+i \cdot d\vartheta(t,z)] \\
&= \frac{1}{2\pi} \int_{s=0}^{\ell} \{v(t(s)) \cdot d\,\log r(t,z)+u(t(s)) \cdot d\vartheta(t,z) \\
&\quad + \frac{i}{2\pi} \int_{s=0}^{\ell} \{-u(t(s)) \cdot d\,\log r(t,z)+v(t(s)) \cdot d\vartheta(t,z)\} \quad .
\end{aligned}
$$

(2.2.1)

Verwenden wir die Cauchy-Riemannschen Differentialgleichungen bzgl. des lokalen Orthonormalsystems aus Tangenten- und Normalenvektor $\dot{t}(s)$ und $-\underset{\sim}{n}(s) = i \cdot \dot{t}(s)$, so ist mit (1.6.35) und $\vartheta = \arg(t-z)$

(2.2.2a) $U(x,y) = -(P_E v)(x,y) + (P_D u)(x,y)$

und

(2.2.2b) $V(x,y) = (P_E u)(x,y) + (P_D v)(x,y)$

mit

(2.2.3a) $(P_E \phi)(x,y) := \dfrac{-1}{2\pi} \int\limits_L \phi(t(s)) \cdot d \log r\,(t(s),z)$

dem <u>verallgemeinerten Potential der einfachen Schicht mit Dichte</u> ϕ <u>längs</u> <u>L</u>, und

(2.2.3b) $(P_D \psi)(x,y) := \dfrac{1}{2\pi} \int\limits_L \psi(t(s)) \cdot \dfrac{\partial}{\partial n_t} \log r(t(s),z)$

dem <u>Potential der Doppelschicht mit Dichte</u> ψ <u>längs</u> <u>L</u>.

<u>Bemerkung</u>: Ist L geschlossen und $\phi(t(s))$ stetig differenzierbar bzgl. $s \in [0,\ell]$, so liefert eine partielle Integration von (2.2.3a)

(2.2.3a') $(P_E \phi)(x,y) = \dfrac{1}{2\pi} \int\limits_L \dfrac{d\phi}{ds} \cdot \log r(t(s),z) \cdot ds \quad ,$

was ein <u>Potential der einfachen Schicht mit Dichte</u> $d\phi/ds$ <u>längs</u> <u>L ist</u>.

Im Folgenden werden wir also auch Auskunft über derartige harmonische Schichtpotentiale in der Nähe der Integrationskurve L gewinnen.

Wir setzen die Dichte f des Integrals F vom Cauchy-Typ auf $\overset{\circ}{L}$ als lokal hölderstetig voraus. Für das Verhalten von $F(z)$ für $z \to t_o \in \overset{\circ}{L}$ zerlegen wir

(2.2.4)
$$F(z) = \frac{f(t_o)}{2\pi i} \int\limits_L \frac{dt}{t-z} + \frac{1}{2\pi i} \int\limits_L \frac{f(t)-f(t_o)}{t-z}\,dt$$
$$=: \frac{f(t_o)}{2\pi i} \cdot \log \frac{b-z}{a-z} + \psi(z;t_o).$$

Da $\int\limits_L \dfrac{dt}{t-z}$ holomorph für $z \notin L$ ist und sich – bei beschränktem $L \subset \mathbf{C}$ – für $z \to \infty$ wie $O(z^{-1})$ verhält, muß der Verzweigungsschnitt für $\log \dfrac{b-z}{a-z}$ längs $\widehat{ab} = L$ geführt werden, so daß $\log \dfrac{b-z}{a-z} = \log \dfrac{1-b/z}{1-a/z}$ für $z \neq 0$ und $\notin L$ ist und gegen 0 strebt für $|z| \to \infty$.

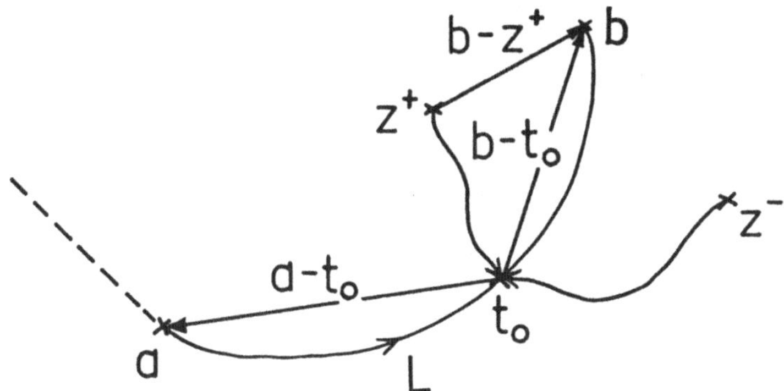

Figur 2.6: Zur Festlegung der Randwerte von $\log[(b-z)/(a-z)]$

Mit der Bezeichnung

$$(2.2.5a) \qquad \left(\log \frac{b-t_o}{a-t_o}\right)^{+} := \lim_{z=z^{+}\to t_o} \log \frac{b-z}{a-z}, \quad \text{etwa} \quad z^{+} = t_o + i\varepsilon \dot{t}(s_o), \ \varepsilon > 0$$

bzw.

$$(2.2.5b) \qquad \left(\log \frac{b-t_o}{a-t_o}\right)^{-} := \lim_{z=z^{-}\to t_o} \log \frac{b-z}{a-z}, \quad \text{etwa} \quad z^{-} = t_o - i\varepsilon \dot{t}(s_o), \ \varepsilon > 0$$

als linke bzw. rechte Grenzwerte folgt dann

$$(2.2.6) \qquad \left(\log \frac{b-t_o}{a-t_o}\right)^{-} = \left(\log \frac{b-t_o}{a-t_o}\right)^{+} - 2\pi i \ ,$$

da $b-z$ sein Argument um -2π ändert, wenn z von $z^{+} = t_o^{+}$ ausgehend nach $z^{-} = t_o^{-}$ wandert, dabei b einmal umfahrend, bzw. da $a-z$ sein Argument um 2π ändert, wenn z von $z^{+} = t_o^{+}$ ausgehend nach $z^{-} = t_o^{-}$ wandert, dabei a einmal umfahrend.

Die Randwerte sind beide lokal Hölderstetig mit Exponent 1 wegen der lokalen Differenzierbarkeit von $\left(\log \frac{b-t}{a-t}\right)^{\pm}$ bzgl. $t \in \overset{\circ}{a \, b}$. Ist $b = a$, d.h. L geschlossen, so gilt

$$(2.2.7) \qquad \left(\log \frac{b-t_o}{b-t_o}\right)^{\pm} = \begin{cases} 2\pi i \\ \\ 0 \end{cases}$$

denn es ist

$$(2.2.8) \qquad \oint_{L} \frac{dt}{t-z} = \begin{cases} 2\pi i & \text{für} \quad z \in D^{+} \\ \\ 0 & \text{für} \quad z \in D^{-} \end{cases}$$

als stückweise holomorphe Funktion sogar stückweise konstant in $\mathbb{C} \setminus L$.

Es ist zweckmäßig, die Formel (2.2.6) umzuschreiben auf

$$(2.2.6') \qquad \left(\log \frac{b-t_o}{a-t_o}\right)^{\pm} = \log \frac{b-t_o}{t_o-a} \pm \pi i.$$

Dabei werde im Spezialfall von $L = \widehat{a\,b} = [a,b] \subset \mathbb{R}$ mit $t_o \in (a,b)$ für $\log \dfrac{b-t_o}{t_o-a}$ der reelle Logarithmus gewählt.

Wir können nunmehr beweisen den

<u>Satz 2.3 (Plemelj-Sochozki-Formeln)</u>: *Ist* L *in* $\mathbb{C}$ *eine glatte Jordankurve und* f *dort eine lokal Hölderstetige Dichtefunktion, die über* L *absolut integrabel ist, so hat*

$$F(z) = \frac{1}{2\pi i} \int_L \frac{f(t)\,dt}{t-z}$$

für $z \to t_o^{\pm} \in \overset{\bullet}{L}$ *bei nichttangentialer Annäherung Randwerte, die gegeben sind durch:*

$$(2.2.9) \qquad F^{\pm}(t_o) = \pm \frac{1}{2} f(t_o) + \frac{1}{2}(S_L f)(t_o)$$

oder

$$(2.2.9') \qquad F^{\pm}(t_o) = \pm \frac{f(t_o)}{2} + \frac{f(t_o)}{2\pi i} \log \frac{b-t_o}{t_o-a} + \frac{1}{2\pi i} \int_L \frac{f(t)-f(t_o)}{t-t_o}\,dt \; .$$

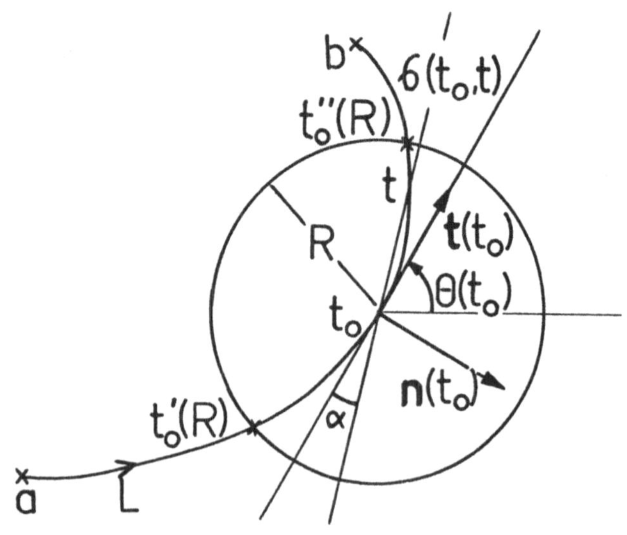

<u>Figur 2.7:</u> Zum Randverhalten von $\psi(z,t_o)$

<u>Beweis:</u> Aufgrund der Formel (2.2.4) und der Überlegungen zuvor, behandeln wir nur noch den Anteil $\psi(z,t_o)$ für $z \to t_o \in \overset{\bullet}{L}$. Da t_o ein innerer Punkt sein soll, können wir den Kreisradius $R_o = R_o(t_o)$ so klein wählen, daß für alle $0 < R \leq R_o$, $\partial K_R(t_o) \cap L = \gamma_R(t_o)$ ein zusammenhängender Teilbogen mit den beiden Endpunkten, $t_o'(R)$ und $t_o''(R)$, die von a und b verschieden sind, entsteht.

Aufgrund der Glattheit von L ist es zugleich generell möglich (s.z.B. [82], S. 513), R_o so zu wählen, daß gilt $|\alpha| := |\arg(t-t_o) - \Theta(t_o)| \leq \alpha_o < \pi/4$ für $t \in \overset{\frown}{t_o\, t_o''}$ bzw. $|\arg(t-t_o) - \Theta(t_o) - \pi| \leq \alpha_o$ für $t \in \overset{\frown}{t_o'\, t_o}$, d.h. auf $\overset{\frown}{t_o'\, t_o''} = \gamma_R(t_o)$ sind die kleineren Winkel α zwischen Tangente $\mathbf{4}(t_o)$ durch t_o an L und alle Sekanten $\mathbf{\delta}(t_o,t)$ durch t_o und $t \in \gamma_R(t_o)$ höchstens α_o, also ist

$$(2.2.10) \qquad \cos \alpha = \cos(\sphericalangle\, \mathbf{4}(t_o), \mathbf{\delta}(t_o,t)) \geq \cos \alpha_o > \frac{1}{2}\sqrt{2}\,.$$

Sei dann weiter $0 < \rho < R \leq R_o$ bei festem R und noch geeignet zu wählendem ρ. Wir zerlegen

$$\psi(z;t_o) = \frac{1}{2\pi i} \int\limits_{L \setminus \gamma_R(t_o)} \frac{f(t)-f(t_o)}{t-z}\, dt +$$

$$(2.2.11) \qquad \cdot \qquad + \frac{1}{2\pi i} \int\limits_{\gamma_R(t_o) \setminus \gamma_\rho(t_o)} \frac{f(t)-f(t_o)}{t-z}\, dt$$

$$+ \frac{1}{2\pi i} \int\limits_{\gamma_\rho(t_o)} \frac{f(t)-f(t_o)}{t-z}\, dt =: \sum_{j=1}^{3} I_j(z;t_o)\,.$$

Es ist $I_1(z;t_o)$ in $K_\rho(t_o)$ holomorph, also existiert $\lim\limits_{z \to t_o} I_1(z;t_o) = I_1(t_o;t_o)$.

Aufgrund der lokalen Hölderstetigkeit gilt auf $\gamma_R(t_o)$ $|(f(t)-f(t_o))/(t-t_o)| \leq A \cdot |t-t_o|^{\lambda-1}$ mit $0 < \lambda = \lambda(t_o) \leq 1$, so daß $I_2(t_o;t_o)$ und $I_3(t_o;t_o)$ zumindest als uneigentliche Integrale existieren. Somit gilt die Abschätzung

$$|I_2(z;t_o)-I_2(t_o;t_o)| \leq \frac{1}{2\pi} \int\limits_{\gamma_R(t_o) \setminus \gamma_\rho(t_o)} |f(t)-f(t_o)|\, \left|\frac{1}{t-z} - \frac{1}{t-t_o}\right| |dt|$$

$$(2.2.12) \quad \leq \frac{|z-t_o|}{2\pi} A \cdot \int\limits_{\gamma_R(t_o) \setminus \gamma_\rho(t_o)} \frac{|t-t_o|^{\lambda-1}}{|t-z|}|dt| \leq \frac{|z-t_o|}{\pi\rho} A \cdot \int\limits_{\gamma_R(t_o) \setminus \gamma_\rho(t_o)} |t-t_o|^{\lambda-1}|dt|$$

$$\leq |z-t_o| \cdot \frac{Ac^{1-\lambda}}{\pi\rho} \cdot \int\limits_{s=o}^{\ell} |s-s_o|^{\lambda-1} ds < \varepsilon,$$

sobald nur $0 < |z-t_o| < \rho_o(\varepsilon) \leq \frac{\rho}{2} < \frac{R}{2}$ ist. Damit ist gezeigt:

$\lim\limits_{z \to t_o} I_2(z;t_o) = I_2(t_o;t_o)$. Analog ergibt sich

$$(2.2.13) \quad |I_3(z;t_o) - I_3(t_o;t_o)| \leq |z-t_o| \cdot \frac{A}{2\pi} \int_{\gamma_\rho(t_o)} \frac{|t-t_o|^{\lambda-1}|dt|}{|t-z|} \; .$$

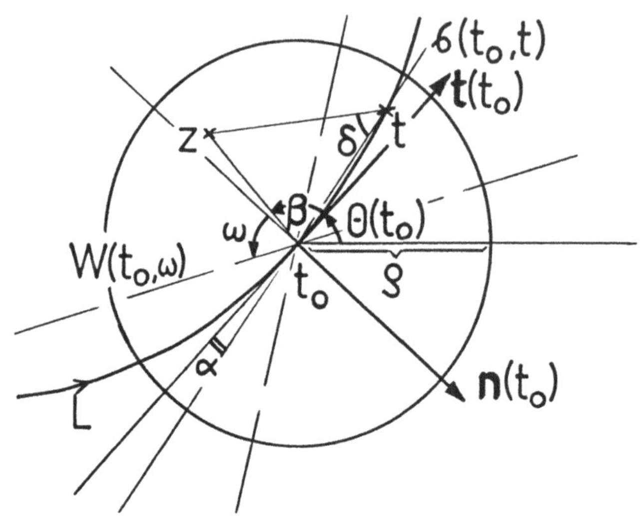

Figur 2.8: Zur Untersuchung des Randverhaltens von $I_3(z;t_o)$

Sei z aus dem offenen Doppelsektor $W(t_o,\omega)$ symmetrisch um die Normalengeraden $\vec{n}(t_o)$ durch t_o mit Öffnungswinkel 2ω, $0 \leq \omega \leq \omega_o = \frac{\pi}{2} - \alpha_o$. Ferner sei β der Winkel zwischen Tangente $\blacktriangleleft(t_o)$ und Verbindungsstrecke $\overline{zt_o}$, d.h. $\beta = \arg(z-t_o) - \theta(t_o)$, so daß im Dreieck $\Delta(t_o,z,t)$ $\beta - \alpha$ der Winkel bei t_o ist. δ hingegen bezeichne den Dreieckswinkel bei t. Der Sinussatz der Trigonometrie liefert dann

$$(2.2.14) \quad |t-z|/|t_o-z| = \sin(\beta-\alpha)/\sin\delta \geq \sin(\beta-\alpha) \; .$$

Nun ist - sofern z links von L liegt - (s. die Figur 2.8!)

$$(2.2.15a) \quad 0 < \pi/2 - \omega_o \leq \pi/2 - \omega \leq \beta < \pi/2 + \omega \leq \pi/2 + \omega_o < \pi,$$

so daß

$$(2.2.15b) \quad 0 = \pi/2 - \omega_o - \alpha_o \leq \pi/2 - \omega - \alpha_o \leq \beta - \alpha \leq \pi/2 + \omega + \alpha_o \leq \pi/2 + \omega_o + \alpha_o = \pi,$$

mithin $0 < \cos(\omega + \alpha_o) \leq \sin(\beta-\alpha)$ gilt.

Damit können wir in (2.2.13) weiter abschätzen unter Beachtung von (2.1.1):

$$|I_3(z;t_o) - I_3(t_o;t_o)| \leq \frac{A|z-t_o|}{2\pi|t_o-z|} \cdot \frac{1}{\cos(\omega+\alpha_o)} \int_{\gamma_\rho(t_o)} |t-t_o|^{\lambda-1}|dt|$$

(2.2.16)

$$\leq \frac{1}{2\pi \cdot \cos(\omega+\alpha_o)} A \cdot c^{1-\lambda} \int_{|s-s_o| \leq \rho c} |s-s_o|^{\lambda-1} ds = \frac{Ac^{1-\lambda}}{2\pi\lambda} \cdot \frac{2c^\lambda \rho^\lambda}{\cos(\omega+\alpha_o)}$$

Der letzte Ausdruck wird $< \varepsilon$ für $0 < \rho \leq \rho_1(\varepsilon) < R$, d.h. es ist

$$\lim_{\substack{z \to t_o \\ z \in W(t_o,\omega)}} I_3(z;t_o) = I_3(t_o;t_o) \; .$$

Insgesamt ist damit gezeigt:

(2.2.17)
$$\lim_{\substack{z \to t_o \in \overset{\bullet}{L} \\ z \in W(t_o,\omega)}} \psi(z;t_o) = \psi(t_o;t_o) = \frac{1}{2\pi i} \int_L \frac{f(t)-f(t_o)}{t-t_o} \, dt.$$

Ist L eine geschlossene, glatte Jordankurve, so kann jeder Punkt t_o
von L gewählt werden. Wegen der dann gleichmäßigen Hölderstetigkeit
von f auf L existieren die Grenzwerte gleichmäßig. Bei Jordanbögen
sind $F^\pm(t_o)$ nur auf jedem abgeschlossenen Teilbogen $L' \subset \overset{\bullet}{L}$ gleichmäßig vorhanden. #

Bemerkungen: 1. Für eine glatte Jordankurve L gelten bzgl. aller inneren Punkte t_o die Formeln

$$F^+(t_o) - F^-(t_o) = f(t_o)$$

(2.2.18)

$$F^+(t_o) + F^-(t_o) = (S_L f)(t_o) = \frac{1}{\pi i} \oint_L \frac{f(t)dt}{t-t_o}$$

sofern f auf $\overset{\bullet}{L}$ lokal Hölderstetig und über L absolut integrabel
ist.

2. Ist $f \in L^p(L)$, d.h. $\int_L |f(t)|^p|dt| < \infty$ für ein $1 < p < \infty$, so gelten
die Formeln (2.2.18) zumindest für fast alle $t_o \in L$, sofern L stückweise Hölderglatt ist (s.z.B. das Buch von Gohberg & N. Krupnik, S. 50).

Es bleibt nun noch zu untersuchen, wie sich die Randwerte $F^\pm(t_o)$ als
Funktionen auf L verhalten. Es ist nach den Abschätzungen beim Beweis
des letzten Satzes zu vermuten, daß bei lokal Hölderstetigem f auch
$F^\pm$ lokal Hölderstetig sind. In der Tat gilt der

<u>Satz 2.4</u>: L *sei eine glatte Jordankurve in* $\mathbb{C}$ *und* f *eine darauf de-finierte Hölderstetige Funktion mit generellem Hölderexponenten* $\lambda \in (0,1)$, *dann sind die Randwertfunktionen* $F^{\pm}$ *des Integrals vom Cauchy-Typ mit Dichte* f *ebenfalls (lokal) Hölderstetig mit demselben Exponenten* λ, *also auch das Cauchy-Integral* $S_L f$.

<u>Beweis</u>: Da der Satz eine lokale Aussage macht, genügt es, für L einen glatten Jordanbogen $L = \overset{\frown}{a\,b}$ und einen inneren Punkt t_o davon zu wäh-len. Es sei $L_1 := \overset{\frown}{a_1 b_1} \subset \overset{\bullet}{L}$ ein abgeschlossener Teilbogen, der t_o ent-halte, mit $d := \mathrm{dist}(L_1,\{a,b\}) > 0$. $0 < \rho_o < d/2$ sei so gewählt, daß für $\rho \leq \rho_o : \gamma_{2\rho}(t_o) \subset L_1$ ein zusammenhängendes Teilstück im Kreise $\overline{K_{2\rho}(t_o)}$ sei mit den Eigenschaften bzgl. Tangenten- und Sekantenwinkel wie beim Beweis von Satz 2.3. Schließlich sei $b_{\rho_o} := \{t \in L : \mathrm{dist}(t,\{a,b\}) \geq d-2\rho_o > 0\}.$

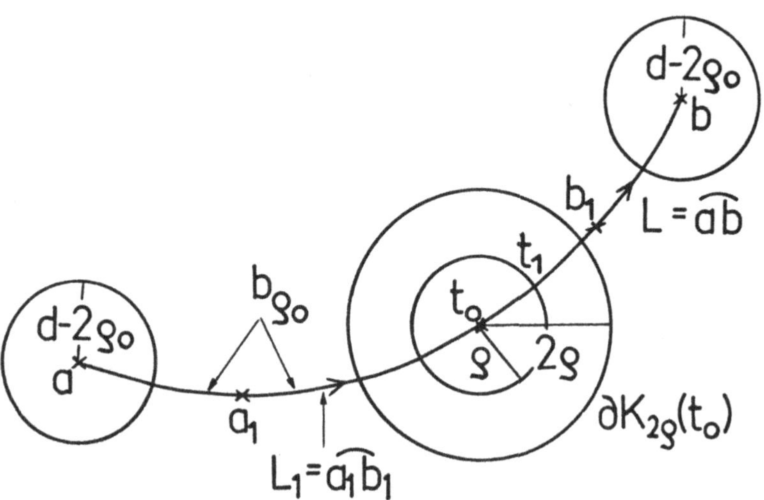

<u>Figur 2.9</u>: Zur Hölderstetigkeit von Cauchy-Integralen

Sei nun $t_1 \in \gamma_{2\rho}(t_o)$ so, daß $|t_1 - t_o| = \rho \leq \rho_o$ gelte. Wir bilden dann die Differenz

$$\frac{1}{\pi i} \oint_L \frac{f(t)dt}{t-t_1} - \frac{1}{\pi i} \oint_L \frac{f(t)dt}{t-t_o} =$$

$$= \frac{1}{\pi i} \int_{L \setminus b_{\rho_o}} f(t) \left\{\frac{1}{t-t_1} - \frac{1}{t-t_o}\right\} dt + \frac{1}{\pi i} \oint_{b_{\rho_o}} \ldots dt$$

$$(2.2.19) \qquad = \frac{1}{\pi i} \int_{L \setminus b_{\rho_o}} \left\{\frac{1}{t-t_1} - \frac{1}{t-t_o}\right\} dt \qquad (= : J_1)$$

$$+ \frac{t_1-t_o}{\pi i} \oint_{b_{\rho_o}} \frac{f(t)-f(t_1)}{(t-t_o)(t-t_1)} dt \qquad (= : J_2)$$

$$+ \frac{f(t_1)}{i\pi} \oint_{b_{\rho_o}} \left\{\frac{1}{t-t_1} - \frac{1}{t-t_o}\right\} dt \qquad (= : J_3) \ .$$

Dann gelten die folgenden Abschätzungen:

(i) In J_1 ist $|t-t_o| \geq 2\rho_o$ für $t \in L \setminus b_{\rho_o}$, denn für diese t ist $|t-a| \leq d - 2\rho_o$ bzw. $|t-b| \leq d - 2\rho_o$, andererseits ist nach Definition $b_{\rho_o} \supset \gamma_{2\rho_o}(t_o)$. Außerdem ist dort $|t-t_1| \geq |t-t_o|-|t_o-t_1| \geq 2\rho_o - \rho \geq 2\rho_o-\rho_o=\rho_o$, so daß gilt

$$(2.2.20) \quad |J_1| \leq \frac{|t_1-t_o|}{\pi} \int_{L \setminus b_{\rho_o}} |f(t)| \frac{|dt|}{|t-t_o||t-t_1|} \leq \frac{|t_1-t_o|}{\pi \rho_o^2 \cdot 2} \cdot \max_{t \in L} |f(t)| \cdot \ell$$

mit der Bogenlänge ℓ von L. Es gilt also für $t_1 \in K_\rho(t_o) \cap \overset{\bullet}{L}$:

$$(2.2.21) \quad |J_1| \leq A_1(t_o) \cdot |t_1-t_o| \ ;$$

das ist die lokale Hölderstetigkeit zum Exponenten $\lambda = 1$, also erst recht zum Exponenten $0 < \lambda < 1$.

(ii) Wir zerlegen

$$J_2 = \frac{t_1-t_o}{\pi i} \int_{b_{\rho_o} \setminus \gamma_{2\rho}(t_o)} \frac{f(t)-f(t_1)}{(t-t_o)(t-t_1)} dt + \frac{t_1-t_o}{\pi i} \oint_{\gamma_{2\rho}(t_o)} \frac{f(t)-f(t_1)}{(t-t_o)(t-t_1)} dt.$$

$$(2.2.22)$$

$$=: J_{21} \qquad\qquad\qquad\qquad + J_{22}$$

Es ist f auf $b_{\rho_o} \subset \overset{\bullet}{L}$ gleichmäßig Hölderstetig und für $t \in b_{\rho_o} \setminus \gamma_{2\rho}(t_o)$ ist $|t-t_o| \geq 2\rho$ und $|t-t_1| \geq |t-t_o| - |t_o-t_1| \geq \rho$, d.h. $|(t_1-t_o)/(t-t_o)| \leq \rho/2\rho = 1/2$. Somit gilt unterBeachtung von (2.1.1) die Abschätzung

$$|J_{21}| \leq \frac{|t_1-t_o|}{\pi} \int_{b_{\rho_o} \setminus \gamma_{2\rho}(t_o)} \frac{M(t_o)\cdot|t-t_1|^\lambda |dt|}{|t-t_o||t-t_1|}$$

$$= \frac{|t_1-t_o|}{\pi} \int_{b_{\rho_o} \setminus \gamma_{2\rho}(t_o)} \frac{M(t_o)}{|t-t_o|^{2-\lambda}\cdot\left|1-\dfrac{t_1-t_o}{t-t_o}\right|^{1-\lambda}} |dt|$$

$$\leq M(t_o)\cdot 2^{1-\lambda}\cdot\pi^{-1}\cdot|t_1-t_o|\cdot c^{2-\lambda}\cdot \int_{2\rho \leq |s-s_o| \leq \ell} \frac{ds}{|s-s_o|^{2-\lambda}}$$

$$\leq M(t_o)\cdot 2^{1-\lambda}\ \pi^{-1}\cdot c^{2-\lambda}\cdot 2\cdot(1-\lambda)^{-1}\cdot(2\rho)^{\lambda-1}\cdot|t_1-t_o|\ ,$$

d.h. es gilt wegen $|t_1-t_o| = \rho$ und $0 < \lambda < 1$:

$$(2.2.24) \qquad |J_{21}| \leq A_{21}(t_o)\cdot|t_1-t_o|^\lambda .$$

(iii) Es ist

$$J_{22} = \frac{1}{\pi i} \int_{\gamma_{2\rho}(t_o)} \frac{f(t)-f(t_1)}{t-t_1}dt - \frac{1}{\pi i} \int_{\gamma_{2\rho}(t_o)} \frac{f(t)-f(t_o)}{t-t_o}\,dt$$

$$(2.2.25) \qquad\qquad - \frac{f(t_o)-f(t_1)}{\pi i} \oint_{\gamma_{2\rho}(t_o)} \frac{dt}{t-t_o}$$

$$= :\ I \qquad + \qquad II \qquad + \qquad III\ .$$

Die drei Integrale werden einzeln abgeschätzt:

$$(2.2.26) \qquad |I| \leq \frac{1}{\pi} M(t_1)\cdot \int_{\gamma_{2\rho}(t_o)} \frac{|dt|}{|t-t_1|^{1-\lambda}} \leq \frac{M(t_1)}{\pi}\cdot \int_{\gamma_{3\rho}(t_1)} \frac{|dt|}{|t-t_1|^{1-\lambda}}$$

$$\leq M(t_1)\cdot c^{1-\lambda}\cdot 2\cdot c^\lambda\cdot 3^\lambda \rho^\lambda/\pi\lambda ,$$

d.h., da $M(t_1)$ einheitlich, also nur von t_o abhängig, wählbar ist, gilt für $t_1 \in L_1$, $|t_1-t_o| = \rho$:

$$(2.2.27) \qquad |I| \leq A_I(t_o)\cdot|t_1-t_o|^\lambda .$$

Analog ergibt sich

$$(2.2.28) \quad |II| \leq \frac{M(t_o)}{\pi} \int_{\gamma_{2\rho}(t_o)} \frac{|dt|}{|t-t_o|^{1-\lambda}} \leq M(t_o)c^{1-\lambda}\cdot 2\cdot c^\lambda 2^\lambda \rho^\lambda/\pi\lambda\ ,$$

d.h. für $t_1 \in L_1$, $|t_1-t_o| = \rho$ gilt

$$(2.2.29) \qquad |II| \leq A_{II}(t_o) \cdot |t_1 - t_o|^\lambda .$$

Schließlich ist noch

$$(2.2.30) \qquad |III| \leq \frac{|f(t_o) - f(t_1)|}{\pi} \cdot \left| \oint_{\gamma_{2\rho}(t_o)} \frac{dt}{t-t_o} \right|$$

$$\leq M(t_o) |t_o - t_1|^\lambda \cdot m(\rho; t_o) / \pi$$

mit $\lim\limits_{\rho \to +0} m(\rho; t_o) = 0$, so daß für $t_1 \in L_1, |t_1 - t_o| = \rho$ gilt

$$(2.2.31) \qquad |III| \leq A_{III}(t_o) \cdot |t_1 - t_o|^\lambda .$$

Somit ist für $t_1 \in L_1, \ |t_1 - t_o| = \rho$ gezeigt

$$(2.2.32) \qquad |J_{22}| \leq A_{22}(t_o) \cdot |t_1 - t_o|^\lambda .$$

(iv) Es verbleibt nur noch abzuschätzen:

$$|J_3| \leq \frac{|f(t_1)|}{\pi} \cdot \left| \oint_{b_{\rho_o}} \left\{ \frac{1}{t-t_1} - \frac{1}{t-t_o} \right\} dt \right|$$

$$\leq \pi^{-1} \cdot \max_{t \in L_1} |f(t)| \left| \log \frac{b(\rho_o) - t_1}{a(\rho_o) - t_1} + \pi i - \log \frac{b(\rho_o) - t_o}{a(\rho_o) - t_o} - \pi i \right|$$

$$= \pi^{-1} \cdot \max_{t \in L_1} |f(t)| \left| \log \left(1 - \frac{t_1 - t_o}{b(\rho_o) - t_o}\right) - \log \left(1 - \frac{t_1 - t_o}{a(\rho_o) - t_o}\right) \right|$$

$$\leq \pi^{-1} \cdot \max_{t \in L_1} |f(t)| \sum_{\nu=1}^{\infty} \frac{1}{\nu} \left(\left| \frac{t_1 - t_o}{b(\rho_o) - t_o} \right|^\nu + \left| \frac{t_1 - t_o}{a(\rho_o) - t_o} \right|^\nu \right)$$

$$< \pi^{-1} \max_{t \in L_1} |f(t)| \cdot \frac{|t_1 - t_o|}{2\rho_o} \cdot 2 \sum_{\nu=1}^{\infty} 2\left(\tfrac{1}{2}\right)^{\nu-1} ,$$

$$=: A_3(t_o) \cdot |t_1 - t_o|$$

für $|t_1 - t_o| = \rho, \ t_1 \in L_1$, da $|b(\rho_o) - t_o| \geq 2\rho_o \geq 2\rho$ und
$|a(\rho_o) - t_o| \geq 2\rho_o \geq 2\rho$ sind für die Endpunkte $a(\rho_o), b(\rho_o)$ des Bogens $b_{\rho_o} \subset \overset{\circ}{L}$.

Alle Abschätzungen unter (i) bis (iv) zusammengenommen, ergeben die lokale Hölderstetigkeit des Cauchy-Hauptwert-Integrals $\frac{1}{\pi i} \oint_L \frac{f(t)dt}{t-t_o}$ für innere Kurvenpunkte $t_o \in L$ mit demselben Hölderexponenten λ, sofern dieser im Intervall $(0,1)$ liegt.

Aufgrund der Gültigkeit der Plemelj-Sochozkischen Randwertformeln (2.2.9) sind mithin die Randwertfunktionen $F^{\pm}$ des Integrals F vom Cauchy-Typus lokal Hölderstetig auf $\overset{\circ}{L}$ mit demselben Exponenten $\lambda \in (0,1)$. #

Bemerkungen: 1. Ist L eine glatte, geschlossene Jordankurve in $\mathbb{C}$ und f auf L (gleichmäßig) Hölderstetig, so sind auch $S_L f$ und die Randwertfunktionen $F^{\pm}$ auf L gleichmäßig Hölderstetig. versehen wir den Funktionenraum $C^{O,\lambda}(L)$ mit der Norm

$$(2.2.34) \quad \| f \|_{o,\lambda} := \max_{t \in L} |f(t)| + \sup_{t_1,t_2 \in L} \frac{|f(t_1)-f(t_2)|}{|t_1-t_2|^{\lambda}},$$

der dadurch zu einem Banachraum wird, so sehen wir, daß der Cauchy-Operator S_L ein beschränkter linearer Operator auf $C^{O,\lambda}(L)$ ist, $S_L \in \mathcal{L}(C^{O,\lambda}(L))$, d.h. für alle $f \in C^{O,\lambda}(L)$ gilt mit einer von f unabhängigen Konstanten C

$$(2.2.35) \quad \| S_L f \|_{o,\lambda} \leq C \cdot \| f \|_{o,\lambda} .$$

2. Der Beweis von Satz 2.4 lehrt, daß bei geschlossener glatter Jordankurve L in $\mathbb{C}$ die im Innen- bzw. Außengebiet $D^{\pm}$ stückweise holomorphe Funktion $F(z) = \frac{1}{2\pi i} \int_L \frac{f(t)dt}{t-z}$, $z \notin L$, Ergänzungen auf $\overline{D^+} = D^+ \cup L$ und $\overline{D^-} \cup \{\infty\}$ besitzt, die sogar Hölderstetig sind, falls die Dichte f auf L Hölderstetig ist.

3. Feinere Untersuchungen (s.z.B. das Buch von I. Gohberg & N. Krupnik [37, S. 26]) der Cauchy-Integrale bei Lebesgue-integrablen Dichten $f \in L^p(L)$, $1 < p < \infty$, zeigen, daß dann auch $S_L f \in L^p(L)$ ist und S_L einen beschränkten linearen Operator in diesen Räumen darstellt. Die Randwertfunktionen $F^{\pm}$ sind dann ebenfalls in p-ter Potenz Lebesgue-integrabel.

Korollar: *Ist L eine (genügend glatte) geschlossene Jordankurve in $\mathbb{C}$ und f auf L sogar r-mal Hölderstetig differenzierbar ($r \in \mathbb{N} \cup \{\infty\}$), so auch $F^{\pm}$ und $S_L f$ und es gilt für alle $t_o \in L$:*

$$(2.2.36) \quad [F^{\pm}(t_o)]^{(r)} = [F^{(r)}(t_o)]^{\pm} = \pm\frac{1}{2} f^{(r)}(t_o) + \frac{1}{2}(Sf^{(r)})(t_o) .$$

$\underline{Beweis:}$ O. B. d. A. dürfen wir $r = 1$ wählen, denn es gilt für $z \notin L$:

$$\frac{d^r}{dz^r} F(z) = \frac{r!}{2\pi i} \oint_L \frac{f(t)dt}{(t-z)^{r+1}} =$$

$$(2.2.37) \qquad = \frac{r!}{2\pi i} \frac{(-1)}{r} f(t) \cdot (t-z)^{-r} \oint_{t \in L} + \frac{(r-1)!}{2\pi i} \oint_L \frac{f'(t)dt}{(t-z)^r}$$

$$= \frac{(r-1)!}{2\pi i} \oint_L \frac{f'(t)dt}{(t-z)^r} ,$$

denn der ausintegrierte Term verschwindet, da L geschlossen ist.

Nun zeigen wir, daß die Randwertbildung $[\ldots]^{\pm}$ und Differentiation vertauscht werden dürfen. Wir setzen

$$G(z) := \frac{1}{2\pi i} \oint_L \frac{f'(t)dt}{t-z} = F'(z)$$

für $z \notin L$ mit den Randwerten - da $f' \in C^{0,\lambda}(L)$ ist -

$$(2.2.38) \qquad G^{\pm}(t_0) = \pm \frac{1}{2} f'(t_0) + \frac{1}{2} (S_L f')(t_0) .$$

Nun ist bei Integration längs eines stückweise glatten Kurvenstücks $\Gamma = \overset{\frown}{t_0 t_1} \subset \overline{D^+}$, dessen innere Punkte $\zeta \in D^+$ sind:

$$F^+(t_1) - F^+(t_0) = \int_{t_0}^{t_1} F'(\zeta)d\zeta = \int_{t_0}^{t_1} G(\zeta)d\zeta$$

$$(2.2.39)$$

$$= G^+(t_0) \cdot (t_1 - t_0) + \int_{t_0}^{t_1} [G(\zeta) - G^+(t_0)]d\zeta .$$

Es kann dabei $\Gamma = \overset{\frown}{t_0 t_1}$ so gewählt werden, daß die Länge $|\Gamma| < 2 \cdot c \cdot |t_1 - t_0|$ ist, wenn c die Konstante in (2.1.1) ist. Wir erhalten dann

$$(2.2.40) \qquad \frac{F^+(t_1) - F^+(t_0)}{t_1 - t_0} - G^+(t_0) = \int_{t_0}^{t_1} \frac{[G(\zeta) - G^+(t_0)]d\zeta}{t_1 - t_0} .$$

Aufgrund der Hölderstetigkeit von G auf $\overline{D^+}$ nach den Sätzen 2.3 und 2.4 können wir folgendermaßen abschätzen:

$$\left| \frac{F^+(t_1) - F^+(t_0)}{t_1 - t_0} - G^+(t_0) \right| \leq M(t_0) \cdot \int_{t_0}^{t_1} |\zeta - t_0|^\lambda |d\zeta| \, |t_1 - t_0|^{-1}$$

$$(2.2.41) \qquad \leq M(t_0) \cdot \max_{\zeta \in \Gamma} |\zeta - t_0|^\lambda \cdot |\Gamma| \cdot |t_1 - t_0|^{-1}$$

$$< 2c \cdot M(t_0) \cdot \max_{\zeta \in \Gamma} |\zeta - t_0|^\lambda .$$

Damit ist gezeigt, daß für alle $t_0 \in L$ der folgende Grenzwert existiert

$$(2.2.42) \quad \lim_{L \ni t_1 \to t_o} \frac{F^+(t_1) - F^+(t_o)}{t_1 - t_o} = [F^+(t_o)]' = G^+(t_o) = [F'(t_o)]^+ .$$

Analoges gilt für $[F^-(t_o)]'$. #

Wir wollen nunmehr noch einige Ergänzungen bringen für den Fall, daß $L = g$ eine Gerade in $\mathbb{C}$ ist. In Satz 2.2. hatten wir bereits gesehen, daß $(S_{\mathbb{R}} f)(t_o)$ für alle $t_o \in \mathbb{R}$ existiert, sofern f auf $\dot{\mathbb{R}}$ Hölderstetig ist, d.h. wenn zusätzlich für $|t_o| \to \infty$ die Abschätzung (2.1.36) gilt: $|f(t) - f(\infty)| \leq C_\infty \cdot |t|^{-\kappa}$ mit einem $\kappa > 0$ für $|t| \geq R > 0$. Es kann o.B.d.A. $g = \mathbb{R}$ angenommen werden. Es gilt dann der

Satz 2.5: *f sei eine auf* $\dot{\mathbb{R}} = \mathbb{R} \cup \{\infty\}$ *Hölderstetige Funktion mit dem Grenzwert* $\lim\limits_{|t| \to \infty} f(t) = f(\infty)$. *Dann definiert*

$$F(z) = \frac{1}{2\pi i} \int_{-\infty}^{\infty} \frac{f(t) dt}{t - z}$$

eine in $\mathbb{C} \setminus \mathbb{R} = H^+ \cup H^-$ *stückweise holomorphe Funktion, die Hölderstetige Randwertfunktion*

$$(2.2.43) \qquad F^\pm(t_o) = \pm \frac{1}{2} f(t_o) + \frac{1}{2\pi i} \oint_{\infty}^{\infty} \frac{f(t) dt}{t - t_o}$$

und im Unendlichen die Randwerte besitzt

$$(2.2.44) \quad F^\pm(\infty) := \lim_{\substack{z \to \infty \\ z \in H^\pm}} F(z) = \pm \frac{1}{2} f(\infty) .$$

Beweis: (i) Es braucht nur noch das Randverhalten für $z \to \infty$, $z \in H^\pm$ untersucht zu werden.

(ii) Durch $z = -1/\zeta$ werden H^+ bzw. H^- konform und $H^\pm \cup \mathbb{R} \cup \{\infty\}$ und glatt auf sich abgebildet eineindeutig mit $\zeta = 0 \to z = \infty$ und $\zeta = \infty \to z = 0$. Definieren wir für $\zeta \in H^+ \cup H^-$ und $t, \tau \in \dot{\mathbb{R}}$

$$(2.2.45a) \qquad F^*(\zeta) := F(z) = F(-1/\zeta) ,$$

$$(2.2.45b) \qquad f^*(\tau) := f(t) = f(-1/\tau) ,$$

dann folgt für $\tau_1, \tau_2 \neq 0$

$$|f^*(\tau_1) - f^*(\tau_2)| = |f(-1/\tau_1) - f(-1/\tau_2)| \leq M \cdot \left| -\frac{1}{\tau_1} + \frac{1}{\tau_2} \right|^\lambda$$

$$(2.2.46a) \qquad = \frac{M}{|\tau_1 \cdot \tau_2|^\lambda} \cdot |\tau_2 - \tau_1|^\lambda .$$

(iii) Im Falle $\tau_2 = 0$ und $\tau_1 \neq 0$ gilt

$$|f^*(\tau_1) - f^*(0)| = |f(-1/\tau_1) - f(\infty)| \leq C_\infty \cdot |-1/\tau_1|^{-\kappa},$$

also, sofern nur $|-1/\tau_1| \geq R > 0$ ist, gilt für $|\tau_1| \leq 1/R$

$$(2.2.46b) \qquad |f^*(\tau_1) - f^*(0)| \leq C_\infty |\tau_1|^\kappa.$$

Außerdem ist noch für $|\tau| \geq R > 0$

$$(2.2.46c) \qquad |f^*(\tau) - f^*(\infty)| = |f(-1/\tau) - f(0)| \leq M \cdot |-\frac{1}{\tau}|^\lambda = M \cdot |\tau|^{-\lambda},$$

$f^* : \dot{\mathbb{R}} \to \mathbb{C}$ hat mithin analoge Eigenschaften wie f.

(iv) Es ist nun für $z \notin \mathbb{R}$

$$F(z) = F^*(\zeta) = F(-1/\zeta) = \lim_{N\to\infty} \frac{1}{2\pi i} \int_{-N}^{N} \frac{f(t)dt}{t+1/\zeta}$$

$$
\begin{aligned}
(2.2.47) \qquad
&= \lim_{N\to\infty} \frac{1}{2\pi i} \int_{|\tau|\geq 1/N} \frac{f^*(\tau)d\tau}{(-1/\tau+1/\zeta)\tau^2} \\
&= \lim_{N\to\infty} \frac{1}{2\pi i} \left\{ \int_{|\tau|\geq 1/N} \frac{f^*(\tau)d\tau}{\tau-\zeta} - \int_{|\tau|\geq 1/N} \frac{f^*(\tau)d\tau}{\tau} \right\} \\
&= \frac{1}{2\pi i} \oint_{-\infty}^{\infty} \frac{f^*(\tau)d\tau}{\tau-\zeta} - \frac{1}{2\pi i} \oint_{-\infty}^{\infty} \frac{f^*(\tau)d\tau}{\tau} \; .
\end{aligned}
$$

Hieraus folgt nunmehr für $\zeta \to 0$ (d.h. $z \to \infty$) :

$$
\begin{aligned}
(2.2.48) \qquad
F^\pm(\infty) = F^{*\pm}(0) &= \pm\frac{1}{2} f^*(0) + \frac{1}{2\pi i} \oint_{-\infty}^{\infty} \frac{f^*(\tau)d\tau}{\tau-0} \\
&\qquad - \frac{1}{2\pi i} \oint_{-\infty}^{\infty} \frac{f^*(\tau)d\tau}{\tau} \\
&= \pm\frac{1}{2} f^*(0) = \pm\frac{1}{2} f(\infty) \qquad \#
\end{aligned}
$$

Zuvor haben wir die lokale Stetigkeit der Integrale vom Cauchy-Typus in Punkten $t_0 \in L$ bewiesen, in deren Umgebung die Belegungsfunktion Hölderstetig ist. Bogenendpunkte a oder b mußten ausgenommen werden, da diese nur einseitige Umgebungen auf L besitzen oder - anders interpretiert -, da i.a. die Belegungsdichte sich unstetig verhält, wenn man den Bogen $L = \overset{\frown}{ab}$ zu einer geschlossenen Jordankurve Γ ergänzte und die Dichte auf dem ergänzenden Bogen $L' := \overset{\frown}{ba}$ gleich Null setzte. Die Formel (2.2.9') zeigt bereits, daß sich das Cauchy-Hauptwert-Integral logarithmisch singulär für $t_0 \to a$ oder b verhält, wenn die Dichte f sich Hölderstetig den Randwerten $f(a)$ oder $f(b)$ nähert und diese $\neq 0$ sind.

Hier soll nun das Verhalten für $z \to c$ bzw. $t_o \to c \in L$ untersucht werden, wenn f absolut integrabel in einer Umgebung von c, aber nicht beschränkt ist. Dabei sollen nur Potenzsingularitäten betrachtet werden. Zu allgemeineren Fällen - wie Produkte aus Potenz- und Logarithmussingularitäten - muß auf die Literatur (s.z.B. F. D. Gakhov [29], S. 62-64) verwiesen werden.

<u>Satz 2.6:</u> *Es sei* $L = \widehat{ab}$ *in* $\mathbb{C}$ *ein glatter Jordanbogen, für dessen Parameterdarstellung die Ungleichungen* (2.1.1) *gelten mögen,* $f \in C^{0,\lambda}(L')$ *für alle* $L' := \widehat{a'b'} \subset \overset{\circ}{L}$ *mit* $0 < \lambda = \lambda(L') < 1$ *und absolut integrabel über* L. *In der Nähe von* $c = a$ *oder* b *gelte mit* $\gamma = \alpha + i\beta \neq 0$, $0 \leq \alpha < 1$, $f(t) = f^*(t)(t-c)^{-\gamma}$, *wobei* $f^* \in C^{0,\nu}(U_\delta(c) \cap L)$ *sei mit einem* $0 < \nu < 1$. *Dann gilt für*

$$F(z) := \frac{1}{2\pi i} \int_L \frac{f(t)\,dt}{t-z}$$

$$(2.2.49) \quad F(z) = \pm \frac{e^{\pm\gamma\pi i}}{2i \cdot \sin \gamma\pi} \cdot \frac{f^*(c)}{(z-c)^\gamma} + F_o(z) \qquad \text{für} \quad z \notin L$$

mit in $U_\delta(c) \setminus L$ *holomorphem* $F_o(z)$ *und*

$$(2.2.50) \quad F(t_o) = \pm \frac{\cot \lambda\pi}{2i} \cdot \frac{f^*(c)}{(t_o-c)^\gamma} + F_o^*(t_o) \qquad \text{für} \quad t_o \in L \setminus \{c\}$$

mit dem oberen (unteren) Vorzeichen für $c = a(b)$. *Hierin ist* $(z-c)^\gamma = \exp[\gamma \log(z-c)]$ *ein eindeutiger Zweig mit Verzweigungsschnitt von* c *längs* L *nach* ∞. *Ferner gelten die asymptotischen Aussagen für* $z \to c$

$$(2.2.51) \quad F_o(z) = \begin{cases} O(1) & , \text{ falls } \alpha = 0 \\ O(|z-c|^{-\alpha_o}), & \text{ falls } \alpha > 0 \end{cases}$$

mit $\lim\limits_{z \to c} F_o(z) = F_o(c)$ *bzw. geeignetem* $0 < \alpha_o < \alpha$. F_o^* *ist Hölderstetig auf* L *in einer Umgebung* $U(c)$, *falls* $\alpha = 0$ *ist, während es für* $\alpha > 0$ *in der Form* $F_o^{**}(t_o) \cdot |t_o-c|^{-\alpha_o}$ *mit in* $U(c)$ *Hölderstetigem* F_o^{**} *aufgespalten werden kann.*

<u>Beweis:</u> (i) Wir betrachten zunächst den Sonderfall $c = a$ und $f^* = 1$, untersuchen also für $\gamma = \alpha + i\beta \neq 0$

$$(2.2.52) \quad \Omega(z) := \frac{1}{2\pi i} \int_a^b \frac{dt}{(t-a)^\gamma(t-z)} \ , \ z \notin L.$$

Da $(t-a)^{-\gamma}$ für $t \neq a$ aufgefaßt als $\lim\limits_{z \to t} (z-a)^{-\gamma}$ von links an den Verzweigungsschnitt lokal Hölderstetig für $t = a$ ist, liefern die Plemelj-Sochozki-Formeln

$$(2.2.53) \qquad \Omega^{+}(t_o) - \Omega^{-}(t_o) = (t_o-a)^{-\gamma} \ , \quad t_o \neq a \ .$$

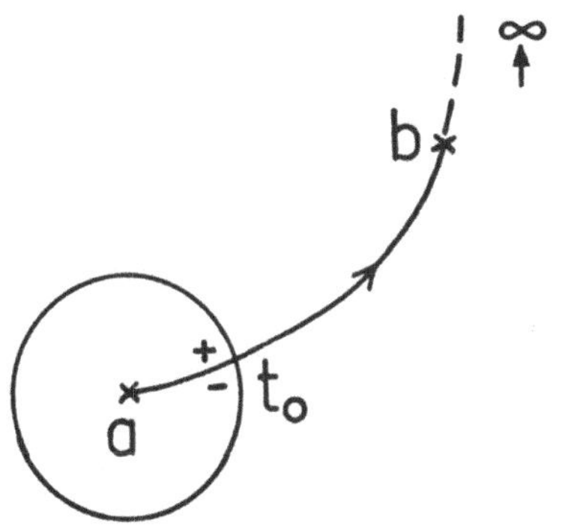

Figur 2.10: Randwerte von $\ (z-a)^{-\gamma}$

Bei der angegebenen Wahl des Verzweigungsschnitts gilt die Grenzwerte-
beziehung

$$(2.2.54) \qquad (t_o-a)^{-\gamma}\big|_{+} - (t_o-a)^{-\gamma}\big|_{-} = (1-e^{-\gamma 2\pi i})\cdot(t_o-a)^{-\gamma} \ .$$

Daher setzen wir

$$(2.2.55) \qquad \omega(z) := \frac{(z-a)^{-\gamma}}{1-e^{-\gamma 2\pi i}} = \frac{e^{i\pi\gamma}}{2i\cdot\sin\gamma\pi}\ (z-a)^{-\gamma}$$

und erhalten aus den Formeln zuvor für $\ t_o \in L \setminus \{a\}$

$$(2.2.56) \qquad (\Omega-\omega)(t_o)\big|_{+} = (\Omega-\omega)(t_o)\big|_{-} \ .$$

Das heißt aber, daß die Funktion $(\Omega-\omega)(z)$ über den Jordanbogen $\overset{\circ}{ab}$
analytisch fortsetzbar ist, mithin in einer punktierten Kreisscheibe
$\overset{\circ}{K}_R(a)$ in eine Laurentreihe nach Potenzen $z - a$ entwickelbar ist.
Falls gezeigt werden kann, daß $\Omega - \omega$ in $z = a$ eine integrable Singularität (bzgl. jedes in a endenden glatten Jordanbogens) besitzt, ist
$\Omega(z) = \omega(z) + \mathcal{P}(z;a)$ mit einer in $K_R(a)$ konvergenten Potenzreihe $\mathcal{P}(z;a)$
um $z = a$.

(ii) Für $\ 0 \leq \alpha < \mu < 1\ $ und $\ z \notin \overset{\frown}{ab}\ $ gilt:

$$(2.2.57) \qquad \big|(z-a)^{\mu}\Omega(z)\big| = \frac{1}{2\pi}\ \bigg| \underbrace{\int_a^b \frac{|z-a|^{\mu}-|t-a|^{\mu}}{(t-a)^{\gamma}(t-z)}dt}_{I_1} + \underbrace{\int_a^b \frac{|t-a|^{\mu}\cdot dt}{(t-a)^{\gamma}(t-z)}}_{I_2} \bigg| \ .$$

Nun ist in I_1:

(2.2.58) $\qquad \big| |z-a|^\mu - |t-a|^\mu \big| \le \big| |z-a| - |t-a| \big|^\mu \le |z-t|^\mu$

aufgrund der Dreiecksungleichung und

(2.2.59) $\qquad |1-\rho^\mu| \le |1-\rho|^\mu$

und $\qquad |(t-a)^{-\gamma}| = |t-a|^{-\alpha} \cdot e^{+\beta \arg(t-a)} \le |t-a|^{-\alpha} \cdot e^{|\beta| \cdot 2\pi}$.

Also wird

(2.2.60) $\qquad |I_1| \le \dfrac{e^{|\beta| 2\pi}}{2\pi} \int\limits_a^b |t-a|^{-\alpha} \cdot |t-z|^{\mu-1} |dt| \le M_1$

wegen $\mu - \alpha > 0$ für $z \in K_R(a)$ und $|I_2| \le M_2$ für $z \in K_R(a)$, $0 < R < |b-a|$, da I_2 ein Integral vom Cauchy-Typus darstellt, dessen Belegungsdichte

$$|t-a|^\mu (t-a)^{-\gamma} = |t-a|^{\mu-\alpha} e^{\beta \arg(t-a)} \cdot \exp\{-i[\alpha \cdot \arg(t-a) + \beta \cdot \log|t-a|]\}$$

sich wegen $0 \le \alpha < \mu < 1$ für $t \to a$ Hölderstetig an Null anschließt. Die Integration in I_2 könnte daher auf $\overset{\frown}{a'b}$ ausgedehnt werden mit einem glatt anschließenden Bogen $\overset{\frown}{a'a}$, auf dem die Belegungsdichte gleich Null gesetzt wird.

Mithin ist

(2.2.61) $\qquad \Omega(z) = O(|z-a|^{-\mu})$ für $z \to a$,

mit $0 \le \alpha < \mu < 1$ nachgewiesen worden.

(iii) Ist $z = t_o \in \overset{\circ}{ab}$, so liefert eine Addition der Plemelj-Sochozki-Formeln

$$2\Omega(t_o) = \Omega^+(t_o) + \Omega^-(t_o) = (S(t-a)^{-\gamma})(t_o),$$

also

(2.2.62a) $\qquad \Omega(t_o) = \dfrac{1}{2}(\omega^+(t_o) + \omega^-(t_o)) + P(t_o;a)$

oder

$$\Omega(t_o) = \dfrac{1}{2} \dfrac{e^{i\pi\gamma}}{2i \sin \pi\gamma}[(t_o-a)^{-\gamma} + (t_o-a)^{-\gamma} \cdot e^{-\gamma 2\pi i}] + P(t_o;a)$$

(2.2.62b) $\qquad\qquad\quad = \dfrac{\cot \pi\gamma}{2i}(t_o-a)^{-\gamma} + P(t_o;a)$.

Im Falle von $f^* = 1$ und $c = a$ sind die behaupteten Aussagen damit bewiesen. Die Funktionen F_0 und F_0^* sind dann sogar in Potenzreihen in einer Umgebung von $c = a$ entwickelbar.

(iv) $f^*(t) \not\equiv 1$, $\gamma \neq 0$ aber $\alpha = 0$, dann ist $[f^*(t) - f^*(c)]\,(t-c)^{-i\beta}$ Hölderstetig in einer Umgebung von c auf L, da $(t-c)^{i\beta}$ dort beschränkt ist. Wir spalten dann auf gemäß

$$(2.2.63) \qquad F(z) = \frac{f^*(c)}{2\pi i} \int_a^b \frac{dt}{(t-c)^{i\beta}(t-z)} + \frac{1}{2\pi i} \int_a^b \frac{[f^*(t) - f^*(c)]dt}{(t-c)^{i\beta}(t-z)} \, ,$$

worin das letzte Integral in einer Umgebung von $z = c$ beschränkt ist, da die Belegungsdichte Hölderstetig an den Wert Null in $t = c$ (a oder b) anschließt. Das erste Integral ist durch $f^*(c) \cdot \Omega(z)$ nach (i) – (iii) bekannt. Es existiert mithin der Grenzwert von $F_0^*(z)$ für $z \to c$.

(v) $f^*(t) \not\equiv 1$, $\alpha > 0$. In einer Umgebung $U(c)$ haben wir dann die Abschätzung

$$(2.2.64) \qquad \left| \frac{f^*(t) - f^*(c)}{(t-c)^{\gamma}} \right| \leq A \cdot |t-c|^{\nu-\alpha} \, ,$$

wenn ν der Hölderexponent von f^* nahe c ist. Im Falle $\nu > \alpha$ ist das letzte Integral in (2.2.63) mit γ statt $i\beta$ in $U(c)$ beschränkt, da die Belegungsdichte sich Hölderstetig an den Wert Null in c anschließt.

Für $\alpha \geq \nu > 0$ schreiben wir mit $0 < \varepsilon < \nu$

$$(2.2.65) \qquad F_0(z) = \frac{1}{2\pi i} \cdot \int_a^b \frac{[f^*(t) - f^*(c)] \cdot (t-c)^{-\varepsilon}}{(t-c)^{\gamma-\varepsilon}(t-z)} \, dt$$

und setzen

$$(2.2.66) \qquad f^{**}(t) := \frac{[f^*(t) - f^*(c)]}{(t-c)^{i\beta}}(t-c)^{-\varepsilon} \, ,$$

welches eine in $U(c)$ Hölderstetige Funktion auf L ist. Es muß dann das Integral

$$F_0(z) = I(z) := \frac{1}{2\pi i} \int_a^b \frac{f^{**}(t)\,dt}{(t-c)^{\alpha-\varepsilon}(t-z)}$$

abgeschätzt werden. Mit $\alpha - \varepsilon < \lambda < 1$ sei

$$I(z) \cdot |z-c|^\lambda = \frac{1}{2\pi i} \int_a^b \frac{[\,|z-c|^\lambda - |t-c|^\lambda\,] \cdot f^{**}(t)\,dt}{(t-c)^{\alpha-\varepsilon} \cdot (t-z)} \qquad (=I_1(z))$$

(2.2.67)

$$+ \frac{1}{2\pi i} \int_a^b \frac{|t-c|^\lambda f^{**}(t)\,dt}{(t-c)^{\alpha-\varepsilon}(t-z)} \qquad (=I_2(z))$$

Mit Ungleichung (2.2.58) und $|f^{**}(t)| \leq M$ wird

$$(2.2.68) \qquad |I_1(z)| \leq \frac{M}{2\pi} \cdot \int_a^b \frac{|dt|}{|t-c|^{\alpha-\varepsilon} \cdot |t-z|^{1-\lambda}} \, ,$$

was wegen $\alpha - \varepsilon - \lambda < 0$ für alle $z \in U(c)$ beschränkt ist.

$I_2(z)$ ist in $U(c)$ wiederum beschränkt, da die Belegungssichte $|t-c|^\lambda f^{**}(t) \cdot (t-c)^{-\alpha+\varepsilon}$ sich in $t = c$ Hölderstetig an den Wert Null anschließt.

Für λ kann nun ein $\alpha_o \in (\alpha-\varepsilon, \alpha) \subset (0,1)$ gewählt werden. Damit ist $F_o(z) = O(|z-c|^{-\alpha_o})$ für $z \to c$, $z \notin L$, gezeigt. In $I_1(z)$ kann auch $t_o \in \overset{\circ}{L}$ eingetragen werden. Es kann - mit einigem technischen Aufwand - die Hölderstetigkeit von $I_1(t_o)$ in $U(c)$ auf L nachgewiesen werden, während die von $I_2(t_o)$ wegen der Hölderstetigkeit der Belegungsdichte gesichert ist. Dann ist aber auch $I_2(t_o) = \frac{1}{2}[I_2^+(t_o) + I_2^-(t_o)] =$
$= \frac{1}{2} S_L(|t-c|^\lambda f^{**}(t)(t-c)^{-\alpha+\varepsilon})(t_o)$ in $U(c)$ auf L Hölderstetig, so daß die Funktion F_o^{**} wie am Ende des Satzes behauptet wurde, Hölderstetig ist. **#**

Ist nun $c \in \overset{\circ}{L}$ kein Jordanbogenendpunkt, so kann man $\int_a^b \ldots dt$ bei c auftrennen und die Resultate des Satzes wie folgt übertragen:

<u>Korollar:</u> *Es sei* L *in* $\mathbb{C}$ *eine glatte (geschlossene oder offene) Jordankurve für deren Parameterdarstellung die Ungleichungen (2.1.1) gelten mögen. Sei* $c \in \overset{\circ}{L}$ *derart, daß* $f \in C^{o,\lambda}(\overset{\frown}{a'b'})$ *für jeden Jordanteilbogen* $\overset{\frown}{a'b'} \subset L \setminus \{c\}$ *und absolut integrierbar über* L *ist. Auf den Teilbögen* $\ell_\pm(c)$*, die nach bzw. vor* c *auf* L *durch eine hinreichend kleine Umgebung* $U(c)$ *ausgeschnitten werden, gelte*

$$f(t) = \frac{f_\pm^*(t)}{(t-c)^\gamma} \quad mit \ \gamma = \alpha + i\beta \neq 0, \ 0 \leq \alpha < 1 \ und \ H\ddot{o}lderstetigen \ f_\pm^* \ auf$$

$\ell_\pm(c).$
Dann hat das Integral vom Cauchy-Typus

$$F(z) = \frac{1}{2\pi i} \int_L \frac{f(t)dt}{t-z}, \ z \notin L,$$

das folgende asymptotische Verhalten für z *bzw.* $t_o \to c$:

$$(2.2.69) \qquad F(z) = \frac{e^{\gamma\pi i} f_+^*(c+) - e^{\pm\gamma\pi i} f_-^*(c-)}{2i \cdot \sin \gamma\pi} (z-c)^{-\gamma} + F_o(z)$$

für $z \notin L$ *links bzw. rechts von* L *bzw.*

$$(2.2.70) \quad F(t_o) = \begin{cases} [\dfrac{e^{\gamma\pi i}}{2i \cdot \sin\gamma\pi} f_+^*(c+) - \dfrac{\cot\gamma\pi}{2i} f_-^*(c-)] (t_o-c)^{-\gamma} + F_{o+}^*(t_o), t_o \in \overset{\circ}{\ell}_+(c) \\[3ex] [\dfrac{\cot\gamma\pi}{2i} f_+^*(c+) - \dfrac{e^{-\gamma\pi i}}{2i \cdot \sin\gamma\pi} f_-^*(c-)] (t_o-c)^{-\gamma} + F_{o-}^*(t_o), t_o \in \overset{\circ}{\ell}_-(c) \end{cases}$$

worin

$$(2.2.71) \qquad F_o(z) = O(|z-c|^{-\alpha_o})$$

bzw.

$$(2.2.72) \qquad F_{o\pm}^*(t_o) = F_{o\pm}^{**}(t_o) \cdot |t_o-c|^{-\alpha_o}$$

seien mit auf $\ell_\pm(c)$ *Hölderstetigen Funktionen* $F_{o\pm}^{**}$ *und geeignetem*
$0 \le \alpha_o < \alpha$.

<u>Bemerkung</u>: Ist $\gamma = 1/2$, so entfällt der erste Summand in (2.2.50), so
daß $F(t_o) = F_o^{**}(t_o) \cdot |t_o-c|^{-\alpha_o}$ mit $0 < \alpha_o < 1/2$ schwächer singulär
ist bei c als die Belegungsdichte f. Liegt hingegen c im Innern von
L, so bleibt die asymptotische Ordnung erhalten, wenn $f_\pm^*(c\pm) \neq 0$ sind.

2.3. Einfache Anwendungen der Plemelj-Sochozki-Formeln

Wir wollen Bedingungen dafür angeben, daß die Dichte f eines Integrals
vom Cauchy-Typ die Randwertfunktion einer in $\mathbb{C} \setminus L$ stückweise holomorphen bzw. meromorphen Funktion F ist.

<u>Satz 2.7</u>: *Es sei* $L = \overset{m}{\underset{\mu=(o)1}{\cup}} L_\mu$ *ein endliches System von geschlossenen
orientierten, glatten Jordankurven in* $\mathbb{C}$, *die das zur Linken liegende
Gebiet* D^+ *beranden. Vorgegeben seien die Punkte* $z_1, \ldots, z_r \in D^+$ *und
dort die Hauptteile von* F

$$(2.3.1) \quad \mathcal{h}(z,F;z_\rho) := \sum_{j=1}^{n_\rho} \frac{\alpha_{\rho j}}{(z-z_\rho)^j}; \quad \rho = 1, \ldots, r;$$

und ggf. für unbeschränkte D^+

$$(2.3.2) \qquad \mathfrak{h}(z,F;\infty) := \sum_{j=0}^{n} \beta_j \cdot z^j$$

Notwendig und hinreichend dafür, daß $f \in C^{0,\lambda}(L)$ Randwertfunktion einer in D^+ meromorphen und in $D^+ \setminus \{z_1,\ldots,z_r\}$ stetigen Funktion F ist mit den vorgegebenen Hauptteilen, ist das Bestehen der folgenden Gleichung für alle $t_o \in L$:

$$(2.3.3) \qquad -\frac{1}{2} f(t_o) + \frac{1}{2}(S_L f)(t_o) + R(t_o) = 0$$

mit der rationalen Funktion

$$(2.3.4) \qquad R(z) := \sum_{\rho=1}^{r} \mathfrak{h}(z,F;z_\rho) + \begin{cases} 0 & \text{\textit{bei vorhandenem} } L_o \\[2ex] \mathfrak{h}(z,F;\infty) & \text{\textit{bei abwesendem} } L_o \end{cases}$$

F ist dann eindeutig bestimmt.

<u>Beweis:</u> (i) Die Funktion $G := F - R$ ist in D^+ holomorph und in $\overline{D^+}$ stetig. Bei unbeschränktem D^+, d.h. abwesendem L_o, gilt überdies $\lim\limits_{z \to \infty} G(z) = 0$. Für $t_o \in L$ ist aufgrund der Voraussetzung an f

$$(2.3.5) \qquad \lim_{D^+ \ni z \to t_o} G(z) = G^+(t_o) = F^+(t_o) - R(t_o) = f(t_o) - R(t_o) \ .$$

Mit f ist auch $g := f - R$ auf L Hölderstetig. Wir beweisen daher (2.3.3) zunächst für vorgegebene $g \in C^{0,\lambda}(L)$ und G, die in D^+ holomorph sind.

(ii) "$\Rightarrow$": Sei $g \in C^{0,\lambda}(L)$ Randwertfunktion von G. Aufgrund des Cauchyschen Integralsatzes gilt dann für $z \in D^- = \mathbb{C} \setminus \overline{D^+}$

$$G(z) = \frac{1}{2\pi i} \int_L \frac{g(t)dt}{t-z} = 0 \ .$$

Die Plemelj-Sochozki-Formeln liefern für $t_o \in L$

$$(2.3.6) \qquad G^{\pm}(t_o) = \pm\frac{1}{2} g(t_o) + \frac{1}{2}(S_L g)(t_o) \ ,$$

also hier

$$(2.3.7a) \qquad G^+(t_o) = \frac{1}{2} G^+(t_o) + \frac{1}{2}(S_L G^+)(t_o)$$

und

$$(2.3.7b) \qquad G^-(t_o) = -\frac{1}{2} G^+(t_o) + \frac{1}{2}(S_L G^+)(t_o) = 0 \ ,$$

d.h. auf L gilt die Gleichung (2.3.3) mit $G^+ = g$ und $R = 0$ anstelle von f.

(iii) "$\Leftarrow$": Es gelte die spezielle Form der Gleichung (2.3.3). Aus ihr folgt die Existenz und Hölderstetigkeit von $S_L g$ auf L. Dann besitzt das Integral vom Cauchy-Typus

$$G(z) := \frac{1}{2\pi i} \int\limits_L \frac{g(t)\,dt}{t-z}, \quad z \notin L,$$

für $z \to t_o \in L$ von links und rechts Randwerte $G^\pm(t_o)$ gemäß (2.3.6). Aus (2.3.3) mit $R(t_o) = 0$ und f durch g ersetzt, folgt dann

$$(2.3.8) \qquad G^+(t_o) = \frac{1}{2} g(t_o) + \frac{1}{2} g(t_o) = g(t_o).$$

(iv) Bei vorgegebenen nichttrivialen Hauptteilen $\hbar(z,F;z_\rho)$; $\rho = 1,\dots,r$; (und evtl. zu ∞) erhalten wir mit $g := f - R$ für $z \in D^+$

$$(2.3.9) \qquad G(z) = \frac{1}{2\pi i} \int\limits_L \frac{f(t)-R(t)}{t-z}\, dt = \frac{1}{2\pi i} \int\limits_L \frac{f(t)\,dt}{t-z} - \frac{1}{2\pi i} \int\limits_L \frac{R(t)\,dt}{t-z}$$

und die linksseitigen Randwerte auf L

$$(2.3.10) \qquad G^+(t_o) = \frac{1}{2} f(t_o) + \frac{1}{2} (S_L f)(t_o) - \frac{1}{2} R(t_o) - \frac{1}{2}(S_L R)(t_o).$$

Nun gilt aber für $t_o \in L = \partial D^+$:

$$(2.3.11) \qquad -\frac{1}{2}(S_L R)(t_o) = \frac{1}{2} R(t_o)$$

für jede echt gebrochene rationale Funktion R, wenn L_o anwesend, also D^+ beschränkt ist und die Pole von R in D^+ liegen, oder für jede rationale Funktion R, wenn L_o abwesend ist. Es ist nämlich $R(\tau)/(\tau-z)$ für festes $z \in D^+$ eine bzgl. τ holomorphe Funktion in $D^- := \mathbb{C} \setminus \overline{D^+}$. Daher ist

$$(2.3.12) \qquad \frac{1}{2\pi i} \int\limits_L \frac{R(\tau)\,d\tau}{\tau-z} = \frac{1}{2\pi i} \left(\int\limits_{\partial K_a(o)} \cdots + \sum_{\mu=1}^{m} \int\limits_{L_\mu} \cdots \right)$$

für alle genügend großen Kreisradien a.

Die Integrale über L_μ verschwinden aufgrund des Cauchyschen Integralsatzes. Das Integral über $\partial K_a(o)$ muß ebenfalls Null sein, da es für $a > \max \{|z_\rho|, \rho = 1,\dots,r\}$ von a unabhängig ist und wegen $R(\tau)/(\tau-z) = O(\tau^{-2})$ für $\tau \to \infty$ mit $a \to \infty$ gegen Null strebt. Die Plemelj-Sochozki-Formel liefert dann

$$(2.3.13) \qquad 0 = \lim_{\substack{z \to t_o \\ z \in D^+}} \frac{1}{2\pi i} \int\limits_L \frac{R(\tau)\,d\tau}{\tau-z} = \frac{1}{2} R(t_o) + \frac{1}{2}(S_L R)(t_o).$$

Diese Relation gilt aber auch für beliebige rationale Funktionen R bei unbeschränkten Gebieten D^+, also abwesender Kurve L_o, da dann in (2.3.12) nur die Integrale über die L_μ vorkommen.

Wir können nunmehr (2.3.10) umformen zu

$$(2.3.14) \qquad F^+(t_o) - R(t_o) = \frac{1}{2} f(t_o) + \frac{1}{2}(S_L f)(t_o),$$

woraus mit $F^+ = f$ die behauptete Gleichung (2.3.3) im allgemeinen Fall folgt. #

<u>Bemerkungen</u>: 1. Die behauptete Formel (2.3.3) bleibt - zumindest für fast alle $t_o \in L$ - gültig, wenn man $f \in L^p(L)$, $1 < p < \infty$, als die fast überall definierte Randwertfunktion von $F(z)$, $z \in D^+$, voraussetzt.

2. Der Operator $P_+ := \frac{1}{2}(I+S_L)$ spielt die Rolle eines Projektors in den Räumen $C^{o,\lambda}(L)$ und $L^p(L)$ auf die Unterräume von Funktionen, die Randwerte von im Innengebiet D^+ holomorphen Funktionen sind (und ggfs. im Unendlichen verschwinden) $P_- := \frac{1}{2}(I-S_L)$ projiziert auf den Teilraum der Funktionen aus $C^{o,\lambda}(L)$ bzw. $L^p(L)$, die Randwerte von in D^- holomorphen Funktionen sind, denn $P_-F^+ = 0$ und $P_+F^- = 0$. Aus den Plemelj-Sochozki-Formeln folgt ja noch für alle $f \in C^{o,\lambda}(L)$ bzw. $f \in L^p(L)$:

$$(2.3.15) \quad f(t_o)=F^+(t_o)-F^-(t_o) = \frac{1}{2}[f(t_o)+(S_L f)(t_o)]-\frac{1}{2}[-f(t_o)+(S_L f)(t_o)]$$

$$= (P_+f)(t_o) + (P_-f)(t_o)$$

Diese Zerlegung liefert zugleich die Lösung des einfachsten <u>Kopplungsproblems für stückweise holomorphe Funktionen</u>:

> *Bei vorgegebenem System L aus endlich vielen orientierten, geschlossenen Jordankurven L_μ in $\mathbb{C}$ (bzw. einer Geraden g) seien alle in $\mathbb{C}\setminus L$ holomorphen Funktionen F gesucht mit $F(z) \to 0$ für $z \to \infty$, so daß für deren Randwerte auf L gilt:*

$$(2.3.16) \quad F^+(t_o) - F^-(t_o) = f(t_o)$$

> *Dabei sei $f \in C^{o,\lambda}(L)$ (oder $\in L^p(L)$) vorgegeben.*

Eine spezielle Lösung ist durch

$$F(z) = \frac{1}{2\pi i} \int_L \frac{f(t)dt}{t-z} \, , \ z \notin L,$$

gegeben.

Ist F^* eine zweite Lösung des Problems, so ist $F_O := F - F^*$ holomorph in $\mathbb{C} \setminus L$ und auf L gilt

$$(2.3.17) \qquad F_O^+(t_O) - F_O^-(t_O) = O \; .$$

F_O läßt sich mithin von D^+ über L nach D^- analytisch fortsetzen (s. Bemerkung nach Satz 1.16, S.57), so daß F_O nach der Fortsetzung zu $\hat{F}_O$ in ganz $\mathbb{C}$ holomorph ist. Da $\hat{F}_O(z)$ gegen Null strebt für $z \to \infty$, muß $\hat{F}_O(z) \equiv O$ in $\mathbb{C}$ sein aufgrund des Liouville-Satzes (Satz 1.4). Das spezielle Kopplungsproblem ist folglich eindeutig lösbar.

Wir wollen nun noch die Spezialfälle für L, den der reellen Achse $\mathbb{R}$ und den des Einheitskreises ∂E, betrachten und die Bedingungsgleichungen für die Randwerte von in der oberen Halbebene H^+ bzw. in $E = K_1(o)$ holomorphen Funktionen mit Hölderstetigen Randwerten aufschreiben.

Sei F holomorph in H^+ mit den (H-stetigen) Randwerten $F^+(x) = \lim_{y \to +0} F(x+iy)$ auf $\mathbb{R}$, so daß $\lim_{|x| \to \infty} F^+(x) =: F^+(\infty) = O$ ist. Es ist dann mit $F(z) = U(x,y) + i \cdot V(x,y)$, $y > O$,

$$(2.3.18) \qquad F(z) = \frac{1}{2\pi i} \int_{\mathbb{R}} \frac{F^+(\xi)\,d\xi}{\xi - z} \; ,$$

also

$$(2.3.19) \qquad \begin{aligned} F^+(x) &= U(x,+O) + i \cdot V(x,+O) = \\ &= \frac{1}{2} U(x,+O) + \frac{i}{2} V(x,+O) + \frac{1}{2\pi i} \oint_{-\infty}^{\infty} \frac{U(\xi,+O) + iV(\xi,+O)}{\xi - x}\,d\xi \; . \end{aligned}$$

Durch Trennung in Real- und Imaginärteil ergeben sich die sogen. Dispersionsformeln, die in der Physik - z.B. Optik und Quantenfeldtheorie - eine wichtige Rolle spielen, für $x \in \mathbb{R}$:

$$(2.3.20a) \qquad U(x,+O) = (HV)(x) := \frac{1}{\pi} \oint_{-\infty}^{\infty} \frac{V(\xi,+O)\,d\xi}{\xi - x}$$

$$(2.3.20b) \qquad V(x,+O) = - (HU)(x) = - \frac{1}{\pi} \oint_{-\infty}^{\infty} \frac{U(\xi,+O)\,d\xi}{\xi - x}$$

als notwendige und hinreichende Bedingungen für die Randwerteigenschaft. Diese Formeln gelten auch für L^p - Randwertfunktionen mit $1 < p < \infty$, zumindest fast überall auf $\mathbb{R}$.

Ist nun $F(z) = u(x,y) + i \cdot v(x,y) = u^*(r,\theta) + i \cdot v^*(r,\theta)$ für $|z| < 1$ holomorph und für $|z| \leq 1$ Hölderstetig, so gilt mit $z = r\,e^{i\theta}$, $t = e^{i\vartheta}$:

$$(2.3.21) \qquad F(z) = \frac{1}{2\pi i} \oint_{|t|=1} \frac{F^+(t)dt}{t-z} = \frac{1}{2\pi i} \int_{\vartheta=0}^{2\pi} \frac{F^+(e^{i\vartheta})ie^{i\vartheta}d\vartheta}{e^{i\vartheta}-z} \, ,$$

woraus für $0 \leqq \theta < 2\pi$ folgt:

$$(2.3.22) \qquad F^+(e^{i\theta}) = \frac{1}{2} F^+(e^{i\theta}) + \frac{1}{2\pi} \oint_{\vartheta=0}^{2\pi} \frac{F^+(e^{i\vartheta})e^{i\vartheta}d\vartheta}{e^{i\vartheta}-e^{i\theta}} ,$$

d.h.

$$F^+(e^{i\theta}) = u^*(1,\theta) + i\cdot v^*(1,\theta)$$

$$= \frac{1}{\pi} \oint_{\vartheta=0}^{2\pi} \frac{F^+(e^{i\vartheta})\cdot e^{i(\vartheta-\theta)/2}}{e^{i(\vartheta-\theta)/2}-e^{-i(\vartheta-\theta)/2}} \, d\vartheta$$

$$(2.3.23) \qquad = \frac{1}{2\pi i} \oint_{\vartheta=0}^{2\pi} F^+(e^{i\vartheta}) \, [\cot\tfrac{\vartheta-\theta}{2} + i] \, d\vartheta$$

$$= \frac{1}{2\pi i} \oint_{\vartheta=0}^{2\pi} [u^*(1,\vartheta) + i\cdot v^*(1,\vartheta)][\cot\tfrac{\vartheta-\theta}{2} + i] \, d\vartheta .$$

Hieraus resultiert das System von <u>Kotangens-Umkehrformeln</u> für $0 \leqq \theta < 2\pi$:

$$(2.3.24a) \qquad u^*(1,\theta) = \frac{1}{2\pi} \oint_{\vartheta=0}^{2\pi} v^*(1,\vartheta)\cdot \cot\tfrac{\vartheta-\theta}{2} \, d\vartheta + \frac{1}{2\pi} \int_{\vartheta=0}^{2\pi} u^*(1,\vartheta)d\vartheta$$

$$(2.3.24b) \qquad v^*(1,\theta) = - \frac{1}{2\pi} \oint_{\vartheta=0}^{2\pi} u^*(1,\vartheta)\cdot \cot\tfrac{\vartheta-\theta}{2} \, d\vartheta + \frac{1}{2\pi} \int_{\vartheta=0}^{2\pi} v^*(1,\vartheta)d\vartheta$$

Man nennt die Abbildung, die die Funktion

$\phi(\theta)$ in $\frac{1}{2\pi} \oint_{\vartheta=0}^{2\pi} \phi(\vartheta)\cdot \cot\frac{\vartheta-\theta}{2} \, d\vartheta$ überführt, die <u>Hilbertsche Kotangens-</u>

<u>Transformation</u>. Sie bildet 2π-periodisch fortgesetzte Funktionen der
Klassen $C^{0,\lambda}([0,2\pi])$, $0 < \lambda < 1$, bzw. $L^p([0,2\pi])$, $1 < p < \infty$, in eben-
solche ab.

Wir betrachten nun für eine geschlossene, orientierte glatte Jordankurve
L in $\mathbb{C}$ die einfachste <u>singuläre Integralgleichung mit Cauchy-Haupt-</u>
<u>wert-Integral</u>.

$$(2.3.25) \qquad (S_L f)(t_0) = \frac{1}{\pi i} \oint_L \frac{f(t)dt}{t-t_0} = g(t_0)$$

mit auf L vorgegebener Funktion $g \in C^{0,\lambda}(L)$, $0 < \lambda < 1$, bzw. $\in L^p(L)$,
$1 < p < \infty$.

Sei $F(z) := \frac{1}{2\pi i} \int_L \frac{f(t)dt}{t-z}$, $z \in L$, dann liefern die Plemelj-Sochozki-
Formeln

(2.3.26a) $F^+(t_o) - F^-(t_o) = f(t_o)$

bzw.

(2.3.26b) $F^+(t_o) + F^-(t_o) = (S_L f)(t_o) = g(t_o)$,

zumindest für fast alle $t_o \in L$.

Nun definieren wir die abschnittsweise holomorphe Funktion $G : \mathbb{C} \setminus L \to \mathbb{C}$ vermöge

$$(2.3.27) \quad G(z) := \begin{cases} F(z) & \text{für } z \in D^+ \\ \\ -F(z) & \text{für } z \in D^- . \end{cases}$$

Es gilt also insbesondere $G(z) = O(|z|^{-1})$ für $z \to \infty$. Dann folgt aus (2.3.26a,b)

(2.3.28a) $G^+(t_o) + G^-(t_o) = f(t_o)$

bzw.

(2.3.28b) $G^+(t_o) - G^-(t_o) = g(t_o)$,

so daß das der zweiten Gleichung entsprechende Kopplungsproblem eindeutig durch das Integral

$$G(z) = \frac{1}{2\pi i} \int_L \frac{g(t)dt}{t-z} , \quad z \notin L,$$

gelöst wird. Die erste Formel liefert dann die Lösung der Integralgleichung (IGL) (2.3.25) in der Form

(2.3.29) $f(t_o) = (S_L g)(t_o)$.

Damit ist gezeigt worden, daß der auf $C^{o,\lambda}(L)$, $0 < \lambda < 1$, bzw. auf $L^p(L)$, $1 < p < \infty$, lineare und beschränkte Cauchy-Operator S_L selbstinvers ist (I bezeichne den Einheitsoperator):

(2.3.30) $S_L^2 = I$.

Bemerkung: Diese Eigenschaft von S_L bleibt gültig, wenn L aus einem endlichen System von geschlossenen, glatten Jordankurven in $\mathbb{C}$ besteht und bewichtete Lebesgue-Räume $L^p(\rho;L)$, $1 < p < \infty$, mit $\rho(t) \geq 0$, $\rho \in L^1(L)$ und $\rho^{1-q} \in L^1(L)$, $1/p + 1/q = 1$, zugrundegelegt werden (s.z.B. [13], !).

Kapitel 3: Riemannsche Kopplungsprobleme und Randwertprobleme für holomorphe Funktionen

3.1. Das Riemannsche Kopplungsproblem für Systeme geschlossener Kurven

3.1.1. Formulierung des allgemeinen Problems

Jetzt kommen wir zu den Kopplungsproblemen für stückweise holomorphe Funktionen F.

Definition 3.1: *Gegeben sei ein endliches System* $L = \bigcup\limits_{\mu=(0)1}^{m} L_\mu$ *in* $\mathbb{C}$
von glatten, orientierten, geschlossenen oder offenen Jordankurven oder eine doppelpunktfreie Kurve, die von ∞ *nach* ∞ *läuft, die ein* m-
(bzw. $(m+1)$-*) fach zusammenhängendes Gebiet oder ein Schlitzgebiet* D^+
beranden. D_μ^- ; $\mu = (0)1,\ldots,m$; *seien die einfach zusammenhängenden Gebiete zur Rechten der geschlossenen* L_μ. *Auf den Kurven* L_μ *seien die komplexwertigen Funktionen* G_μ *und* g_μ *vorgegeben. Gesucht sind holomorphe Funktionen* F^+, F_μ^- *in* D^+, D_μ^- *mit Randwerten* $F^+(t_0)$, $t_0 \in L$,
$F_\mu^-(t_0)$, $t_0 \in L_\mu$, *und vorgeschriebenem asymptotischen Verhalten für*
$|z| \to \infty$, - *und gegebenenfalls für* $z \to c_\mu$, *einem Jordanbogenendpunkt* -
so daß für alle $t_0 \in L_\mu$ *gilt*

$$(3.1.1) \qquad F^+(t_0) = G_\mu(t_0) \cdot F_\mu^-(t_0) + g_\mu(t_0) \ .$$

Man nennt dies ein Riemannsches Kopplungs- *oder* Randwertproblem für die stückweise holomorphe Funktion *definiert durch*

$$(3.1.2) \quad F(z) := \begin{cases} F^+(z) & \text{für } z \in D^+ \\[2mm] F_\mu^-(z) & \text{für } z \in D_\mu^- \ , \ \mu = (0)1,\ldots,m. \end{cases}$$

Bemerkung: Dieses Problem wurde erstmalig 1856 von B. RIEMANN in seiner Dissertation formuliert. D. HILBERT hat es 1904 mit zusätzlichen Voraussetzungen an L und G durch Rückführung auf Integralgleichungen studiert. Eine systematische Untersuchung erfuhr es durch die sowjetischen Mathematiker der Tifliser Schule: N.I. MUSKHELISHVILI, F.D. GACHOW, D.A. KWESELAWA, I.N. VEKUA, B.V. CHWEDELIDSE u.a.

Im Folgenden ist es zweckmäßig, die m bzw. m+1 Funktionen G_μ und g_μ · zusammenzufassen zu $G,g : L \to \mathbb{C}$.

3.1.2. Das einfache Sprungwertproblem

Den Spezialfall $G \equiv 1$ auf L und $g \in C^{0,\lambda}(L)$ (bzw. $\in L^p(L)$, $1<p<\infty$) hatten wir im Abschnitt zuvor schon durch das Integral vom Cauchy-Typ gelöst

$$(3.1.3) \qquad F(z) = \frac{1}{2\pi i} \int_L \frac{g(t)\,dt}{t-z} \,, \quad z \notin L \,,$$

sofern $F(z) = O(|z|^{-1})$ für $|z| \to \infty$ und $= O(|z-c|^{-\beta})$, $0 \leq \beta < 1$, für $z \to c$, Bogenendpunkt, als asymptotische Bedingungen auftreten. Im Falle von $F(z) = O(|z|^k)$ für $|z| \to \infty$ mit $k \in \mathbb{N}_0$ ist das $\underline{\text{Sprungwertpro-}}$ $\underline{\text{blem}}$

$$(3.1.4) \quad F^+(t_0) = F^-(t_0) + g(t_0), \quad t_0 \in L,$$

$(k+1)$-dimensional lösbar durch

$$(3.1.5) \quad F^+(z) = \frac{1}{2\pi i} \int_L \frac{g(t)\,dt}{t-z} + P_k(z),$$

mit einem beliebigen Polynom P_k vom Grade k, das also $k+1$ freie komplexe Parameter enthält. Die Differenz zweier Lösungen von (3.1.4) muß ja eine ganze Funktion sein, die dann aufgrund des Satzes von Liouville spezifiziert wird.

Ist hingegen $k = -|k|$ mit $k \leq -2$, so gibt es nicht immer Lösungen. Das Cauchy-Integral hat für $|z| > R$, $R \geq \max\limits_{t \in L} |t|$ bei beschränktem L, die Entwicklung

$$(3.1.6) \quad F(z) = \frac{1}{2\pi i} \int_L \frac{g(t)\,dt}{t-z} = - \frac{1}{2\pi i} \sum_{n=0}^{\infty} \frac{1}{z^{n+1}} \int_L t^n g(t)\,dt,$$

so daß

$$(3.1.7) \quad \int_L t^n g(t)\,dt = 0 \quad \text{für} \quad n = 0,\dots,|k|-2$$

sein muß.

$\underline{\text{Bemerkung}}$: Verlangt man neben $F(z) = O(|z|^{-1})$ für $|z| \to \infty$ das Verschwinden von $F(z)$ in vorgegebenen Punkten $z_1,\dots,z_r \in \mathbb{C} \setminus L$ mit vorgegebenen Ordnungen $\alpha_1,\dots,\alpha_r \in \mathbb{N}$, so muß die Funktion g $\alpha := \sum\limits_{\rho=1}^{r} \alpha_\rho$ Nebenbedingungen erfüllen, damit das Sprungwertproblem lösbar ist.

3.1.3. Das homogene Kopplungsproblem. Index

Jetzt sei $G \in C^{O,\lambda}(L)$ und $G(t) \neq 0$ auf L, aber $g \equiv 0$ auf L. Es liegt dann in

$$(3.1.8) \qquad F_O^+(t_O) = G(t_O) \cdot F_O^-(t_O), \quad t_O \in L,$$

das <u>homogene Kopplungsproblem</u> vor. Sucht man Lösungen F_O mit $F_O^\pm(t_O) \neq 0$ auf L, so kann man (3.1.8) auch als <u>Faktorisierungsproblem</u> auf L deuten:

$$(3.1.8') \qquad G(t_O) = F^+(t_O) \cdot [F^-(t_O)]^{-1} .$$

Formal wird man (3.1.8) durch Logarithmieren auf ein Sprungwertproblem längs L zurückzuführen versuchen:

$$(3.1.9) \qquad \log F_O^+(t_O) = \log F_O^-(t_O) + \log G(t_O) .$$

Dies hätte eine Lösung in der Form

$$(3.1.10) \qquad \log F_O(z) = \frac{1}{2\pi i} \int_L \frac{\log G(t) \cdot dt}{t-z}, \quad z \notin L ,$$

wenn $\log G(t) \in C^{O,\lambda}(L)$ (bzw. $\in L^p(L)$, $1 < p < \infty$) wäre, d.h. vor allem <u>eindeutig</u> auf L definiert wäre. Dann resultierte sofort:

$$(3.1.11) \qquad F_O(z) = \exp \{\frac{1}{2\pi i} \int_L \frac{\log G(t) dt}{t-z}\}, \quad z \notin L ,$$

als eine Lösung von (3.1.8).

Eine entscheidende Rolle spielt nun bei den Kopplungsproblemen das Verhalten von $\log G$ auf L.

<u>Definition 3.2:</u> *Ist G eine auf einer geschlossenen, orientierten Jordankurve - oder von ∞ nach ∞ verlaufenden Kurve - L definierte stetige Funktion, die nirgends auf L verschwindet, so heiße*

$$(3.1.12) \qquad \kappa := \mathrm{Ind}_L G = \frac{1}{2\pi i} \int_L d \log G(t) = \frac{1}{2\pi i}[\log G(t)]_{t \in L} = \frac{1}{2\pi}[\arg G(t)]_{t \in L}$$

der <u>Windungsindex (-zahl)</u> von G bzgl. L . Ist L ein endliches System von derartigen Kurven, $L = \bigcup\limits_{\mu=(O)1}^{m} L_\mu$, *so heißen die*

$$(3.1.13) \qquad \kappa_\mu := \mathrm{Ind}_{L_\mu} G = \frac{1}{2\pi}[\arg G(t)]_{t \in L_\mu} ; \quad \mu = (O)1,\ldots,m ;$$

die Partialwindungsindizes von G *bzgl.* L *und* $\kappa := \sum\limits_{\mu=(0)1}^{m} \kappa_\mu$ *der Ge-*
samtwindungsindex von G *bzgl.* L.

Beispiele: 3.1: $L = \partial E$, der Einheitskreis, $G(t) := t^k$; $k \in Z$; dann ist

$$(3.1.14) \qquad \mathrm{Ind}_{\partial E} \, t^k = \frac{1}{2\pi} \, [\arg t^k]_{t \in \partial E} = k.$$

Dasselbe gilt für jede positiv den Nullpunkt einmal umlaufende, geschlossene Jordankurve L, denn

$$(3.1.15) \qquad \mathrm{Ind}_{\partial E} \, t^k = \frac{1}{2\pi i} \int_L d \log t^k = \frac{1}{2\pi i} \int_L \frac{k \cdot t^{k-1}}{t^k} \, dt = k \cdot \frac{1}{2\pi i} \int_L \frac{dt}{t} = k \; .$$

Durch Verschiebung um $a \in \mathbb{C} \setminus \{0\}$ folgt sofort $\mathrm{Ind}_L (t-a)^k = k$ für
jede geschlossene, orientierte Jordankurve L, in deren beschränktem In-
nengebiet D^+ der Punkt a liegt. Wenn a hingegen im beschränkten
Außengebiet $D^- := \mathbb{C} \setminus D^+$ liegt, ist $\mathrm{Ind}_L (t-a)^k = 0$ aufgrund des Cauchyschen Integralsatzes.

Hat $G \neq 0$ auf L den Windungsindex κ, so hat offenbar die Produkt-
funktion $G_0(t) := (t-a)^{-\kappa} G(t)$ den Windungsindex $\mathrm{Ind}_L G_0 = 0$, denn
allgemein gilt für stetige G_1, $G_2 \neq 0$ auf L das logarithmische Ge-
setz wegen $d \log (G_1 G_2) = d \log G_1 + d \log G_2$:

$$(3.1.16) \qquad \mathrm{Ind}_L (G_1 \cdot G_2) = \mathrm{Ind}_L G_1 + \mathrm{Ind}_L G_2 \; .$$

Jetzt können wir das homogene Kopplungsproblem - zunächst für eine einzi-
ge geschlossene, glatte, orientierte Jordankurve L in $\mathbb{C}$ - auf ein Problem mit windungsindexfreiem Faktor G_0 umschreiben durch Multiplikation von G mit $(t_0-a)^{-\kappa}$ bei beliebig aber fest gewähltem $a \in D^+$:

$$(3.1.17a) \qquad F_0^+(t_0) = (t_0-a)^{-\kappa} G(t_0) \cdot (t_0-a)^\kappa F_0^-(t_0) \; ,$$

oder

$$(3.1.17b) \qquad \tilde{F}_0^+(t_0) = \tilde{G}(t_0) \cdot \tilde{F}_0^-(t_0) \; , \quad t_0 \in L \; .$$

Dabei suchen wir nun alle abschnittsweise holomorphen Funktionen

$$(3.1.18) \qquad \tilde{F}_0(z) := \begin{cases} F_0^+(z), & z \in D^+ \\[2mm] (z-a)^\kappa \cdot F_0^-(z), & z \in D^- \; , \end{cases}$$

die das homogene, indexfreie Kopplungsproblem lösen und für $|z| \to \infty$ höchstens wie eine Potenz in z wachsen.

Eine Lösung, die für alle $z \in \mathbb{C}$ von Null verschieden und beschränkt ist, wird durch

$$(3.1.19) \quad \tilde{F}_{oo}(z) := \exp\left\{\frac{1}{2\pi i} \int_L \frac{\tilde{G}(t)\,dt}{t-z}\right\}, \quad z \in \mathbb{C} \setminus L,$$

gegeben, so daß alle gesuchten Funktionen mit Potenzwachstum im Unendlichen durch

$$(3.1.20) \quad \tilde{F}_o(z) = P_k(z) \cdot \tilde{F}_{oo}(z)$$

mit beliebigem Polynom P_k gegeben sind, denn wegen $\tilde{F}_{oo}^{\pm}(z) \neq 0$ auf $\overline{\mathbb{C}}$ wird mit $\tilde{F}_o/\tilde{F}_{oo} =: H_o$ auf L :

$$(3.1.21) \quad H_o^+(t_o) = \frac{\tilde{G}(t_o)}{\tilde{G}(t_o)} \, H_o^-(t_o) = H_o^-(t_o) \ ,$$

d.h. $H_o(z)$ muß eine ganze Funktion, also aufgrund des vorgeschriebenen asymptotischen Verhaltens für $|z| \to \infty$, ein Polynom $P_k(z)$ sein. Damit haben wir aber auch alle Lösungen des ursprünglichen homogenen Problems gefunden, die höchstens ein Potenzwachstum für $|z| \to \infty$ besitzen:

$$(3.1.22) \quad F_o(z) = P_k(z) \cdot X(z)$$

mit der <u>kanonischen oder Fundamental-Lösung</u>

$$(3.1.23) \quad X(z) := \begin{cases} \exp\left\{\dfrac{1}{2\pi i} \int_L \dfrac{\log[\,(t-a)^{-\kappa} G(t)\,]}{t-z}\,dt\right\}, & z \in D^+ \\[2em] (z-a)^{-\kappa} \cdot \exp\left\{\dfrac{1}{2\pi i} \int_L \dfrac{\log[\,(t-a)^{-\kappa} G(t)\,]}{t-z}\,dt\right\}, & z \in D^- \ . \end{cases}$$

Diese ist gekennzeichnet durch die kleinstmögliche Wachstumsordnung für $|z| \to \infty$, die sich durch den Faktor $(z-a)^{-\kappa}$ zu $O(|z|^{-\kappa})$ ergibt.

Nun ist leicht zu sehen, daß es $\kappa + 1$ linear unabhängige beschränkte Lösungen des homogenen Problems gibt, sofern $\kappa \geqq 0$ ist, während es für $\kappa \leqq -1$ keine beschränkte Lösung gibt.

L bestehe nun aus einem endlichen System, $\overset{m}{\underset{\mu=(o)1}{\cup}} L_\mu$, von geschlossenen, glatten Jordankurven, so daß die L_μ; $\mu = 1,\ldots, m$; die einfach zusammenhängenden beschränkten Gebiete D_μ^- beranden, und D_o^- das unbeschränkte Außengebiet ist, das von L_O berandet wird - sofern L_O vorhanden ist und alle übrigen L_μ umschließt. κ_μ; $\mu = (o)1,\ldots,m$; seien die Partialindizes von G auf den L_μ, $a \in D^+$ und $a_\mu \in D_\mu^-$; $\mu = 1,\ldots,m$; beliebig aber fest gewählt, dann hat

$$(3.1.24) \qquad \tilde{G}(t_O) := (t_O - a)^{-\kappa} \cdot \prod_{\mu=1}^{m} (t_O - a_\mu)^{\kappa_\mu} \cdot G(t_O)$$

die Partialindizes gleich 0. Es gilt nämlich:

$$(3.1.25a) \qquad \mathrm{Ind}_{L_\nu} (t_O - a)^{-\kappa} = 0$$

und

$$(3.1.25b) \qquad \mathrm{Ind}_{L_\nu} (t_O - a_\mu)^{\kappa_\mu} = \kappa_\mu \cdot \delta_{\mu\nu}; \quad \mu,\nu = 1,\ldots,m;$$

und diese ganzen Zahlen sind mit -1 zu multiplizieren, wenn die Kurven L_ν im mathematisch negativen Sinne durchlaufen werden, was künftig stets vorausgesetzt werde und somit $\overline{D^+} := \mathbb{C} \setminus \bigcup_{\mu=(0)1}^{m} D_\mu^-$ zur Linken von L liege.

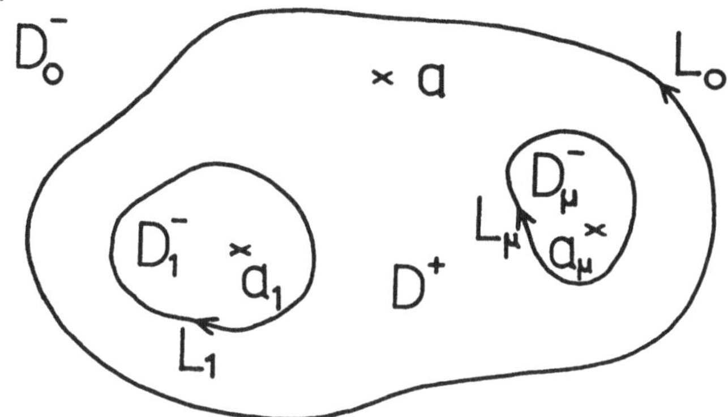

Figur 3.1: Zur Berechnung der Partialwindungsindizes

Ferner ist:

$$(3.1.26a) \qquad \mathrm{Ind}_{L_O} (t_O - a)^{-\kappa} = -\kappa := \sum_{j=o}^{m} \kappa_j$$

$$(3.1.26b) \qquad \mathrm{Ind}_{L_O} (t_O - a_\mu)^{\kappa_\mu} = \kappa_\mu; \quad \mu = 1,\ldots,m;$$

so daß folgt

$$(3.1.27a) \qquad \mathrm{Ind}_L \tilde{G} = -\kappa + \sum_{\mu=1}^{m} \kappa_\nu + \mathrm{Ind}_{L_O} G = 0$$

und

$$(3.1.27b) \qquad \mathrm{Ind}_{L_\nu} \tilde{G} = 0 - \sum_{\mu=1}^{m} \kappa_\mu \cdot \delta_{\mu\nu} + \mathrm{Ind}_{L_\nu} G = 0.$$

Mittels der neuen stückweise holomorphen Funktion F_o definiert durch

$$(3.1.28) \quad \tilde{F}_o(z) := \begin{cases} \prod_{\mu=1}^{m} (z-a_\mu)^{\kappa_\mu} \cdot F_o^+(z) & \text{für } z \in D^+ \\[2em] (z-a)^{\kappa} \cdot F_o^-(z) & \text{für } z \in D^- \end{cases}$$

und Multiplikation der homogenen Kopplungsgleichung (3.1.8) mit $\prod_{\mu=1}^{m} (t_o-a_\mu)^{\kappa_\mu}$ erhalten wir die neue homogene und indexfreie Gleichung für $t_o \in L$:

$$(3.1.29) \quad \tilde{F}_o^+(t_o) = \tilde{G}(t_o) \cdot \tilde{F}_o^-(t_o) \; ,$$

deren Lösungsmannigfaltigkeit bei Potenzwachstum $O(z^k)$ im Unendlichen durch (3.1.20) gegeben ist. Die Lösungen des ursprünglichen homogenen Kopplungsproblems (3.1.8) lassen sich dann leicht aus (3.1.28) gewinnen. Damit haben wir bewiesen den

<u>Satz 3.1:</u> *Gegeben sei das endliche System* $L = \bigcup\limits_{\mu=(o)1}^{m} L_\mu$ *von glatten, orientierten, disjunkten Jordankurven in* $\mathbb{C}$*, die das zur Linken liegende, einfach zusammenhängende Gebiet* D^+ *beranden, welches beschränkt ist bei Anwesenheit von* L_o *und unbeschränkt bei Abwesenheit. Auf* L *sei die Hölderstetige Funktion* G *vorgegeben. Sie sei nirgends gleich null und habe die Partialindizes* κ_μ *auf den* L_μ*.* $\kappa = \sum\limits_{\mu=(o)1}^{m} \kappa_\mu$ *sei der Gesamtindex.*

Die Gesamtheit der auf $\mathbb{C} \setminus L$ *stückweise holomorphen Funktionen* F_o *mit Potenzwachstum* $O(z^k)$ *im Unendlichen und mit stetigen Randwerten* $F^\pm(t_o)$ *- i.S. von Winkelgrenzwerten -, die auf* L *dem homogenen Kopplungsproblem (3.1.8) genügen, ist durch die folgenden Formeln beschrieben:*

$$(3.1.30) \quad F_o(z) = P_k(z) \cdot X(z)$$

mit beliebigem Polynom P_k *und der* <u>*kanonischen Lösung*</u> X *definiert durch*

$$(3.1.31) \quad X(z) := \begin{cases} \prod\limits_{\mu=1}^{m} (z-a_\mu)^{-\kappa_\mu} \cdot \exp\left\{ \dfrac{1}{2\pi i} \int\limits_L \dfrac{\log\left[(t-a)^{-\kappa} \prod\limits_{\mu=1}^{m} (t-a_\mu)^{\kappa_\mu} G(t) \right]}{t-z} \, dt \right\}, \\ \hspace{8em} \text{für } z \in D^+ \\[2em] (z-a)^{-\kappa} \cdot \exp\left\{ \dfrac{1}{2\pi i} \int\limits_L \dfrac{\log\left[(t-a)^{-\kappa} \prod\limits_{\mu=1}^{m} (t-a_\mu)^{\kappa_\mu} G(t) \right]}{t-z} \, dt \right\}, \\ \hspace{8em} \text{für } z \in D^- \end{cases}$$

worin $a_\mu \in D_\mu^-$; $\mu = 1,\ldots,m$; $a \in D^+$ *beliebig aber fest gewählt sind.*

Bemerkungen: 1. Für $|z| \to \infty$ folgt zunächst $X(z) = O(|z|^{-\kappa})$. Also gilt für F_o nach (3.1.30) $F_o(z) = O(|z|^{k-\kappa})$ für $|z| \to \infty$.

2. Es gibt $Max(\kappa+1,0)$ linear unabhängige beschränkte Lösungen des homogenen Kopplungsproblems.

3. Ist $L = \mathbb{R}$, so hat man einige Modifikationen vorzunehmen: G sei Hölderstetig auf $\mathring{\mathbb{R}}$, insbesondere existiere $\lim\limits_{|t| \to \infty} G(t) = G(\infty)$, und es sei $G(t) \neq O$ für $t \in \mathring{\mathbb{R}}$. $\kappa := Ind_{\mathbb{R}} G = \frac{1}{2\pi}[arg\, G(t)]_{t=-\infty}^{\infty}$ sei jetzt der Windungsindex von G. Dieser kann zu Null werden durch Multiplikation mit $(\frac{t-i}{t+i})^{-\kappa}$, denn aus der Figur 3.2 folgt:

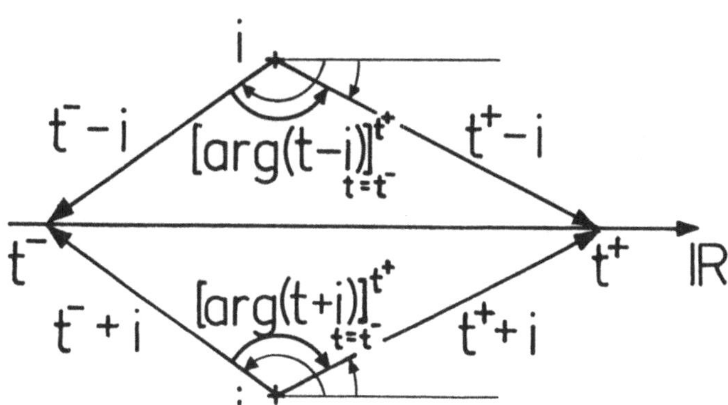

<u>Figur 3.2:</u> Zum Windungsindex auf $\mathbb{R}$

(3.1.32) $\qquad [arg(t-i)]_{t=-\infty}^{\infty} = \pi \quad$ und $\quad [arg(t+i)]_{t=-\infty}^{\infty} = -\pi$

also

(3.1.33) $\qquad [arg(\frac{t-i}{t+i})]_{-\infty}^{\infty} = 2\pi$.

Das homogene Kopplungsproblem wird dann umgeschrieben zu

(3.1.34a) $\quad F^+(t_o) = (\frac{t_o-i}{t_o+i})^{-\kappa} G(t_o) \cdot (\frac{t_o-i}{t_o+i})^{\kappa} F^-(t_o)$,

d.h. zu

(3.1.34b) $\quad \tilde{F}^+(t_o) = G_o(t_o) \cdot \tilde{F}_o^-(t_o) \qquad$ für $t_o \in L$

mit indexfreiem, auf $\mathring{\mathbb{R}}$ Hölderstetigem $G_o(t_o)$ und

$$(3.1.35) \quad \tilde{F}_o(z) := \begin{cases} (z+i)^\kappa \cdot F_o^+(z) & \text{für } z \in H^+ \\ \\ (z-i)^\kappa \cdot F_o^-(z) & \text{für } z \in H^- \, . \end{cases}$$

Die kanonische Lösung des ursprünglichen homogenen Kopplungsproblems lautet dann

$$(3.1.36) \quad X(z) = \exp\left\{ \frac{1}{2\pi i} \int_{\mathbb{R}} \frac{\log[\,(\frac{t-i}{t+i})^\kappa \cdot G(t)\,]dt}{t-z} \right\} \begin{cases} (z+i)^{-\kappa} \, , \ z \in H^+ \\ \\ (z-i)^{-\kappa} \, , \ z \in H^- \end{cases}$$

Der Vorfaktor ist in $H^+ \cup H^- \cup \mathbb{R}$ beschränkt, so daß sich $X(z)$ wie $O(|z|^{-\kappa})$ für $|z| \to \infty$ verhält, sowohl in H^+ wie in H^-. Für $\kappa \leq -1$ gibt es auch hier keine beschränkten Lösungen.

<u>Definition 3.3:</u> *Ist* L *ein endliches System von glatten, geschlossenen, orientierten Jordankurven oder eine Gerade in* $\mathbb{C}$, G *auf* L *definiert, Hölderstetig und* $\neq$ 0, *so versteht man unter dem zu (3.1.1)* <u>*adjungierten*</u> <u>*Riemannschen Kopplungsproblem*</u> *das folgende:*

Gesucht ist die auf $D^+ \cup D^-$ *abschnittsweise holomorphe Funktion* F^* *mit stetigen Randwerten* $F^{*\pm}(t_o)$ *auf* L, *die der Kopplungsgleichung*

$$(3.1.37) \quad F^{*+}(t_o) = [G(t_o)]^{-1} \cdot F^{*-}(t_o)$$

genügt und für $|z| \to \infty$ *das zu* F(z) *entgegengesetzte asymptotische Potenzverhalten* $O(z^{-k})$ *hat.*

Es folgt unmittelbar

$$(3.1.38) \quad \kappa_\mu^* := \text{Ind}_{L_\mu} G^*(t) := \text{Ind}_{L_\mu} [G(t)]^{-1} = -\kappa_\mu$$

für $\mu = (o)1,\ldots,m$, also auch $\kappa^* = -\kappa$. Die Lösungsgesamtheit - bei beliebigem asymptotischen Potenzverhalten für $|z| \to \infty$ - ist dann durch (3.1.30) und (3.1.31) gegeben, wenn wir in (3.1.30) alle Faktoren $z-a_\mu$, $z-a$, $t-a_\mu$, $t-a$ und $G(t)$ durch ihre reziproken ersetzen, so daß sich für die kanonische Funktion des adjungierten Problems ergibt

$$(3.1.39) \quad X^*(z) = [X(z)]^{-1} \, .$$

Beschränkte Lösungen beider homogener Kopplungsprobleme kann es dann nur für $\kappa = \kappa^* = 0$ geben, d.i. also eine eindimensionale Schar, deren Elemente aus den konstanten Vielfachen von $X(z)$ bzw. $X^*(z)$ bestehen.

3.1.4. Das inhomogene Kopplungsproblem

Wir wenden uns nun dem inhomogenen Kopplungsproblem, also dem Fall $g(t_o) \neq 0$ auf L, zu. Aufgrund der Linearität des Kopplungsproblems reicht es aus, eine Partikulärlösung zu bestimmen und dann alle Lösungen des homogenen Problems hinzuzuaddieren.

Eine solche spezielle Lösung soll folgendermaßen berechnet werden: Man forme das inhomogene Kopplungsproblem (3.1.1) - für $L = \bigcup\limits_{\mu=(0)1}^{m} L_\mu$ formuliert - um zu:

$$(3.1.40) \qquad F^+_{inh}(t_o) = \frac{X^+(t_o)}{X^-(t_o)} \cdot F^-_{inh}(t_o) + g(t_o), \quad t_o \in L,$$

oder, da $X^\pm(t_o) \neq 0$ sind,

$$(3.1.41) \qquad \frac{F^+_{inh}(t_o)}{X^+(t_o)} = \frac{F^-_{inh}(t_o)}{X^-(t_o)} + \frac{g(t_o)}{X^+(t_o)} ,$$

d.h. mit der speziellen Lösung nach Abschnitt 3.1.2

$$(3.1.42) \qquad F_{s,inh}(z) = \frac{X(z)}{2\pi i} \int\limits_{L} \frac{g(t)}{X^+(t)} \frac{dt}{t-z} , \quad z \notin L .$$

Dabei ist $g/X^+ \in C^{0,\lambda}(L)$ bzw. $\in L^p(L)$, $1 < p < \infty$, sofern g aus dieser Klasse ist. Für $|z| \to \infty$ besteht das asymptotische Verhalten

$$(3.1.43) \qquad F_{s,inh}(z) = O(|z|^{-\kappa-1}) .$$

Es gibt also im allgemeinen - d.h. wenn keine besonderen Bedingungen an g erfüllt sind - nur für $\kappa \geq -1$ in $\mathbb{C}$ beschränkte und nur für $\kappa \geq 0$ im Unendlichen abklingende Lösungen. Ist L beschränkt, so kann man entwickeln:

$$(3.1.44) \qquad \frac{1}{2\pi i} \int\limits_{L} \frac{g(t)}{X^+(t)} \frac{dt}{t-z} = \frac{1}{2\pi i} \sum\limits_{n=0}^{\infty} z^{-n-1} \int\limits_{L} t^n \cdot g(t) \cdot [X(t)]^{-1} dt ,$$

so daß sich $F_{s,inh}(z)$ wie $O(1)$ bzw. $o(1)$ für $|z| \to \infty$ bei $\kappa \leq -2$ bzw. $\kappa \leq -1$ nur dann verhält, wenn die Reihe mit $n = |\kappa|-1$ bzw. $= |\kappa|$ beginnt, d.h. wenn gilt

(3.1.45) $\quad \int_L t^n g(t)[X(t)]^{-1} dt = 0 \quad$ für $\quad n = 0,\ldots,|\kappa|-2$ bzw. $|\kappa|-1$.

Damit haben wir unter Beachtung des adjungierten homogenen Kopplungs-problems bewiesen den

<u>Satz 3.2:</u> *Sei ein endliches Kurvensystem* L *gegeben wie in Satz 3.1. G auf* L *sei Hölderstetig und* $\neq 0$, g *auf* L *Hölderstetig bzw. in p-ter Potenz integrabel. Das inhomogene Riemannsche Kopplungsproblem ist durch im Unendlichen verschwindende, stückweise holomorphe Funktionen* F *ge-nau dann lösbar, wenn gilt:*

(3.1.46) $\quad \int_L t^n g(t) \cdot X^{*+}(t) dt = 0 \quad$ *für* $\quad n = 0,\ldots,-\kappa+1$.

Die Lösungsschar ist dann gegeben durch

(3.1.47) $\quad F(z) = F_{s,inh}(z) + P_{\kappa-1}(z) \cdot X(z), \quad z \notin L,$

mit dem ersten Glied auf der rechten Gleichungsseite gemäß Formel (3.1.42). Dabei sind $X(z)$ *bzw.* $X^*(z)$, $z \notin L$, *die Fundamentallösungen des homogenen bzw. adjungierten homogenen Problems und* κ *der Gesamt-index von* G *auf* L. $P_{\kappa-1}$ *ist ein beliebiges Polynom vom Grade* $\kappa-1$, *falls* $\kappa \geq 1$ *ist, und sonst durch Null zu ersetzen.*

Im Falle $\kappa \geq 0$ entfallen also die Bedingungen (3.1.46) und es sind κ komplexe Parameter frei wählbar.

<u>Bemerkungen:</u> 1. Läßt man Potenzwachstum, sagen wir der Ordnung $N \geq 0$ im Unendlichen zu, so darf $P_{\kappa-1}$ durch $P_{\kappa+N-1}$ ersetzt werden. Die An-zahl der Lösbarkeitsbedingungen ermäßigt sich entsprechend.

2. Ist $L = \mathbb{R}$, so kann $\dfrac{1}{2\pi i} \int_{\mathbb{R}} \dfrac{g(t)}{X^+(t)} \dfrac{dt}{t-z}$ für $|z| \to \infty$ nur dann ver-schwinden, wenn $g(\infty)/X^+(\infty) = 0$ ist, was wegen des auf $\dot{\mathbb{R}}$ Hölderste-tigen g für $\kappa \geq 1$ stets der Fall ist; bei $\kappa = 0$ jedoch nur, sofern $g(\infty) = 0$ ist, und bei $\kappa \leq -1$ nur, sofern Bedingungen (3.1.46) er-füllt sind.

3. Das Riemannsche Kopplungsproblem besitzt in den Räumen $C^{\ell,\lambda}(L)$; $\ell \in \mathbb{N} \cup \{\infty\}$; dieselbe Lösungsstruktur, wenn die vorgegebenen Funktionen $G \neq 0$ und g aus diesen Räumen stammen. Ist also etwa L unendlich glatt (z.B. ∂E oder $\mathbb{R}$) und $G, g \in C^{\infty}(L)$, dann haben die Lösungen F, gegeben durch (3.1.47) mit (3.1.42) und (3.1.31) bzw. (3.1.36), beliebig oft differenzierbare Randwerte $F^{\pm}(t_o)$ auf L und es gilt z.B.

$$(3.1.48) \quad [F'(t_o)]^+ = G(t_o)[F'(t_o)]^- + G'(t_o)F^-(t_o) + g'(t_o) \; .$$

4. Das Riemannsche Kopplungsproblem (3.1.1) wurde auch für Systeme $\vec{F} := (F_1,\ldots,F_n)$ von stückweise in $\mathbb{C}$ holomorphen Funktionen $F_j; j=1,\ldots,n;$ bei vorgegebener (nxn)-Matrix $\underline{\underline{G}}$ aus Hölderstetigen Funktionen G_{jk} auf L mit det $\underline{\underline{G}} \neq 0$ auf L untersucht und vollständig gelöst. Dabei ist das zugehörige homogene Problem der Matrizenfaktorisierung

$$(3.1.49a) \quad \underline{\underline{X}}_1^+(t_o) \cdot [\underline{\underline{X}}_1^-(t_o)]^{-1} = \underline{\underline{G}}(t_o), \quad t_o \in L$$

bzw.

$$(3.1.49b) \quad [\underline{\underline{X}}_2^-(t_o)]^{-1} \cdot \underline{\underline{X}}_2^+(t_o) = \underline{\underline{G}}(t_o), \quad t_o \in L \; ,$$

äquivalent. Hierzu liegt z.B. im Buch von N.P. VEKUA [117] eine ausführliche Darstellung vor.

<u>Beispiel 3.2:</u> L sei eine geschlossene, glatte Jordankurve in $\mathbb{C}$ mit $0 \in D^+$, dem Innengebiet von L. Seien $G(t) := t/(t^2-1)$ und $g(t) := (t^3-t^2+1)/(t^2-t)$. Gesucht ist also: $F(z)$ mit $z \in D^+ \cup D^- = \mathbb{C} \setminus L$, $F(\infty) = 0$, so daß für $t \in L$ gilt

$$F^+(t) = G(t) \cdot F^-(t) + g(t) .$$

G ist meromorph, ja sogar rational, also nach $\mathbb{C}$ fortsetzbar, so daß die Faktorisierung, d.h. die Lösung des zugehörigen homogenen Kopplungsproblems

$$F_o^+(t) = G(t) \cdot F_o^-(t) , \quad t \in L,$$

durch Verteilung der Null- und Polstellenlinearfaktoren gemäß (1.1.25) geschehen kann:

$$(3.1.50) \quad G(z) := R(z) = \frac{z}{z^2-1} = \frac{z}{(z+1)(z-1)} = R_+(z) \cdot R_-(z)$$

mit - falls $z = +1$ und $z = -1$ in D^- sind -

$$(3.1.51) \quad R_+(z) := \frac{1}{z^2-1}, \quad R_-(z) = z.$$

Weiterhin ist nach dem Argumentprinzip (Satz 1.8):

$$\kappa = \text{Ind } G(t)\Big|_L = N_+ - P_+ = 1,$$

wobei N_+ bzw. P_+ die Anzahl der Null- bzw. Polstellen von R in D^+ bezeichnen.

Das inhomogene Kopplungsproblem kann nunmehr umgeformt werden zu

$$(3.1.52) \quad (t^2-1)F^+(t) = t \cdot F^-(t) + \frac{t^3-t^2+1}{t^2-t} \cdot (t^2-1), \quad t \in L,$$

oder mit

$$(3.1.53a) \quad \Psi^+(t) := (t^2-1) \cdot F^+(t)$$

$$(3.1.53b) \quad \Psi^-(t) := t \cdot F^-(t)$$

zu

$$(3.1.54) \quad \Psi^+(t) - \Psi^-(t) = \frac{(t^3-t^2+1)(t+1)}{t}, \quad t \in L,$$

mit der speziellen Lösung

$$(3.1.55) \quad \Psi_{s,inh}(z) = \frac{1}{2\pi i} \int_L \frac{(\tau^3-\tau^2+1)(\tau+1)}{\tau(\tau-z)} \, d\tau, \quad z \in \mathbb{C} \setminus L.$$

Dann lauten die Lösungen des ursprünglichen inhomogenen Kopplungsproblems:

$$(3.1.56) \quad F(z) = \begin{cases} \dfrac{1}{z^2-1} \, \dfrac{1}{2\pi i} \displaystyle\int_L \dfrac{(\tau^3-\tau^2+1)(\tau+1)}{\tau(\tau-z)} \, d\tau + \dfrac{c}{z^2-1}, & z \in D^+ \\[4mm] \dfrac{1}{z} \cdot \dfrac{1}{2\pi i} \displaystyle\int_L \dfrac{(\tau^3-\tau^2+1)(\tau+1)}{\tau(\tau-z)} \, d\tau + \dfrac{c}{z}, & z \in D^- \end{cases}$$

mit beliebigem $c \in \mathbb{C}$, da $P_{\kappa-1}(z) = P_0(z) \equiv c$ ist.

Da der Integrand eine bzgl. τ rationale Funktion ist, kann das Integral mittels Residuenrechnung ausgewertet werden:

$$(3.1.57) \quad \frac{1}{2\pi i} \int_L \frac{(\tau^3-\tau^2+1)(\tau+1)}{\tau(\tau-z)} \, d\tau = \frac{1}{z} \cdot \frac{1}{2\pi i} \int_L (\tau^3-\tau^2+1)(\tau+1) \left[-\frac{1}{\tau} + \frac{1}{\tau-z} \right] d\tau$$

$$=: \quad I_1(z) \quad + \quad I_2(z)$$

mit

$$(3.1.58a) \quad I_1(z) = -\frac{1}{z} \cdot \frac{1}{2\pi i} \int_L (\tau^3-\tau^2+1+\tau^2-\tau+\frac{1}{\tau}) \, d\tau = -\frac{1}{z}$$

und

$$(3.1.58b) \quad I_2(z) = \begin{cases} \dfrac{(z^3-z^2+1)(z+1)}{z} & \text{für} \quad z \in D^+ \\[3em] 0 & \text{für} \quad z \in D^- \end{cases}$$

aufgrund der Cauchyschen Integralformel. Nach geeigneter Zusammenfassung resultiert mit beliebigem $c \in \mathbb{C}$:

$$(3.1.59) \quad F(z) = \begin{cases} \dfrac{z^3-z+1}{z^2-1} + \dfrac{c}{z^2-1} & \text{für} \quad z \in D^+ \\[3em] -\dfrac{1}{z^2} + \dfrac{c}{z} & \text{für} \quad z \in D^-. \end{cases}$$

3.2. Das Riemannsche Kopplungsproblem für Bögen und unstetige Koeffizienten

Bisher wurde vorausgesetzt, daß ein endliches System L von geschlossenen, glatten, orientierten Jordankurven (L_o), $L_1,\ldots,L_m$ in $\mathbb{C}$ mit Hölderstetigem $G = G_\mu$ auf L_μ vorgegeben und $G_\mu \neq 0$ stets ist. Jetzt sollen endlich viele glatte, orientierte Jordanbögen $B_\mu = \widehat{a_\mu b_\mu}$; $\mu = 1,\ldots,m$; und stückweise Hölderstetige $G = G_\mu$ auf B_μ zugelassen sein, die zunächst noch $\neq 0$ seien. Bis auf endlich viele Ausnahmen, den Sprungstellen t_ρ, sei G also Hölderstetig und im Sinne der Orientierung auf den B_μ existieren

$$(3.2.1a) \quad \lim_{\substack{t \to t_\rho \\ t < t_\rho}} G(t) =: G(t_\rho - 0) \quad \text{und}$$

$$(3.2.1b) \quad \lim_{\substack{t \to t_\rho \\ t > t_\rho}} G(t) =: G(t_\rho + 0) \; .$$

Dabei bedeute $t < t_\rho$ bzw. $t > t_\rho$, daß t vor bzw. hinter t_ρ i.S. der Orientierung auf B_μ liege.
In den Bögenendpunkten a_μ bzw. b_μ sollen die einseitigen Grenzwerte existieren.

Das Riemannsche Randwertproblem oder Kopplungsproblem lautet für

$$L = \bigcup_{\mu=1}^{m} B_\mu \quad \text{analog zu Definition 3.1:}$$

Auf den disjunkten Jordanbögen $B_\mu = \widehat{a_\mu b_\mu}$; $\mu = 1,\dots,m$; *seien stückweise Hölderstetige Koeffizientenfunktionen* $G(t) = G_\mu(t) \neq 0$ *und die Inhomogenitäten* $g(t) = g_\mu(t)$ *vorgegeben, die auf* B_μ *lokal Hölderstetig und absolut integrabel seien (bzw. aus der Klasse* $L^p(\sigma_\mu;b_\mu)$, $1<p<\infty$, *mit geeigneten Gewichtsfunktionen* $\sigma_\mu(t) \geq 0$). *In den Bogenendpunkten und endlich vielen Zwischenpunkten auf* B_μ *darf* g_μ *unbeschränkt werden. Gesucht sind dann alle in* $\mathbb{C} \setminus L$ *holomorphen Funktionen* $F(z)$, *die für* $z \to t_0 \in L^0 \setminus \{t_\rho \in L : \text{Unstetigkeitsstelle für } G \text{ oder } g\}$ *Randwerte i.S. von Winkelgrenzwerten* $F^\pm(t_0)$ *von links bzw. rechts an* L *besitzen, die der Kopplungsbedingung* (3.1.1) *genügen. Außerdem sollen die* F *das asymptotische Verhalten besitzen:*

$$F(z) = o(1) \quad \textit{für} \quad z \to \infty \quad \textit{und} \quad F(z) = O(|z-c_\mu|^{-\beta_\mu}) \quad \textit{mit geeigneten}$$

$0 < \beta_\mu = \beta_\mu(c_\mu) < 1$, *für* $z \to c_\mu = a_\mu$, b_μ *oder* $t_\rho \in B_\mu$.

Den Fall von Bögen mit stückweise stetigem G können wir stets auf den Fall einer einfach geschlossenen, glatten, orientierten Jordankurve Γ in $\mathbb{C}$ mit stückweise stetigem H zurückführen, indem wir m glatte, orientierte Jordanbögen $B_1' := \widehat{b_1 a_2}, \dots, B_m' := \widehat{b_m a_1}$ glatt zwischen die B_μ; $\mu = 1,\dots,m$; einfügen, so daß beim Durchlaufen von $B_1, B_1', \dots, B_m, B_m'$ der glatte Rand $\Gamma = \partial D^+$ des einfach zusammenhängenden Gebietes D^+ beschrieben wird. $D^- := \mathbb{C} \setminus \overline{D^+}$ ist dann das zugehörige einfach zusammenhängende Außengebiet zu Γ.

Dann setzen wir

$$(3.2.2) \quad H(t) := \begin{cases} G(t) & \text{für } t \in L = \bigcup_{\mu=1}^{m} B_\mu \\[2ex] 1 & \text{für } t \in L' = \bigcup_{\mu=1}^{m} \overset{o}{B}_\mu' \end{cases}$$

und

$$(3.2.3) \quad h(t) := \begin{cases} g(t) & \text{für } t \in L = \bigcup_{\mu=1}^{m} B_\mu \\[2ex] 0 & \text{für } t \in L' = \bigcup_{\mu=1}^{m} \overset{o}{B}_\mu' \end{cases}$$

Auf den Teilbögen B_μ' von Γ sind dann H und h Hölderstetig. Gesucht sind alle stückweise holomorphen Funktionen $\Psi(z)$ in $\mathbb{C} \setminus \Gamma$, die für $z \to t_0 \neq a_\mu$, b_μ, t_ρ Winkelgrenzwerte $\Psi^\pm(t_0)$ auf Γ besitzen und im Unendlichen und den Ausnahmestellen t_ρ auf Γ dasselbe asymptotische Verhalten wie F zuvor besitzen. Wegen $\Psi^+(t_0) = \Psi^-(t_0)$ für $t_0 \in \overset{o}{L}'$ läßt sich Ψ holomorph von D^+ nach D^- über $\overset{o}{L}'$ hinaus fortsetzen, so daß Ψ sogar in $\mathbb{C} \setminus L$ holomorph ist, also dieselben

Eigenschaften wie F hat.

Wir können nun o. B. d. A. davon ausgehen, daß L eine geschlossene, orientierte, glatte Jordankurve - oder ggfs. die reelle Achse $\mathbb{R}$ - ist, auf der vorgegeben sind: G als stückweise Hölderstetige Funktion $\neq 0$ und $g \in PC^{\alpha}_{loc}(L)$, d.h. Hölderstetig auf jedem abgeschlossenen Teilbogen, der keinen der Ausnahmepunkte t_{ρ} enthält, und absolut integrabel über L. Das Verhalten von Cauchy-Integralen in der Nähe von Unstetigkeitsstellen der Dichte g wurde in Abschnitt 2.3 untersucht und wird hier benötigt.

Wie im Falle von geschlossenen Kurven L und stetigen Koeffizienten G auf L wird zunächst das homogene Kopplungsproblem, mit $g \equiv 0$ also, studiert. Auch hier entspricht ihm die Faktorisierung für $t_o \in L$

$$(3.2.4) \qquad G(t_o) = F_o^+(t_o) \cdot [F_o^-(t_o)]^{-1} \; .$$

Es ist nun der Begriff des Windungsindex zu verallgemeinern. Seien t_{ρ} und $t_{\rho+1}$ zwei verschiedene, im Sinne der Orientierung auf L aufeinanderfolgende Sprungstellen von G, so daß $G \in C^{\alpha}(\overset{\frown}{t_{\rho} t_{\rho+1}})$ ist mit einem $0 < \alpha < 1$. Es seien insgesamt r solcher Stellen und damit Teilbögen vorhanden. Wir wählen ein $t_o \in \overset{\frown}{t_{\rho} t_{\rho+1}}$ und dazu einen beliebigen Zweig von $\log G(t_o)$. Dann ist $\log G(t)$ auf $\overset{\frown}{t_{\rho} t_{\rho+1}}$ Hölderstetig mit gleichem Exponenten wie $G(t)$. Dann definieren wir

$$\kappa = \text{Ind}_L G(t) := \frac{1}{2\pi i}[\log G(t)]_{t \in L} = \frac{1}{2\pi}[\arg G(t)]_{t \in L}$$

$$(3.2.5)$$

$$= \sum_{\rho=1}^{r} \frac{1}{2\pi} \int_{t_{\rho}}^{t_{\rho+1}} d \arg G(t) + \sum_{\rho=1}^{r} \frac{1}{2\pi}[\arg G(t_{\rho}+0) - \arg G(t_{\rho}-0)]$$

mit $t_{r+1} = t_1$ und der Forderung, daß stets

$$(3.2.6) \qquad -1 < \frac{1}{2\pi}[\arg G(t_{\rho}+0) - \arg G(t_{\rho}-0)] < 1$$

erfüllt ist. Hier bleibt noch eine gewisse Willkür und daher haben wir die

<u>Definition 3.4:</u> *Ist* $t_{\rho} \in L$ *eine Sprungstelle für die Funktion* $G(t) \neq 0$ *auf* L, *so heiße diese*

a) *ein <u>spezieller Knoten</u>, falls* $G(t_{\rho}+0)/G(t_{\rho}-0) > 0$,

   d.h. $\Delta_{\rho} := \arg G(t_{\rho}+0) - \arg G(t_{\rho}-0) = 0$ *ist,*

b) *ein <u>nichtspezieller Knoten</u>, falls dies nicht zutrifft.*

Ist t_ρ kein spezieller Knoten, so gibt es stets zwei Wahlmöglichkeiten
zur Festlegung des Argumentsprungs, einen positiven und einen negativen
Wert, die sich beide um 2π unterscheiden.

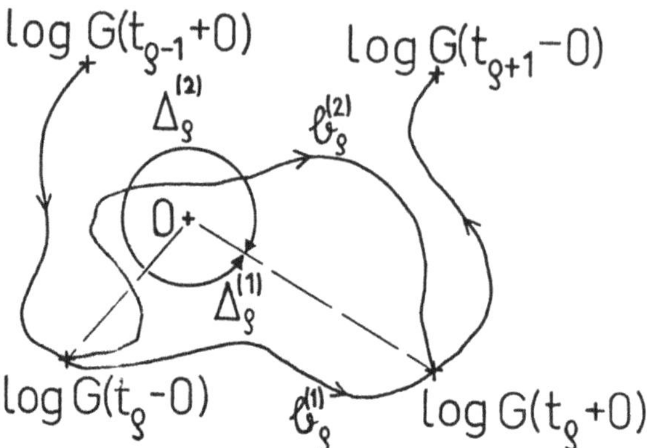

<u>Figur 3.3:</u> Zur Definition des Windungsindex bei stückweise stetigen Kur-
ven

Die beiden möglichen Argumentsprünge $\Delta_\rho^{(1)}$ und $\Delta_\rho^{(2)}$ entsprechen zwei
verschiedenen Verbindungen der Punkte $\log G(t_\rho-O)$ und $\log G(t_\rho+O)$
durch glatte Bögen $b_\rho^{(1)}$ bzw. $b_\rho^{(2)}$, die den Ursprung in verschiedener
Weise umschließen, wenn man diese Bögen durch die Kurvenbögen

$$\bigcup_{\rho=1}^{r} \overline{\log G(t_{\rho-1}+O), \log G(t_\rho-O)}$$ zu einer geschlossenen Kurve ergänzte.

Haben wir dann eine Wahl für jedes $\rho = 1,\dots,r$ getroffen, dann resultiert eine eindeutig bestimmte ganzzahlige Windungszahl κ . Unter der
Annahme, daß $O \in D^+$ ist, hat dann die Funktion $G_O(t) := t^{-\kappa} \cdot G(t)$, die
wiederum stückweise Hölderstetig auf L ist, die Windungszahl O, also
ist $\log G_O(t)$ auf L eindeutig und stückweise Hölderstetig. Das homogene Kopplungsproblem kann nun genauso wie in Abschnitt 3.1 durch Logarithmieren gewonnen werden und man erhält analog die kanonische Lösung
(3.1.23).

Hier ist nun noch das asymptotische Verhalten von $X(z)$ für $z \to t_\rho \in L$
zu untersuchen. Wegen

$$[\log G_O(t)]\Big|_{t_\rho-O}^{t_\rho+O} = \log G_O(t_\rho+O) - \log G_O(t_\rho-O) =$$

(3.2.7)
$$= \log G(t_\rho+O) - \log G(t_\rho-O)$$

$$=: -2\pi i \cdot \gamma_\rho =: -2\pi i(\alpha_\rho + i\beta_\rho)$$

mit $|\alpha_\rho| < 1$; $\rho = 1,\dots,r$; erhält man mit den Ergebnissen von Abschnitt

2.2, Korollar, (2.2.69) ff. die Darstellung

$$\exp \left\{ \frac{1}{2\pi i} \int_L \frac{\log G_o(\tau)\, d\tau}{\tau - z} \right\} =$$

$$(3.2.8) \quad = \exp \left\{ \frac{1}{2\pi i} \log \frac{G_o(t_\rho +0)}{G_o(t_\rho -0)} \cdot \log (z-t_\rho)^{-1} + F_\rho(z) \right\} =$$

$$= (z-t_\rho)^{\gamma_\rho} \cdot e^{F_\rho(z)}$$

mit stückweise Hölderstetigem $F_\rho^\pm(t)$ in einer Umgebung $\mathfrak{U}(t_\rho) \subset L$.
Ist nun t_ρ ein spezieller Knoten, d.h. $\alpha_\rho = 0$, so verhält sich
$\exp\{\dots\}$ für $z \to t_\rho \in L$ <u>fast beschränkt</u>, d.h. es ist

$$\lim_{z \to t_\rho} |z-t_\rho|^\varepsilon \cdot |\exp\{\dots\}| = 0 \quad \text{für alle} \quad \varepsilon > 0.$$

Ist hingegen t_ρ kein spezieller Knoten, also $\alpha_\rho \neq 0$, so gibt es für
$z \to t_\rho$ eine beschränkte Lösung, nämlich falls $0 < \alpha_\rho < 1$ ist, oder
eine unbeschränkte Lösung, die jedoch bzgl. einer in t_ρ endenden und
sonst zu L fremden Kurve Γ absolut integrabel ist, falls $-1 < \alpha_\rho < 0$
ist.

Dieses unterschiedliche asymptotische Verhalten der kanonischen Lösung
des homogenen Kopplungsproblems in der Umgebung der Sprungstellen t_ρ
von G legt nahe die folgende

<u>Definition 3.5</u>: *Eine stückweise holomorphe Funktion* F *mit lokal Höl-*
derstetigen Winkelgrenzwerten $F^\pm(t)$ *auf einer glatten, orientierten,*
geschlossenen Jordankurve L *gehöre zur Klasse* $H(c_1,\dots,c_k)$, $1 \leq k \leq r$,
falls die c_j *Unstetigkeitsstellen* t_ρ *von* G *aber keine speziellen*
Knoten sind und falls $F(z)$ *für* $z \to c_j$; $j = 1,\dots,k$; *bei Annäherung*
von links und rechts an L *beschränkt bleibt.*

<u>Bemerkung</u>: Offenbar muß $k \leq r$ sein. Ist $m \leq r$ die Anzahl aller nicht-
speziellen Knoten, so ist offenbar $H(c_1,\dots,c_m)$ die kleinste und H_o
die größte Funktionenklasse mit höchstens absolut integrablen Singularitäten in den c_j. Die Wahl der Klasse bestimmt das Vorzeichen der
$\alpha = \alpha(c_j)$ und insgesamt damit den Index $\kappa = \kappa(c_1,\dots,c_k)$. Die zugehörige kanonische Funktion werde dann mit $X(z; c_1,\dots,c_k)$ bezeichnet. Sie
ist - wie im Falle stetiger G auf L - jetzt in der Klasse
$H(c_1,\dots,c_k)$ diejenige Lösung des homogenen Kopplungsproblems, die die
kleinste Ordnung im Unendlichen hat.

Ist nämlich $F_o(z;c_1,\dots,c_k)$ eine weitere Lösung des homogenen Problems
derselben Funktionenklasse, so entsteht aus der homogenen Kopplungs-

gleichung

$$(3.2.9) \qquad H^+(t) := \frac{F_o^+}{X^+}(t;c_1,\ldots,c_k) = \frac{F_o^-}{X^-}(t;c_1,\ldots,c_k) =: H^-(t)$$

für $t \in L \setminus \bigcup_{\rho=1}^{r} t_\rho$. Mithin ist $H(z) := \frac{F_o}{X}(z;c_1,\ldots,c_k)$ analytisch über die r Teilbögen $\overset{\frown}{t_\rho t_{\rho+1}}$ von L fortsetzbar zu einer in $\mathbb{C}$ meromorphen Funktion, da sie in Umgebungen $\mathfrak{U}(t_\rho) \subset \mathbb{C}$ eindeutig bleibt und höchstens Potenzwachstum dort und für $z \to \infty$ hat. Nun ist jedoch mit $\tilde{\alpha}_\rho'$ zu F_o und t_ρ gehörend

$$(3.2.10) \qquad H(z) = \begin{cases} O(|z-c_j|^{-\alpha_j}) & \text{für } z \to c_j;\ j = 1,\ldots,k \\[2mm] O(|z-t_\rho|^{-\tilde{\alpha}_\rho'+\tilde{\alpha}_\rho}) & \text{für } z \to t_\rho \neq c_j \text{ und kein} \\[1mm] & \text{spezieller Knoten} \\[2mm] O(|z-t_\rho|^{-\varepsilon}) & \text{für } z \to t_\rho : \text{spezieller Knoten} \end{cases}$$

mit $0 < \alpha_j,\ \tilde{\alpha}_\rho',\tilde{\alpha}_\rho < 1$ und $\varepsilon > 0$ beliebig klein wählbar. Die Wachstumsordnungen der Singularitäten von H sind also in allen c_j und t_ρ kleiner als eins, folglich sind dort hebbare Singularitäten. H ist also eine ganze Funktion mit der Asymptotik $o(z^\kappa)$ für $z \to \infty$, wenn F_o gegen Null streben soll, d.h. $F_o(z;c_1,\ldots,c_k) = X(z;c_1,\ldots,c_k) \cdot P_{\kappa-1}(z)$ mit einem beliebigen Polynom des Grades $\kappa-1$.

Das inhomogene Kopplungsproblem wird partikulär wie im Falle eines Hölderstetigen Koeffizienten G gelöst, d.h. durch die Funktion in Formel (3.1.42). Hier kommt es lediglich wiederum darauf an zu prüfen, ob das richtige asymptotische Verhalten für $z \to t_\rho$ und $z \to \infty$ vorliegt.

Wir gehen zunächst vom Fall stückweise Hölderstetiger Inhomogenitäten g aus, müssen also dann die Asymptotik von $g(\tau)/X^+(\tau;c_1,\ldots,c_k)$ für $\tau \to t_\rho$ und $t_{\rho'}$, den möglicherweise vorhandenen zusätzlichen Unstetigkeitsstellen von g auf L, bestimmen. Sei g in $c_1,\ldots,c_k$ einseitig Hölderstetig mit möglichem Sprung $g(c_j+0) - g(c_j-0) \neq 0$ und in den übrigen Knoten t_ρ; $\rho = 1,\ldots,r$; sowie in Punkten $t_{\rho'}$; $\rho' = 1,\ldots,r'$; - diese allgemein d_ν; $\nu = 1,\ldots,N$; genannt - von der Form

$$(3.2.11) \qquad g(t) = g_\nu^{\pm}(t)/(t-d_\nu)^{\eta_\nu} \quad \text{in } \mathfrak{U}(d_\nu)$$

mit $\eta_\nu := \delta_\nu + i\theta_\nu$; $0 < \delta_\nu < 1$; und in $\mathfrak{U}(d_\nu)$ einseitig Hölderstetigen Zählerfunktionen $g_\nu^{\pm}(t)$. Dann ergibt sich aufgrund der Formeln von Abschnitt 2.2 das folgende asymptotische Verhalten:

(3.2.12a) 1. $g(t)/X^+(t;c_1,\ldots,c_k)$ ist Hölderstetig in voller Umgebung
$\mathcal{U}(t_o) \subset L$ für alle $t_o \neq c_j$ und d_ν,

(3.2.12b) 2. $g(t)/X^+(t) = O(|t-t_\rho|^{-\varepsilon-\delta_\rho})$ für $t \to t_\rho$, spezieller Knoten
mit $\varepsilon > 0$ beliebig klein,

(3.2.12c) 3. $g(t)/X^+(t) = O(|t-c_j|^{-\alpha_j})$ für $t \to c_j$ und definitiven
Grenzwerten für $t \to c_j \pm 0$ von $|t-c_j|^{\alpha_j} \cdot g(t)/X^+(t)$,

(3.2.12d) 4. $g(t)/X^+(t) = O(|t-d_\nu|^{-\delta_\nu+\alpha_\nu})$ für $t \to d_\nu = t_\rho$ und defini-
tiven Grenzwerten für $t \to d_\nu \pm 0$ von
$|t-d_\nu|^{\delta_\nu-\alpha_\nu} \cdot g(t)/X^+(t)$,

(3.2.12e) 5. $g(t)/X^+(t) = O(|t-d_\nu|^{-\delta_\nu})$ für $t \to d_\nu = t_\rho$, und definiti-
ven Grenzwerten für $t \to d_\nu \pm 0$ von $|t-d_\nu|^{\delta_\nu} \cdot g(t)/X^+(t)$.

Insbesondere ist also $g(t)/X^+(t)$ längs L absolut integrabel. Der
Satz 2.6 bzw. Formeln (2.2.69) und (2.2.71) in Abschnitt 2.2 sorgen dann
für das folgende asymptotische Verhalten von

$$(3.2.13) \quad F_{inh}(z;c_1,\ldots,c_k) = X(z;c_1,\ldots,c_k) \frac{1}{2\pi i} \int_L \frac{g(\tau)}{X^+(\tau;c_1,\ldots,c_k)} \frac{d\tau}{\tau-z}$$

für z gegen die Ausnahmestellen t_ρ und $t_{\rho'} \in L$:

$$(3.2.14a) \quad F_{inh}(z) = O(|z-t_\rho|^{-2\varepsilon-\delta_\rho}) \quad \text{für } z \to t_\rho, \text{ spezieller Knoten,}$$

$$(3.2.14b) \quad = O(|z-c_j|^{-\alpha_j+\alpha_j}) = O(1) \quad \text{für } z \to c_j$$

$$(3.2.14c) \quad = \begin{cases} O(|z-d_\nu|^{-\delta_\nu}) & \text{für } z \to d_\nu = t_\rho, \text{ sofern } \delta_\nu - \alpha_\nu > 0 \\ O(|z-d_\nu|^{-\varepsilon-\alpha_\nu}) & \text{für } z \to d_\nu = t_\rho, \text{ sofern } \delta_\nu - \alpha_\nu = 0 \\ O(|z-d_\nu|^{-\alpha_\nu}) & \text{für } z \to d_\nu = t_\rho, \text{ sofern } \delta_\nu - \alpha_\nu < 0 \end{cases}$$

$$(3.2.14d) \quad = \begin{cases} O(|z-d_\nu|^{-\varepsilon}) & \text{für } z \to d_\nu = t_\rho, \text{ sofern } \delta_\nu = 0 \\ O(|z-d_\nu|^{-\delta_\nu}) & \text{für } z \to d_\nu = t_\rho, \text{ sofern } \delta_\nu > 0 \end{cases}$$

mit beliebig kleinem $\varepsilon > 0$. Hiernach folgt, daß die Lösungen des inhomogenen Problems für stückweise Hölderstetige g, die höchstens Sprungstellen haben, für die also alle $\eta_\nu = 0$ sind für $z \to c_j$; $j = 1,\ldots,k$;
beschränkt bleiben und an den übrigen Sprungstellen von G und g höchstens integrable Singularitäten besitzen. Damit hat sich ergeben, daß

die Aussagen des Satzes 3.2 über die Lösung des homogenen und inhomogenen und Kopplungsproblems von geschlossenen, glatten, orientierten Jordankurven L_μ mit Hölderstetigen Koeffizienten auf Jordanbögen B_μ und stückweise Hölderstetige Koeffizienten G völlig übertragen werden können, wenn man sie in den richtigen Lösungsklassen $H(c_1,\ldots,c_k)$ der stückweise holomorphen Funktionen F interpretiert.

Jetzt noch ein paar Bemerkungen zum Fall von $g \in L^p(\sigma;L)$, $1<p<\infty$,

$$\sigma(t) := \prod_{j=1}^{k} |t-c_j|^{-\alpha_j} \cdot \prod_{j=k+1}^{r} |t-d_j|^{\alpha_j(p-1)} \quad \text{mit} \quad 0 < \alpha_j < 1 \, .$$

Wegen

$$(3.2.15) \qquad 1/X^\pm(t) = \prod_{j=1}^{k} |t-c_j|^{-\alpha_j} \cdot \prod_{j=k+1}^{r} |t-d_j|^{\alpha_j} \cdot Y^\pm(t)$$

mit $Y^\pm \in L^\infty(L)$ folgt $g(t)/X^+(t) \in L^p(\bar\sigma;L)$, $1<p<\infty$, mit

$$(3.2.16) \qquad \bar\sigma(t) := \prod_{j=1}^{k} |t-c_j|^{\alpha_j(p-1)} \cdot \prod_{j=k+1}^{r} |t-d_j|^{-\alpha_j} \, ,$$

so daß sich die Rollen der Punkte c_j und d_j vertauscht haben. Aufgrund der Resultate von B. V. CHWEDELIDSE (loc. cit.) gilt $(S_L g/X^+) \in L^p(\bar\sigma;L)$ für alle $g/X^+ \in L^p(\bar\sigma;L)$ und daher sind $X^\pm(t) \cdot (S_L g/X^+)(t) \in L^p(\sigma;L)$, also aufgrund der Plemelj-Sochotzki-Formeln auch

$$F_{inh}^\pm(t) = \pm\frac{1}{2}\left(X^\pm(t) \cdot g(t)/X^+(t) + X^\pm(t)(S_L g/X^+)(t)\right)$$

$\in L^p(\sigma;L)$, d.h. in derselben Funktionenklasse wie g.

Hier nun ein spezielles Beispiel 3.3, das für die Umkehrung der Cauchy-Transformation S_L längs Jordanbögen von großer Bedeutung ist:

Sei $L := \bigcup_{\mu=1}^{m} B_\mu = \bigcup_{\mu=1}^{m} \overset{\frown}{a_\mu b_\mu}$ mit disjunkten, glatten, von a_μ nach b_μ orientierten Jordanbögen. Es sei $G(t) = -1$ auf L und $g \in C^\lambda(L)$ oder $\in L^p(\sigma;L)$ mit geeignetem Gewicht $\sigma(t) \geq 0$. L werde durch das Bogensystem $L' = \bigcup_{\mu=1}^{m} B_\mu' = \bigcup_{\mu=1}^{m} \overset{\frown}{b_\mu a_{\mu+1}}$ zu geschlossener, orientierter, glatter Jordankurve Γ ergänzt. Sei dann

$$(3.2.17a) \qquad H(t) := \begin{cases} -1 & \text{auf} \quad L \\ 1 & \text{auf} \quad \overset{o}{L'} \, , \end{cases}$$

$$(3.2.17b) \quad h(t) := \begin{cases} g(t) & \text{auf } L \\ & \\ O & \text{auf } \overset{o}{L'} \ . \end{cases}$$

Setzen wir $t_\rho = a_\mu$ für $\rho = 2\mu - 1$ und $= b_\mu$ für $\rho = 2\mu$, also $r = 2m$, so ergeben sich die folgenden Argumentsprünge von G:

$$(3.2.18) \quad [\arg H(t)] \Big|_{t_\rho - 0}^{t_\rho + 0} = \begin{cases} \arg H(a_\mu + 0) - \arg H(a_\mu - 0) = \pm\pi, & \rho = 2\mu - 1 \\ \arg H(b_\mu + 0) - \arg H(b_\mu - 0) = \mp\pi, & \rho = 2\mu \ . \end{cases}$$

Es gibt mithin keine speziellen Knoten auf L und daher können zu allen k-Tupeln, $0 \le k \le 2m$, Lösungen in den Funktionsklassen $H(c_1, \ldots, c_k)$ gesucht werden. Die verschiedenen kanonischen Lösungen $X(z; c_1, \ldots, c_k)$ des homogenen Problems können leicht angegeben werden:

$$(3.2.19) \quad X(z; c_1, \ldots, c_k) := \prod_{j=1}^{k} (z-c_j)^{1/2} \cdot \prod_{j=k+1}^{2m} (z-d_j)^{-1/2} \ ,$$

wobei die Quadratwurzelfunktionen ihre Verzweigungsschnitte gerade längs der m Bögen $B_\mu = \widehat{a_\mu b_\mu}$ haben, so daß sich die Quadratwurzel

$$(3.2.20) \quad \sqrt{\frac{R_1(z; c_1, \ldots, c_k)}{R_2(z; c_1, \ldots, c_k)}} = \frac{\displaystyle\prod_{j=1}^{k} (z-c_j)}{\sqrt{\displaystyle\prod_{\mu=1}^{m} (z-a_\mu)(z-b_\mu)}}$$

an den verschiedenen Ufern von B_μ gerade um den Faktor -1 unterscheiden, während sie längs der B_μ' holomorph fortsetzbar sind. Die Wurzel werde festgelegt durch die Forderung der Laurent-Entwicklung für $z \to \infty$

$$(3.2.21) \quad X(z; c_1, \ldots, c_k) = z^{k-m} + A_1 \cdot z^{k-m-1} + \ldots$$

Danach ist X nur dann im Unendlichen beschränkt, wenn $k \le m$ ist. Es ist $\kappa = \kappa(c_1 \ldots, c_k) = m-k$ der Index des Problems zur Klasse $H(c_1, \ldots, c_k)$. Es ist $\kappa = \kappa_o = m$, wenn keine Beschränktheitsforderung für die Bogenendpunkte gestellt wird, und $\kappa = \kappa(a_1, \ldots, b_m) = -m$, wenn die Lösung in allen $2m$ Bogenendpunkten beschränkt sein soll.

Das adjungierte homogene Kopplungsproblem hat wegen $[H(t)]^{-1} = H(t)$ auf Γ dieselbe Relation auf Γ, aber die <u>adjungierte Funktionenklasse</u> $H^*(c_1, \ldots, c_k)$ besteht aus denjenigen Funktionen, die in der komplementären Menge der nichtspeziellen Knoten beschränkt bleiben, denn es ist $X^*(z; c_1, \ldots, c_k) = 1/X(z; c_1, \ldots, c_k)$ für $z \notin L$. Bei negativem Index

κ = m-k   lauten in unserem Spezialfall die Nebenbedingungen zur Lösbarkeit des inhomogenen Problems mit $F_{inh}(z) = o(1)$ für $z \to \infty$:

$$(3.2.22) \qquad \int_L \sqrt{\frac{R_2(t;c_1,\ldots,c_k)}{R_1(t;c_1,\ldots,c_k)}} \cdot g(t) \cdot t^{\nu-1} dt = 0 \quad \text{für} \quad \nu = 1,\ldots,\kappa = |m-k|$$

Bemerkungen über weitere Verallgemeinerungen:

I. B. SIMONENKO hat 1960 [102] Riemannsche Randwertprobleme untersucht für Koeffizienten G, die Lebesgue-meßbar bzgl. der Bogenlänge auf einem endlichen System von disjunkten, glatten, geschlossenen, orientierten Jordankurven L_μ sind. Dabei gebe es Konstanten $0 < M_1 < M_2$ derart, daß $0 \le M_1 \le |G(t)| \le M_2$ sei. Ferner soll es zu jedem Punkt $t_o \in L$ eine Umgebung $\mathfrak{U}(t_o) \subset L$ und eine Zahl $\delta(t_o) > 0$ so geben, daß

$\sup\limits_{t,t' \in \mathfrak{U}(t_o)} |\arg G(t) - \arg G(t')| \le \pi - \delta$ ist .

Gesucht werden stückweise holomorphe Funktionen F aus den Hardy-Klassen $H^2(D^\pm)$, die für fast alle $t \in L$ Winkelgrenzwerte $F^\pm(t)$ besitzen und der Kopplungsgleichung genügen und im Unendlichen verschwinden.

In der jüngsten Vergangenheit hat ein intensives Studium bzgl. singulärer Integralgleichungen und Kopplungsprobleme mit solch schwachen Voraussetzungen an G eingesetzt (s. z. B. das Buch von I. GOHBERG & N. KRUPNIK [37] (1979) oder die Arbeit von K. F. CLANCEY & J. A. GOSSELIN [14] (1978)!)

I. I. DANILJUK betrachtete 1960/61 [19] Koeffizienten G auf der Einheitskreisperipherie ∂E mit $0 \le M_1 \le |G(t)| \le M_2 < \infty$ und höchstens abzählbar unendlich vielen Sprungstellen $t_n \in \partial E$ für $\arg G(t)$, so daß $\sum\limits_{n=1}^{\infty} |h_n| < \infty$ ist für die Sprunghöhen h_n. Gesucht werden stückweise holomorphe Funktionen F der Hardy-Klassen $F^+ \in H^p(E)$ und $F^- \in H^q(\mathbb{C} \setminus \overline{E})$ mit $1/p + 1/q = 1$, $1 < p < \infty$.

Schließlich sind die Riemannschen Kopplungsprobleme mit modernen distributionstheoretischen Methoden studiert worden. Hier können nur einige Arbeiten, die sich vornehmlich mit dem Randverhalten analytischer Funktionen befassen, genannt werden:

E.J. BELTRAMI & M.R. WOHLERS [4] (1966), H.J. BREMERMANN & L. DURAND III [8] (1961), F. CONSTANTINESCU [15] (1968), M. COSTABEL [16] (1977), M. KREMER [63] (1966), H.A. LAUWERIER [64] (1963), M. ORTON [88] (1977), V.S. ROGOSHIN [95] (1964), H.G. TILLMANN [113] (1961).

3.3. Periodische Riemannsche Kopplungsprobleme

In vielen Anwendungsgebieten, besonders der Kontinuumsmechanik, treten Riemannsche Randwertprobleme auf, bei denen abzählbar unendlich viele glatte, orientierte Jordankurven vorkommen. Häufig sind die Kurven in endlich viele Systeme kongruenter Kurven einzuteilen. Dies führt dann im einfachsten Fall zur

Definition 3.6: *Unter einem periodischen Riemannschen Randwert- oder Kopplungsproblem mit Periode T versteht man die folgende Aufgabe:*

Gegeben seien: 1. Ein System $L = \bigcup\limits_{\mu=-\infty}^{\infty} L_\mu$ von disjunkten, kongruenten, glatten Jordankurven $L_\mu := \{t\in\mathbb{C} : t-\mu T\in L_0\}$, wobei L_0 eine geschlossene Jordankurve oder ein Bogen $\overset{\frown}{ab}$ sei.

2. Ein Paar von Funktionen $G,g : L \to \mathbb{C}$ mit $G(t) \neq 0$ auf L und beide Hölderstetig und T-periodisch, d.h. $G(t+\mu T) = G(t)$ für alle $t \in L$ und $\mu \in \mathbb{Z}$. g kann auch aus einer Chwedelidse-Klasse $L^p(\rho;L)$ mit $1<p<\infty$ stammen.

Gesucht sind: Alle in $\mathbb{C}\setminus L$ stückweise holomorphen Funktionen $F_T(z)$ mit den Eigenschaften:

(i) *T-Periodizität, d.h. $F_T(z+mT) = F_T(z)$ für alle $z \in \mathbb{C}\setminus L$ und $m \in \mathbb{Z}$.*

(ii) *Existenz der Winkelgrenzwerte $F_T^{\pm}(t)$ bei Annäherung von z an L - zumindest für fast alle $t \in L$ - die der Kopplungsbedingung genügen:*

$$(3.3.1) \qquad F_T^+(t) = G(t)\cdot F_T^-(t) + g(t) \quad auf \quad L$$

$$(3.3.2) \qquad (iii) \qquad F_T(z) = F_T(re^{i(arg\ T\pm\pi/2)}) = O(1)\ bzw.\ o(1)\ für\ r \to \infty$$

(iv) *O-Bedingungen für $z \to a$ oder b, falls $L_0 = \overset{\frown}{ab}$ ist.*

Ist $T \in \mathbb{C} \setminus \{0\}$ die Fundamentalperiode, solche von kleinstem Betrag also, so hat die Funktion $\psi(z) := F_T(Tz/2\pi)$ die Periode 2π, so daß wir uns im Folgenden auf den Spezialfall $T = 2\pi$ beschränken dürfen. Wie im nicht-periodischen Fall wird zuerst das Sprungwertproblem zu $G(t) \equiv 1$ gelöst, danach das homogene und dann das allgemeine inhomogene periodische Problem. Zunächst benötigen wir einen Ersatz für das Integral vom Cauchy-Typus, das der Periodizität Rechnung trägt:

<u>Satz 3.3:</u> *Sei* $L = \bigcup\limits_{\mu=-\infty}^{\infty} L_\mu$ *ein disjunktes System von orientierten,*

glatten, kongruenten Jordankurven L_μ*, die durch Verschiebung um* $2\pi\mu$

aus L_o *hervorgehen.* $f : L \to \mathbb{C}$ *sei* 2π*-periodisch aus*

$C^\alpha_{loc}(L) \cap L^1(L_o)$*,* $0 < \alpha < 1$ *bzw. aus* $L^p(\rho;L_o)$*,* $1<p<\infty$ *mit* $\rho(t) \geq 0$*,*
$\rho \in L^1(L_o)$ *und* $\rho^{1-q} \in L^1(L_o)$*,* $1/p + 1/q = 1$*.*

Dann hat das <u>2π*-periodische Integral vom Cauchy-Typus*</u>

$$(3.3.3) \quad F_{2\pi}(z) := \frac{1}{2\pi} \int\limits_{L_o} \frac{e^{i\tau} \cdot f(\tau)}{e^{i\tau}-e^{iz}}\, d\tau = \frac{1}{4\pi i} \int\limits_{L_o} \left[\cot \frac{\tau-z}{2} + i\right] f(\tau)\,d\tau \ ,$$

das für $z \in \mathbb{C} \setminus L$ *holomorph ist, zumindest für fast alle* $t \in L$*,*
Winkelgrenzwerte gegeben durch

$$(3.3.4) \quad F^\pm_{2\pi}(t) = \lim\limits_{\substack{z \to t_\pm \\ z \in D_o}} F_{2\pi}(z) = \pm\frac{1}{2} f(t) + \frac{1}{2\pi} \oint\limits_{L_o} \frac{e^{i\tau} f(\tau)}{e^{i\tau}-e^{it}}\, d\tau$$

und besitzt für $|y| = |\mathrm{Im}\ z| \to \infty$ *das folgende asymptotische Verhalten*

$$(3.3.5) \quad F_{2\pi}(z) = \begin{cases} O(1) & \textit{für}\quad y \to +\infty \\[2ex] O(e^y) & \textit{für}\quad y \to -\infty \ , \end{cases}$$

d.h. $F(z)$ *bleibt in jedem Periodenstreifen der Breite* 2π *für* $|z| \to \infty$
beschränkt.

<u>Beweis:</u> (i) Es ist klar, daß $F_{2\pi}$ dort holomorph ist, wo $e^{i\tau} - e^{iz} \neq 0$
für alle $\tau \in L_o$ ist, was wegen der 2π-Periodizität von e^{iz} für alle
$z \notin L$ zutrifft.

(ii) Das Randverhalten an L wird durch das lokale Verhalten vom <u>peri-</u>
<u>odischen Cauchy-Kern</u> $\dfrac{1}{2\pi} \dfrac{e^{i\tau}}{e^{i\tau}-e^{iz}}$ für $z \to \tau \in L$ bestimmt. Es ist

$$(3.3.6) \quad \frac{1}{2\pi} \cdot \frac{e^{i\tau}}{e^{i\tau}-e^{iz}} = \frac{1}{2\pi i} \cdot \frac{1}{\tau-z} \cdot \frac{i(z-\tau)}{e^{i(z-\tau)}-1} = \frac{1}{2\pi i} \cdot \frac{1}{\tau-z} \cdot K(z-\tau)$$

mit holomorpher Funktion $K(\omega)$ in einer Umgebung von $\omega = 0$, wo sie
entwickelt werden darf

$$(3.3.7) \quad K(\omega) = K(0) + K'(0) \cdot \omega + \ldots$$

Es ist $K(0) = 1$, so daß wir die lokale Darstellung für den Kern in der
Form

$$(3.3.8) \quad (2\pi i(\tau-z))^{-1} + R(z-\tau)$$

haben, wobei R für alle $\tau \in L_o$ und alle z aus dem 2π-Streifen, der L_o enthält, holomorph ist. Die Plemelj-Sochozki-Formeln gelten dann für $z \to t \in L_o$ für den ersten Kernsummanden, während im regulären Kernanteil R einfach $z = t$ gesetzt werden darf. Dies führt nach Rückumformung des Cauchy-Hauptwert-Integrals auf die behaupteten Formeln (3.3.4).

(iii) Es ist $(e^{i\tau}-e^{iz})^{-1} = O(1)$ für $\mathrm{Im}\, z = y \to +\infty$, wegen $e^{-y} \to 0$, und $= O(e^y)$ für $\mathrm{Im}\, z = y \to -\infty$. Dieses asymptotische Verhalten überträgt sich bei beschränkten L_o unmittelbar auf $F_{2\pi}(z)$. Man kann sogar genauer folgende Aussage machen:

$$(3.3.9a) \quad \lim_{y \to +\infty} F_{2\pi}(x+iy) = \frac{1}{2\pi} \int_{L_o} f(\tau)\,d\tau$$

$$(3.3.9b) \quad \lim_{y \to -\infty} e^{iz} F_{2\pi}(x+iy) = - \frac{1}{2\pi} \int_{L_o} e^{i\tau} f(\tau)\,d\tau . \qquad \#$$

<u>Korollar:</u> *Das periodische Kurvensystem L und die darauf definierte 2π-periodische Funktion g seien wie zuvor gegeben, dann ist die allgemeine 2π-periodische Lösung des speziellen periodischen Kopplungsproblems mit $G(t) \equiv 1$, die für $|\mathrm{Im}\, z| \to \infty$ beschränkt bleibt, gegeben durch*

$$F_{2\pi}(z) = \frac{1}{2\pi} \int_{L_o} \frac{e^{i\tau} g(\tau)}{e^{i\tau}-e^{iz}} \, d\tau + c$$

mit beliebigem $c \in \mathbb{C}$.

<u>Beweis:</u> Bezeichne $F_{2\pi,sp}$ das 2π-periodische Integral vom Cauchy-Typus, das eine spezielle Lösung von $F_{2\pi}^+(t) - F_{2\pi}^-(t) = f(t)$, $t \in L$, aufgrund des Satzes 3.3 liefert. Sei $F_{2\pi,o}(z) := F_{2\pi}(z) - F_{2\pi,sp}(z)$ für $z \notin L$, dann ist diese Funktion 2π-periodisch und abschnittsweise holomorph und genügt der homogenen Kopplungsbedingung $F_{2\pi,o}^+(t) = F_{2\pi,o}^-(t)$ für $t \in L$, d.h. $F_{2\pi,o}$ ist in ganz $\mathbb{C}$ zu einer holomorphen Funktion fortsetzbar, die eine Fourierreihenentwicklung

$$(3.3.10) \quad F_{2\pi,o}(z) = \sum_{\nu=-\infty}^{\infty} a_\nu \cdot e^{i\nu z}$$

besitzt, die in beliebigen Kompakta absolut und gleichmäßig konvergiert.

Nun ist aber $F_{2\pi,o}(z) = O(1)$ für $|\mathrm{Im}\, z| = |y| \to \infty$ nur möglich mit $a_\nu = 0$ für $\nu \neq 0$, so daß $F_{2\pi,o}(z) = a_o = c \in \mathbb{C}$ folgt. $\qquad \#$

<u>Bemerkung:</u> Durch geeignete Wahl von $c \in \mathbb{C}$ läßt sich erreichen, daß $F_{2\pi}(z)$ gegen Null strebt für $y \to +\infty$; man nehme $c := - \frac{1}{2\pi} \int_{L_o} f(\tau)\,d\tau$!

Jetzt widmen wir uns dem homogenen 2π-periodischen Kopplungsproblem:

__Satz 3.4:__ *Sei* $L = \bigcup\limits_{\mu=-\infty}^{\infty} L_\mu$ *ein disjunktes periodisches Jordankurven-system wie zuvor.* $G(t) \neq O$ *sei auf* L 2π-*periodisch und Hölderstetig.* $\kappa = \mathrm{Ind}_{L_o} G(t)$ *bezeichne den Windungsindex* $\frac{1}{2\pi} [\arg G(t)]_{L_o}$. *Dann ist die Gesamtheit aller* 2π-*periodischen, stückweise holomorphen Funktionen* $F_{2\pi,o}$ *mit stetigen Winkelgrenzwerten* $F_{2\pi,o}^{\pm}(t)$ *auf* L, *die der homogenen Kopplungsgleichung*

$$(3.3.11) \qquad F_{2\pi,o}^{+}(t) = G(t) \cdot F_{2\pi,o}^{-}(t), \ t \in L,$$

genügen und sich für $\mathrm{Im}\, z = y \to +\infty$ *wie* $O(e^{p|y|})$ *und für* $y \to -\infty$ *wie* $O(e^{q|y|})$ *bei* $n,m \in \mathbf{Z}$ *verhalten, gegeben durch*

$$(3.3.12) \qquad F_{2\pi,o}(z) = X_{2\pi}(z) \cdot \sum_{\nu=-p}^{\kappa+q} a_\nu \cdot e^{i\nu z}$$

mit $a_\nu \in \mathbb{C}$ *beliebig, falls* $\kappa \geq -(p+q)$ *ist, und durch Null zu ersetzen für* $\kappa < -(p+q)$.
Die __kanonische Lösung des__ 2π-*periodischen homogenen Problems ist gegeben durch*

$$(3.3.13) \quad X_{2\pi}(z) := \begin{cases} \exp\{\dfrac{1}{2\pi i} \displaystyle\int_{L_o} \dfrac{\log[(e^{i\tau}-e^{iz_o})^{-\kappa} \cdot G(\tau)] \cdot e^{i\tau}}{e^{i\tau} - e^{iz}} \, d\tau\}, \ z \in D^+ \\[3ex] \exp\{\dfrac{1}{2\pi i} \displaystyle\int_{L_o} \dfrac{\log[(e^{i\tau}-e^{iz_o})^{-\kappa} \cdot G(\tau)] \cdot e^{i\tau}}{e^{i\tau} - e^{iz}} \, d\tau\} \\[2ex] \qquad \times (e^{iz}-e^{iz_o})^{-\kappa} \qquad\qquad\qquad , \ z \in D^- \end{cases}$$

mit beliebig gewähltem $z_o \in D_o^+$, *dem Innengebiet von* L_o *und*

$$D^{\pm} := \bigcup_{\mu=-\infty}^{\infty} D_\mu^+, \ D^- := \mathbb{C} \setminus \overline{D^+} .$$

__Beweis:__ Wegen der 2π-Periodizität ist $\mathrm{Ind}_{L_\mu} G := \mathrm{Ind}_{L_o} G = \kappa$. Wir suchen eine 2π-periodische Funktion auf L mit Index $-\kappa$, um durch Logarithmieren des homogenen Kopplungsproblems mit indexfreiem G_o auf ein Sprungwertproblem zu kommen. Sei $z_o \in D_o^+$, dann gilt

$$(3.3.14) \quad \begin{aligned} \frac{1}{2\pi}[\arg(e^{it}-e^{iz_o})]_{L_o} &= \frac{1}{2\pi i} \int_{L_o} \frac{ie^{it}dt}{e^{it}-e^{iz_o}} \\ &= i \cdot \mathrm{Res}_{t=z_o} \frac{e^{it}}{e^{it}-e^{iz_o}} = i \cdot \lim_{t \to z_o} \frac{(t-z_o)e^{it}}{e^{it}-e^{iz_o}} = 1 . \end{aligned}$$

- 149 -

Mithin ist $\mathrm{Ind}_{L_o} G_o = 0$ für das Hölderstetige

$$(3.3.15) \qquad G_o(t) := (e^{it} - e^{iz_o})^{-\kappa} G(t) .$$

Das homogene Kopplungsproblem wird umgeformt zu

$$(3.3.16) \qquad \Psi_o^+(t) := F_{2\pi,o}^+(t) = G_o(t) \cdot (e^{it} - e^{iz_o})^{\kappa} \cdot F_{2\pi,o}^-(t) = G_o(t) \cdot \Psi_o^-(t).$$

Durch Logarithmieren und Gewinnung der speziellen Lösung des 2π-periodischen Sprungwertproblems gemäß Satz 3.3 erhalten wir die kanonische Lösung:

$$(3.3.17) \quad X_{2\pi}(z) := \begin{cases} \exp\{\dfrac{1}{2\pi i} \displaystyle\int\limits_{L_o} \dfrac{\log G_o(\tau) \cdot e^{i\tau}}{e^{i\tau} - e^{iz}} \, d\tau\}, & z \in D^+ \\[3em] (e^{iz} - e^{iz_o})^{-\kappa} \cdot \exp\{\dfrac{1}{2\pi i} \displaystyle\int\limits_{L_o} \dfrac{\log G_o(\tau) \cdot e^{i\tau}}{e^{i\tau} - e^{iz}} \, d\tau\}, & z \in D^- \end{cases}$$

mit dem asymptotischen Verhalten : $X_{2\pi}(z) = O(1)$ für $\mathrm{Im}\, z = y \to +\infty$ und $O(e^{-\kappa|y|})$ für $y \to -\infty$, so daß es für $\kappa \geq 0$ stets beschränkte Lösungen gibt.

Ist $F_{2\pi,o}(z)$ eine beliebige 2π-periodische, stückweise holomorphe Lösung des homogenen Kopplungsproblems mit dem angegebenen asymptotischen Verhalten für $y \to \pm\infty$, so gilt für $H_{2\pi,o}(z) := F_{2\pi,o}(z)/X_{2\pi}(z)$: $H_{2\pi,o}^+(t) = H_{2\pi,o}^-(t)$ auf L, d.h. $H_{2\pi,o}(z)$ ist zu einer ganzen 2π-periodischen Funktion in $\mathbb{C}$ fortsetzbar, also entwickelbar in die Fourierreihe

$$(3.3.18) \qquad H_{2\pi,o}(z) = \sum_{\nu=-\infty}^{\infty} a_\nu e^{i\nu z}$$

mit der Asymptotik

$$(3.3.19) \qquad H_{2\pi,o}(z) = \begin{cases} O(e^{py}) & \text{für } y \to +\infty \\[2em] O(e^{(q+\kappa)|y|}) & \text{für } y \to -\infty. \end{cases}$$

Also muß sein: $a_\nu = 0$ für $\nu < -p$ und $\nu > q + \kappa$. Daraus folgt

$$(3.3.20) \qquad F_{2\pi,o}(z) = \begin{cases} X_{2\pi}(z) \cdot \displaystyle\sum_{\nu=-p}^{q+\kappa} a_\nu \cdot e^{i\nu z} & \text{, falls } \kappa \geq -(p+q) \\[2.5em] 0 & \text{, falls } \kappa < -(p+q) \end{cases} \qquad \#$$

Bemerkung: Werden für $|y| \to \infty$ nur beschränkte Lösungen zugelassen, so ist $p = q = 0$ zu wählen, d.h. es gibt $\kappa + 1$ linear unabhängige Lösungen für $F_{2\pi,o}$. Für $|y| \to \infty$ abklingende Lösungen gibt es nur, fall $\kappa \geq 2$ ist, und zwar $\kappa - 1$ linear unabhängige dann.

Jetzt läßt sich auch leicht das inhomogene 2π-periodische Kopplungsproblem lösen.

Satz 3.5: *Seien* L *und* $G(t) \neq 0$ *auf* L *wie zuvor gegeben,* g *eine auf* L *definierte Hölderstetige Funktion oder aus* $L^p(\rho;L_o)$ *und* 2π-*periodisch. Dann ist die Gesamtheit aller* 2π-*periodischen, stückweise holomorphen Funktionen mit Winkelgrenzwerten* $F_{2\pi}^{\pm}(t)$ *- zumindest fast überall auf* L *-, die der Kopplungsbedingung*

$$(3.3.21) \quad F_{2\pi}^+(t) = G(t) \cdot F_{2\pi}^-(t) + g(t)$$

genügen und für $|\mathrm{Im}\, z| = |y| \to \infty$ *beschränkt bleiben, gegeben durch*

$$(3.3.22) \quad F_{2\pi}(z) = \frac{X_{2\pi}(z)}{2\pi} \int_{L_o} \frac{g(\tau)}{X_{2\pi}^+(\tau)} \frac{e^{i\tau}}{e^{i\tau} - e^{iz}}\, d\tau + X_{2\pi}(z) \cdot \sum_{\nu=o}^{\kappa} a_\nu e^{i\nu z}$$

mit beliebigem $a_\nu \in \mathbb{C}$ *für* $\kappa \geq 0$ *und* $a_\nu = 0$ *für* $\kappa < 0$. *Abklingende Lösungen für* $|y| \to \infty$ *gibt es nur für* $\kappa \geq 1$ *mit* $a_\nu = 0$ *für* $\nu \neq 0$ *und*

$$(3.3.23) \quad a_o = -\frac{1}{2\pi} \int_{L_o} g(\tau)/X_{2\pi}^+(\tau) \cdot d\tau \;.$$

Für $\kappa < 0$ *sind gewisse Orthogonalitätsbedingungen zu erfüllen.*

Beweis: Durch Faktorisierung mit der kanonischen Funktion $X_{2\pi}(z)$ ergibt sich aus (3.3.21)

$$(3.3.24) \quad F_{2\pi}^+(t)/X_{2\pi}^+(t) - F_{2\pi}^-(t)/X_{2\pi}^-(t) = g(t)/X_{2\pi}^+(t)$$

zumindest für fast alle $t \in L$. Eine spezielle Lösung dieses Kopplungsproblems - ohne Berücksichtigung des asymptotischen Verhaltens für $|y| \to \infty$ - ist gegeben durch

$$(3.3.25) \quad F_{2\pi,sp}^+(z) = \frac{X_{2\pi}(z)}{2\pi} \int_{L_o} \frac{g(\tau)}{X_{2\pi}^+(\tau)} \cdot \frac{e^{i\tau}\, d\tau}{e^{i\tau} - e^{iz}} \quad \text{für} \quad z \notin L.$$

Diese Funktion verhält sich aber für $y \to +\infty$ wie $O(1)$ und für $y \to -\infty$ wie $O(e^{-(\kappa+1)|y|})$. Für $\kappa \geq -1$ ist sie also beschränkt. Für $\kappa \leq -2$ müssen gewisse $|\kappa| - 1$ Bedingungen an g erfüllt sein. Diese ergeben sich aus

(3.3.26) $\quad \dfrac{e^{i\tau}}{e^{i\tau}-e^{iz}} = e^{i(\tau-z)}\cdot[e^{i(\tau-z)}-1]^{-1} = -\sum\limits_{\rho=1}^{\infty} e^{i\rho(\tau-z)}$

welche Reihe für $\quad \text{Im } z = y < y_0 < \underset{t\in L_0}{\text{Min}} \text{ Im } \tau$ konvergiert, so daß

(3.3.27) $\quad F_{2\pi,\text{sp}}(z) = -\dfrac{X_{2\pi}(z)}{2\pi}\cdot\sum\limits_{\rho=1}^{\infty} e^{-i\rho z}\int\limits_{L_0} g(\tau)/X_{2\pi}^{+}(\tau)\cdot e^{i\rho\tau}d\tau$

für $\ y < y_0\ $ konvergiert. Da $\ X_{2\pi}(z) = O(e^{|\kappa||y|})\ $ für $\ y \to -\infty\ $ gilt,

müssen alle Koeffizienten der letzten Reihenentwicklung für

$\rho = 1,\dots,\ |\kappa|-1$ Null sein, um auch für $\ y \to -\infty\ $ eine beschränkte Lö-

sung $F_{2\pi}$ zu garantieren. Wenn $F_{2\pi}(z)$ für $\ |y| \to \infty\ $ sogar abklingen

soll, muß eine weitere Bedingung erfüllt sein:

(3.3.28) $\quad \int\limits_{L_0} g(\tau)/X_{2\pi}^{+}(\tau)\cdot e^{i\rho\tau}d\tau = 0 \quad$ für $\quad \rho = 1,\dots,|\kappa|$

(Für $\ \rho = 0\ $ wird die Bedingung für $\ y \to +\infty\ $ mit beschrieben!) $\quad$ #

Bemerkungen: 1. Bei entsprechender Glattheit der Funktionen $G \neq 0$ und g auf genügend glattem Kurvensystem L sind auch die Lösungen mit entsprechend glatten Randwerten an L versehen.
Ferner lassen sich auch Kopplungsprobleme für periodische Konturen mit stückweise Hölderstetigen G und g und für Bogensysteme in entsprechenden Funktionenklassen $H(c_1,\dots,c_k)$ lösen.

2. Statt periodischer stückweise holomorpher Funktionen wurden auch doppelt-periodische Kopplungsprobleme untersucht und solche für automorphe Funktionen. Dabei heiße eine Funktion $F(z)$ automorph bzgl. einer diskreten Gruppe $\mathfrak{G}$ von gebrochenen linearen Transformationen

$$z \to \omega_k(z) = \frac{a_k z+b_k}{c_k z+d_k}\ ;\ k\in\{1,\dots,n\} \text{ oder } \in \mathbb{N}, \text{ wenn gilt } F(\omega_k(z)) = F(z)$$

für alle z im betrachteten Gebiet D und für alle $\omega_k \in \mathfrak{G}$. Probleme der Mechanik der Kontinua führen auf Kopplungsprobleme dieser Art, wie Untersuchungen u.a. von GACHOV-TSCHIBRIKOWA (1954) [30], TSCHIBRIKOWA (1956) [115], ZORSKI (1958) [124], u.a. zeigen (s. hierzu auch das Buch [29] von GAKHOV (1966), Chap. VII!).

Auf Anwendungen in der Theorie von Strömungen inkompressibler, reibungsfreier Gase durch Gitter aus dünnen Profilen soll später eingegangen werden. (s. Kap. 5!)

3.4. Allgemeine Kopplungsprobleme für holomorphe Funktionen

Im Abschnitt 1.6. wurde in Definition 1.13 ein Übergangs- oder Transmissionsproblem für die Potentialgleichung formuliert und dann für spezielle Randoperatoren in den Übergangsbedingungen die Eindeutigkeit bewiesen. Hier wollen wir nun Systeme von Übergangsbedingungen längs geschlossener, glatter, orientierter Jordankurven betrachten, bei denen konjugiert harmonische Funktionen eingehen.

Das Riemannsche Kopplungsproblem für eine stückweise holomorphe Funktion $F(z) = U(x,y) + i \cdot V(x,y)$ längs L können wir mit $O \neq G(t) = G_1(t) + i \cdot G_2(t)$ und $g(t) = g_1(t) + i \cdot g_2(t)$ in Real- und Imaginärteil aufgespalten folgendermaßen schreiben:

$$U^+(t) = G_1(t) \cdot U^-(t) - G_2(t) \cdot V^-(t) + g_1(t)$$

(3.4.1)

$$V^+(t) = G_2(t) \cdot U^-(t) + G_1(t) \cdot V^-(t) + g_2(t)$$

mit $G_1^2(t) + G_2^2(t) = |G(t)|^2 > O, \ t \in L.$

Das allgemeine lineare Kopplungsproblem für ein Paar konjugiert harmonischer Funktionen U,V längs der Kurve L lautet offenbar in expliziter Form

$$U^+(t) = G_{11}(t) \cdot U^-(t) + G_{12}(t) \cdot V^-(t) + g_1(t)$$

(3.4.2)

$$V^+(t) = G_{21}(t) \cdot U^-(t) + G_{22}(t) \cdot V^-(t) + g_2(t) \ ,$$

worin $G_{jk}(t)$ etwa Hölderstetige Funktionen seien. Um in jedem Punkt $t \in L$ eindeutig nach dem Paar (U^-,V^-) auflösen zu können, muß man offenbar $\det(G_{jk}) \neq O$ auf L fordern. In komplexer Form kann für die stückweise holomorphe Funktion $F = U + iV$ das Übergangsproblem folgendermaßen geschrieben werden:

(3.4.3) $\quad F^+(t) = G(t) \cdot F^-(t) + H(t) \cdot \overline{F^-(t)} + g(t)$

mit

(3.4.4a) $\quad G(t) = G_1(t) + iG_2(t) := \frac{1}{2} [G_{11}+G_{22}](t) + \frac{i}{2} [G_{21}-G_{12}](t)$

und

(3.4.4b) $\quad H(t) = H_1(t) + iH_2(t) := \frac{1}{2} [G_{11}-G_{22}](t) + \frac{i}{2} [G_{12}+G_{21}](t) \ .$

Definition 3.7: *Unter dem Riemannschen Kopplungsproblem mit Konjugation längs eines Kurvensystems L versteht man die folgende Aufgabe:*

Gegeben sei ein disjunktes System von glatten, orientierten Jordankurven in $\mathbb{C}$ und auf diesem drei komplexwertige Funktionen G,H und g.

Gesucht sind alle stückweise in $\mathbb{C} \setminus L$ holomorphen Funktionen F, die — zumindest für fast alle $t \in L$ — Winkelgrenzwerte $F^\pm(t)$ besitzen, der Kopplungsbedingung mit Konjugation (3.4.3) genügen und für $z \to \infty$ ein vorgeschriebenes asymptotisches Verhalten besitzen. Man spricht dabei vom elliptischen Fall, falls $|H(t)| < |G(t)|$ ist, vom parabolischen

Fall, falls $|H(t)| \equiv |G(t)|$ *ist, und vom* *hyperbolischen Fall, falls*
$|H(t)| > |G(t)|$ *ist für* $t \in L$.

Bemerkung: Es gibt neben diesen definiten Fällen auch noch indefinite,
bei denen in verschiedenen Punkten $t \in L$ verschiedene der Unglei-
chungen gelten.

Hier wollen wir nur für den elliptischen Fall eine Lösbarkeitsaussage
formulieren:

Satz 3.6: *Sei* $L = \bigcup\limits_{\mu=(o)1}^{m} L_\mu$ *ein disjunktes System von geschlossenen,*
glatten, orientierten Jordankurven, wobei L_o *- falls vorhanden - alle*
übrigen L_μ *umschließe. Auf* L *seien* G, H, g *Hölderstetige Funk-*
tionen (oder $g \in L^p(\rho;L)$ $1<p<\infty$). $\kappa = \text{Ind}_L G$ *bezeichne den Windungsindex*
von $G(t) \neq O$. C_L *sei die Norm des Cauchy-Operators* S_L *im Raum* $C^\alpha(L)$
oder $L^p(\rho;L)$. *Unter der Voraussetzung von*

$$(3.4.5) \quad \sup_{t \in L} |H(t)/G(t)| < 2(1+C_L)^{-1}$$

gilt dann:

Für $\kappa > O$ *gibt es* 2κ reell *linear unabhängige Lösungen des Kopp-*
lungsproblems mit Konjugation, die im Unendlichen verschwinden. Für
$\kappa \leq O$ *gibt es genau eine Lösung des inhomogenen Problems, die im Falle*
von $\kappa < O$ *nur dann existiert, wenn* $2|\kappa|$ reell *linear unabhängige Lös-*
barkeitsbedingungen an g *erfüllt sind.*

Beweis: (i) Für $H(t) \equiv O$ ist die Aussage mit der des Satzes 3.2. in
Abschnitt 3.1. identisch, denn κ komplex linear unabhängige Lösungen
sind 2κ reell linear unabhängige für das Paar (U,V) aus Real- und
Imaginärteil von F. Wegen der Konjugation $\overline{F}(t)$ sind beim homogenen
Problem, $g \equiv O$, i.a. nur reelle Linearkombinationen wieder Lösungen.

(ii) Sei jetzt $G(t) \equiv 1$ auf L zunächst. Mittels des Integrals vom
Cauchy-Typus

$$F(z) = \frac{1}{2\pi i} \int\limits_{L} \frac{f(\tau)d\tau}{\tau-z}, \quad z \notin L$$

erhalten wir unter Verwendung der Plemelj-Sochozki-Formeln durch Einsetzen in die spezielle Relation von (3.4.3)

$$(3.4.6) \quad F^+(t) - F^-(t) = H(t) \cdot \overline{F^-(t)} + g(t)$$

die Gleichung für f:

(3.4.7) $f(t) - \dfrac{H(t)}{2} [-f(t) + \overline{(S_L f)(t)}] = g(t)$.

Nun ist

(3.4.8) $\| \dfrac{H(t)}{2} \overline{[-I+S_L]} \|_{\mathcal{L}(\chi)} \leq \dfrac{1}{2} \sup_{t \in L} |H(t)| \cdot (1+C_L) < 1$

nach Voraussetzung, wenn $\| \cdot \|_{\mathcal{L}(\chi)}$ die Operatornorm im Raum der steti-
gen, linearen Operatoren $A : \chi \to \chi$ bezeichnet zu $\chi = C^\alpha(L)$ bzw.
$L^p(\rho;L)$. Der Operator A definiert durch
$(Af)(t) := \dfrac{H(t)}{2} [-f(t) + \overline{(S_L f)(t)}]$, $t \in L$, ist also beschränkt und kon-
traktiv, so daß die Gleichung (3.4.7), d.h. $(I-A)f = g$, in χ mittels
des Banachschen Fixpunktsatzes eindeutig auflösbar ist. Wegen $G(t) \equiv 1$
ist $\kappa = 0$, so daß der Satz für diesen Spezialfall bewiesen ist.

(iii) Nun sei $0 \neq G(t) \neq 1$ aber alle Partialindizes $\kappa_\mu := \mathrm{Ind}_L G = 0$
für $\mu = (0)1,\ldots, m$. Nach der klassischen Theorie (s. Satz 3.1) kön-
nen wir eindeutig faktorisieren $G(t) = X^+(t) \cdot [X^-(t)]^{-1}$ mittels der
kanonischen Lösung X des homogenen Kopplungsproblems zu $H = 0$. In die
Gleichung (3.4.3) eingesetzt folgt

(3.4.9) $\dfrac{F^+(t)}{X^+(t)} - \dfrac{F^-(t)}{X^-(t)} = \dfrac{H(t)}{X^+(t)} \cdot \overline{F^-(t)} + \dfrac{g(t)}{X^+(t)}$,

also mit $\psi(z) := F(z)/X(z)$ wird diese

(3.4.10) $\psi^+(t) - \psi^-(t) = \dfrac{H(t)}{G(t)} \cdot \overline{\dfrac{X^-(t)}{X^-(t)}} \cdot \overline{\psi^-(t)} + \dfrac{g(t)}{X^+(t)}$.

Setzen wir die stückweise holomorphe Funktion ψ in Form eines Integrals vom Cauchy-Typus mit Dichte ψ an, so erhalten wir die Funktionalgleichung in $\chi = C^\alpha(L)$ oder $L^p(\rho;L)$:

(3.4.11) $\psi(t) - \dfrac{1}{2} \dfrac{H(t)}{G(t)} \cdot \overline{\dfrac{X^-(t)}{X^-(t)}} \cdot [-\psi(t) + \overline{(S\psi)(t)}] = (I-T)\psi(t) = g(t)/X^+(t)$

mit der Operatornorm

$\| T \|_{\mathcal{L}(\chi)} = \| \dfrac{1}{2} \dfrac{H(t)}{G(t)} \cdot \overline{\dfrac{X^-(t)}{X^-(t)}} \overline{[I-S_L]} \|_{\mathcal{L}(\chi)}$

(3.4.12)

$\leq \dfrac{1}{2} \sup_{t \in L} |H(t)/G(t)| \cdot (1+C_L) < 1$

nach Voraussetzung, so daß auch die letzte Gleichung für ψ in χ eindeutig auflösbar ist, womit auch für diesen Fall der Satz bewiesen ist.

(iv) Nun sei $\kappa_\mu = \mathrm{Ind}_{L_\mu} G \neq 0$ für mindestens ein μ, aber

$\sum\limits_{\mu=(o)1}^{m} \kappa_\mu = \kappa = 0$ noch. Wir wählen $a_\mu \in D_\mu^-$; $\mu = 1,\ldots,m$; beliebig und

setzen $\Pi(z) := \prod\limits_{\mu=1}^{m} (z-a_\mu)^{\kappa_\mu}$. Dann hat $G_1(t) := \Pi(t)\cdot G(t) \neq 0$ Partial-

indizes alle gleich Null und es ist

$$(3.4.13) \qquad \mathrm{Ind}_{L_o} G_1 = \sum_{\mu=1}^{m} \kappa_\mu + \mathrm{Ind}_{L_o} G = \sum_{\mu=1}^{m} \kappa_\mu + \kappa_o = \kappa = 0$$

nach Voraussetzung. $X_1(z)$ bezeichne die kanonische Lösung des homogenen
Kopplungsproblems zu G_1 und $H = 0$. Das inhomogene Problem (3.4.3)
geht dann durch Multiplikation mit $\Pi(t)$ über in

$$\Pi(t)F^+(t) = G_1(t)F^-(t) + \Pi(t)\cdot H(t)\cdot \overline{F^-(t)} + \Pi(t)g(t)$$

$(3.4.14)$ oder

$$F_1^+(t) = G_1(t)\cdot F_1^-(t) + H_1(t)\cdot \overline{F_1^-(t)} + g_1(t) \ .$$

Da $F_1(z)$ sich genauso wie $\overline{F(z)}$ für $z \to \infty$ verhält (man beachte
$\kappa = 0!$), liegt in (3.4.14) ein gleichartiges Problem wie unter (iii)
vor. Dabei ist

$$(3.4.15) \qquad \sup_{t\in L}|H_1(t)/G_1(t)| = \sup_{t\in L}|H(t)\cdot\Pi(t)/G(t)\cdot\Pi(t)|$$

$$= \sup_{t\in L}|H(t)/G(t)| < 2(1+C_L)^{-1} \ ,$$

d.h. die Voraussetzung (3.4.5) erfüllt. g_1 liegt zugleich mit g im
Raume χ.

(v) Es liege jetzt der allgemeine Fall mit $\kappa = \mathrm{Ind}_L G \neq 0$ vor. $0 \in D^+$
kann o. B. d. A. angenommen werden. Ist F die gesuchte Lösung, so
setzen wir

$$(3.4.16) \qquad F_2(z) := \begin{cases} z^{-\kappa}[F^+(z) - P_{\kappa-1}(z)] & \text{für } z \in D^+ \\[2ex] F^-(z) & \text{für } z \in D^- \end{cases}$$

mit einem Polynom $P_{\kappa-1}(z)$ ($\equiv 0$ für $\kappa \leq 0$), dessen Koeffizienten so gewählt
seien, daß $F_2^+(z)$ in $z = 0$ holomorph ist. Das inhomogene Kopplungs-
problem (3.4.3) kann dann auf F_2 umgeschrieben werden:

$$(3.4.17) \qquad F_2^+(t) = G_2(t)F_2^-(t) + H_2(t)\cdot\overline{F_2^-(t)} + g_2(t)$$

mit $O \neq G_2(t) := t^{-\kappa}G(t) \in C^\alpha(L), H_2(t) := t^{-\kappa}H(t) \in C^\alpha(L)$

(oder $\in L^\infty(L)$), $g_2(t) := t^{-\kappa}[g(t) - P_{\kappa-1}(t)] \in \chi$ mit $\mathrm{Ind}_L G_2 = \mathrm{Ind}_L t^{-\kappa} +$

$+ \mathrm{Ind}_L G = -\kappa + \kappa = O$, denn $\mathrm{Ind}_{L_\mu} t^{-\kappa} = O$ für $\mu = 1,\ldots,m$.

In der Relation (3.4.17) liegt aber nunmehr der Fall (iv) vor, d.h. es gibt genau eine stückweise holomorphe Funktion F_2 zu beliebiger rechter Seite g_2, die (3.4.17) löst und für $z \to \infty$ abklingt. Die Lösung des ursprünglichen Problems wird dann durch

$$(3.4.18) \qquad F(z) = \begin{cases} z^\kappa \cdot F_2^+(z) + P_{\kappa-1}(z) & \text{für } z \in D^+ \\[2em] F_2^-(z) & \text{für } z \in D^- \end{cases}$$

gegeben. Offenbar ist aber für beliebige Wahl von $P_{\kappa-1}(z)$ stets genau eine Lösung von (3.4.17) vorhanden, so daß es 2κ reelle freie Parameter im Falle $\kappa \geq O$ gibt.

Ist hingegen $\kappa < O$, so hätte $F^+(z)$ in $z = O$ i.a. einen Pol der

Ordnung $|\kappa|$, es sei denn es wäre $\dfrac{d^k}{dz^k} F_2(z)\Big|_{z=o} = O$ für

$k = O,\ldots,|\kappa|-1$. Beachtet man den Zusammenhang zwischen F_2 und den Funktionen F_1 und Ψ unter (iv) und (iii), wobei für Ψ eine Darstellung als Integral vom Cauchy-Typus mit Dichte ψ verwendet wurde, so muß sein für $\kappa < O$:

$$(3.4.19) \qquad \dfrac{d^k}{dz^k} \left\{ X_2(z) \cdot \prod_{\mu=1}^{m} (z-a_\mu)^{-\kappa_\mu} \dfrac{1}{2\pi i} \int_L \dfrac{\psi(\tau)d\tau}{\tau-z} \right\}\Bigg|_{z=o} = O$$

für $k = O,1\ldots,|\kappa|-1$ mit der kanonischen Fundamentallösung zum klassischen homogenen Problem zu $G_2(t) := t^{-\kappa} \prod_{\mu=1}^{m} (t-a_\mu)^{\kappa_\mu} G(t)$, $t \in L$. Die

Dichte ψ ergibt sich als Lösung $((I-T)^{-1} g_2/X_2^+)(t)$ der entsprechend mit zwei indizierten Gleichung (3.4.11). (3.4.19) sind dann tatsächlich $|\kappa|$ komplexe bzw. $2|\kappa|$ reelle Bedingungen an g, das in g_2 linear enthalten ist. Damit ist der Beweis des Satzes vollständig geführt. $\#$

Bemerkungen: 1. Die Voraussetzungen an H auf L lassen sich in den Räumen $L^p(\rho;L)$, $1<p<\infty$, zu $H \in L^\infty(L)$ abschwächen. Weiterhin können statt Jordankonturen L_μ auch disjunkte glatte, orientierte Jordanbögen B_μ und stückweise Hölderstetige G auf L zugelassen werden, wenn die Lösungen in entsprechenden Klassen $H(c_1,\ldots,c_k)$ wie in Abschnitt 3.2 gesucht werden.

2. Im Falle von $L = L_O = \partial E$ oder $= \mathbb{R}$ ist die Norm $\|S_L\|_\chi = 1$ für $\chi = L^2(L)$, so daß die Voraussetzung im Satz mit der Elliptizität

$|H(t)| < |G(t)|$ auf L identisch ist.

3. Der parabolische Fall wurde u.a. von L. G. MIKHAILOV [81] studiert. Wir gehen auf diesen und auf den hyperbolischen Fall hier nicht ein.

4. Noch allgemeinere Kopplungsgleichungen von der Form

$$(3.4.20) \qquad F^+(t) = (T_1 F^-)(t) + (T_2 \overline{F^-})(t) + g(t), \quad t \in L,$$

mit linearen, stetigen Operatoren T_j auf den Banachräumen $\chi = \chi_+ \oplus \chi_-$ der Randwerträume $\chi_\pm$ der in $D^\pm$ holomorphen Funktionen $F^\pm(z)$ wurden von mehreren Autoren studiert (s. z. B. das Buch von GAKHOV [29], Chap. V!), wobei Differentiationen und Integraloperatoren vom Volterra- oder Fredholmtyp längs L auftreten.

3.5. Das Riemann-Hilbertsche Randwertproblem

Die Methoden und Ergebnisse des voranstehenden Kapitels wollen wir nun dazu verwenden, einige der im Abschnitt 1.6 beschriebenen Randwertaufgaben für einzelne oder Paare von konjugiert harmonischen Funktionen zu lösen oder zumindest zu reduzieren.

Definition 3.8: Es sei D^+ ein Gebiet, das von den $m+1$ geschlossenen, glatten, orientierten Jordankurven L_μ; $\mu = (0) 1, \ldots, m$; oder der Geraden g berandet werde. Auf dem disjunkten Kurvensystem L seien die reellwertigen Funktionen a, b, c definiert. Unter dem Riemann-Hilbertschen Randwertproblem für D^+ versteht man die Aufgabe, alle in D^+ holomorphen Funktionen $F = u + iv$ so zu bestimmen, daß sie für $z \to t \in L$ – zumindest fast überall – Winkelgrenzwerte $F^+(t)$ besitzen, die der Gleichung

$$(3.5.1) \qquad \mathrm{Re}\{[a(t) - ib(t)] \cdot F^+(t)\} = au + bv = c(t)$$

genügen.

Aus Kap. 1, Abschnitt 1.6. wissen wir bereits, daß sich der Typ dieser Randbedingung unter einer konformen Abbildung $z : \Delta^+ \to D^+$ mit $z = z(\zeta)$ nicht ändert. Wir werden uns hier auf den Fall der Einheitskreisperipherie $L_0 = \partial E$ bzw. der reellen Achse $g = \mathbb{R}$ beschränken. Es sei hier vermerkt, daß es im Falle mehrfach zusammenhängender Gebiete noch eine Reihe offener Fragen gibt.

Das Riemann-Hilbertsche Randwertproblem ist reell linear, so daß zu erwarten ist, daß sich die allgemeine Lösung des inhomogenen Problems durch Superposition einer speziellen Lösung und der reellen Linearkombinationen aus allen Lösungen des homogenen Problems ergibt. In der Tat ist dieses das Ergebnis des folgenden

Satz 3.7: *Seien die reellwertigen Funktionen* a,b *auf* ∂E *Hölderstetig mit* $(a^2+b^2)(t) \equiv 1$ *und bezeichne* $\kappa := \frac{1}{\pi} \left[\arg(a+ib) \right] \big|_{\partial E}$ *den Windungsindex der Koeffizienten. Dann hat das* <u>*homogene*</u> *Riemann-Hilbertsche Randwertproblem* $\kappa+1$ *reell linear unabhängige Lösungen, falls* $\kappa \geq 0$ *ist, und nur die triviale Lösung für* $\kappa < 0$

Beweis: Wir überführen das Randwertproblem $au+bv=0$ auf ∂E in ein äquivalentes Riemannsches Kopplungsproblem für ∂E mit einer Symmetriebedingung an die stückweise holomorphen Funktionen in $\mathbb{C}\backslash\partial E$. Verlangen wir $(a^2+b^2)(t) > 0$ auf ganz ∂E, so ist es offenbar keine Einschränkung der Allgemeinheit gleich $(a^2+b^2)(t) \equiv 1$ zu verlangen, wenn nämlich durch a^2+b^2 dividiert wird.

Die Randbedingung kann in der Form geschrieben werden:

$$(3.5.2) \qquad (a-ib)(t)\cdot F^+(t)+(a+ib)(t)\cdot \overline{F^+(t)} = 2c(t)\,(\equiv 0)$$

Wir erklären nun in $\mathbb{C}\backslash\overline{E}$, d.h. im Einheitskreisäußeren, eine holomorphe Funktion $F^-(z)$ durch

$$(3.5.3) \qquad F^-(z) := \overline{F^+(1/\bar{z})}$$

Hat F^+ die in $z \in D^+ := E$ konvergente Potenzreihenentwicklung

$$(3.5.4) \qquad F^+(z) = \sum_{n=0}^{\infty} a_n z^n \;,$$

so hat $F^-(z)$ für $z \in D^- := \mathbb{C}\backslash\overline{E}$ die Entwicklung

$$(3.5.5) \qquad F^-(z) = \sum_{n=0}^{\infty} \bar{a}_n \cdot z^{-n} \;,$$

beschreibt also eine für $|z| > 1$ holomorphe Funktion mit $\lim_{z\to\infty} F^-(z) = \bar{a}_0$. Hat F^+ für $z \to t = e^{i\theta}\in\partial E$ den Winkelgrenzwert $F^+(t)$, so gilt wegen $1/\bar{z} \to 1/\bar{t} = 1/e^{-i\theta} = e^{i\theta} = t$,

$$(3.5.6) \qquad F^-(t) = \lim_{D^-\ni z\to t} F^-(z) = \lim_{D^+\ni 1/\bar{z}\to t} \overline{F^+(1/\bar{z})} = \overline{F^+(t)}$$

Dann geht das Randwertproblem (3.5.2) über in das Kopplungsproblem

$$(3.5.7) \qquad F^+(t) = -\frac{a+ib}{a-ib}(t)F^-(t) + \frac{2c(t)}{(a-ib)(t)}$$

$$= G(t)\cdot F^-(t) + g(t) \qquad\qquad , \; t \in \partial E,$$

mit Hölderstetigen $G \neq 0$ und g auf ∂E. Um die Äquivalenz dieses Kopplungsproblems mit dem Riemann-Hilbertschen Randwertproblem sicherzustellen, können nur solche Lösungen von (3.5.7) berücksichtigt werden, die der Symmetriebedingung $F^-(z) = \overline{F^+(1/\bar{z})}$ genügen. Bei dieser Spiegelung am Einheitskreis erzeugen wir aus einer beliebigen in $\mathbb{C} \setminus \partial E$ holomorphen Funktion $F(z)$ die gespiegelte Funktion $F_*(z)$ vermöge $F_*(z) := \overline{F(1/\bar{z})}$ nun für alle $z \notin \partial E$. Ist F eine stückweise holomorphe Lösung von (3.5.7), so genügt die Spiegelfunktion $F_*(z)$ wegen $F_*^\pm(t) = \overline{F^\mp(t)}$ für $t = e^{i\Theta} \in \partial E$ der Gleichung

$$(3.5.8a) \quad \overline{F_*^-(t)} = - \frac{a+ib}{a-ib}(t) \cdot F_*^+(t) + \frac{2c(t)}{(a-ib)(t)} \; ,$$

woraus durch Bilden des konjugiert Komplexen und Auflösen nach $F_*^+(t)$ folgt:

$$(3.5.8b) \quad F_*^+(t) = - \frac{a+ib}{a-ib}(t) \cdot \overline{F_*^-(t)} + \frac{2c(t)}{(a-ib)(t)} \; ,$$

d.h. dieselbe Kopplungsbedingung wie für F.

Dann genügt aber auch die symmetrisierte Funktion $\Omega(z) := \frac{1}{2}[F(z)+F_*(z)]$, $z \notin \partial E$, der gleichen Kopplungsbedingung.

Es ist

$$(3.5.9) \quad \begin{aligned} \kappa &= \operatorname{ind}_{\partial E} G = \frac{1}{2\pi} \left[\arg(-1)\frac{a+ib}{a-ib}(t) \right]_{t \in \partial E} \\[2mm] &= \frac{1}{2\pi} \left[\arg(-1) \frac{(a+ib)^2(t)}{(a^2+b^2)(t)} \right]_{t \in \partial E} = \frac{1}{\pi} \left[\arg(a+ib)(t) \right]_{t \in \partial E} \end{aligned}$$

Satz 3.2 in Abschnitt 3.1 liefert dann die Lösungsaussage für (3.5.7) mit der kanonischen Lösung

$$(3.5.10) \quad X(z) := \begin{cases} \exp\{\frac{1}{2\pi i} \int_{\partial E} \log[\tau^{-\kappa}(-1)\cdot\frac{a+ib}{a-ib}(\tau)] \frac{d\tau}{\tau-z}\} & \text{für } |z|<1 \\[4mm] z^{-\kappa}\exp\{\frac{1}{2\pi i} \int_{\partial E} \log[\tau^{-\kappa}(-1)\cdot\frac{a+ib}{a-ib}(\tau)]\frac{d\tau}{\tau-z}\} & \text{für } |z|>1 \end{cases}$$

Nun ist

$$(3.5.11) \quad X_*(z) = \overline{X(1/\bar{z})} = \begin{cases} \exp\{-\frac{1}{2\pi i}\int_{\partial E} \log[\tau^{-\kappa}(-1)\frac{a-ib}{a+ib}(\tau)] \frac{d\bar\tau}{\bar\tau-1/z}\}, |z|>1 \\[4mm] z^{\kappa}\exp\{-\frac{1}{2\pi i}\int_{\partial E} \log[\tau^{-\kappa}(-1)\frac{a-ib}{a+ib}(\tau)] \frac{d\bar\tau}{\bar\tau-1/z}\}, |z|<1 \end{cases}$$

Unter Beachtung von $(a+ib)(\tau) = e^{i\phi(\tau)}$ wegen $a^2+b^2 \equiv 1$ wird

$$(3.5.12) \qquad \tau^{-\kappa}(-1)\,\frac{a+ib}{a-ib}(\tau) = \exp\,[\,i(\pi - \kappa\vartheta + 2\phi(\vartheta))\,]$$

$$(3.5.13) \qquad \frac{d\tau}{\tau-z} = \frac{ie^{i\vartheta}d\vartheta}{e^{i\vartheta}-z}\,, \qquad \frac{d\bar\tau}{\bar\tau-1/z} = \frac{izd\vartheta}{e^{i\vartheta}-z}$$

und es ist für $z \notin \partial E$

$$(3.5.14) \qquad \frac{iz}{e^{i\vartheta}-z} = \frac{ie^{i\vartheta}}{e^{i\vartheta}-z} - i$$

Damit folgt aber

$$(3.5.15) \qquad X_*(z) = \lambda z^{\kappa}X(z) \quad \text{für} \quad z \notin \partial E$$

mit

$$(3.5.16) \qquad \lambda = e^{-i\alpha} = \exp\{\frac{1}{2\pi i}\int_{\vartheta=0}^{2\pi}[\pi - \kappa\vartheta + 2\phi(\vartheta)]d\vartheta\}$$

Wählen wir dann $X_o(z) := e^{-i\alpha/2}X(z)$, so wird

$$(3.5.17) \qquad X_{o*}(z) = e^{i\alpha/2}X_*(z) = e^{i\alpha/2}\,e^{-i\alpha}z^{\kappa}e^{i\alpha/2}X_o(z) = z^{\kappa}X_o(z)$$

Sei nun zunächst $\kappa \geq 0$, dann sind

$$(3.5.18) \qquad F_o(z) = X_o(z)\sum_{k=0}^{\kappa} C_k z^k, \quad C_k \in \mathbb{C},$$

zunächst alle Lösungen des homogenen Kopplungsproblems zu (3.5.7), die für $z \to \infty$ beschränkt bleiben. Hieraus folgt

$$F_{o*}(z) = X_{o*}(z)\sum_{k=0}^{\kappa}\bar C_k\cdot z^{-k} \quad \text{und mit (3.5.17)}$$

$$(3.5.19) \qquad F_{o*}(z) = X_o(z)\sum_{k=0}^{\kappa}\bar C_k\cdot z^{\kappa-k}$$

damit $F_o = F_{o*}$ eine symmetrische Lösung wird, muß sein

$$(3.5.20) \qquad \sum_{k=0}^{\kappa} C_k z^k = \sum_{k=0}^{\kappa}\bar C_k z^{\kappa-k}\,,$$

also

$$(3.5.21a) \qquad C_k \overset{!}{=} \overline{C_{\kappa-k}} \quad \text{für} \quad k = 0,\ldots,\kappa$$

oder mit $C_k = A_k + iB_k$ ergibt dies

$$(3.5.21b) \qquad A_k = A_{\kappa-k} \quad \text{und} \quad B_k = -B_{\kappa-k}\,,$$

was $\kappa + 1$ reelle Nebenbedingungen an die $2(\kappa+1)$ reellen Konstanten A_k, B_k sind. Folglich gibt es $\kappa + 1$ reell linear unabhängige Lösungen des Riemann-Hilbertschen Randwertproblems.

Im Falle $\kappa < 0$ gibt es keine im Unendlichen beschränkte Lösung des homogenen Kopplungsproblems (3.5.7), also kann es auch keine des homogenen Randwertproblems geben.   #

Nach diesen Vorbereitungen können wir nunmehr die Ergebnisse auch für das inhomogene Riemann-Hilbertsche Randwertproblem formulieren und beweisen:

<u>Satz 3.8</u>: *Seien* a,b *als Hölderstetige Funktionen mit* $a^2 + b^2 \equiv 1$ *und* $\kappa = \frac{1}{\pi} [\arg(a+ib)]_{\partial E}$ *auf der Einheitskreisperipherie* ∂E *definiert.* c *sei auf* ∂E *ebenfalls reellwertig und Hölderstetig (oder aus der Klasse* $L^p(\rho; \partial E)$, $\kappa p < \infty)$. *Dann gibt es für* $\kappa \geq 0$ *stets* $\kappa + 1$ *linear unabhängige Lösungen von* $\mathrm{Re}[(a-ib)(t)F^+(t)] = c(t)$, $t \in \partial E$, *während für* $\kappa < 0$ *höchstens eine Lösung existiert, und zwar für* $\kappa = -1$ *ohne Zusatzbedingung an* c(t), *aber mit* $|\kappa|-1$ *Bedingungen an* c(t) *für* $\kappa \leq -2$. *Diese lauten dann*

$$(3.5.22) \qquad \int_{\vartheta=0}^{2\pi} e^{i(\kappa/2+k)\vartheta} H(\vartheta) c(e^{i\vartheta}) d\vartheta = 0; \quad k = 1,\ldots,|\kappa|-1;$$

mit

$$(3.5.23) \qquad H(\vartheta) := \exp\{\frac{1}{4\pi} \oint_{\theta=0}^{2\pi} [\pi \cdot \kappa\theta + 2\phi(\theta)] \cdot \cot \frac{\theta-\vartheta}{2} d\theta\}$$

und $(a+ib)(t) = e^{i\phi(\theta)}$; $t = e^{i\theta}$

<u>Beweis</u>: Es ist

$$(3.5.24) \qquad F_{inh}(z) := \frac{X_o(z)}{2\pi i} \int_{\partial E} \frac{2c(\tau)}{(a-ib)(\tau)X_o^+(\tau)} \frac{d\tau}{\tau-z} \quad \text{für} \quad z \notin \partial E$$

eine spezielle Lösung des inhomogenen Kopplungsproblems (3.5.7) gemäß Kap. 3, Abschnitt 3.1. Also wird

$$(3.5.25) \qquad F_{inh*}(z) = \overline{F_{inh}(1/\bar{z})} = \frac{z^\kappa X_o(z)}{-2\pi i} \int_{\partial E} \frac{2c(\tau)}{(a-ib)(\tau)X_o^+(\tau)} \frac{d\bar\tau}{\bar\tau-1/z}$$

Wegen $\overline{X_o^+(\tau)} = X_{o*}^-(\tau) = \tau^\kappa X_o^-(\tau)$, $\tau \in \partial E$, und
$X_o^+(\tau) = -[(a+ib)/(a-ib)](\tau) \cdot X_o^-(\tau)$ wird mittels (3.5.13):

$$(3.5.26) \quad F_{inh*}(z) = \frac{z^\kappa X_o(z)}{\pi i} \int\limits_{\partial E} \frac{c(\tau)\tau^{-\kappa}d\tau}{(a-ib)(\tau)\,X_o^+(\tau)(\tau-z)} \; -$$

$$- \frac{z^\kappa X_o(z)}{\pi i} \int\limits_{\partial E} \frac{c(\tau)\cdot\tau^{-\kappa}d\tau}{(a-ib)(\tau)X_o^+(\tau)\cdot\tau}$$

Durch Symmetrisieren von (3.5.24), d.h. Bildung von $\frac{1}{2}[F_{inh}(z) + F_{inh*}(z)]$ ergibt sich dann eine Partikulärlösung, für die das asymptotische Verhalten für $z \to \infty$ noch nicht erörtert wurde. Für $\kappa \geqq 0$ ist $X_o(z)$ im Unendlichen beschränkt wegen $O(z^{-\kappa})$, also auch $X_{o*}(z) = z^\kappa X_o(z)$. Es können dann alle $\kappa+1$ reell linear unabhängigen Lösungen des homogenen Riemann-Hilbertschen Randwertproblems hinzuaddiert werden.

Für $\kappa = -1$ hat das inhomogene Kopplungsproblem genau eine Lösung für jede Wahl der Inhomogenität c auf ∂E, denn die Integrale vom Cauchy-Tpyus in (3.5.24) und (3.5.26) klingen für $z \to \infty$ wie $O(z^{-1})$ ab, so daß das Anwachsen von $X_o(z)$ wie $z^{|\kappa|} = z$ kompensiert wird. $z^\kappa X_o(z)$ bleibt also für alle $\kappa \in \mathbf{Z}$ stets im Unendlichen beschränkt.

Ist $\kappa \leqq -2$, so sind die $|\kappa|-1$ Nebenbedingungen

$$(3.5.27) \quad \int\limits_{\partial E} \frac{2c(\tau)}{(a-ib)(\tau)} \frac{\tau^{k-1}}{X_o^+(\tau)} \, d\tau = 0; \quad \kappa = 1,\ldots,|\kappa|-1;$$

gemäß Satz 3.2 zu erfüllen.

Nun ist aber

$$X_o^+(\tau) = X_o^+(e^{i\vartheta}) = e^{-i\alpha/2}\cdot\exp\{\tfrac{1}{2}\log\,[-t^{-\kappa}\cdot\tfrac{a+ib}{a-ib}\,(t)]\}$$

$(3.5.28a)$

$$\cdot\,\exp\,\{\frac{1}{2\pi i}\oint\limits_{\partial E}\frac{\log[-\tau^{-\kappa}\,\frac{a+ib}{a-ib}\,(\tau)]d\tau}{\tau-t}\}$$

$$= \exp\{\tfrac{i}{2}[-\alpha+\pi-\kappa\vartheta+2\phi(\vartheta)]\}\cdot\exp\{\frac{i}{2\pi}\oint\limits_{\theta=o}^{2\pi}\frac{[\pi-\kappa\theta+2\phi(\theta)]e^{i\theta}d\theta}{e^{i\theta}-e^{i\vartheta}}\}$$

$$= \exp\{\tfrac{i}{2}[-\alpha+\pi-\kappa\vartheta+2\phi(\vartheta)] + \frac{i}{2\pi}\int\limits_{\theta=o}^{2\pi}[\pi-\kappa\theta+2\phi(\theta)]d\theta\}$$

$$x\;\exp\{\frac{1}{2\pi}\int\limits_{\theta=o}^{2\pi}[\pi-\kappa\theta+2\phi(\theta)]\cdot\cot\frac{\theta-\vartheta}{2}\,d\theta\}$$

Setzen wir diesen Ausdruck in (3.5.27) ein, so ergeben sich die im Satz 3.8 behaupteten Bedingungsgleichungen, wenn man $\tau^{\kappa-1}d\tau = ie^{i\kappa\vartheta}d\vartheta$ beachtet. #

<u>Bemerkung</u>: Im Spezialfall $a(t) \equiv 1$ und $b(t) \equiv 0$ auf ∂E ergibt sich das Dirichletproblem $\operatorname{Re} F^+(t) = u^+(t) = c(t)$ auf ∂E. Hierzu gehört

$$(3.5.29) \qquad X_o(z) = e^{-i\alpha/2} \exp\left\{\frac{1}{2\pi i} \int_{\partial E} \frac{\log(-1)\,d\tau}{\tau - z}\right\} = e^{-i\alpha/2}\, e^{i\pi} = e^{-i\pi/2 + i\pi} = i$$

also

$$
\begin{aligned}
F_{\text{inh}}^+(z) &= \frac{1}{2\pi}\left\{2 \int_{\partial E} \frac{c(\tau)}{i} \cdot \frac{d\tau}{\tau - z} - \int_{\partial E} \frac{c(\tau)}{i} \cdot \frac{d\tau}{\tau}\right\} + ic \\
&= \frac{1}{2\pi i} \int_{\partial E} c(\tau)\, \frac{\tau + z}{\tau - z}\, \frac{d\tau}{\tau} + ic
\end{aligned}
$$
$(3.5.30)$

mit $c \in \mathbb{R}$ beliebig: das <u>Schwarzsche Integral</u> (s. (1.4.21)!).

Wir wenden uns nun verschiedenen Riemann-Hilbertschen Randwertproblemen für die obere Halbebene H^+ zu und wollen dabei insbesondere stückweise stetige Koeffizienten $(a-ib)(t)$, $t \in \mathbb{R}$, zulassen. Probleme dieser Art treten in der mathematischen Physik auf, wie die späteren Beispiele im Kap. 5 lehren.

<u>Definition 3.9</u>: *Unter dem <u>gemischten Randwertproblem für eine holomorphe Funktion und die obere Halbebene</u> verstehen wir das folgende:*

Gegeben seien die $2m$ *Intervallendpunkte auf* $\mathbb{R}$: $a_1 < b_1 < a_2 < b_2 < \ldots < a_m < b_m$ *sowie die beiden Hölderstetigen reellwertigen Funktionen* f *auf*

$$L := \bigcup_{k=1}^{m} [a_k, b_k] \quad und \quad h \quad auf \quad L' := [-\infty, a_1] \cup \bigcup_{k=1}^{m-1} [b_k, a_{k+1}] \cup [b_m, +\infty], \; d.h.$$

mit $\lim\limits_{|t| \to \infty} h(t) = h(\pm\infty)$ *existierend.*

Gesucht sind alle in H^+ *holomorphen und beschränkten Funktionen* $F^+(z) = U(x,y) + iV(x,y)$, *so daß* $\lim\limits_{y \to 0^+} F^+(t+iy) = F^+(t)$ *für* $t \neq a_k, b_k$ *existiert und den Bedingungen genügt*

$$(3.5.31a) \qquad \operatorname{Re} F^+(t) = U^+(t, o^+) = f(t) \quad für \quad t \in \overset{o}{L}$$

bzw.

$$(3.5.31b) \qquad \operatorname{Im} F^+(t) = V^+(t, o^+) = h(t) \quad für \quad t \in \overset{o}{L'}$$

<u>Bemerkung</u>: Ggfs. sind in H^+ holomorphe Funktionen F^+ der Klassen $H(c_1, \ldots, c_r)$ für $0 \leq r \leq 2m$ gesucht, so daß $F^+(z)$ für $z \to a_j$ oder $b_j \neq c_\rho$; $\rho = 1, \ldots, r$; unbeschränkt sein kann.

Die Randbedingungen können in der Form geschrieben werden:

- 164 -

(3.5.32a) $\quad F^+(t) + \overline{F^+(t)} = 2 \cdot f(t) \quad$ für $\quad t \in \overset{\circ}{L}$

bzw.

(3.5.32b) $\quad F^+(t) - \overline{F^+(t)} = 2i \cdot h(t) \quad$ für $\quad t \in \overset{\circ}{L}'$

Diese sind nun den Kopplungsbedingungen eines Riemannschen Problems
äquivalent, wenn definiert wird

(3.5.33) $\quad F^-(z) := \overline{F^+(\bar{z})} \quad$ für $\quad z \in H^-$

sowie die in $\mathbb{C} \setminus \mathbb{R}$ abschnittsweise holomorphe Funktion

$$(3.5.34) \quad F(z) := \begin{cases} F^+(z) & \text{für } z \in H^+ \\[2mm] F^-(z) & \text{für } z \in H^- \end{cases}$$

Allgemein setzen wir dann

(3.5.35) $\quad F_*(z) := \overline{F(\bar{z})} \quad$ für $\quad z \in \mathbb{C} \setminus \mathbb{R}$

und

(3.5.36) $\quad \Omega(z) := \dfrac{1}{2}[F(z) + F_*(z)],$

so daß Ω symmetrisch ist, d.h. $\Omega_*(z) = \Omega(z)$ für alle $z \in \mathbb{C} \setminus \mathbb{R}$.

Nun gilt für alle $\quad t \in \mathbb{R} \setminus \bigcup\limits_{k=1}^{m} \{a_k, b_k\}$,

(3.5.37) $\quad \overline{F^+(t)} = \overline{F^+(\bar{t})} = F^-(t)$,

so daß die Randbedingungen (3.5.32 a,b) übergehen in

(3.5.38) $\quad F^+(t) = G(t)F^-(t) + g(t) \quad$ für $\quad t \in \mathbb{R} \setminus \bigcup\limits_{k=1}^{m} \{a_k, b_k\}$

mit

$$(3.5.39a) \quad G(t) := \begin{cases} -1 & \text{auf } \quad L := \bigcup\limits_{k=1}^{m} [a_k, b_k] \\[4mm] +1 & \text{auf } \quad \overset{\circ}{L}' := \overline{\mathbb{R}} \setminus L \end{cases}$$

und

$$(3.5.39b) \quad g(t) := \begin{cases} 2 \cdot f(t) & \text{auf } \quad L \\[4mm] 2i \cdot h(t) & \text{auf } \quad \overset{\circ}{L}' := \overline{\mathbb{R}} \setminus L \end{cases}$$

Aufgrund der Fortsetzung von $F^+(z)$ durch Spiegelung über $\partial H^+ = \mathbb{R}$ hinweg gilt nach Konjugieren von (3.5.38)

$$\overline{F^+(t)} = \overline{G(t)} \cdot \overline{F^-(t)} + \overline{g(t)}, \text{ also}$$

$$(3.5.40) \quad F^-(t) = G(t) \cdot F^+(t) + \overline{g(t)}$$

und wegen $1/G(t) = G(t)$,

$$(3.5.41) \quad \overline{g(t)}/G(t) = \begin{cases} 2 \cdot f(t) & \text{für } t \in L \\[2mm] 2i \cdot h(t) & \text{für } t \in \overline{\mathbb{R}} \setminus L \end{cases}$$

Daher genügt $F_*(z)$ demselben Kopplungsproblem (3.5.38) wie $F(z)$ zu stückweise Hölderstetigen Daten G und g auf $\mathbb{R}$. Dasselbe gilt für die symmetrisierte Funktion $\Omega(z)$.

Aufgrund der Methoden und Resultate von Abschnitt 3.2 kann dieses spezielle Riemannsche Kopplungsproblem nun in den einzelnen Funktionenklassen vollständig gelöst werden:

<u>Satz 3.9</u>: *Es seien die* m *reellen Intervalle* $[a_k, b_k] : k = 1, \ldots, m;$ *auf* $\mathbb{R}$ *linear geordnet gegeben.* f *sei reellwertig und auf*

$$L := \bigcup_{k=1}^{m} [a_k, b_k] \text{ Hölderstetig, während } h \text{ auf } \overline{\mathbb{R}} \setminus L = \overset{o}{L}{}' \text{ Hölderstetig}$$

und reellwertig vorgegeben sei. $c_1, \ldots, c_r$ *seien beliebig herausgegriffene* r *Intervallendpunkte* $(0 \leq r \leq 2m)$.
Dann gibt es in $c_1, \ldots, c_r$ *und im Unendlichen beschränkte, in* H^+ *holomorphe Lösungen des gemischten Randwertproblems* (3.5.31a,b), *die bei Annäherung an die übrigen Intervallendpunkte absolut integrable Singularitäten besitzen, sofern* $m - r \geq 0$ *ist. Die Anzahl der reell linear unabhängigen Lösungen beträgt dann* $m-r+1$. *Im Falle von* $m-r \leq -1$ *gibt es genau eine Lösung, die für* $m-r \leq -2$ *nur durch Erfülltsein der* $r-m-1$ *Nebenbedingungen*

$$(3.5.42) \quad \frac{1}{\pi i} \int_L \frac{\tau^{s-1} f(\tau)}{X^+(\tau; c_1, \ldots, c_r)} \, d\tau + \frac{1}{\pi} \int_{L'} \frac{\tau^{s-1} h(\tau)}{X^+(\tau; c_1, \ldots, c_r)} \, d\tau = 0$$

$s = 1, \ldots, r-m-1;$ *gesichert ist.* $X^+(z; c_1, \ldots, c_r)$ *bezeichne die kanonische Lösung des zugeordneten homogenen Kopplungsproblems* (3.5.38).

<u>Beweis</u>: Nach Abschnitt 3.2 ist die kanonische Lösung des homogenen Kopplungsproblems in der Klasse $H(c_1, \ldots, c_r)$ gegeben durch

$$(3.5.43) \quad X(z;c_1\ldots,c_r) := \sqrt{\dfrac{\prod\limits_{\rho=1}^{r}(z-c_\rho)}{\prod\limits_{j=r+1}^{2m}(z-d_j)}} \, ,$$

wenn $d_{r+1},\ldots,d_{2m}$ die übrigen Intervallendpunkte bezeichnen. Eine spezielle Lösung des inhomogenen Problems lautet für $z \in \mathbb{R}$:

$$
\begin{aligned}
F_{sp}(z) \;:=&\; \frac{X(z;c_1,\ldots,c_r)}{2\pi i} \int\limits_{\mathbb{R}} \frac{g(\tau)}{X^+(\tau;c_1,\ldots,c_r)} \; \frac{d\tau}{\tau - z} \\[2mm]
(3.5.44) \qquad =&\; \frac{X(z;c_1,\ldots,c_r)}{\pi i} \int\limits_{L} \frac{f(\tau)}{X^+(\tau;c_1,\ldots,c_r)} \; \frac{d\tau}{\tau - z} \\[2mm]
&+ \frac{X(z;c_1,\ldots,c_r)}{\pi} \int\limits_{L'} \frac{h(\tau)}{X^+(\tau;c_1,\ldots,c_r)} \; \frac{d\tau}{\tau - z}
\end{aligned}
$$

Daraus folgt leicht für $z \notin \mathbb{R}$:

$$
\begin{aligned}
F_{sp\,*}(z) =&\; -\frac{X(z;c_1,\ldots,c_r)}{\pi i} \int\limits_{L} \frac{f(\tau)}{X^+(\tau;c_1,\ldots,c_r)} \cdot \frac{d\tau}{\tau - z} \\[2mm]
(3.5.45) \\[1mm]
&+ \frac{X(z;c_1,\ldots,c_r)}{\pi} \int\limits_{L'} \frac{h(\tau)}{X^+(\tau;c_1,\ldots,c_r)} \; \frac{d\tau}{\tau - z}
\end{aligned}
$$

wegen $\overline{X(\bar z;c_1\ldots,c_r)} = X(z;c_1,\ldots,c_r)$ und reellwertigen Funktionen f und h.

Nun ist

$$(3.5.46) \quad X(z;c_1,\ldots,c_r) = \frac{\prod\limits_{\rho=1}^{r}(z-c_\rho)}{R(z)}$$

mit

$$(3.5.47) \quad R(z) := \sqrt{\prod\limits_{k=1}^{m}(z-a_k)(z-b_k)} = z^m + O(z^{m-1}) \quad \text{für} \quad z \to \infty,$$

Es ist also $R(t) > 0$ für $t \in (b_m, +\infty)$ und somit $R^+(t)$ reellwertig auf L' und imaginärwertig auf $\overset{\circ}{L}$. Das zieht dann $F_{sp*}(z;c_1,\ldots,c_r) = {}= F_{sp}(z;c_1,\ldots,c_r)$ für alle $z \in \mathbb{C}\setminus\mathbb{R}$ nach sich. Die allgemeine symmetrische Lösung des inhomogenen Kopplungsproblems (3.5.38) lautet demzufolge

$$
\begin{aligned}
F_{inh}(z;c_1,\ldots,c_r) =&\; X(z;c_1,\ldots,c_r) \cdot \Big\{ \frac{1}{\pi i} \int\limits_{L} \frac{f(\tau)}{X^+(\tau,c_1,\ldots,c_r)} \cdot \frac{d\tau}{\tau - z} \\[2mm]
(3.5.48) \\[1mm]
&+ \frac{1}{\pi} \int\limits_{L'} \frac{h(\tau)}{X^+(\tau;c_1,\ldots,c_r)} \cdot \frac{d\tau}{\tau - z} + P_\kappa(z) \Big\}
\end{aligned}
$$

mit $\overline{P_\kappa(\bar z)} = P_\kappa(z)$, einem Polynom vom Grade $\leq \kappa = \kappa(c_1,\ldots,c_r)$ mit reellen Koeffizienten, d.h. $\kappa(c_1,\ldots,c_r) + 1 = m-r+1$ freien reellen

Parametern, wegen $X(z;c_1,\ldots,c_r) = O(z^{r-m})$ für $z \to \infty$.

Für $m-r \leq -1$ entfällt das Polynom und es gibt für alle f und h genau eine Lösung bei $m-r=-1$, aber für $m-r \leq -2$ sind $r-m-1$ Nebenbedingungen zu erfüllen, um die Beschränktheit der speziellen Lösung des inhomogenen Problems für $z \to \infty$ zu sichern. Diese ergeben sich durch asymptotische Entwicklung von $(\tau-z)^{-1}$ für $z \to \infty$ in $\mathbb{C} \setminus \mathbb{R}$ in der Form (3.5.42).

Bemerkungen: 1. Ist $r = 0$, d.h. dürfen alle Lösungen bei Annäherungen von z an alle Intervallendpunkte a_k,b_k unbeschränkt wachsen, aber die Randwerte lokal über $\mathbb{R}$ absolut integrabel bleiben, so sind $m+1$ reell linear unabhängige Lösungen vorhanden. Für $r = 2m$, d.h. im Falle total beschränkter Lösungen, müssen $m-1$ Nebenbedingungen an die Daten f und h erfüllt sein. Das im Satz 3.9 behandelte Problem wurde von M.V. KELDYSCH und L.I. SEDOV [53] im Zusammenhang mit der Strömung um m dünne, schwach angestellte, hintereinander angeordnete Profile untersucht.

2. Verallgemeinerungen dieses *stückweise stetigen* Riemann-Hilbertschen Randwertproblems wurden bei meromorphen Funktionen mit vorgegebenen Singularitäten in H^+ u.a. von C. JACOB(1949)[49] und S. GOGONEA (1969)[32](1973)[34] untersucht. Letzterer Autor studierte (1970)[33] auch das allgemeinere Problem, bei dem die Funktionen in $\mathbb{C} \setminus \mathbb{R}$ gesucht werden, deren Real- bzw. Imaginärteile für $y \to +0$ bzw. -0 vorgeschrieben sind, wobei teilweise der Real- und teilweise der Imaginärteil für $y \to +0$ gegeben sind und zwischen den Intervallen $[a_k,b_k]$; $k = 1,\ldots,m$; die Funktionen holomorph sein und in $H^{\pm}$ vorgegebene Singularitäten besitzen sollen. S. GOGONEA behandelte (1974)[35] entsprechende Probleme mit Anwendung auf die Filtrationstheorie für den Einheitskreisrand ∂E. D. HOMENTCOVSCHI stößt (1969)[45] im Zusammenhang mit dem Problem eines dünnen angeströmten Profils in einer leitenden Flüssigkeit auf das folgende stückweise stetige Riemann-Hilbertsche Randwertproblem für H^+:

Gesucht sind alle $F(z) = U(x,y) +i V(x,y)$ *in* H^+, *die für* $z \to \infty$ *beschränkt bleiben, mit integrablen Singularitäten in den Umschlagstellen der Randbedingungen*

$$U(x,+0) = 0 \qquad \textit{für}\ \ \overline{\mathbb{R}} \setminus [-1,1]$$

$$(3.5.49) \qquad a \cdot U(x,+0) + b \cdot V(x,+0) = f(x) \qquad \textit{für}\ \ x \in (\alpha,\beta) \subset [-1,1]$$

$$a \cdot U(x,+0) + b \cdot V(x,+0) = 0 \qquad \textit{für}\ \ x \in [-1,1] \setminus [\alpha,\beta]$$

mit reellen Konstanten a,b *und reeller, rationaler stetiger Funktion* f *auf* $[\alpha,\beta]$.

3. Das in Definition 3.9 genannte gemischte Randwertproblem ist auf den T-periodischen Fall (T>0) verallgemeinert worden im Zusammenhang mit der Theorie der zweidimensionalen Strömungen reibungsfreier, inkompressibler Gase durch Profilgitter (s. hierzu z.B. die Arbeiten von L.I. SEDOV [101] und dem Autor [69,106], auf die im späteren Kapitel 5 noch detailliert eingegangen werden soll.) Hierbei ist die kanonische Funktion (3.5.43) bzw. (3.5.46) zu ersetzen durch die folgende

$$(3.5.50) \qquad X_T(z;c_1,\ldots,c_r) := \sqrt{\dfrac{\prod\limits_{\rho=1}^{r} \sin \frac{\pi}{T}(z-c_\rho)}{\prod\limits_{j=r+1}^{2m} \sin \frac{\pi}{T}(z-d_j)}} =$$

$$= \dfrac{\prod\limits_{\rho=1}^{r} \sin \frac{\pi}{T}(z-c_\rho)}{\sqrt{\prod\limits_{k=1}^{m} \sin \frac{\pi}{T}(z-a_k)\cdot\sin \frac{\pi}{T}(z-b_k)}}$$

mit $0<a_1<b_1<\ldots<a_m<b_m<T$. Es ist dann

$$(3.5.51) \qquad X_T(z+T;c_1,\ldots,c_r)=(-1)^{r-m}\cdot X(z;c_1,\ldots,c_r)$$

und $X_T(z)$ hat das asymptotische Verhalten

$$(3.5.52) \qquad X_T(z;c_1,\ldots,c_r) = O\,(e^{\pi(r-m)|y|/T}) \quad \text{für} \quad |y| \to \infty$$

Eine spezielle Lösung des inhomogenen Problems ist für gerade Zahlen $m-r$ gegeben durch

$$F_{inh,T}(z;c_1,\ldots,c_r) := \dfrac{X_T(z;c_1,\ldots,c_r)}{T}\left\{\dfrac{1}{i}\int\limits_{L}\dfrac{f(\tau)}{X_T^+(\tau;c_1,\ldots,c_r)}\cot\frac{2\pi}{T}(\tau-z)d\tau\right.$$

$$\left. + \int\limits_{L'}\dfrac{h(\tau)}{X_T^+(\tau;c_1,\ldots,c_r)}\cot\frac{2\pi}{T}(\tau-z)d\tau\right\} \quad \text{für} \quad z \notin \mathbb{R}$$

Im Falle von ungeraden $m-r$ ist der cot-Kern durch $1/\sin\frac{\pi}{T}(\tau-z)$ zu ersetzen.

Die Gesamtheit der Lösungen des homogenen Problems im Falle von $m-r\geq 0$ muß der Eigenschaft (3.5.51) Rechnung tragen, d.h. in

$$(3.5.54) \qquad F_{T,hom}(z;c_1,\ldots,c_r) = X_T(z;c_1,\ldots,c_r)\cdot P_{T,m-r}(z)$$

muß das trigonometrische Polynom

$$(3.5.55) \qquad P_{T,m-r}(z) := \sum\limits_{\nu=0}^{m-r}(\alpha_\nu\cdot\cos\pi\nu z/T + \beta_\nu\cdot\sin\pi\nu z/T)$$

die Eigenschaft (3.5.51) ebenfalls haben. Dies führt zu

$$(3.5.56a) \quad P_{T,m-r}(z) = \sum_{j=0}^{(m-r)/2} (\alpha_{2j} \cdot \cos 2\pi jz/T + \beta_{2j} \cdot \sin 2\pi j/T)$$

für m-r gerade

bzw.

$$(3.5.56b) \quad P_{T,m-r}(z) = \sum_{j=0}^{(m-r-1)/2} (\alpha_{2j+1} \cdot \cos(2j+1)\pi z/T + \beta_{2j+1} \cdot \sin(2j+1)\pi z/T)$$

für m-r ungerade .

3.6. Das kombinierte Riemann-Hilbert-Kopplungs-Randwertproblem

In diesem Abschnitt studieren wir eine Kombination des Riemannschen
Kopplungsproblems mit dem Riemann-Hilbertschen Randwertproblem, bei dem
auf dem Rande Γ eines einfach zusammenhängenden Gebiets D eine Randbedingung der Form $\mathrm{Re}[(a-ib)(\tau)F(\tau)] = c(\tau)$ und im Innern von D endlich viele disjunkte, glatte, orientierte Jordankurven L_μ; $\mu=1,\ldots,m$;
liegen, über die hinweg die in $D \setminus L$ stückweise holomorphe Funktion F
der Kopplungsbedingung $F^+(t) = G(t) \cdot F^-(t) + g(t)$ genügt.
LU-CHIEN KE hat sich (1965) [12] mit diesem Problem beschäftigt und folgendes Resultat erzielt:

<u>Satz 3.10:</u> *Es sei D ein einfach zusammenhängendes Gebiet mit dem Kur-
vensystem L im Innern. Die Funktionen a,b,c seien Hölderstetig auf
$\Gamma = \partial D$ mit $(a^2+b^2)(\tau) \neq 0$. $G \neq 0$ und g seien auf L Hölderstetig -
evtl. auch nur $g \in L^p(\rho;L)$, $1<p<\infty$, mit $\rho(t) \geq 0$, ρ und $\rho^{1-q} \in L^1(L)$,
$1/p + 1/q = 1 - \kappa := \mathrm{Ind}_\Gamma(a+ib)(\tau)$ bzw. $k := \mathrm{Ind}_L G(t)$ bezeichne die beiden
Windungsindizes, wobei k ggfs. zu einer ausgezeichneten Klasse
$H(c_1,\ldots,c_r)$ von in der Umgebung von $c_\rho \in L$ beschränkten Funktionen
gehöre. $K := \kappa + k$ sei der <u>Gesamtindex</u>.*

*Dann hat das <u>kombinierte Riemann-Hilbertsche-Kopplungs-Randwertproblem</u>
für Funktionen F(z), die in $D \setminus L$ stückweise holomorph sind und deren
Winkelgrenzwerte für $z \to \tau \in \Gamma$ bzw. $z \to t \in L$ - zumindest fast überall - den Gleichungen genügen*

$$(3.6.1) \quad \mathrm{Re}[(a-ib)(\tau)F(\tau)] = c(\tau), \quad t \in \Gamma,$$

$$(3.6.2) \quad F^+(t) = G(t)F^-(t) + g(t), \quad t \in L,$$

stets 2K+1 reell linear unabhängige Lösungen, falls $K \geq 0$ ist.

Im Falle $\kappa < 0$ hat das total homogene Problem, *$c = 0$, $g = 0$, nur die triviale Lösung, während das inhomogene Problem genau dann lösbar - und dann eindeutig - ist, wenn $|2K+1|$ Nebenbedingungen an c und g erfüllt sind.*

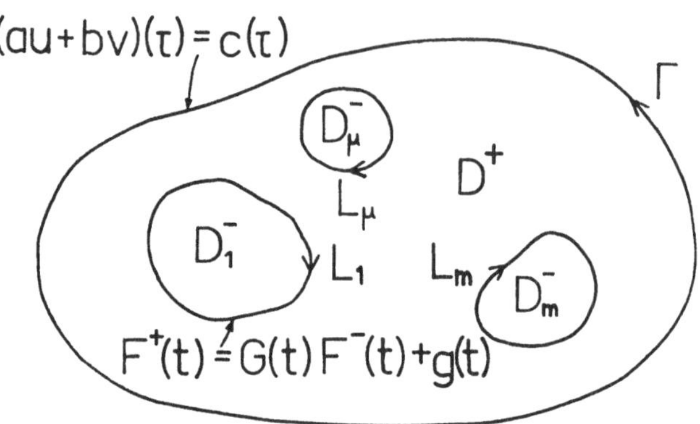

<u>Figur</u> 3.4: Zum kombinierten Riemann-Hilbertschen-Kopplungs-Randwertproblem

<u>Beweis</u>: (i) Lösung des Riemannschen Kopplungsproblems für stückweise holomorphe Funktionen F_1 in $\mathbb{C} \setminus L = \mathbb{C} \setminus \bigcup_{\mu=1}^{m} L_\mu$ zunächst: Sei $X_1(t; c_1, \ldots, c_r)$ die kanonische Lösung zur Klasse $H(c_1, \ldots, c_r)$, wenn die c_ρ nichtspezielle Endpunkte von L sind (s. Abschnitt 3.2!). Die Gesamtheit aller in $D \setminus L$ stückweise holomorphen Funktionen dieser Klasse $H(c_1, \ldots, c_r)$ ergibt sich aus

$$(3.6.3) \qquad F_{10}^+(t) = \frac{X_1^+(t; c_1, \ldots, c_r)}{X_1^-(t; c_1, \ldots, c_r)} \cdot F_{10}^-(t), \quad t \in L,$$

durch analytische Fortsetzung von $H_1(z) := F_{10}(z)/X_1(z)$ in ganz D zu einer unendlich-dimensionalen Schar:

$$(3.6.4) \qquad F_{10}(z) = X_1(z; c_1, \ldots, c_r)\, H_1(z)$$

mit beliebiger in D holomorpher Funktion H_1.

Eine spezielle Lösung des inhomogenen Kopplungsproblems für $\mathbb{C} \setminus L$ lautet bekanntlich

$$(3.6.5) \qquad F_{1,\mathrm{sp}}(z) = \frac{X_1(z; c_1, \ldots, c_r)}{2\pi i} \int_L \frac{g(t)}{X_1^+(t)} \frac{dt}{t-z}, \quad z \notin L.$$

(ii) Die Schar $F_{1,sp}(z) + X_1(z) \cdot H_1(z)$ soll die Lösungen des kombinierten Problems enthalten, d.h. H_1 muß so bestimmt werden, daß auch noch die Randbedingung (3.6.1) auf Γ erfüllt wird. Die Fundamentalfunktion $X_1(z;c_1,\ldots,c_r)$ hat auf Γ beliebig oft differenzierbare Randwerte und damit auch $F_{1,sp}$, so daß die Randbedingung umformuliert werden kann zu

(3.6.6a) $\quad \mathrm{Re}[\,(a-ib)(\tau)X_1(\tau)H_1(\tau)\,] = c(\tau) - \mathrm{Re}[\,(a-ib)(\tau)\,F_{1,sp}(\tau)\,]$

Es ist $X_1(\tau) \neq 0$ auf Γ, also ist $\lambda(\tau) := (a+ib)(\tau) \cdot \overline{X_1(\tau)}$ Hölderstetig und $\neq 0$ auf Γ, so daß nun (3.6.6a) in der Form

(3.6.6b) $\quad \mathrm{Re}[\,\overline{\lambda(\tau)} \cdot H_1(\tau)\,] = \gamma(\tau), \quad \tau \in \Gamma,$

ein reines Riemann-Hilbertsches Randwertproblem für H_1 in D darstellt.

(iii) Wir müssen nun den Index des reduzierten Randwertproblems für $H_1(z)$, $z \in D$, berechnen und dabei beachten, daß D einfach zusammenhängend ist und sich die Lösbarkeitsaussagen von Satz 3.7 bei konformer Abbildung von D auf die Einheitskreisscheibe E nicht ändern (s. Hierzu auch Abschnitt 1.6, Ende!). Es gilt

$$2 \cdot \mathrm{Ind}_\Gamma[\lambda(\tau)] = \frac{1}{\pi}[\arg \lambda(\tau)]_{\tau \in \Gamma} = \frac{1}{\pi}[\arg(a+ib)(\tau)\overline{X_1(\tau)}]$$

(3.6.7)
$$= \frac{1}{\pi}[\arg(a+ib)(\tau)]_{\tau \in \Gamma} - \frac{1}{\pi}[\arg X_1(\tau)]_{\tau \in \Gamma}$$

$$= 2\kappa - \frac{1}{\pi i} \int_\Gamma \frac{X_1'(\tau)}{X_1(\tau)}\, d\tau$$

Nun gilt $X_1(z;c_1,\ldots,c_r) = O(z^{-k})$ für $z \to \infty$ mit $k = k(c_1,\ldots,c_r)$. Für große $|z|$ besteht also die Entwicklung

(3.6.8a) $\quad X_1'(z)/X_1(z) = \{-k\alpha_k z^{-k-1} - (k+1)\alpha_{k+1} z^{-k-2} - \ldots\} \cdot$

$$\cdot \{\alpha_k z^{-k} + \alpha_{k+1} z^{-(k+1)} + \ldots\}^{-1}$$

mit $\alpha_k \neq 0$, so daß dieses für $k \neq 0$ wird

$$= -kz^{-1}\{1 + \frac{k+1}{k} \cdot \frac{\alpha_{k+1}}{\alpha_k} z^{-1} + \ldots\} \cdot \{1 + \frac{\alpha_{k+1}}{\alpha_k} z^{-1} + \ldots\} \cdot$$

(3.6.8b) $\qquad\qquad\qquad = -kz^{-1} + O(z^{-2})$ für $z \to \infty$

Im Falle $k = 0$ ist wegen $\lim\limits_{z \to \infty} X_1(z) = 1$ ebenfalls $X_1'(z)/X_1(z)$ in eine Potenzreihe nach z^{-1} für große $|z|$ entwickelbar.

Aufgrund des Cauchyschen Integralsatzes wird dann - für $k \neq 0$ -

$$(3.6.9) \qquad - \frac{1}{\pi i} \int_{\Gamma} \frac{X_1'(\tau)}{X_1(\tau)} \, d\tau = - \frac{1}{\pi i} \int_{|z|=R} \frac{X_1'(z)}{X_1(z)} \, dz = (-2)(-k) = 2k,$$

d.h. $2 \cdot \mathrm{Ind}_{\Gamma}(\lambda) = 2\kappa + 2k = 2K$. Für $k = 0$ ist

$$X_1'(z) = X_1(z) \, \frac{1}{2\pi i} \cdot \int_L \frac{\log G_0(\tau) \, d\tau}{(\tau - z)^2} \qquad \text{für} \quad z \notin L$$

mit dem indexfreien Kopplungskoeffizienten G_0 auf L, so daß in diesem Falle $X_1'(z)/X_1(z) = O(z^{-2})$ für $z \to \infty$ ist, d.h. das Integral in (3.6.9) liefert den Wert Null, da R beliebig groß wählbar ist.

Nun können die Aussagen von Satz 3.7 unmittelbar übertragen werden. Die Voraussetzung $(a^2 + b^2)(\tau) \equiv 1$ ist dabei keine Einschränkung der Allgemeinheit.

Im Sonderfall $\gamma(\tau) := c(\tau) - \mathrm{Re}[(a-ib)(\tau) F_{1,\mathrm{sp}}(\tau)] \equiv 0$ auf Γ ist das reduzierte Riemann-Hilbert-Problem homogen und hat $2K+1$ reell linear unabhängige Lösungen, falls $2K \geq 0$ ist. Insbesondere ist $\gamma = 0$ für $c = 0$ und $F_{1,\mathrm{sp}}(\tau) \equiv 0$, d.h. bei $g(t) \equiv 0$ auf L. Für $2K \leq -2$ gibt es höchstens eine Lösung, wenn nämlich noch $|2K|-1 = |2K+1|$ Nebenbedingungen erfüllt sind. Diese ergeben sich aus Satz 3.8, Formeln (3.5.22) und (3.5.23), wenn man D zuvor auf die Einheitskreisscheibe E abgebildet hat.

Bei spezieller Kombination der Daten a,b,c auf Γ und G,g auf L könnte γ auf Γ Null sein, ohne daß c und g dort identisch verschwinden. In diesem Falle könnte $H_1(z) \equiv 0$ in D herauskommen. Die Lösung des kombinierten Problems freilich ist als Summe nach (ii) dann nichttrivial. $\#$

Bemerkungen: 1. Die Schlußweisen hier lassen sich erweitern auf unbeschränkte und auf mehrfach zusammenhängende Gebiete D, sofern für diese das (reine) Riemann-Hilbertsche Randwertproblem lösbar ist. Zu diesen Fragen, die sich auch auf allgemeinere elliptische Systeme erster Ordnung statt der Cauchy-Riemann-Gleichungen beziehen, siehe insbesondere das Buch von W. WENDLAND (1979)[120]!

2. Die Übertragung des kombinierten Riemann-Hilbertschen Randwertproblems auf periodische Funktionen oder - im allgemeinen Rahmen - auf Funktionen, die auf Riemannschen Flächen statt Gebieten D in $\mathbb{C}$ definiert und holomorph sind, ist teilweise studiert worden u.a. von Yu.L. RODIN (1959)[94], W. KOPPELMANN (1960)[59] und weiteren Autoren. Hier kann nur kurz auf den Übersichtsartikel (1973)[79] des Autors verwiesen werden.

3. Alle Untersuchungen über die Kopplungs- und Randwertprobleme von Riemann und Hilbert sind auch auf Systeme $\vec{F}$ von gesuchten stückweise holomorphen Funktionen $(F_1, \ldots, F_n)$ übertragen worden. Hierzu siehe insbesondere das Buch von N.P. VEKUA (1967)[117]!

Kapitel 4: Singuläre Integralgleichungen

4.1. Anwendungen auf singuläre Integralgleichungen vom Cauchy-Hauptwert-Typ

Wir hatten bereits gesehen, daß für geschlossene glatte Jordankurven L ,
die Gerade $\mathbb{R}$ oder für endliche Systeme von geschlossenen glatten

Jordankurven, $L = \bigcup\limits_{\mu=(o)1}^{m} L_\mu$, für gegebene $g \in C_\alpha^O(L)$ oder $\in L^p(\rho;L)$:

$$(4.1.1) \quad (S_L\phi)(t) = \frac{1}{\pi i} \oint_L \frac{\phi(\tau)d\tau}{\tau-t} = g(t), \ t \in L$$

die eindeutig bestimmte Lösung

$$(4.1.2) \quad \phi(t) = (S_L g)(t), \ t \in L,$$

im selben Raum besitzt.

<u>Definition 4.1:</u> *Ist* L *ein endliches System von disjunkten Jordankurven oder eine von* ∞ *nach* ∞ *verlaufende glatte Jordankurve in* $\mathbb{C}$ *und sind* a,g *auf* L *und* K *auf* $L \times L$ *vorgegebene Funktionen, so heiße*

$$(4.1.3) \quad (\underline{K}\phi)(t) := a(t)\phi(t) + \frac{1}{\pi i} \oint_L \frac{K(t,\tau)\phi(\tau)}{\tau-t} \, d\tau = g(t), \ t \in L$$

eine <u>*singuläre Cauchy-Hauptwert-Integralgleichung längs* L *mit Kern* K .</u>

Wir beschränken uns hier auf den Fall Hölderstetiger a und K und
formen das singuläre Integral um mit $b(t) := K(t,t) \in C_\alpha^O(L)$:

$$(4.1.4) \quad \begin{aligned} (\underline{K}\phi)(t) &= a(t)\phi(t) + b(t) \cdot (S_L\phi)(t) \quad (=: (\underline{K}^O\phi)(t)) \\ &\quad + \frac{1}{\pi i} \oint_L \frac{K(t,\tau)-K(t,t)}{\tau-t} \, \phi(\tau)d\tau \, , \ t \in L \end{aligned}$$

und nennen $(\underline{K}^O\phi)(t) = g^O(t)$, $t \in L$, die <u>Hauptteil-Integralgleichung</u>
<u>längs L zu $\underline{K}\phi = g$.</u> Im Falle Hölderstetiger Kerne $K(t,\tau)$ gilt

$$(4.1.5) \quad |K(t,\tau) - K(t,t)| \leq M(t) \cdot |\tau-t|^\alpha$$

für $|\tau - t| \leq \delta = \delta(t)$, geeignet, mit $O < \alpha = \alpha(t) \leq 1$, $M(t) > O$. Bei
geschlossenen Kurven L gilt mithin gleichmäßig bzgl.
$(\tau,t) \in L \times L \setminus \{t = \tau\}$:

$$(4.1.6) \quad |k(t,\tau)| := \left|\frac{1}{\pi i} \cdot \frac{K(t,\tau)-K(t,t)}{\tau-t}\right| \leq \frac{M(t)}{\pi} \cdot \frac{1}{|\tau-t|^{\alpha-1}}$$

d.h.

$$(4.1.7) \qquad (\underline{k}\phi)(t) := \int_L k(t,\tau)\phi(\tau)d\tau \qquad , \; t \in L,$$

stellt einen <u>Integraloperator längs L mit schwach singulärem Kern k</u> dar.

Derartige Kerne definieren in $C^{0,\beta}(L)$ für $0 < \beta < \alpha \leq 1$ und in allen $L^p(\rho;L)$ mit $1 < p < \infty$, $\rho(t) \geq 0$, $\rho \in L^1(L)$ und $\rho^{1-q} \in L^1(L)$ $(\frac{1}{p} + \frac{1}{q} = 1)$ lineare, kompakte Operatoren (s.z.B. Kantorowitsch-Akilow [52], S. 291 ff., oder K. Jörgens [50], S. 107/172). Für Integralgleichungen dieser Art

$$(4.1.8) \qquad (I-\underline{k})\phi = g \in \chi \; (=C^{0,\beta}(L) \quad \text{oder} \quad L^p(\rho;L))$$

gilt die Fredholm-Rieszsche Theorie wie für solche Integralgleichungen zweiter Art mit stetigen Kernen k auf L x L, d.h.

$$\text{I.} \qquad \phi_0(t) - \int_L k(t,\tau)\phi_0(\tau)d\tau = 0$$

hat höchstens endlich viele linear unabhängige Lösungen ϕ_0, *d.h.*

$$\alpha(I-\underline{k}) = \dim\ker(I-k) = \dim \mathcal{N}(I-\underline{k}) < \infty.$$

$$\text{II.} \qquad \phi(t) - \int_L k(t,\tau)\phi(\tau)d\tau = g(t), \; t \in L,$$

ist stets lösbar im zugrundegelegten Banachraum χ, *wenn* $\alpha(I-\underline{k}) = 0$ *ist.*

III. *Gilt* $\alpha(I-\underline{k}) > 0$, *so ist* (4.1.8) *nur dann lösbar, wenn gilt*

$$(4.1.9) \qquad \int_L g(\tau) \cdot \phi_0^*(\tau)d\tau = 0$$

für alle Lösungen der <u>homogenen adjungierten Integralgleichung</u> in χ^*, *dem zu* χ *dualen Raum,*

$$(4.1.10a) \qquad (I-\underline{k}^*)\phi_0^* = 0$$

d.h.

$$(4.1.10b) \qquad \phi_0^*(t) - \int_L k(\tau,t)\phi_0^*(\tau)d\tau = 0, \; t \in L,$$

von denen es wiederum genau α *linear unabhängige gibt; d.h.*

(4.1.11) $\beta(I-\underline{k}) := \text{codim}(\text{im}[I-\underline{k}]) = \dim \chi/_{\mathcal{R}(I-\underline{k})} = \alpha(I-k^*) = \alpha(I-\underline{k})$

mit dem Bildbereich $\mathcal{R}(I-\underline{k}) := \{\psi \in \chi : \psi = (I-\underline{k})\phi, \phi \in \chi\}$.

Definition 4.2: *Ist* χ *ein Banachraum (allgemeiner: ein linearer topologischer Raum) und* $T \in \mathcal{L}(\chi)$ *ein stetiger linearer Operator* $T : \chi \to \chi$, *so heiße dieser - oder die zugehörige lineare Gleichung -* <u>*normal auflösbar*</u>, *falls* $T\phi = f$ *genau dann lösbar ist, wenn* $\langle\phi_o^*, f\rangle = 0$ *ist für alle Lösungen der adjungierten homogenen Gleichung* $T^*\phi_o^* = 0$, *die im Dualraum* χ^*, *dem Raum der stetigen linearen Funktionale über* χ *betrachtet wird.*

χ^* kann aber auch durch einen anderen Raum Y ersetzt werden, so daß $\langle\phi^*, f\rangle$ der Wert einer Sesquilinearform $\langle \cdot, \cdot \rangle : Y \times \chi \to \mathbf{C}$ ist, die die Elemente von χ und Y trennt, d.h. für die aus $\langle\phi^*, f\rangle = 0$ für alle $f \in \chi$ $\phi^* = 0 \in Y$ folgt und aus $\langle\phi^*, f\rangle = 0$ für alle $\phi^* \in Y$ $f = 0 \in \chi$ folgt.

Man kann zeigen, daß T genau dann normal auflösbar ist, wenn $\mathcal{R}(T) = \overline{\mathcal{R}(T)} \subset \chi$ ist, was genau dann zutrifft, wenn $\mathcal{R}(T^*) = \overline{\mathcal{R}(T^*)} \subset Y$ ist (s.z.B. [50]; K. Jörgens loc. cit., Kap. III, §5).

Definition 4.3: *Ein stetiger linearer Operator* $T : \chi \to \chi$ *heiße ein (allgemeiner) Fredholm- oder Fredholm-Noether-Operator, in Zeichen* $T \in \mathcal{F}(\chi)$, *falls er normal auflösbar ist und* $(\alpha(T), \beta(T)) \in N_o^2$ *ist, d.h. wenn* $\alpha = \dim \mathcal{N}(T) < \infty$ *und* $\beta = \text{codim } \mathcal{R}(T) < \infty$ *sind. Die ganze Zahl*

(4.1.12) $\qquad \nu(T) := \alpha(T) - \beta(T)$

heiße dann der <u>*Index des Operators*</u> T.

Es gilt: *Ist* $T \in \mathcal{L}(\chi)$ *ein Fredholm-Noether-Operator, so auch* $T + V$ *mit vollstetigem* $V \in \mathcal{L}(\chi)$ *und es ist*

(4.1.13) $\qquad \nu(T + V) = \nu(T)$.

Der Index ist auch <u>*stabil gegenüber kleinen Störungen*</u>, *d.h. zu* $T \in \mathcal{F}(\chi)$, *existiert* $\rho = \rho(T) > 0$, *so daß* $T + A \in \mathcal{F}(\chi)$ *und* $\nu(T+A) = \nu(T)$ *für alle* $A \in \mathcal{L}(\chi)$ *mit* $\|A\|_{\mathcal{L}(\chi)} < \rho$ *ist. (s.z.B. Jörgens' Buch).*

Satz 4.1: $L = \bigcup_{\mu=(o)1}^{m} L_\mu$ *sei ein endliches System von glatten Jordankurven in* $\mathbf{C}$, *die das Innengebiet* D^+ *beranden.* $a, b : L \to \mathbf{C}$ *seien Hölderstetige Funktionen mit* $a^2(t) - b^2(t) \neq 0$ *auf* L, *so daß folgender*

Windungsindex erklärt ist

$$\kappa := \frac{1}{2\pi} \left[\arg \frac{a-b}{a+b}(t)\right]_L = \sum_{\mu=(o)1}^{m} \frac{1}{2\pi} \left[\arg \frac{a-b}{a+b}(t)\right]_{L_\mu}$$

Dann gilt für $\chi = c^{o,\beta}(L)$ *oder* $= L^p(\rho;L)$: $\underline{K}^o := a\,I + b\,S_L \in \mathcal{F}(\chi)$, *d.h. Fredholm-Noethersch, mit*

$$(4.1.14) \qquad \alpha(\underline{K}^o) = \begin{cases} \kappa, \ falls \quad \kappa \geq 0 \\ \\ 0, \ falls \quad \kappa < 0 \end{cases}$$

und

$$(4.1.15) \qquad \beta(\underline{K}^o) = \begin{cases} 0, \ falls \quad \kappa \geq 0 \\ \\ |\kappa|, \ falls \quad \kappa < 0 \ . \end{cases}$$

Dabei ist $\beta(\underline{K}^o) = \alpha(\underline{K}^{o*})$ *mit*

$$(4.1.16) \qquad (\underline{K}^{o*}\phi^*)(t) := a(t)\phi^*(t) - \frac{1}{\pi i} \oint_L \frac{b(\tau)\phi^*(\tau)}{\tau-t}\,d\tau, \ t \in L,$$

dem adjungierten singulären Hauptteil-Integraloperator $\underline{K}^{o*}$.

<u>Beweis:</u> Die singuläre IGL $\underline{K}^o\phi := a\phi + bS_L\phi = f$ wird in ein äquivalentes Kopplungsproblem überführt. Nimmt man an, $\phi \in \chi$ sei eine Lösung, dann bilde man mit dieser

$$(4.1.17) \qquad F(z) := \frac{1}{2\pi i} \int_L \frac{\phi(\tau)d\tau}{\tau-z}, \ z \notin L \ .$$

Aufgrund der Plemelj-Sochozki-Formeln, die zumindest für fast alle $t \in L$ gelten:

$$(4.1.18) \qquad F^{\pm}(t) = \pm\frac{1}{2}(\phi(t) + (S_L\phi)(t)),$$

können wir die IGL umformen zu

$$(4.1.19) \qquad (\underline{K}^o\phi)(t) = a(t)[F^+(t)-F^-(t)]+b(t)[F^+(t)+F^-(t)] = f(t)$$

oder - wegen $a^2(t) - b^2(t) \neq 0$ auf L - zu

$$F^+(t) = \frac{a-b}{a+b}(t)\cdot F^-(t) + \frac{f(t)}{(a+b)(t)} \ , \ t \in L$$

$(4.1.20)$

$$=: G(t)\cdot F^-(t) + g(t)$$

Die abschnittsweise holomorphe Funktion $F(z)$ strebt für $z \to \infty$ gegen
O, wenn L beschränkt ist.

Ist umgekehrt $F(z)$ eine derartige Lösung des Kopplungsproblems
(4.1.20) mit Hölderstetigem $G \neq 0$ auf L und $g \in C^{O,\beta}(L)$ oder
$g \in L^p(\rho;L)$ (Division durch $(a+b)(t) \in C^{O,\beta}(L)$ ändert wegen $a+b\neq O$
auf L an den Funktionsklassen nichts!), so bilde man

$$(4.1.21) \qquad \phi(t) := F^+(t) - F^-(t)$$

für fast alle $t \in L$ zumindest, und erhält über das zugehörige Integral vom Cauchy-Typus längs L, d.i. (4.1.17), auch

$$(4.1.22) \qquad (S_L\phi)(t) = F^+(t) + F^-(t)$$

Da $F^\pm(t)$ aber Gl(4.1.20) genügen, resultiert

$$(4.1.23) \quad \frac{1}{2}(\phi(t)+(S_L\phi)(t)) = \frac{a-b}{a+b}(t)\cdot\frac{1}{2}(\phi(t)-(S_L\phi)(t)) + \frac{f(t)}{(a+b)(t)}$$

zumindest für fast alle $t \in L$. Eine Umformung ergibt dann die IGL
$(\underline{K}^O\phi)(t) = f(t)$ auf L.

Für $f = O$ ergeben sich die Lösungen ϕ_{ok}; $k=1,\ldots,\kappa$; aus

$$(4.1.24) \qquad \phi_{ok}(t) = F^+_{ok}(t) - F^-_{ok}(t), \quad t \in L,$$

mit

$$F_{ok}(z) := z^{k-1}\cdot X_o(z); \quad k = 1,\ldots,\kappa; \text{ bei } \kappa > O$$

und der kanonischen Lösung des homogenen zugeordneten Kopplungsproblems
$(O\in D^+)$:

$$(4.1.25)\ X_o(z) = \begin{cases} \dfrac{1}{\pi(z)}\cdot\exp\left\{\dfrac{1}{2\pi i}\displaystyle\int_L \dfrac{\log[\tau^\kappa\cdot\pi(\tau)\frac{a-b}{a+b}(\tau)]d\tau}{\tau - z}\right\} & \text{für } z \in D^+ \\[20pt] z^{-\kappa}\cdot\exp\left\{\dfrac{1}{2\pi i}\displaystyle\int_L \dfrac{\log[\tau^\kappa\cdot\pi(\tau)\frac{a-b}{a+b}(\tau)]d\tau}{\tau - z}\right\} & \text{für } z \in D^- \end{cases}$$

mit

$$(4.1.26) \qquad \pi(z) := \prod_{\mu=1}^{m} (z-a_\mu)^{\kappa_\mu}, \quad a_\mu \in D^-_\mu; \quad \mu = 1,\ldots,m;$$

beliebig, aber fest gewählt und mit

$$\kappa_\mu := \frac{1}{2\pi}\left[\arg \frac{a-b}{a+b}(t)\right]_{L_\mu}.$$

Berechnet man also die Randwerte von $F(z)$ für $z \to t \in L$, so ergeben sich - bei $\kappa > 0$ - die κ linear unabhängigen von $\underline{K}^O \phi_O = 0$ zu:

$$\phi_{ok}(t) := t^{\kappa-1} \cdot \left\{ \frac{1}{\pi(t)} \cdot \exp\left[\frac{1}{2} \log\left(t^{-\kappa} \cdot \pi(t) \cdot \frac{a-b}{a+b}(t)\right) + \right.\right.$$
$$\left. + \frac{1}{2\pi i} \oint_L \frac{\log\left(\tau^{-\kappa} \cdot \pi(\tau) \frac{a-b}{a+b}(\tau)\right)d\tau}{\tau - t}\right] -$$

$$- t^{-\kappa} \cdot \exp\left[-\frac{1}{2}\log\left(t^{-\kappa}\cdot\pi(t)\cdot\frac{a-b}{a+b}(t)\right) + \right.$$
$$\left.\left. + \frac{1}{2\pi i}\oint_L \frac{\log\left(\tau^{-\kappa}\cdot\pi(\tau)\cdot\frac{a-b}{a+b}(\tau)\right)d\tau}{\tau - t}\right]\right\} \qquad , \ t \in L,$$

(4.1.27)

oder

$$\phi_{ok}(t) = \frac{2b(t)t^{\kappa-1}}{\sqrt{t^k \pi(t)\cdot[a^2(t)-b^2(t)]}} \cdot \exp\left\{\frac{1}{2\pi i}\oint_L \frac{\log\left(\tau^{-\kappa}\cdot\pi(\tau)\cdot\frac{a-b}{a+b}(\tau)\right)d\tau}{\tau - t}\right\}$$

(4.1.28)

$$\text{für} \quad k = 1,\dots,\kappa \ , \ t \in L \ .$$

Für die Quadratwurzel bzw. den Logarithmus werde auf L ein beliebiger stetiger Zweig gewählt. Im Falle $\kappa \leq 0$ gibt es nur die triviale Lösung, denn $F_O(z) \equiv 0$ gilt dann notwendig. $\quad$ #

Es sollen nunmehr die Lösungen der homogenen adjungierten IGL $\underline{K}^{O*}\phi_O^* = a\phi_O^* - S_L(b\phi_O^*) = 0$ aus den Lösungen eines äquivalent zugeordneten Kopplungsproblems bestimmt werden.

Mit einer solchen Lösung ϕ_O^* bilden wir

$$(4.1.29) \quad \psi_O^*(z) := \frac{1}{2\pi i}\int_L \frac{b(\tau)\phi_O^*(\tau)d\tau}{\tau - z} \ , \ z \notin L \ ,$$

so daß aufgrund der Plemelj-Sochozki-Formel folgt

$$(4.1.30a) \quad \psi_O^{*+}(t) - \psi_O^{*-}(t) = b(t)\cdot\phi_O^*(t)$$

$$(4.1.30b) \quad \psi_O^{*+}(t) + \psi_O^{*-}(t) = S_L(b\phi_O^*)(t) = a(t)\phi_O^*(t) \ ,$$

woraus

$$(4.1.31a) \quad 2\psi_O^{*+}(t) = (a+b)(t)\cdot\phi_O^*(t)$$

und

$$(4.1.31b) \quad 2\cdot\psi_O^{*-}(t) = (a-b)(t)\cdot\phi_O^*(t)$$

folgt, d.h. - wegen $a^2(t) - b^2(t) \neq 0$ auf L -

(4.1.32) $\quad \psi_o^{*+}(t) = \dfrac{a+b}{a-b}(t) \cdot \psi_o^{*-}(t) = [G(t)]^{-1} \cdot \psi_o^{*-}(t)$, $\quad t \in L$

Das ist aber das zu (4.1.20) adjungierte homogene Kopplungsproblem, das nur für $\kappa < 0$ nichttriviale, im Unendlichen verschwindende Lösungen $\psi_{ok}^{*}(z)$; $k = 1,\ldots,|\kappa|$; hat. Sie lauten

(4.1.33) $\quad \psi_{ok}^{*}(z) = \dfrac{z^{k-1}}{X_o(z)}$; $k = 1,\ldots,|\kappa|$.

Nach (4.1.31a) wird dann der Nullraum von $\underline{K}^{o*}$ erzeugt von

(4.1.34) $\quad \phi_{ok}^{*}(t) := \dfrac{t^{k-1}}{(a+b)(t) \cdot X_o^+(t)}$ $\quad$ für $\quad k = 1,\ldots,|\kappa|$,

oder mit $X_o^+(t)$ gemäß (4.1.25) : $X_o^+ = \dfrac{a-b}{a+b} \cdot X_o^-$, woraus folgt $(a+b)X_o^+ = (a-b)X_o^-$

$$\phi_{ok}^{*}(t) = t^{k-1} \cdot \sqrt{\frac{t^{\kappa} \cdot \pi(t)}{a^2(t) - b^2(t)}} \cdot$$

(4.1.35)

$$\cdot \exp\left\{ - \frac{1}{2\pi i} \oint\limits_{L} \frac{\log(\tau^{-\kappa} \cdot \pi(\tau) \cdot \frac{a-b}{a+b}(\tau)) d\tau}{\tau - t} \right\}$$

$$\text{für} \quad k = 1,\ldots,|\kappa| \quad , \; t \in L .$$

Eine <u>spezielle Lösung</u> des ursprünglichen inhomogenen Problems lautet:

(4.1.36) $\quad \phi_{inh}(t) = \dfrac{a(t)f(t)}{a^2(t)-b^2(t)} - \dfrac{b(t)X_o^+(t)}{\pi i \cdot (a-b)(t)} \oint\limits_{L} \dfrac{f(\tau)}{(a+b)(\tau)\, X_o^+(\tau)} \cdot \dfrac{d\tau}{\tau - t}$, $t \in L$.

Die Orthogonalitätsbedingungen

(4.1.37) $\quad \int\limits_{L} f(t)\phi_{ok}^{*}(t)dt = \int\limits_{L} \dfrac{f(t)}{(a+b)(t)} \cdot \dfrac{t^{k-1}}{X_o^+(t)}\, dt = 0$ $\quad$ für $\quad k = 1,\ldots,|\kappa|$

entsprechen genau denen beim Kopplungsproblem.

<u>Bemerkungen</u>: 1. Es lassen sich analoge Aussagen und Formeln angeben für die Räume $C^{m,\beta}(L)$; $m \in \mathbb{N} \cup \{\infty\}$; bei Kurven der Klasse $\mathcal{L}^{m+1,\lambda}(L)$, $0 < \beta \leq \lambda \leq 1$, auch $L = \mathbb{R}$ ist zulässig.

<u>2</u>. Für Jordanbögen $L = B$ wird die Lösungstheorie hinsichtlich der zugelassenen Räume $C^{m,\beta}(L)$ anders, da im zugeordneten Kopplungsproblem (4.1.20), das genauso zur IGL äquivalent ist, G zwar auf L Hölderstetig ist, aber nicht auf $L \cup \Gamma$, wenn Γ den Bogen L zu einer glatten geschlossenen Jordankurve ergänzt und $G(t) \equiv 1$ auf Γ gesetzt wird.

<u>3</u>. Ist die zur singulären IGL (4.1.3) bzw. (4.1.4) gehörige Hauptteil-gleichung gelöst, d.h. ein <u>reduzierender</u> (<u>singulärer</u>) <u>Integraloperator</u> R gemäß Formel (4.1.36) gefunden, dann kann die volle IGL zu einer Fredholm-Rieszschen mit schwach singulärem Kern reduziert und studiert werden. Auf Einzelheiten kann hier nicht eingegangen werden. Der Leser sei auf die Bücher von N.I. MUSCHELISCHWILI (1965) [82] bzw. F.D. GAKHOV (1966) [29] verwiesen.

In der Kontinuumsmechanik treten spezielle Formen von singulären IGLn längs endlich vieler glatter, disjunkter Bögen auf, z.B.

$$(4.1.38) \qquad (S_L \phi)(t) := \frac{1}{\pi i} \oint_L \frac{\phi(\tau)d\tau}{\tau - t} = g(t), \ t \in L := \bigcup_{\mu=1}^{m} \overset{\frown}{a_\mu b_\mu}$$

mit $g \in C^{o,\beta}(L') \cap L^1(L)$ für jeden abgeschlossenen Teilbogen L' von L, der keinen der Endpunkte a_μ oder b_μ; $\mu = 1,\ldots,m$; enthalte. Ge-sucht sind Lösungsfunktionen ϕ auf L in ähnlichen Funktionsklassen, wobei i.a. noch zusätzliche Beschränktheitsforderungen an ϕ bzgl. einiger Bogenendpunkte gestellt werden.

So führt z.B. die zweidimensionale Strömung eines inkompressiblen, rei-bungsfreien Gases um ein dünnes und schwach gewölbtes Profil zu obiger spezieller IGL längs der Sehne $- c \leq t \leq c$, d.h. $a_1 = - c$, $b_1 = + c$. ϕ stellt die Wirbeldichte der auf der Profilsehne gebundenen Wirbel und $v = - i \cdot g$ den Abwind, d.h. die vertikale Geschwindigkeitskomponen-te $v(t) = U \cdot f'(t)$, am Profil dar, wenn U die Anströmgeschwindigkeit parallel zur positiven t-Achse und $y = f(t)$ die <u>Skelettlinie des Profils</u> beschreiben

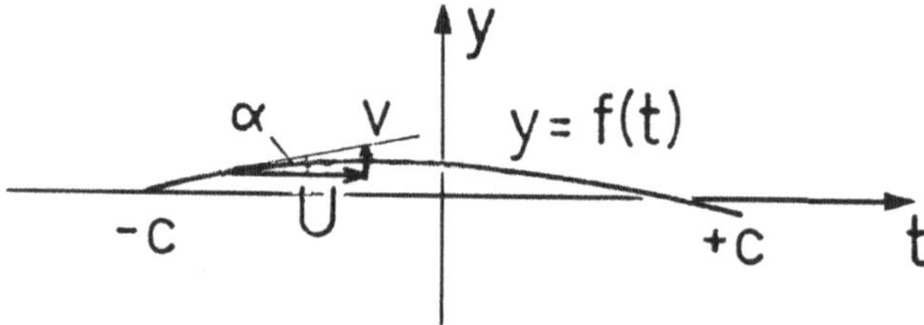

<u>Figur 4.1:</u> Anströmung eines dünnen Profils

Wir suchen also Umkehrformeln für die Cauchy-Transformation S_L längs Bögen L. Der Ansatz (4.1.17) ergibt wegen $a(t) \equiv 0$, $b(t) \equiv 1$ auf L das Kopplungsproblem (4.1.20) in der Form

$$(4.1.39) \qquad F^+(t) = - F^-(t) + g(t), \ t \in L,$$

d.h. es ist $G(t) \equiv - 1$ auf L. In Abschnitt 3.2 wurde dieses Riemann-sche Randwertproblem diskutiert. Die kanonische Lösung $X(z; c_1, \ldots, c_k)$

des homogenen Problems, die in den Punkten $c_1,\dots,c_k$, die Endpunkte a_μ oder b_μ sind, beschränkt bleibt, ist durch die Funktion (3.2.18) bzw. (3.2.19) gegeben. Die im Unendlichen höchstens wie eine Potenz wachsenden Lösungen des inhomogenen Kopplungsproblems lauten dann gemäß (3.2.13)

$$F(z) = \sqrt{\frac{R_1(z;c_1,\dots,c_k)}{R_2(z;c_1,\dots,c_k)}} \cdot \frac{1}{2\pi i} \int_L \sqrt{\frac{R_2(\tau;c_1,\dots,c_k)}{R_1(\tau;c_1,\dots,c_k)}} \frac{g(\tau)d\tau}{\tau-z}$$

(4.1.40)

$$+ P_N(z) \cdot \sqrt{\frac{R_1(z;c_1,\dots,c_k)}{R_2(z;c_1,\dots,c_k)}}$$

mit einem beliebigen Polynom $P_N(z)$ vom Grad N. Da aber $F(z)$ für $z \to \infty$ abklingen muß auf Grund des Ansatzes (4.1.17), muß sein

$$(4.1.41) \qquad N + \frac{1}{2}[k-(2m-k)] < 0, \text{ d.h. } 0 \le N < m - k,$$

also nur für $k \le m$ gibt es "brauchbare " Lösungen zu jeder rechten Seite $g(t)$. In den anderen Fällen muß g gewissen Orthogonalitätsbedingungen (3.2.21) genügen. Sind diese erfüllt - soweit notwendig bei $k > m$ -, so lauten die Lösungen ϕ der IGL (4.1.38) wegen (4.1.21)

$$\phi(t) = \frac{1}{\pi i} \sqrt{\frac{R_1(t;c_1,\dots,c_k)}{R_2(t;c_1,\dots,c_k)}} \oint_L \sqrt{\frac{R_2(\tau;c_1,\dots,c_k)}{R_1(\tau;c_1,\dots,c_k)}} \frac{g(\tau)d\tau}{\tau-t}$$

$$+ 2P_{m-k-1}(t) \cdot \sqrt{\frac{R_1(t;c_1,\dots,c_k)}{R_2(t;c_1,\dots,c_k)}} \quad \text{für} \quad t \in L = \bigcup_{\mu=1}^{m} \overset{\frown}{a_\mu b_\mu} \subset \mathbb{C}.$$

Im Falle des umströmten Profils erhalten wir die <u>Betzsche Umkehrformel</u>

$$(4.1.43) \qquad \phi(t;c) = \frac{1}{\pi}\sqrt{\frac{t-c}{t+c}} \int_{-c}^{c} \sqrt{\frac{\tau+c}{\tau-c}} \frac{v(\tau)d\tau}{\tau-t} , \quad t \in (-c,c)$$

für an der Hinterkante $t = c$ beschränkte Wirbeldichten ϕ infolge der sog. <u>Kuttaschen Abflußbedingung.</u> Für an beiden Kanten $t = \mp c$ unbeschränkte Lösungen gibt es die einparametrige Schar zur homogenen Gleichung:

$$(4.1.44) \qquad \phi_0(t) = \frac{d}{\sqrt{t^2-c^2}} , \quad d \in \mathbb{C} \text{ (bzw. } \mathbb{R}) \text{ beliebig,}$$

Wir wollen nun noch kurz einige Sonderfälle von singulären Hauptwert-IGLn behandeln, die sich durch Rückführung auf Riemannsche Kopplungsprobleme in geschlossener Form lösen lassen.

Ist $K(t,\tau)$ ein auf $L \times L$ definierter Kern, der bzgl. beider Variablen t und τ holomorph in das von L berandete Innengebiet D^+

fortsetzbar ist, so ist $[K(t,\tau) - K(t,t)]/(\tau-t)$ ebenfalls bei festem $t \in D^+ \cup L$ bzgl. τ holomorph in D^+ fortsetzbar - und umgekehrt nach Vertauschung der Rollen von t und τ. Wir zeigen, daß der singuläre Integraloperator (4.1.3) mit $a = 0$, $K(t,t) \equiv 1$ dann eine Involution in $C^{0,\beta}(L)$ und $L^p(\rho;L)$, $1 < p < \infty$, ist, d.h. die Lösung von

$$(4.1.45) \quad \frac{1}{\pi i} \oint_L \frac{K(t,\tau)\phi(\tau)}{\tau - t}\, d\tau = g(t), \quad t \in L,$$

ist durch ebensolch ein Integral gegeben:

$$(4.1.46) \quad \phi(t) = \frac{1}{\pi i} \oint_L \frac{K(t,\tau)g(\tau)}{\tau - t}\, d\tau, \quad t \in L.$$

Dies sieht man folgendermaßen ein: Wir schreiben den verallgemeinerten Cauchy-Kern in der Form

$$(4.1.47a) \quad \frac{K(t,\tau)}{\tau - t} = \frac{K(t,t)}{\tau - t} + \frac{K(t,\tau) - K(t,t)}{\tau - t} = \frac{1}{\tau-t} + M(t,\tau)$$

mit zugehörigem Operator

$$(4.1.47b) \quad (K_L g)(t) = \frac{1}{\pi i} \oint_L \frac{K(t,\tau)g(\tau)}{\tau - t}\, d\tau =: (S_L g)(t) + (M_L g)(t)$$

dies setzen wir in (4.1.45) nach entsprechender Aufspaltung ein und erhalten

$$
\begin{aligned}
(K_L \phi)(t) = (K_L^2 g)(t) = {} &(S_L^2 g)(t) + (M_L S_L g)(t) + \\
&+ (S_L M_L g)(t) + (M_L^2 g)(t)
\end{aligned}
$$

(4.1.48)

Ist $g \in C^{0,\beta}(L)$ oder $g \in L^p(\rho;L)$ beliebig, so projiziert $\frac{1}{2}(\pm I + S_L)$ auf Grund der Plemelj - Sochozki - Formeln auf die Funktionen der gleichen Klasse, die holomorph in das von L umschlossene Innen-, D^+, bzw. Außengebiet, D^-, (mit im Unendlichen verschwindenden Werten $G^-(z)$) fortsetzbar sind. Da der Kern $M(t,\tau)$ bzgl. t und τ nach D^+ holomorph fortsetzbar ist, so ist auch $(M_L g)(t)$ ins Innengebiet von L holomorph fortsetzbar, d.h. $\frac{1}{2}(-I + S_L)M_L g(t) = 0$ für alle $g \in C^{0,\beta}(L)$ oder $g \in L^p(\rho;L)$.

Andererseits ist auf Grund des Cauchyschen Integralsatzes $(M_L(I+S_L)g)(t) \equiv 0$, da für alle $z \in D^+$ die Funktion

$M(t,z) \cdot \frac{1}{\pi i} \int_L \frac{g(\xi)d\xi}{\xi - z}$ in D^+ holomorph ist mit Randwerten in $C^{0,\beta}(L)$

oder in $L^p(\rho;L)$. Aus beiden Gleichungen folgt

$$(4.1.49) \quad M_L = S_L M_L \quad \text{und} \quad M_L = - M_L S_L$$

auf den genannten Räumen von Funktionen auf L. Daraus folgt

(4.1.50a) $S_L M_L + M_L S_L = O$

und

(4.1.50b) $M_L^2 = M_L S_L M_L = - M_L S_L M_L = O$

notwendigerweise. Mithin gilt für die g aus den zugelassenen Funktionenräumen unter Beachtung von $S_L^2 = I$ (s. (2.3.30)!) $K_L^2 g = g$, d.h. $K_L \phi = g$ wird durch $\phi = K_L g$ eindeutig gelöst.

Von besonderem Interesse in den Anwendungen sind noch *singuläre Hauptwert-IGLn mit periodischen Kernen*

(4.1.51) $a(t)\phi(t) + \dfrac{b(t)}{2iT} \oint\limits_L \cot \dfrac{\pi}{T} (t-\tau)\phi(\tau)d\tau = f(t), \; t \in L,$

mit einer oder mehreren disjunkten, glatten Jordankurven L, die alle ganz im Innern eines Periodenstreifens der Breite $|T|$ liegen. Statt des cot - Kerns können auch die Kerne

(4.1.52a) $\dfrac{1}{T} e^{2\pi it/T} \cdot [e^{2\pi it/T} - e^{2\pi i\tau/T}]^{-1} = \dfrac{1}{2iT} [i + \cot \dfrac{\pi}{T} (t-\tau)]$

(4.1.52b) $\qquad\qquad = \dfrac{1}{2iT} e^{\pi i(t-\tau)/T} \cdot / \sin \dfrac{\pi}{T} (t-\tau)$

auftreten. Die IGL wird durch ein T-periodisches Integral vom Cauchy-Typus (s. auch (3.3.3)!)

(4.1.53) $\Phi_T(z) := \dfrac{1}{T} \int\limits_L \dfrac{e^{2\pi iz/T}}{e^{2\pi iz/T} - e^{2\pi i\tau/T}} \phi(\tau)d\tau, \; z \notin \bigcup\limits_{\mu=-\infty}^{\infty} L_\mu,$

mit $L_o := L, \; L_\mu := \{t \in \mathbb{C} : t = \tau + \mu T, \; \tau \in L_o\}$

auf Grund der verallgemeinerten Plemelj-Sochozki-Formeln (s.(3.3.4)!) in ein T-periodisches Riemannsches Kopplungsproblem

$$-a(t)[\Phi_T^+(t) - \Phi_T^-(t)] + b(t)\cdot[\Phi_T^+(t) + \Phi_T^-(t)]$$

(4.1.54a)

$$- \dfrac{b(t)}{2T} \cdot \oint\limits_L [\Phi_T^+(\tau) - \Phi_T^-(\tau)]d\tau = f(t), \; t \in L,$$

oder

(4.1.54b) $\Phi_T^+(t) = G_T(t)\cdot\Phi_T^-(t) + b(t)/2T[b(t) - a(t)] + g_T(t)$

überführt mit

$$(4.1.55a) \quad G_T(t) := \frac{b(t)+a(t)}{b(t)-a(t)} \quad \text{für} \quad t = t_o + \mu T, \ t_o \in L, \ \mu \in \mathbf{Z},$$

$$(4.1.55b) \quad g_T(t) := \frac{f(t)}{b(t)-a(t)} \quad \text{für} \quad t = t_o + \mu T, \ t_o \in L, \ \mu \in \mathbf{Z},$$

und

$$C := \int_L [\phi_T^+(\tau) - \phi_T^-(\tau)] \, d\tau$$

Das Problem (4.1.54b) kann gemäß Abschnitt 3.3 für jedes $C \in \mathbf{C}$ gelöst werden. Anschließend wird $\phi(t) = \phi_T^-(t) - \phi_T^+(t)$ in linearer Abhängigkeit von C bestimmt. Durch Integration über $\phi(t)$ ergibt sich dann eine lineare Gleichung für C. Es soll hier auf die Angabe der Formeln verzichtet werden, jedoch soll erwähnt werden, daß IGLn mit periodischen Kernen zu $a(t) \equiv 0$, $b(t) \equiv 1$ in der Theorie der ebenen Strömungen eines inkompressiblen, reibungsfreien Gases durch ein periodisches Gitter von dünnen, schwach gewölbten Profilen auftreten. Siehe hierzu z.B. die Arbeiten K. NICKEL 1951/53 [84,85] und von H. SÖHNGEN (1955) [105] und dem Autor 1960 [69]. Wir behandeln an dieser Stelle nur den einfachsten Fall von völlig gleichartigen benachbarten Profilen.

Verteilt man Wirbel gleicher Dichte ϕ in den Punkten $t \in (-c,c)$ und periodisch verschoben in $t + i\mu a$, $\mu \in \mathbf{Z}$, so lautet das von diesen Wirbeln induzierte komplexe Geschwindigkeitsfeld (s. z. B. [106], S. 445/46)

$$(4.1.56) \quad W(z) = \frac{i}{2a} \int_{-c}^{c} \phi(\tau)[\coth \frac{\pi}{a}(z-\tau) + 1] d\tau$$

Dabei wurde berücksichtigt, daß für $x \to -\infty$ kein Störgeschwindigkeitsfeld induziert werden soll, das Gitter also die Strömung nur nach $x = +\infty$ hin umlenken soll. Bei vorgegebenem (negativem) Imaginärteil, der Aufwindverteilung $v(t) = U \cdot f'(t)$ längs der Profilsehnen, $t \in (-c,c)$, ergibt sich analog zum Fall des Einzelprofils die singuläre IGL mit ia-periodischem Kern:

$$\frac{1}{2a} \oint_{-c}^{c} \phi(\tau)[\coth \frac{\pi}{a}(t-\tau) + 1] \, d\tau =$$

$$(4.1.57a) \quad = \frac{1}{a} \oint_{-c}^{c} \frac{e^{\pi(t-\tau)/a} \cdot \phi(\tau)}{e^{\pi(t-\tau)/a} - e^{-\pi(t-\tau)/a}} \, d\tau$$

$$= \frac{1}{a} \oint_{-c}^{c} \frac{e^{2\pi t/a} \cdot \phi(\tau)}{e^{2\pi t/a} - e^{2\pi \tau/a}} \, d\tau = -v(t) := - U \cdot f'(t)$$

– oder äquivalent dazu –

$$(4.1.57b) \quad \frac{1}{2a} \oint_{-c}^{c} \frac{\psi(\tau) d\tau}{\sinh \pi(t-\tau)/a} = - w(t), \quad t \in (-c,c),$$

mit

$$(4.1.58) \quad \psi(\tau) := e^{-\pi\tau/a} \cdot \phi(\tau), \quad w(t) := e^{-\pi t/a} \cdot v(t)$$

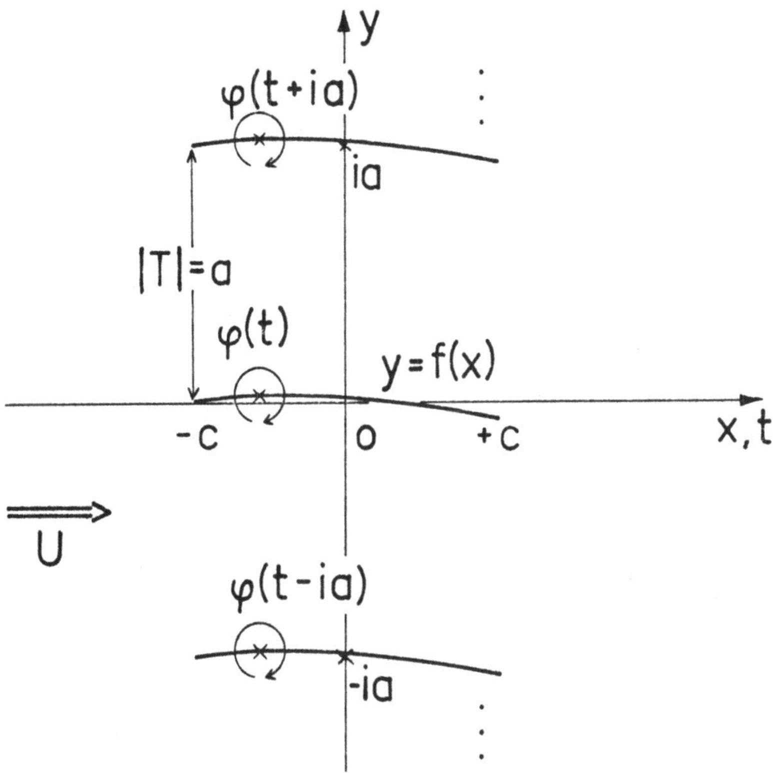

Figur 4.2: Durchströmtes Gitter dünner Profile

Der Ansatz (4.1.53) mit $T = ia$ führt über die Plemelj-Sochozki-Formeln für $\Phi_T(z)$ zu

$$(4.1.59) \quad \Phi^+_{ia}(t) + \Phi^-_{ia}(t) = \frac{2}{ia} \oint_{-c}^{c} \frac{e^{2\pi t/a} \cdot \phi(\tau)}{e^{2\pi t/a} - e^{2\pi \tau/a}} \, d\tau = 2i \cdot v(t) =: g(t)$$

mit der kanonischen ia-periodischen Lösung des homogenen Problems, die für $z \to c$ und $|\mathrm{Re}\,z| \to \infty$ beschränkt bleibt:

$$(4.1.60) \quad X_{ia}(z;c) := \sqrt{\frac{e^{2\pi z/a} - e^{2\pi c/a}}{e^{2\pi z/a} - e^{-2\pi c/a}}}$$

mit positiv imaginärer Wurzel für $z = t + i.0$, $t \in (-c,c)$.

Die eindeutig bestimmte Lösung des inhomogenen, ia-periodischen Kopplungsproblems lautet folglich

$$\Phi_{ia}(z;c) = - \sqrt{\frac{e^{2\pi z/a} - e^{2\pi c/a}}{e^{2\pi z/a} - e^{-2\pi c/a}}} \cdot$$

(4.1.61)

$$\times \frac{2}{a} \int_{-c}^{c} \sqrt{\frac{e^{2\pi\tau/a} - e^{-2\pi c/a}}{e^{2\pi\tau/a} - e^{2\pi c/a}}} \; \frac{e^{2\pi z/a} \cdot v(\tau) d\tau}{e^{2\pi z/a} - e^{2\pi\tau/a}}$$

Hieraus ergibt sich nun die eindeutig bestimmte, für $t \to c$ beschränkte Lösung ϕ der IGL (4.1.57a) also die <u>Umkehrformel der Gitter-Integralgleichung</u> zu

$$\phi(t;c) = \Phi_{ia}^{-}(t;c) - \Phi_{ia}^{+}(t;c)$$

(4.1.62)
$$= \frac{4}{a} \sqrt{\frac{e^{2\pi t/a} - e^{2\pi c/a}}{e^{2\pi t/a} - e^{-2\pi\tau/a}}} \cdot \oint_{-c}^{c} \sqrt{\frac{e^{2\pi\tau/a} - e^{-2\pi c/a}}{e^{2\pi\tau/a} - e^{2\pi c/a}}} \; \frac{e^{2\pi t/a} v(\tau) d\tau}{e^{2\pi t/a} - e^{2\pi\tau/a}}$$

$$= \frac{2}{a} \sqrt{\frac{\sinh \frac{\pi}{a}(t-c)}{\sinh \frac{\pi}{a}(t+c)}} \cdot \oint_{-c}^{c} \sqrt{\frac{\sinh \frac{\pi}{a}(\tau+c)}{\sinh \frac{\pi}{a}(\tau-c)}} \; \left[\coth \frac{\pi}{a}(t-\tau) + 1\right] v(\tau) d\tau$$

Durch Multiplikation mit $e^{-\tau t/a}$ ergibt sich gemäß (4.1.58) die Umkehrformel zur IGL (4.1.57b) zu

(4.1.63)
$$\psi(t;c) = \frac{2}{a} \sqrt{\frac{\sinh \frac{\pi}{a}(t-c)}{\sinh \frac{\pi}{a}(t+c)}} \cdot \oint_{-c}^{c} \sqrt{\frac{\sinh \frac{\pi}{a}(\tau+c)}{\sinh \frac{\pi}{a}(\tau-c)}} \; \frac{w(\tau) d\tau}{\sinh \frac{\pi}{a}(t-\tau)}$$

<u>Bemerkungen</u>: Auf Grund der Bemerkungen am Ende von Abschnitt 3.3 lassen sich gewisse singuläre IGLn mit doppeltperiodischen oder automorphen Kernen in geschlossener Form lösen, da die zugehörigen Kopplungsprobleme geschlossen lösbar sind. Es sei hier nochmals an die am Ende von Abschnitt 3.3 zitierte Literatur erinnert.

4.2. Integralgleichungen vom Abel- und Logarithmustyp

In diesem Abschnitt sollen einige Klassen von Integralgleichungen behandelt werden, die in engem Zusammenhang zu den singulären mit Cauchy-Hauptwert stehen und ebenfalls eine funktionentheoretische Behandlung zulassen.

<u>Definition 4.4:</u> *Unter einer <u>klassischen Abelschen Integralgleichung</u> für eine gesuchte Funktion ϕ auf dem Intervall $[a,b]$ versteht man die folgende*

(4.2.1) $\quad (A\phi)(x) := \int_{a}^{x} \frac{\phi(t) dt}{(x-t)^{\alpha}} = g(x) \quad$ für $\quad a<x<b$

mit festem $0<\alpha<1$.

Für diese gilt der folgende

<u>Satz 4.2:</u> *Ist* $g \in AC([a,b])$, *d.h. absolut stetig, so lautet die eindeutig bestimmte Lösung der klassischen Abelschen Integralgleichung* (4.2.1)

$$(4.2.2) \quad \phi(y) = \frac{\sin\alpha\pi}{\pi} \frac{d}{dy} \int_a^y \frac{g(x)\,dx}{(y-x)^{1-\alpha}} = \frac{\sin\alpha\pi}{\pi} \left\{ \frac{g(a^+)}{y^{1-\alpha}} + \int_a^y \frac{g'(x)\,dx}{(y-x)^{1-\alpha}} \right\}$$

<u>Beweis:</u> Man multipliziere die IGL (4.2.1) auf beiden Seiten mit $(y-x)^{\alpha-1}$ und integriere bzgl. x über $[a,y]$ mit $a<y\leq b$. Dann vertausche man links die Reihenfolge der Integrationen und beachte dabei mit $x=t+(y-t)v$

$$(4.2.3) \quad \int_t^y (y-x)^{\alpha-1}(x-t)^{-\alpha}dx = (y-t)^{1+\alpha-1-\alpha} \int_0^1 (1-v)^{\alpha-1}v^{-\alpha}\,dv = \frac{\pi}{\sin\pi\alpha} ,$$

so ergibt sich

$$(4.2.4) \quad \frac{\pi}{\sin\pi\alpha} \int_{t=a}^y \phi(t)\,dt = \int_{x=a}^y \frac{g(x)\,dx}{(y-x)^{1-\alpha}} ,$$

woraus durch Differentiation bzgl. y fast überall auf $[a,b]$ die behauptete Form der Lösung resultiert.

Die zweite Darstellung ergibt sich nach partieller Integration des rechts in (4.2.4) stehenden Ausdrucks. - Die Vertauschung der Integrationsreihenfolgen war dabei zulässig auf Grund des Satzes von Fubini-Tonelli. #

<u>Bemerkung:</u> Durch Variablensubstitution erhält man leicht weitere Integralgleichungen erster Art vom Abel-Typ, wie z.B. die im Buch von I.N. SNEDDON (1966) [103] angegebenen:

$$(4.2.5a) \quad \int_a^x \frac{\phi(t)\,dt}{(h(x)-h(t))^{\alpha}} = G(x), \quad a<x<b,$$

wenn h eine auf $[a,b]$ streng monoton wachsende Funktion ist. Substitution $y = h(x)$, $\tau = h(t)$, $A = h(a)$, $B = h(b)$ liefert nämlich mit $g(y) = G(x)$, $\phi(\tau) = \phi(t)$:

$$(4.2.5b) \quad \int_A^y \frac{\phi(\tau)[h'(\tau)]^{-1}d\tau}{(y-\tau)^{\alpha}} = g(y) \quad \text{für} \quad A<y<B$$

mit der Lösung

$$(4.2.6a) \quad \phi(\tau) = \frac{\sin\pi\alpha}{\pi} h'(t) \cdot \frac{d}{d\tau} \int_A^\tau \frac{g(y)\,dy}{(\tau-y)^{1-\alpha}} ,$$

$$(4.2.6b) \quad \phi(t) = \frac{\sin\pi\alpha}{\pi} h'(t) \frac{dt}{d\tau}\cdot\frac{d}{dt} \int_a^t \frac{G(x)h'(x)\,dx}{(h(t)-h(x))^{1-\alpha}} \quad \text{für} \quad a<x<b,$$

sofern $G h'$ absolut stetig ist. Für die Sonderfälle $a = 0$, $b = 1$, $h(x) = x^2$ oder $h(x) = x^\sigma$, $\sigma > 0$, und $0 \le a < b \le \pi$, $h(x) = \cos x$, ergeben sich bekannte Umkehrformeln.

Die im Integral vom Abeltyp vorkommende <u>endliche Faltung</u> zweier Funktionen mit dem <u>Faltungskern</u> $x^{-\alpha}$ für $0 < \alpha < 1$ mit ϕ, stellt eine Verallgemeinerung der Integration dar, denn es gilt mit

$$(4.2.7) \qquad \phi_0(x) := \phi(x), \quad \phi_1(x) := \int_0^x \phi_0(t)\,dt, \quad \phi_{r+1}(x) := \int_0^x \phi_r(t)\,dt, \quad r \in \mathbb{N}_0$$

woraus durch partielle Integration folgt

$$(4.2.8) \qquad \phi_{r+1}(x) = \frac{1}{r!} \int_0^x (x-t)^r \phi(t)\,dt$$

<u>Definition 45</u>: <u>1</u>. *Ist* $f \in L^1_{loc}(\mathbb{R}^+)$, *so heiße das durch*

$$(4.2.9) \qquad \mathcal{R}_\alpha\{f;x\} = (I^\alpha f)(x) := \frac{1}{\Gamma(\alpha)} \int_0^x (x-t)^{\alpha-1} f(t)\,dt$$

definierte Integral <u>Riemann-Liouvillesches gebrochenes Integral der</u> Ordnung α, *sofern* $\mathrm{Re}\,\alpha > 0$ *ist.*

<u>2</u>. *Analog definiert man für* $f \in L^1_{loc}(\mathbb{R}^+)$ *durch*

$$(4.2.10) \qquad \mathcal{W}_\alpha\{f;x\} := \frac{1}{\Gamma(\alpha)} \int_x^\infty (t-x)^{\alpha-1} f(t)\,dt$$

bei $\mathrm{Re}\,\alpha > 0$ *das <u>Weylsche gebrochene Integral der Ordnung</u> α, sofern es zumindest für fast alle* $x \in \mathbb{R}^+$ *existiert.*

Diese gebrochenen Integrale haben die Eigenschaft $I^\alpha I^\beta = I^{\alpha+\beta}$ für $\mathrm{Re}\,\alpha$, $\mathrm{Re}\,\beta > 0$. Die Lösungsformel (4.2.2) besagt $\phi(y) = \frac{\sin \pi\alpha}{\pi} (D_y \Gamma(\alpha) I^\alpha g)(y)$ zur Gleichung $\Gamma(1-\alpha)(I^{1-\alpha}\phi)(x) = g(x)$, d.h. wegen $\Gamma(\alpha)\Gamma(1-\alpha) = \pi/\sin\pi\alpha$ ist $(I^{1-\alpha})^{-1} = DI^\alpha$ mit dem Differentialoperator $D_y := d/dy$.

Bemerku<u>ngen</u>: Diese gebrochenen Integrationen sind in verschiedenen Räumen Lebesgue-integrierbarer Funktionen untersucht worden (s.z.B. das Buch von G. OKIKIOLU (1971) [87]). Verallgemeinerte Operatoren statt I^α wurden von ERDÉLYI und KOBER [24] (1940) eingeführt. Sie werden in dem Buch von SNEDDON [103] behandelt und spielen bei Rißproblemen in der Elastizitätstheorie eine Rolle. A.S. PETERS hat (1969) [89] Verallgemeinerungen der Integralgleichung vom Abeltyp betrachtet und dabei statt eines Intervalls [a,b] einen glatten Jordanbogen $\Gamma \subset \mathbb{C}$ zugelassen.

Wir wollen nun Verallgemeinerungen von (4.2.1) studieren, die erstmalig von K.D. SAKALYUK (1960) [96] betrachtet wurden. Sei $[a,b] \subset \mathbb{R}$ und seien c,d,f auf $[a,b]$ definierte Funktionen, deren Eigenschaften noch präzisiert werden sollen. Wir untersuchen für ein festes $0 < \alpha < 1$ in $0 < x < b$:

$$(4.2.11) \quad (T\phi)(x) := c(x) \cdot \int_0^x \frac{\phi(t)\,dt}{(x-t)^\alpha} + d(x) \cdot \int_x^b \frac{\phi(t)\,dt}{(t-x)^\alpha} = f(x)$$

Um IGLn dieses Typs zu lösen, benutzen wir Integraldarstellungen von Funktionen, die außerhalb des Schlitzes $[a,b] \subset \mathbb{C}$ holomorph sind und für die es zu den Plemelj-Sochozki-Formeln äquivalente Formeln für die Randwerte an beiden Schlitzufern gibt:

$$(4.2.12) \quad \phi(z) := [(z-a)(b-z)]^{(\alpha-1)/2} \cdot \int_a^b \frac{\phi(t)\,dt}{(t-z)^\alpha}$$

besitzt den Verzweigungsschnitt $[a,b]$. Aufgrund von $(t-z)^\alpha =$
$= \exp\{\alpha \log(t-z)\}$ und $0 < \arg(z-t) < 2\pi$ für ein beliebiges reelles t wird

$$(4.2.13) \quad 0 < \arg(z-a) < 2\pi, \; -\pi < \arg(b-z) < \pi, \; -\pi < \arg(t-z) < \pi,$$

also

$$(4.2.14a) \quad \arg(x-a)\big|^\pm = \begin{cases} 0 \;\text{ bzw. }\; 2\pi & \text{für } x > a \\ \pi & \text{für } x < a \end{cases}$$

$$(4.2.14b) \quad \arg(t-x)\big|^\pm = \begin{cases} 0 & \text{für } x < t \\ \mp\pi & \text{für } t < x \end{cases}$$

Damit können wir die Randwerte von ϕ durch Formeln berechnen, die die Plemelj-Sochozki-Formeln (2.2.9) ersetzen gemäß

$$(4.2.15a) \quad \phi^+(x) = [(x-a)(b-x)]^{\frac{\alpha-1}{2}} \left\{ e^{i\pi\alpha} \int_a^x \frac{\phi(t)\,dt}{(x-t)^\alpha} + \int_x^b \frac{\phi(t)\,dt}{(t-x)^\alpha} \right\}$$

und

$$(4.2.15b) \quad \phi^-(x) = -[(x-a)(b-x)]^{\frac{\alpha-1}{2}} \left\{ \int_a^x \frac{\phi(t)\,dt}{(x-t)^\alpha} + e^{i\pi\alpha} \int_x^b \frac{\phi(t)\,dt}{(t-x)^\alpha} \right\}$$

Für $x > b$ bzw. $x < a$ ergeben sich gleiche Randwerte auf der reellen Achse bei Annäherung von oben bzw. unten:

$$(4.2.16a) \quad \phi^\pm(x) = ie^{i\pi\alpha/2} [(x-a)(x-b)]^{\frac{\alpha-1}{2}} \cdot \int_a^b \frac{\phi(t)\,dt}{(x-t)^\alpha} \quad \text{für } x > b$$

bzw.

(4.2.16b) $\phi^{\pm}(x) = -ie^{i\pi\alpha/2}[(a-x)(b-x)]^{\frac{\alpha-1}{2}} \cdot \int\limits_{a}^{b} \frac{\phi(t)dt}{(t-x)^{\alpha}}$ für $x < a$

Für $z \to a,b,\infty$ hat $\phi(z)$ das folgende asymptotische Verhalten

(4.2.17) $\phi(z) = \begin{cases} O(|z-a|^{(\alpha-1)/2}) & \text{für } z \to a \\ O(|z-b|^{(\alpha-1)/2}) & \text{für } z \to b \\ O(|z|^{-1}) & \text{für } z \to \infty \end{cases}$

Die IGL (4.2.11) geht damit in das folgende Kopplungsproblem für die außerhalb $L = [a,b]$ holomorphe Funktion ϕ mit eindimensional integrablen Randwerten $\phi^{\pm}(x)$ über, wenn man zuvor die beiden Integrale vom Abeltyp durch ϕ^{+} und ϕ^{-} ausdrückt:

(4.2.18a) $(A\phi)(x) := \int\limits_{a}^{x} \frac{\phi(t)dt}{(x-t)^{\alpha}} = [(x-a)(b-x)]^{(1-\alpha)/2} \cdot \frac{\phi^{+}(x)+e^{-i\pi\alpha}\phi^{-}(x)}{2i\,\sin\pi\alpha}$

(4.2.18b) $(B\phi)(x) := \int\limits_{x}^{b} \frac{\phi(t)dt}{(t-x)^{\alpha}} = -[(x-a)(b-x)]^{(1-\alpha)/2} \cdot \frac{\phi^{-}(x)+e^{-i\pi\alpha}\phi^{+}(x)}{2i\,\sin\pi\alpha}$

(4.2.19) $[\phi^{+}(x)+e^{-i\pi\alpha}\phi^{-}(x)]c(x) - [\phi^{-}(x) + e^{-i\pi\alpha}\phi^{+}(x)]d(x) =$

$$= 2i\sin\pi\alpha[(x-a)(b-x)]^{(\alpha-1)/2}f(x)$$

bzw.

(4.2.20) $\phi^{+}(x) = \dfrac{d(x)-e^{-i\pi\alpha}c(x)}{c(x)-e^{-i\pi\alpha}d(x)} \phi^{-}(x) + \dfrac{2i\cdot\sin\pi\alpha\cdot[(x-a)(b-x)]^{(\alpha-1)/2}}{c(x)-e^{-i\pi\alpha}d(x)}f(x)$

Dieses Kopplungsproblem ist der obigen verallgemeinerten Abelschen IGL (4.2.11) $(T\phi)(x) = f(x)$ in (a,b) äquivalent, wenn für ϕ die asymptotischen Aussagen (4.2.17) gelten und ϕ aus einer der beiden IGLn vom Abeltyp (4.2.18a,b) berechnet wird. Unsere Herleitung von (4.2.20) ging von einer Lösungsfunktion ϕ aus. Sei nun umgekehrt ϕ eine Lösung des Kopplungsproblems bei reellen Hölderstetigen Koeffizienten $c(x)$ und $d(x)$, die nicht gleichzeitig auf $[a,b]$ verschwinden.
Es ist dann wegen $0 < \alpha < 1$:

$$(c(x)-e^{-i\pi\alpha}d(x))(d(x)-e^{-i\pi\alpha}c(x)) =$$

(4.2.21) $$= (cd)(x) + e^{-2i\pi\alpha}(cd)(x)-e^{-i\pi\alpha}(c^{2}+d^{2})(x)$$

$$= -e^{-i\pi\alpha}(c^{2}+d^{2}-2\cos\pi\alpha\cdot cd)(x) \neq 0 \quad \text{auf} \quad [a,b],$$

da für reelle c,d $c^{2}+d^{2}-2\cos\pi\alpha\cdot cd > c^{2}+d^{2}-2cd = (c-d)^{2} \geq 0$ ist.

Seien ϕ_1 und ϕ_2 zwei Lösungen, dann genügt $\Phi_O := \phi_1 - \phi_2$ dem zugehörigen homogenen Kopplungsproblem (f=O). ϕ_1 und ϕ_2 seien die zugehörigen Lösungen der Abel-IGLn (4.2.18a) oder b), die eindeutig nach Satz 4.2 bestimmt sind, sofern die Randwerte $\phi^\pm(x)$ und Daten den Voraussetzungen für die Auflösung genügen. Es könnte aber zunächst sein, daß Φ_O die rechte Seite gleich O in (4.2.18a) lieferte, d.h.

$$[(x-a)(b-x)]^{(1-\alpha)/2}[\phi_O^+(x)+e^{-i\pi\alpha}\phi_O^-(x)]/2i\,\sin\pi\alpha \equiv O,$$

oder

$$(4.2.22) \qquad \phi_O^+(x) = -e^{-i\pi\alpha}\phi_O^-(x) \quad \text{für} \quad a < x < b \, .$$

Dieses homogene Kopplungsproblem hat jedoch keine Lösung, die allen asymptotischen Bedingungen (4.2.17) genügte, denn die in $z = a$ und b eindimensional integrierbare Funktion

$$(4.2.23) \qquad \phi_O(z) := (z-a)^{(\alpha-1)/2}(b-z)^{-(\alpha+1)/2}$$

genügt zwar der ersten und dritten aber nicht der zweiten O-Bedingung wegen $O < \alpha < 1$. Andererseits klingen Lösungen, die in $z = a$ und b genügend schwach singulär sind, im Unendlichen nicht ab, wie z.B. $(b-z)\cdot\phi_O$.
Damit die rechten Seiten der Abel-IGLn (4.2.18a,b) in $[a,b]$ absolut stetig sind, also absolut integrable Ableitungen in (a,b) haben, müssen $\phi^\pm$ lokal absolut stetig sein. Die möglichen Singularitäten für $\phi^\pm(x)$ für $x \to a + o$ und $x \to b - o$ heben sich aufgrund von (4.2.17) gegen den Vorfaktor $[(x-a)(b-x)]^{(1-\alpha)/2}$ heraus. Sicherlich muß f auf $[a,b]$ absolut stetig sein. K.D. SAKALYUK (loc.cit.) setzt z.B. voraus, daß c und $d \in C^{1,\lambda}([a,b])$ sind und f von der Form

$$(4.2.24) \qquad f(x) = (x-a)^{\eta_1}\cdot(b-x)^{\eta_2}\cdot f^*(x)$$

mit $f^* \in C^{1,\lambda}([a,b])$ und $\eta_j > (1-\alpha)/2 - p_j$; $j = 1,2$; wenn p_1, p_2 die Singularitäten-Ordnungen einer Fundamentallösung X der zu (4.2.20) gehörigen homogenen Gleichung $(p_j \leq (1-\alpha)/2)$ bezeichnen, da dann die Dichte $2i\,\sin\pi\alpha\cdot[(x-a)(b-x)]^{(\alpha-1)/2}\,f(x)/X^+(x)\cdot[c(x)-e^{-i\pi\alpha}d(x)]$ in $[a,b]$ Hölderstetig ist und in positiver Ordnung η_1 bzw. η_2 in $x = a$ bzw. b verschwindet, so daß $\phi(z)/X(z)$ für $z \to a$ bzw. b beschränkt bleibt, d.h. $\phi(z)$ höchstens dieselben Singularitätenordnungen in a bzw. b haben kann. Auf eine genauere Diskussion der Lösungsklassen wird hier verzichtet. Im Rahmen des Studiums der in p-ter Potenz mit Gewicht integrierbaren Funktionen ist eine Lösungstheorie für die IGL

(4.2.11) von WOLFERSDORF (1965) [122] und von S.G. SAMKO (1968)[98] entwickelt worden.

Der Spezialfall $c(x) = d(x) \equiv 1$ in $[a,b]$ führt zur IGL

$$(4.2.25) \quad \int_a^b \frac{\phi(t)dt}{|x-t|^\alpha} = f(x) \quad \text{in} \quad [a,b] \; ,$$

die bereits T. CARLEMAN (1922) [9] löste. Das zugehörige Riemannsche Kopplungsproblem (4.2.20) lautet dann

$$(4.2.26) \quad \phi^+(x) = \phi^-(x) + 2e^{i\pi\alpha/2}\cos\pi\alpha/2 \cdot [(x-a)(b-x)]^{(\alpha-1)/2} f(x)$$

mit der Lösung

$$(4.2.27) \quad \phi(z) = \frac{e^{i\pi\alpha/2}\cos\pi\alpha/2}{\pi i} \int_a^b [(t-a)(b-t)]^{(\alpha-1)/2} \cdot \frac{f(t)dt}{t-z}$$

und zugehörigem ϕ, das aus der IGL zu berechnen ist:

$$(A\phi)(x) = \int_a^x \frac{\phi(t)dt}{(x-t)^\alpha} = \frac{1}{2} - \frac{1}{2\pi} \cot\pi\alpha/2 \cdot [(x-a)(b-x)]^{(1-\alpha)/2} \cdot$$

$$(4.2.28)$$

$$\cdot \oint_a^b [(t-a)(b-t)]^{(\alpha-1)/2} \frac{f(t)dt}{t-x} =: g(x)$$

gemäß der Umkehrformel (4.2.2).

Bemerkungen: Verallgemeinerungen der IGL (4.2.11) wurden von V.D. SAKAL-YUK (1962) [97] und von A.S. PETERS (1969) [89] untersucht:

$$(4.2.29) \quad c(x) \cdot \int_a^x \frac{K(x,t;\lambda)\phi(t)dt}{(x-t)^\alpha} + d(x) \cdot \int_x^b \frac{K(x,t;\lambda)\phi(t)dt}{(t-x)^\alpha} = f(x)$$

in $[a,b] \subset \mathbb{R}$ bzw. auf glatten Jordanbögen $\widehat{ab} \subset \mathbb{C}$ mit Kernfunktionen von der Form

$$K(x,t;\lambda) = 1 + 2\lambda \cdot \sum_{k=1}^n a_k (x-t)^k; \quad a_k, \lambda \in \mathbb{R} ;$$

und Funktionen c,d,f in ähnlichen Klassen Hölderstetiger Funktionen wie zuvor erwähnt.

Eine andere Klasse von IGLn, die logarithmische Kerne enthalten, wurde von einer Reihe von Autoren studiert, z.B. die vom Typ

$$(4.2.30) \quad b(x) \int_0^\infty [P(t-x)\log|x-t| + Q(t-x)]\phi(t)dt -$$

$$-\pi i \cdot a(x) \int_0^x P(t-x)\phi(t)dt = \frac{1}{2} f(x) \quad \text{für} \quad x \in \mathbb{R}_+$$

Eine Beschreibung der funktionentheoretischen Lösungsmethode ist im Buch von F.D. GAKHOV (1966) [29] in Kap. VII zu finden. Wir folgen hier dieser Methode. P und Q seien ganze Funktionen, a,b und f auf $\mathbb{R}_+$ Hölderstetig mit $a^2-b^2 \neq 0$ dort. Wir suchen zunächst nach Formeln, die die Plemelj-Sochozki-Formeln ersetzen und gekoppelt sind mit den voranstehenden Integralen. Sei ψ eine in $\mathbb{C} \setminus \mathbb{R}_+$ holomorphe Funktion mit stetigen Randwerten $\psi^\pm(x)$ für $x > 0$. $\log(t-z)$ für $t \in \mathbb{R}_+$ und $z \in \mathbb{C} \setminus \mathbb{R}_+$ sei erklärt durch $\log|t-z|+i\cdot\arg(t-z), -\pi < \arg(t-z) < \pi$, so daß gilt

$$(4.2.31) \quad \log(t-x)\big|^\pm := \lim_{y \to \pm 0} \log(t-z) = \begin{cases} \log|t-x| & \text{für} \quad 0 < x < t \\ \\ \log|t-x| \mp \pi i & \text{für} \quad t < x \end{cases}$$

Die Funktion Φ, definiert durch

$$4.2.32) \quad \Phi(z) := \psi(z) \cdot \int_0^\infty [P(t-z)\log(t-z) + Q(t-z)]\phi(t)dt$$

ist holomorph in $\mathbb{C} \setminus \mathbb{R}_+$, hat dann - sofern das Integral für alle kompakten $K \subset \mathbb{C} \setminus \mathbb{R}_+$ gleichmäßig konvergiert - die Randwerte für $x > 0$:

$$(4.2.33) \quad \Phi^\pm(x)/\psi^\pm(x) = \int_0^\infty [P(t-x)\log|t-x| + Q(t-x)]\phi(t)dt +$$

$$\pm \pi i \int_0^x P(t-x)\phi(t)dt,$$

welche die der Plemelj-Formeln ersetzen. Dann kann die IGL (4.2.30) in das folgende Kopplungsproblem überführt werden:

$$(4.2.34) \quad \Phi^+(x) = \frac{a(x)-b(x)}{a(x)+b(x)} \cdot \frac{\psi^+(x)}{\psi^-(x)} \cdot \Phi^-(x) + \frac{f(x)\cdot\psi^+(x)}{a(x)+b(x)} \quad \text{für} \quad x \in \mathbb{R}_+$$

Andererseits besteht - analog zu den Formeln (4.2.18a,b) bei der verallgemeinerten Abelschen IGL (4.2.11) - die Kopplung zu $\phi(t)$ vermöge

$$(4.2.35) \quad 2\pi i \int_0^x P(t-x)\phi(t)dt = \Phi^-(x)/\psi^-(x) - \Phi^+(x)/\psi^+(x) \quad \text{für} \quad x \in \mathbb{R}_+$$

Dies ist - wie die Abelsche - eine <u>Volterrasche IGL 1. Art vom Faltungstyp</u> und kann in vielen Fällen z.B. mittels der einseitigen Laplacetransformation gelöst werden (s. Abschnitt 4.3!).

- 194 -

Sind a,b,f Hölderstetige und beschränkte Funktionen auf $\mathbb{R}_+$, die
ggfs. sogar auf $\overline{\mathbb{R}_+} = [0,+\infty]$ stetig sind, also für $x \to +\infty$ Grenzwerte
haben, so liegt es nahe, nur solche in $\mathbb{C} \setminus \mathbb{R}_+$ holomorphe Lösungen des
Kopplungsproblems (4.2.34) zu suchen, die für $x \to +\infty$ Grenzwerte ihrer
Randwerte haben. Um das zu erreichen, muß die Hilfsfunktion ψ geeignet
gewählt werden in Abhängigkeit von den Daten a,b,f, P und Q.

A.E. HEINS und R.C. McCAMY haben 1958 [43] die spezielle <u>Wiener-Hopf-</u>
<u>Integralgleichung 1. Art</u>

$$(4.2.36) \quad \int_O^\infty H_O^{(1)}(k|x-t|)\phi(t)dt = e^{i\alpha x}, \quad x \in \mathbb{R}_+ ,$$

studiert. Sie tritt im Zusammenhang mit dem sog. <u>Sommerfeldschen Halb-</u>
<u>ebenenproblem</u> (s. Abschnitt 6.1!) der Beugung von akustischen Wellen auf.
$k = k_1 + ik_2$ mit $k_1 > O$, $k_2 \geq O$ bezeichne die Wellenzahl, $H_O^{(1)}(\omega)$
<u>die Hankelfunktion 1. Art zum Index O.</u> Für sie gilt (s.z.B. ERDELYI,
MAGNUS, OBERHETTINGER, [25])

$$(4.2.37) \quad H_O^{(1)}(k\omega) = \frac{2i}{\pi} J_O(k\omega) \cdot \log(k\omega) + Q(k\omega),$$

worin bekanntlich J_O und Q ganze Funktionen sind, die überdies ge-
rade in ω sind. Es ist also $P(\omega) := \frac{2i}{\pi} J_O(k\omega)$ in (4.2.32) zu setzen.
Um ψ festzulegen, benötigen wir das asymptotische Verhalten für
$\omega \to \infty$, etwa in $-\pi/2 < \arg(k\omega) < \pi/2$:

$$(4.2.38) \quad H_O^{(1)}(k\omega) = A \cdot (k\omega)^{-1/2} e^{ik\omega} + O(e^{ik\omega}/k\omega)$$

Wir setzen daher $\psi(z) := z^{-1/2} e^{ikz}$ mit Verzweigungsschnitt $\mathbb{R}_+$ für
$z^{-1/2}$. Dann verhält sich

$$(4.2.39) \quad \phi(z) := \psi(z) \int_O^\infty H_O^{(1)}(k(t-z))\phi(t)dt$$

- wenn das Integral in beliebigen Kompakta $K \subset \mathbb{C} \setminus \mathbb{R}_+$ konvergiert -
wie

$$(4.2.40) \quad Az^{-1} \int_O^\infty \frac{e^{itk}\phi(t)dt}{\sqrt{k(\frac{t}{z} - 1)}} = O(z^{-1}) \quad \text{für} \quad z \to \infty$$

in $O < \delta \leq |\arg z| \leq \pi/2$. Dabei werde vorausgesetzt, daß $\int_O^\infty e^{itk}\phi(t)dt$
konvergiert, also $\phi(t)$ höchstens Potenzwachstum hat bei $\mathrm{Im}k = k_2 > O$
und bei reellem $k = k_1 > O$ sogar abklingen muß für $t \to +\infty$. Das der
IGL (4.2.36) zugeordnete Riemannsche Kopplungsproblem lautet nun

$$(4.2.41) \quad \sqrt{x}\,e^{-ikx}[\phi^+(x)-\phi^-(x)] = 2\cdot\int\limits_0^\infty H_0^{(1)}(k|x-t|)\phi(t)dt = 2e^{i\alpha x}, \quad x \in \mathbb{R}_+$$

mit dem Zusammenhang zur Dichte ϕ über die Volterrasche IGL 1. Art

$$(4.2.42) \quad 4\cdot\int\limits_0^x J_0(k(x-t))\phi(t)dt = \sqrt{x}\,e^{-ikx}[\phi^+(x) + \phi^-(x)] \quad \text{für} \quad x \in \mathbb{R}_+$$

Mit der Lösung von (4.2.41)

$$(4.2.43) \quad \phi(z) = \frac{1}{\pi i}\int\limits_0^\infty \frac{e^{i(k+\alpha)t}}{\sqrt{t}}\,\frac{dt}{t-z}\,, \quad z \notin \mathbb{R}_+\,,$$

wird also die IGL (4.2.42)

$$(4.2.44) \quad \int\limits_0^x J_0(k(x-t))\phi(t)dt = \frac{\sqrt{x}\,e^{-ikx}}{2\pi i}\int\limits_0^\infty \frac{e^{i(k+\alpha)t}}{\sqrt{t}}\,\frac{dt}{t-x}, \quad x \in \mathbb{R}_+\,,$$

mit der Lösung für $t \in \mathbb{R}_+$

$$(4.2.45) \quad \phi(t) = \frac{\sqrt{\alpha+k}}{2i\sqrt{2\pi}}\int\limits_{i\gamma-\infty}^{i\gamma+\infty} \frac{\sqrt{k+\omega}}{\alpha+\omega}\,e^{-it\omega}d\omega, \quad \text{mit einem beliebigem } \gamma > 0.$$

V.P. SREEDHARAN [111] (1968) hat allgemeinere Daten $g(x)$ statt $e^{i\alpha x}$ auf $\mathbb{R}_+$ zugelassen und die Lösungen $\phi(t)$ auf $\mathbb{R}_+$, für die

$\int\limits_0^\infty e^{itk}\phi(t)dt$ existiert, in der Form

$$(4.2.46) \quad \begin{aligned} \phi(t) = {} & \frac{1}{2\pi i}\frac{d}{dt}\left[e^{-ikt}\sqrt{t}\int\limits_0^\infty \frac{e^{iky}g(y)}{\sqrt{y}(y-t)}\,dy\right] + \\ & + \frac{k}{2\pi i}\int\limits_0^t \frac{J_1(k(t-x))}{t-x}\,e^{-ikx}\sqrt{x}\int\limits_0^\infty \frac{e^{iky}g(y)}{\sqrt{y}(y-x)}\,dydt \quad \text{für} \quad t \in \mathbb{R}_+ \end{aligned}$$

gefunden.

Bemerkungen: 1. Die voranstehende Lösungsmethode ist übertragbar auf IGLn mit logarithmischen Kernen auf endlichen Intervallen $[a,b]$ (s.z.B. F.D. GAKHOV [29], p. 541). Zur speziellen IGL

$$(4.2.47) \quad \int\limits_{-1}^{+1} \log|x-t|\phi(t)dt = f(x), \quad x\in(-1,1)$$

gibt es eine umfangreiche Literatur. In neuerer Zeit wurde diese im Zusammenhang mit potentialtheoretischen Randwertproblemen in Sobolev-Räumen von G. HSIAO und W. WENDLAND (1976) [47] und im Zusammenhang mit Fragen der konformen Abbildung von D. GAIER (1976) [28] studiert. M. SCHLEIFF hatte (1968) [99] die etwas allgemeinere IGL

$$(4.2.48) \quad \frac{1}{\pi}\oint\limits_{-1}^{+1}\frac{\phi(t)dt}{x-t} + \frac{m(x)}{\pi}\cdot\int\limits_{-1}^{+1}\log|x-t|\phi(t)dt +$$
$$+ \int\limits_{-1}^{+1} k(x,t)\phi(t)dt = g(x), \quad x\in(-1,1),$$

in dem bewichteten Hilbertraum $L^2(\sqrt{1-x^2};(-1,1))$ betrachtet. R.C. McCAMY [68] (1958) hatte mit funktionentheoretischen Methoden solche IGLn und ähnliche Integro-Differentialgleichungen studiert, in denen neben ϕ auch ϕ' unter dem Integralzeichen erscheint.

2. Integralgleichungen der genannten Art treten bei aerodynamischen Problemen, z.B. schwingender Profile in kompressibler Unterschallströmung
("Possio-IGL") und in der Propellertheorie - zumindest als Approxima-
tionsformen der dort sehr komplizierten Kerne auf (s.z.B. die Arbeiten
von M. EICHLER [22] (1942), M. SCHLEIFF [99] (1968) und ČUMAKOW [17]
(1968)!).

3. Eine Reihe der Ansätze zuvor läßt sich auf IGLn mit Kernen übertragen, die periodisch sind oder die verschiedene Typen, Cauchy-Hauptwert-,
Abel- und Logarithmustyp kombinieren. Hier sind noch zahlreiche interes-
sante Untersuchungen nötig und möglich.

4.3. Grundlagen der Fourier- und Laplace-Transformation

Viele funktionentheoretische Randwertprobleme entstehen erst nach Anwendung der Fourier- oder Laplacetransformation auf partielle Differentialgleichungen oder Integralgleichungen. Hier sollen ohne Beweis die
wichtigsten klassischen Resultate über die Fourier- und Laplacetransformation zusammengestellt werden. Dabei soll allgemein der Lebesguesche
Integralbegriff zugrundegelegt werden. Viele Resultate können aber auch
im Sinne absolut konvergenter uneigentlicher Riemann-Integrale interpretiert werden. Für Einzelheiten sei auf die Bücher des Autors [125]
von G. DOETSCH [20] oder von E.C. TITCHMARSH [114] verwiesen.

__Definition 4.6:__ *Ist* $f : \mathbb{R} \to \mathbb{C}$ *eine auf der Achse absolut integrier-*
bare Funktion $(f \in L^1(\mathbb{R}))$, *so heiße die durch*

$$(4.3.1) \quad (Ff)(x) = \hat{f}(x) := \frac{1}{\sqrt{2\pi}} \int_{-\infty}^{\infty} f(t) e^{itx} \, dt \quad \textit{für} \quad x \in \mathbb{R}$$

definierte Funktion $\hat{f}$ *die* __Fouriertransformierte von__ f *und* F *die*
__Fouriertransformation.__

Entsprechend kann man die n-dimensionale Fouriertransformation erklären.
Die grundlegenden Eigenschaften sind enthalten im folgenden

__Satz 4.3:__ *Ist* $f \in L^1(\mathbb{R})$, *so ist ihre Fouriertransformierte* $\hat{f}$ *auf* $\mathbb{R}$
stetig mit dem Grenzwert Null für $|x| \to \infty$. *Wenn überdies* f *von be-*
schränkter Schwankung ist, dann gilt

$$(4.3.2) \quad \frac{1}{2}[f(t_o+0)+f(t_o-0)] = \frac{1}{\sqrt{2\pi}} \lim_{R \to \infty} \int_{-R}^{R} \hat{f}(x) e^{-it_o x} \, dx \ ,$$

so daß in allen Stetigkeitspunkten t_o *von* f *die Funktionswerte zu-*
rückgewonnen werden können.

__Bemerkung:__ Fordert man - außer der Integrabilität - keine zusätzlichen
Eigenschaften von f, so erhält man nur für fast alle $t \in \mathbb{R}$ die

Funktion zurück durch die Vorschrift

$$(4.3.3) \qquad f(t) = \frac{1}{\sqrt{2\pi}} \frac{d}{dt} \int_{-\infty}^{\infty} \hat{f}(x) \; \frac{e^{-ixt}-1}{-ix} \; dx \; .$$

Die Fouriertransformation <u>algebraisiert</u> nun eine Reihe von wichtigen
Operationen an Funktionen.

<u>Satz 4.4</u>: *Es sei* $f : \mathbb{R} \to \mathbb{C}$ *absolut stetig mit* $\lim\limits_{|t|\to\infty} f(t) = 0$ *und
mit über* $\mathbb{R}$ *absolut konvergentem Integral. Dann gilt*

$$(4.3.4) \qquad (F(\tfrac{d}{dt} f))(x) = -ix \cdot (Ff)(x) \quad \textit{für alle} \; x \in \mathbb{R}.$$

<u>Bemerkungen</u>: <u>1</u>. Aufgrund des Satzes zuvor (Riemann-Lebesguesches Lemma)
strebt dann $(Ff)(x)$ schneller als $1/|x|$ gegen Null für $|x|\to\infty$.
<u>2</u>. Wenn andererseits sogar tf auf $\mathbb{R}$ absolut integrierbar ist, kann
die Fouriertransformierte $\hat{f}$ unter dem Integralzeichen differenziert
werden, so daß gilt

$$(4.3.5) \qquad \frac{d}{dx} \hat{f}(x) = \frac{d}{dx} (Ff)(x) = (F(itf))(x) \quad \text{für} \; x \in \mathbb{R}.$$

Der <u>Differentiationssatz</u> erlaubt Differentialgleichungen mit konstanten
Koeffizienten auf $\mathbb{R}$ in algebraische Gleichungen zu überführen, während bei partiellen Differentialgleichungen die Ableitungen, nach denen
partiell differenziert und transformiert wird, eliminiert werden. Durch
die eindimensionale Fouriertransformation entstehen also aus partiellen
Differentialgleichungen mit zwei unabhängigen Veränderlichen gewöhnliche. Davon soll später bei Anwendungen der Wiener-Hopf-Methode in Kap. 6
Gebrauch gemacht werden.

Eine weitere wichtige Verknüpfung ist erklärt in der

<u>Definition 4.7</u>: *Sind* f *und* g *auf* $\mathbb{R}$ *erklärte, zumindest lokal ab-
solut integrierbare Funktionen und existiert* $k(t) := \int_{-\infty}^{\infty} f(t-\tau)g(\tau)d\tau$

für wenigstens ein $t_o \in \mathbb{R}$, *so heiße* k *die* <u>*Faltung von* f *mit* g *an
der Stelle*</u> t_o. *Wenn* $k(t)$ *zumindest für fast alle* $t \in \mathbb{R}$ *vorhanden
ist, heiße* k *das* <u>*Faltungsintegral*</u> - *oder kurz* - *die* <u>*Faltung von* f
mit g</u>.

Es gilt nun der wichtige

<u>Satz 4.5</u>: (*Faltungssatz*). *Sind* f *und* g *auf* $\mathbb{R}$ *absolut integrabel,
so existiert*

$$(4.3.6) \quad k(t) := (f*g)(t) := \int_{-\infty}^{\infty} f(t-\tau)g(\tau)d\tau$$

für fast alle $t \in \mathbb{R}$ *und stellt eine absolut integrable Funktion dar mit der Fouriertransformierten*

$$(4.3.7) \quad \hat{k}(x) = \sqrt{2\pi} \cdot \hat{f}(x) \cdot \hat{g}(x) \quad \text{für alle} \quad x \in \mathbb{R}.$$

Es wird also durch die Fouriertransformation auch die Operation der Faltung algebraisiert, die eine kommutative, assoziative und distributive Verknüpfung neben der Addition auf $L^1(\mathbb{R})$ ist, so daß damit $L^1(\mathbb{R})$ zu einem Ring wird.

In engem Zusammenhang mit der Fouriertransformation steht die <u>Laplacetransformation</u>:

<u>Definition 4.8</u>: *Ist* $f : \mathbb{R} \to \mathbb{C}$ *bzw.* $f : \mathbb{R}_+ \to \mathbb{C}$ *lokal absolut integrierbar* $(f \in L^1_{loc}(\mathbb{R}))$ *und gibt es eine komplexe Zahl* $s_o = \sigma_o + i\omega_o$, *so daß* $\int_{-\infty}^{\infty} e^{-s_o t} f(t)dt$ *bzw.* $\int_{o}^{\infty} e^{-s_o t} f(t)dt$ *konvergieren, so heißen das erste bzw. zweite Integral <u>zweiseitiges</u> bzw. <u>einseitiges Laplaceintegral</u> von* f *an der Stelle* s_o.

Es ist leicht zu sehen, daß im Falle der absoluten Konvergenz der genannten Laplaceintegrale

$$(4.3.8a) \quad \mathcal{L}_{II}\{f;s\} \equiv \tilde{f}(s) := \int_{-\infty}^{\infty} e^{-st} f(t)dt$$

bzw.

$$(4.3.8b) \quad \mathcal{L}_{I}\{f;s\} \equiv \tilde{f}(s) := \int_{o}^{\infty} e^{-st} f(t)dt$$

für alle $s = \sigma_o + i\omega$, $\omega \in \mathbb{R}$, bzw. Re $s = \sigma \geqq \sigma_o$, $\omega \in \mathbb{R}$, absolut konvergieren und bzgl. ω stetige bzw. für $\sigma > \sigma_o$ holomorphe <u>Laplacetransformierte</u> darstellen. Man sieht leicht den Zusammenhang mit der Fouriertransformation in

$$(4.3.9) \quad \tilde{f}(\sigma_o+i\omega) = \int_{-\infty}^{\infty} e^{-\sigma_o t} e^{-i\omega t} f(t)dt = \sqrt{2\pi}(F(e^{-\sigma_o t} f))(-i\omega), \quad \omega \in \mathbb{R},$$

während bei der einseitigen Laplacetransformation nur Integranden f vorkommen, die ihren Träger in $\mathbb{R}_+$ haben.
Der <u>Differentiationssatz</u> ist für die einseitige Laplacetransformation abzuwandeln zu folgendem

<u>Satz 4.6:</u> *Ist* $e^{-\sigma_o t} f \in L^1(\mathbb{R})$ *absolut stetig und auch* f' *in dieser Klasse und strebt* $e^{-\sigma_o t} \cdot f$ *für* $t \to +\infty$ *gegen Null, so gilt für alle* $s = \sigma + i\omega;\ \sigma \geq \sigma_o,\ \omega \in \mathbb{R}:$

$$(4.3.10) \quad \mathcal{L}_I\{f';s\} = s \cdot \mathcal{L}_I\{f;s\} - f(+0).$$

Hier geht also der <u>Anfangswert der Funktion f</u> mit in die Formel ein, was bei der Lösung von Anfangswertproblemen von Differentialgleichungen mit bzgl. der in $\mathbb{R}_+$ zu transformierenden Veränderlichen von großem Vorteil ist.

Da jede Funktion $f : \mathbb{R}_+ \to \mathbb{C}$ vermöge

$$(4.3.11) \quad F(t) := \begin{cases} f(t) & ,\ t \in [0,\infty) \\ 0 & ,\ t \in (-\infty,0) \end{cases}$$

auf ganz $\mathbb{R}$ fortgesetzt werden kann, ist für $f,g \in L^1_{loc}(\mathbb{R}_+)$ die <u>endliche</u> <u>Faltung</u> für fast alle $t \in \mathbb{R}_+$ erklärt durch

$$(4.3.12) \quad (f*g)(t) := \int\limits_o^t f(t-\tau)g(\tau)d\tau$$

und man benötigt keine Wachstumsbedingungen für $t \to \infty$. Wenn jedoch f und g beide höchstens exponentiell anwachsen, d.h. etwa $e^{-ct} \cdot f \in L^1(\mathbb{R})$ und $e^{-dt} \cdot g \in L^1(\mathbb{R})$ sind, dann gilt

$$(4.3.13) \quad \mathcal{L}_I\{\overset{t}{\underset{o}{f*g}};s\} = \mathcal{L}_I\{f;s\} \cdot \mathcal{L}_I\{g;s\}$$

für alle s mit $\mathrm{Re}\ s = \sigma \geq \max(c,d)$.

Aus der Fourierumkehrformel (4.3.2) ergibt sich für $e^{-\sigma_o t} f \in L^1(\mathbb{R})$ bzw. $f \in L^1(e^{-\sigma_o t};\mathbb{R}_+)$ und f von beschränkter Schwankung die Darstellbarkeit

$$(4.3.14a) \quad \tfrac{1}{2}[f(t_o+0) + f(t_o-0)] = \frac{1}{2\pi i} \lim_{\Omega \to \infty} \int\limits_{\sigma_o - i\Omega}^{\sigma_o + i\Omega} e^{st} \tilde{f}(s)ds$$

bzw. für alle $\sigma \geq \sigma_o$:

$$(4.3.14b) \quad\qquad = \frac{1}{2\pi i} \lim_{\Omega \to \infty} \int\limits_{\sigma - i\Omega}^{\sigma + i\Omega} e^{st} \tilde{f}(s)ds\ .$$

Die zweite Formel gilt aufgrund der Holomorphie von $\tilde{f}(s)$ in $\sigma > \sigma_o$ und des Cauchyschen Integralsatzes.

Die Fouriertransformation werde nun noch auf $L^p(\mathbb{R})$- Funktionen mit $1<p\leq 2$ ausgedehnt, ehe sie zur Lösung von Integralgleichungen vom Faltungstyp und gemischten Randwertproblemen bei partiellen Differentialgleichungen der mathematischen Physik eingesetzt werden soll.

Satz 4.7: *Ist* $f \in L^p(\mathbb{R})$ *mit* $1<p\leq 2$ *und* q *der duale Exponent* $(1/p+1/q=1)$, *so konvergiert*

$$(4.3.15) \qquad \hat{f}(x,a) := \frac{1}{\sqrt{2\pi}} \int_{-a}^{a} e^{ixt} f(t)\,dt$$

für $a \to \infty$ *im Mittel der Ordnung* q *gegen die* <u>*Fourier-Plancherel-Transformierte*</u>

$$(4.3.16) \qquad \hat{f}(x) = (Ff)(x) := \frac{1}{\sqrt{2\pi}} \frac{d}{dx} \int_{-\infty}^{\infty} f(t)\cdot\frac{e^{ixt}-1}{it}\,dt \quad \text{mit} \quad \hat{f} \in L^q(\mathbb{R})$$

und es gilt die Umkehrformel für fast alle $t \in \mathbb{R}$

$$(4.3.17) \qquad f(t) = \frac{1}{\sqrt{2\pi}} \frac{d}{dt} \int_{-\infty}^{\infty} \hat{f}(x)\cdot\frac{e^{ixt}-1}{-ix}\,dx \ .$$

Da aufgrund der Hölderschen Ungleichung das Produkt einer Funktion $f \in L^p(\mathbb{R})$ mit einer Funktion $g \in L^q(\mathbb{R})$ absolut integrierbar ist, folgt aus diesem Satz nun der

Satz 4.8: *(Parsevalformel). Sind* f *und* $g \in L^p(\mathbb{R})$, $1\leq p\leq 2$, *und* $\hat{f},\hat{g}$ *ihre Fouriertransformierten, so gilt*

$$(4.3.18a) \qquad \int_{-\infty}^{\infty} \hat{f}(x)\overline{\hat{g}(x)}\,dx = \int_{-\infty}^{\infty} f(t)\overline{g(-t)}\,dt$$

und speziell im Falle $p = q = 2$ *auch*

$$(4.3.18b) \qquad \int_{-\infty}^{\infty} \hat{f}(x)\overline{\hat{g}(x)}\,dx = \int_{-\infty}^{\infty} f(t)\overline{g(t)}\,dt \ .$$

Der Faltungssatz kann nunmehr auf L^p-Funktionen übertragen werden, es gilt nämlich

Satz 4.9: *Sind* $k \in L^1(\mathbb{R})$ *und* $f \in L^p(\mathbb{R})$, $1\leq p\leq 2$, *so existiert* $(k*f)(t)$ *gemäß* $(4.3.6)$ *für fast alle* $t \in \mathbb{R}$, *ist in* $L^p(\mathbb{R})$ *und hat die Fourier-Plancherel-Transformierte*

$$(4.3.19) \qquad F(k*f)(x) = \sqrt{2\pi}\cdot\hat{k}(x)\cdot\hat{f}(x) \in L^q(\mathbb{R})$$

mit dem dualen Exponenten $q \geq 2$ $(1/p+1/q = 1)$.

Diejenigen Fourier-Plancherel-Transformierten von L^p-Funktionen, die ihren Träger auf der positiven oder negativen Halbachse $\mathbb{R}_\pm$ haben, lassen sich funktionentheoretisch charakterisieren.

__Definition 4.9:__ *Die in der oberen bzw. unteren komplexen Halbebene* $H^\pm$ *holomorphe Funktion* $\phi(z)$ *mit* $z = x+iy$ *gehöre zur* <u>*Hardy-Klasse*</u> $\mathcal{H}_\pm^p$, *p > 0, falls für alle* $y > 0$ *bzw.* $y < 0$ *gilt*

$$(4.3.20) \quad M(\phi;y) := \|\phi(x+iy)\|_{L^p(\mathbb{R}_x)} := \left\{ \int_{-\infty}^{\infty} |\phi(x+iy)|^p dx \right\}^{1/p} \leq M_p < \infty.$$

Zunächst gilt für solche holomorphen Funktionen das

__Lemma:__ *Ist* $\phi(z)$ *mit* $z = x+iy$ *im Streifen*

$$S_{y_1,y_2} := \{ (x,y) \in \mathbb{R}^2 : y_1 < y < y_2,\ x \in \mathbb{R} \} \quad \text{holomorph und ist}$$

$$\sup_{y \in (y_1,y_2)} M(\phi;y) = M_p < \infty,\ \text{dann strebt}\ \phi(z)\ \text{mit}\ |x| \to \infty\ \text{gleichmäßig}$$

gegen Null in jedem abgeschlossenen Teilstreifen $\overline{S}_{y_1+\delta,y_2-\delta}$.

Die holomorphen Funktionen der Hardy-Klassen $\mathcal{H}_\pm^q$ stehen in engem Zusammenhang mit den Fouriertransformierten von L^p-Funktionen mit einseitigen Trägern in $\mathbb{R}_\pm$. Wir beschränken uns hier auf den Fall $p = 2$ und formulieren das Ergebnis im

__Satz 4.10:__ *Die Funktionen* $\phi \in \mathcal{H}_+^2$ *sind genau diejenigen in der oberen Halbebene* H_+ *holomorphen Funktionen, die sich als ins Komplexe fortgesetzte Fourier-Plancherel-Transformierte von absolut quadrat-integrablen Funktionen* f_+ *mit Träger auf* $\mathbb{R}_+$ *darstellen lassen:*

$$(4.3.21) \quad \phi(z) = \frac{1}{\sqrt{2\pi}} \int_0^\infty e^{izt} f_+(t)\,dt \quad \text{mit}\ z = x+iy,\ y > 0.$$

Sie besitzen für fast alle $x \in \mathbb{R}$ *für* $y \to 0^+$ *Randwerte*

$$(4.3.22) \quad \lim_{y \to +0} \phi(x+iy) = \hat{f}_+(x) = (Ff_+)(x),$$

die auch im quadratischen Mittel angenommen werden:

$$(4.3.23) \quad \lim_{y \to +0} \int_{-\infty}^{\infty} |\phi(x+iy) - \hat{f}_+(x)|^2 dx = 0 .$$

Für $y > 0$ *sind die Funktionswerte* $\phi(z)$ *durch die Cauchysche Integralformel darstellbar:*

$$(4.3.24) \quad \phi(z) = \frac{1}{2\pi i} \cdot \int_{-\infty}^{\infty} \frac{\hat{f}_+(\xi)\,d\xi}{\xi - z} .$$

(Zum Beweis - auch für $q \geq 2$ - siehe etwa das Buch von E.C. TITCHMARSH!)

Bemerkung: Eine entsprechende Aussage gilt für Funktionen der Hardy-Klasse $\mathcal{H}^2_-$. Daraus folgt dann die - im Sinne von fast überall - eindeutige Zerlegbarkeit für jede Funktion $\hat{f} \in L^2(\mathbb{R})$ gemäß

$$(4.3.25a) \quad \hat{f}(x) = \hat{f}_+(x) + \hat{f}_-(x)$$

mit

$$(4.3.25b) \quad \hat{f}_\pm(x) := F(\chi_{\mathbb{R}_\pm}(t) F^{-1}\hat{f})(x) ,$$

(χ_E: die charakteristische Funktion zur Menge $E \subset \mathbb{R}$!)
also z.B.

$$(4.3.25c) \quad \hat{f}_+(x) = \frac{1}{2\pi} \int\limits_0^\infty e^{ixt} \cdot \int\limits_{-\infty}^\infty e^{-i\xi t} \, \hat{f}(\xi) \, d\xi \, dt$$

oder

$$(4.3.25d) \quad \hat{f}_+(x) = \frac{1}{2} \hat{f}(x) + \frac{1}{2\pi i} \oint\limits_{-\infty}^\infty \frac{\hat{f}(\xi) d\xi}{\xi - x} \qquad \text{für f.a.} \quad x \in \mathbb{R}$$

über die Plemelj-Sochozki-Formel für H_+ (s. Abschnitt 2.2, Satz 2.5 erweitert auf $L^2(\mathbb{R})$-Funktionen!).

4.4. Anwendung auf Integralgleichungen vom Faltungstyp

Es soll nun die Fourier- bzw. Laplace-Transformation dazu verwendet werden, gewisse Typen von Integralgleichungen zu behandeln, wobei u.a. Resultate aus Abschnitt 4.2 unter stärkeren Voraussetzungen nochmals gewonnen werden.

Definition 4.10: *Sind* k *auf* $\mathbb{R}$ *als absolut integrierbare,* g *als lokal integrierbare Funktion und* c *als Konstante vorgegeben, so heiße*

$$(4.4.1) \quad c \cdot f(t) - \int\limits_{-\infty}^\infty k(t-\tau) f(\tau) d\tau = g(t), \quad t \in \mathbb{R},$$

eine Integralgleichung vom Faltungstyp für f zum Kern k. *Sie heiße* von erster *bzw.* zweiter Art, *je nachdem, ob* c = 0 *bzw.* $c \neq 0$ *ist.*
g *heiße* Inhomogenität *oder* rechte Seite. *Die Integralgleichung (IGL)
heiße* homogen, *falls* g = 0 *ist, sonst* inhomogen.

Es ist offenbar naheliegend, derartige IGLn mittels der Fouriertransformation durch Anwendung des Faltungssatzes zu <u>algebraisieren.</u> Wichtig
sind hierbei die genauen Voraussetzungen, unter denen die Lösbarkeit
und Eindeutigkeit der Lösung garantiert werden kann. Aufgrund der Ergebnisse des Abschnitts zuvor erhalten wir den

<u>Satz 4.11:</u> *Sind* $k \in L^1(\mathbb{R})$ *und* $g \in L^p(\mathbb{R})$, $1 \leq p \leq 2$, *vorgegebene Funk-
tionen mit* $1 - \sqrt{2\pi}\, \hat{k}(x) \neq 0$ *auf* $\overline{\mathbb{R}}$, *so ist die IGL* (4.4.1) *mit* $c = 1$
eindeutig lösbar in $L^p(\mathbb{R})$ *durch*

$$(4.4.2) \qquad f(t) = \frac{1}{\sqrt{2\pi}} \lim_{a \to \infty} \int_{-a}^{a} \frac{\hat{g}(x)}{1-\sqrt{2\pi}\cdot\hat{k}(x)}\, e^{-ixt}\, dt \qquad \textit{für f.a. } t \in \mathbb{R}$$

Diese Lösung kann auch in der Form

$$(4.4.3) \qquad f(t) = g(t) + \int_{-\infty}^{\infty} r(t-\tau)\cdot g(\tau)d\tau \qquad \textit{für f.a. } t \in \mathbb{R}$$

geschrieben werden, wobei der <u>*Resolventenkern*</u> r *definiert ist durch*

$$(4.4.4) \qquad r(t) := \frac{1}{\sqrt{2\pi}} \int_{-\infty}^{\infty} \hat{r}(x)e^{-ixt}dx := \int_{-\infty}^{\infty} \frac{\hat{k}(x)}{1-\sqrt{2\pi}\cdot\hat{k}(x)}\, e^{-ixt}dx \; .$$

<u>Bemerkung:</u> Da die Faltung einer L^p-Funktion g auf $\mathbb{R}$ für beliebige
$1 < p < \infty$ mit einem L^1-Kern k eine L^p-Funktion ergibt, ist die Darstellung (4.4.3) sogar für alle diese p gültig. Dies gilt überdies auch
im $\mathbb{R}^n$, $n > 2$. Der Satz von Wiener-Lévy (s.z.B. [92]) garantiert, daß
r die Fouriertransformierte einer absolut integrablen Funktion r ist.

Wenn wir nun in Gleichung (4.4.1) Funktionen nehmen, die ihre Träger in
$\mathbb{R}_+$ haben, also für $t < 0$ Null sind, so erhalten wir in

$$(4.4.5) \qquad f(t) - \int_{0}^{t} \dot{k}(t-\tau)f(\tau)d\tau = g(t), \; t > 0$$

<u>Volterra-Integralgleichungen vom endlichen Faltungstyp</u>, die mittels der
einseitigen Laplacetransformation gelöst werden können, wenn die auftretenden Funktionen für $t \to \infty$ höchstens exponentiell anwachsen. Es
ergibt sich nämlich wegen (4.3.13) im Bildbereich die Gleichung

$$(4.4.6) \qquad \tilde{f}(s) - \tilde{k}(s)\cdot\tilde{f}(s) = \tilde{g}(s) \quad \text{für} \quad \text{Re } s=\sigma \geq a := \text{Max}(c_1,c_2,c_3),$$

wenn $e^{-c_1 t}\cdot f(t) \in L^1(\mathbb{R}_+)$, $e^{-c_2 t} k(t) \in L^1(\mathbb{R})$ und $e^{-c_3 t} g(t) \in L^1(\mathbb{R}_+)$
angenommen werden. Dabei liegt c_1 zunächst noch nicht fest. Wegen
$\tilde{k}(s) \to 0$ für $s \to \infty$ in Re $s = \sigma \geq c_2$ (Satz 4.3) ist $1-|\tilde{k}(s)| > 0$
für genügend große Re $s > c_2$, so daß für diese s die Gleichung
(4.4.6) nach $\tilde{f}$ aufgelöst werden kann:

(4.4.7) $\quad \widetilde{f}(s) = \dfrac{\widetilde{g}(s)}{1-\widetilde{k}(s)} = \widetilde{g}(s) + \dfrac{\widetilde{k}(s)}{1-\widetilde{k}(s)}\, \widetilde{g}(s) = \widetilde{g}(s) + \sum\limits_{\nu=1}^{\infty} [\widetilde{k}(s)]^{\nu}\cdot\widetilde{g}(s)\,.$

Die Funktion $\widetilde{r}(s) := \widetilde{k}(s)\cdot[1-\widetilde{k}(s)]^{-1}$ ist mindestens für

Re $s > c_2^* \geq c_2$ die $\mathcal{L}_I$-Transformierte einer Funktion

$r \in L^1(e^{-(c_2^*+\delta)t}\,;\mathbb{R}_+)$ für jedes $\delta > 0$. Sie kann als <u>Faltungsprodukt-</u>
<u>reihe</u> dargestellt werden:

(4.4.8) $\quad r(t) = \sum\limits_{\nu=1}^{\infty} [k(t)]^{*\nu} \qquad$ für f.a. $t \in \mathbb{R}$

Es läßt sich zeigen, daß diese Reihe sogar für beliebige auf $\mathbb{R}_+$ lokal
absolut integrierbare Funktionen $k(t)$ für fast alle t gegen eine lokal integrierbare Funktion $r(t)$ konvergiert, so daß die eindeutig bestimmte Lösung der IGL (4.4.5) wie in Gleichung (4.4.3) aber mit den
Integrationsgrenzen O und t geschrieben werden kann.

Als Beispiel <u>4.1</u> werde die folgende IGL betrachtet:

(4.4.9) $\quad f(t) - \int\limits_O^t [1-(t-\tau) + \tfrac{1}{2}(t-\tau)^2]\, f(\tau)d\tau = g(t),\ t \in \mathbb{R}_+\,.$

Es werde zunächst $e^{-ct}\cdot f,\ e^{-ct}\cdot g \in L^1(\mathbb{R}_+)$ mit geeignetem $c > O$ angenommen. Die Anwendung der einseitigen Laplacetransformation ergibt in
Re $s = \sigma > c$ dann die algebraische Gleichung für $\widetilde{f}(s)$:

(4.4.10) $\quad \widetilde{f}(s) - \left[\dfrac{1}{s} - \dfrac{1}{s^2} + \dfrac{1}{s^3}\right]\cdot\widetilde{f}(s) = \widetilde{g}(s),$

oder nach $\widetilde{f}(s)$ formal aufgelöst

(4.4.11) $\quad \widetilde{f}(s) = \widetilde{g}(s) + \dfrac{s^2-s+1}{s^3-s^2+s-1}\cdot\widetilde{g}(s)\,.$

Es ist hierin

(4.4.12) $\quad \widetilde{r}(s) := \dfrac{s^2-s+1}{s^3-s^2+s-1} = \dfrac{1}{2}\dfrac{1}{s-1} + \dfrac{1}{2}\dfrac{s}{s^2+1} - \dfrac{1}{2}\dfrac{1}{s^2+1}\,,$

so daß sich als Urbildfunktion ergibt

(4.4.13) $\quad r(t) = \dfrac{1}{2}e^t + \dfrac{1}{2}\cos t - \dfrac{1}{2}\sin t\quad$ für $t \in \mathbb{R}_+\,.$

Die Lösung der IGL (4.4.9) lautet demzufolge

(4.4.14) $\quad f(t) = g(t) + \dfrac{1}{2}\int\limits_O^t [e^{(t-\tau)}+\cos(t-\tau)-\sin(t-\tau)]\, g(\tau)d\tau\quad$ für $t \in \mathbb{R}_+,$

die sogar für beliebige $g \in L^1_{loc}(\mathbb{R}_+)$ Gültigkeit hat.

Es ist leicht zu sehen, daß sich die Differenzierbarkeitsordnung von g auf die von f überträgt. Ist g mindestens dreimal (stetig) differenzierbar, so folgt

$$(4.4.15) \qquad f''' - f'' + f' - f = g'''(t) \text{ in } \mathbb{R}_+ \,.$$

Während sich IGLn zweiter Art vom Faltungstyp noch unter recht allgemeinen Bedingungen lösen lassen, trifft dies für IGLn erster Art (c=o) nicht mehr zu. Beschränken wir uns hier auf Volterrasche IGLn mit einer endlichen Faltung

$$(4.4.16) \qquad (k*f)(t) = \int_0^t k(t-\tau)f(\tau)d\tau = g(t), \quad t \in \mathbb{R}_+ \,,$$

so führt der Faltungssatz der Laplace-Transformation _formal_ zur Lösung im Bildbereich

$$(4.4.17) \qquad \tilde{f}(s) = \frac{\tilde{g}(s)}{\tilde{k}(s)} \,.$$

Nur wenn dies eine $\mathcal{L}_I$-Transformierte einer Funktion f ist, kann die Lösung von (4.4.16) in der Form geschrieben werden

$$(4.4.18) \qquad f(t) = \lim_{\Omega \to \infty} \frac{1}{2\pi i} \int_{b-i\Omega}^{b+i\Omega} e^{ts} \cdot \frac{\tilde{g}(s)}{\tilde{k}(s)} \, ds$$

mit $b \in \mathbb{R}$, so daß $\tilde{g}(s)/\tilde{k}(s)$ in $\operatorname{Re} s \geq b$ holomorph ist.

So kann beispielsweise für geeignete Funktionenklassen eine Lösungsformel für die Abelsche IGL (s. Abschnitt 4.2) gefunden werden. Wir formulieren dies hier etwas anders in

Satz 4.12: _Sind die in_ $\mathbb{R}_+$ _absolut stetige Funktion_ g _und die Konstante_ $\alpha \in (0,1)$ _gegeben, so sind die einzigen in_ $\mathbb{R}_+$ _absolut stetigen Lösungen_ f _von_

$$(4.4.19) \qquad \int_0^t \frac{f'(\tau)d\tau}{(t-\tau)^\alpha} = g(t), \quad t \in \mathbb{R}_+ \,,$$

gegeben durch

$$(4.4.20) \qquad f(t) = f(+0) + \frac{\sin\pi\alpha}{\pi} \int_0^t (t-\tau)^{\alpha-1} g(\tau)d\tau \,.$$

Beweis: (i) Formaler Teil: Unter der Annahme von $e^{-ct}f'$ und $e^{-ct}g \in L^1(\mathbb{R}_+)$ mit geeignetem $c \geq 0$ liefert der Differentiations-

und Faltungssatz der $\mathcal{L}_I$-Transformation die Bildgleichung zu (4.4.19)

$$(4.4.21) \quad \frac{\Gamma(1-\alpha)}{s^{1-\alpha}} \cdot [s \cdot \tilde{f}(s) - f(+0)] = \tilde{g}(s) \quad \text{in} \quad \text{Re } s > c,$$

d.h. nach $\tilde{f}(s)$ aufgelöst

$$(4.4.22) \quad \tilde{f}(s) = \frac{f(+0)}{s} + \frac{g(s)}{\Gamma(1-\alpha) s^{\alpha}} \quad \text{in} \quad \text{Re } s > c$$

mit dem Urbild für $t \geq 0$

$$(4.4.23a) \quad f(t) = f(+0) + \frac{1}{\Gamma(\alpha)\Gamma(1-\alpha)} (t^{\alpha-1} \overset{t}{\underset{0}{*}} g)(t)$$

oder

$$(4.4.23b) \quad f(t) = f(+0) + \frac{\sin \pi\alpha}{\pi} \int_0^t (t-\tau)^{\alpha-1} g(\tau) d\tau \quad .$$

(ii) Existenz einer Lösung: Wenn f durch die letzte Formel definiert ist, wobei g absolut lokal integrierbar ist, gilt für $t \geq 0$

$$(4.4.24) \quad \int_0^t (t-\tau)^{\alpha-1} g(\tau) d\tau = \int_0^t v^{\alpha-1} g(t-v) dv \quad ,$$

was eine absolut stetige Funktion ist mit der Ableitung

$$(4.4.25) \quad \frac{d}{dt} \int_0^t v^{\alpha-1} g(t-v) dv = t^{\alpha-1} g(+0) + \int_0^t v^{\alpha-1} \cdot g'(t-v) dv \quad \text{für f.a. } t \in \mathbb{R}_+.$$

Es ist mithin auch f in $\mathbb{R}_+$ absolut stetig und f' kann dann mit $t^{-\alpha}$ gefaltet werden zu

$$(4.4.26) \quad (t^{-\alpha} * f')(t) = \int_0^t (t-\tau)^{-\alpha} f'(\tau) d\tau =$$

$$= \frac{\sin \pi\alpha}{\pi} g(+0) \cdot t^{-\alpha} * t^{\alpha-1} + \frac{\sin \pi\alpha}{\pi} (t^{-\alpha} * (t^{\alpha-1} * g'))(t)$$

gültig für fast alle $t \in \mathbb{R}_+$. Nun ist aber

$$t^{-\alpha} * t^{\alpha-1} = \int_0^t (t-\tau)^{-\alpha} \tau^{\alpha-1} d\tau = \int_0^1 t^{-\alpha}(1-u)^{-\alpha} t^{\alpha-1} u^{\alpha-1} \cdot t \, du$$

$$(4.4.27) \qquad\quad = \int_0^1 (1-u)^{-\alpha} u^{\alpha-1} du = \Gamma(\alpha)\Gamma(1-\alpha)/\Gamma(1)$$

$$= \pi/\sin \pi\alpha$$

so daß

$$(4.4.28) \quad (t^{-\alpha} * f')(t) = g(+0) + \int_0^t 1 \cdot g'(\tau) d\tau = g(t) \quad \text{für} \quad t \in \mathbb{R}_+$$

folgt. Es ist mithin f definiert durch (4.4.23b) Lösung von (4.4.19).

(iii) Eindeutigkeit (von f'): Sei $f_o := f_1 - f_2$ Differenz zweier absolut stetiger Lösungen, also Lösung der homogenen IGL $(t^{-\alpha} * f_o')(t) \equiv 0$ für $t \in \mathbb{R}_+$. Bezeichne f_{oT}' die bei $T > 0$ abgeschnittene Funktion f_o', die dann über $\mathbb{R}_+$ absolut integrabel ist, so daß $\tilde{f}_o'$ für $\operatorname{Re} s \geq 0$ konvergiert. Der Differentiations- und Faltungssatz liefern dann

$$(4.4.29) \qquad \frac{\Gamma(s-\alpha)}{s^{1-\alpha}} \, [s \cdot \tilde{f}_{oT}(s) - f_{oT}(+0)] = 0 \quad \text{in} \quad \operatorname{Re} s > 0,$$

woraus

$$(4.4.30) \qquad \tilde{f}_{oT}(s) = \frac{f_{oT}(+0)}{s} \quad \text{in} \quad \operatorname{Re} s > 0$$

folgt. Wegen $f_{oT}(+0) = f_o(+0)$ für alle $T > 0$ bleibt dann nur $f_o(t) = f_o(+0)$ für $t \in \mathbb{R}_+$ übrig, d.h. $f_o'(t) \equiv 0$ für $t \in \mathbb{R}_+$. **#**

Bemerkung: Weitere spezielle IGLn erster Art vom endlichen Faltungstyp sind in dem Buch von I.N. SNEDDON [103] behandelt worden. Von den voranstehenden Resultaten wird auch in Kap. 5 bei der Behandlung der instationären Strömungen um ein dünnes Profil Gebrauch gemacht werden.

Jetzt wollen wir uns noch mit Faltungsintegralgleichungen befassen, bei denen die Integrationsbereiche von Kern k und gesuchter Funktion u verschieden sind.

Definition 4.11: *Sind k bzw. v als lokal integrable Funktionen auf $\mathbb{R}$ bzw. $\mathbb{R}_+$ und c als Konstante vorgegeben, so heiße*

$$(4.4.31) \qquad (Wu)(t) := c \cdot u(t) - \int_0^\infty k(t-\tau) u(\tau) d\tau = v(t), \quad t \in \mathbb{R}_+,$$

eine <u>Integralgleichung vom Wiener-Hopf-Typ für u mit Kern k</u>.

Bemerkungen: Die homogene IGL zweiter Art ($c \neq o$) wurde zum ersten Male 1931 von WIENER und HOPF [121] im Zusammenhang mit einem Strahlungsproblem aus der Astrophysik untersucht. Ihre Kernfunktion k hatte exponentielles Abklingverhalten, so daß ihre Fouriertransformierte $\hat{k}$ in einen Streifen S der komplexen Ebene $\mathbb{C}$ symmetrisch zur reellen x-Achse analytisch fortsetzbar ist. Für diesen Fall entwickelten die Autoren das nach ihnen benannte Lösungsverfahren, das auf der multiplikativen und additiven Zerlegung von im Streifen S holomorphen Funktionen gemäß Abschnitt 1.2 beruht. KREIN und GOCHBERG [61,62] haben 1958 die Theorie der inhomogenen IGLn und Systeme solcher Gleichungen in Räumen $L^p(\mathbb{R}_+)$, $1 \leq p \leq \infty$, mit Kernfunktionen $k \in L^1(\mathbb{R})$ systematisch aufgebaut.

Es soll hier die Kreinsche Theorie beschrieben werden, die auf ein Riemannsches Kopplungsproblem für ein Paar von Fouriertransformierten führt.

Das Ergebnis ist zusammengefaßt im

Satz 4.13: *Die Kernfunktion* k *sei über der Achse absolut integrabel und die Werte* $\hat{k}(x)$, *ihrer Fouriertransformierten* $\hat{k}$ *einschließlich ihrer Grenzwerte im Unendlichen, seien stets* $\neq c/\sqrt{2\pi}$.

$\kappa := -\frac{1}{2\pi} \left[\arg(c-\sqrt{2\pi}\,\hat{k}(x))\right]_{-\infty}^{\infty}$ *bezeichne den Windungsindex. Ist* $v \in L^p(\mathbb{R}_+)$ *vorgegeben, so ist die Wiener-Hopf-IGL* (4.4.31) *normal auflösbar, der Wiener-Hopf-Operator* W *ist auf den Räumen* $L^p(\mathbb{R}_+)$ *Fredholm-Noethersch mit dem Defektpaar* $(\alpha,\beta) = (\dim \mathfrak{N}(W), \operatorname{codim} \mathfrak{R}(W))$ *gegeben durch*

$$(4.4.32a) \qquad \alpha(W) = \max(0,\kappa)$$

$$(4.4.32b) \qquad \beta(W) = \max(0,-\kappa)$$

Im Falle $\kappa = 0$ *gibt es also genau eine Lösung* u *zu jedem* $v \in L^p(\mathbb{R}_+)$, $1 \leq p \leq \infty$, *für* $\kappa > 0$ *stets* κ *linear unabhängige Lösungen, während für* $\kappa < 0$ *die rechte Seite* v *orthogonal zu allen Lösungen* u_0^* *der homogenen adjungierten Wiener-Hopf-IGL* (c=1) *in* $L^q(\mathbb{R}_+)$, *also zu*

$$(4.4.33) \qquad (W^* u_0)(t) := u_0^*(t) - \int\limits_0^\infty \overline{k(\tau-t)}\, u_0^*(\tau)\, d\tau = 0 \quad \text{für f.a.} \quad t \in \mathbb{R}_+$$

sein muß $(1/p+1/q=1)$.

Beweis: Auf Grund des Lemmas von Riemann-Lebesgue (Satz 4.3 in Abschnitt 4.3) strebt das Symbol des Wiener-Hopf-Operators $\sigma_W(x) := c-\sqrt{2\pi}\cdot\hat{k}(x)$ gegen c für $|x| \to \infty$, so daß $c \neq 0$ sein muß, also o.B.d.A. c = 1 vorausgesetzt werden darf. Weiterhin werde angenommen, daß zunächst $1 \leq p \leq 2$ sei, so daß die Fouriertransformierten zumindest im Plancherelschen Sinne erklärt sind. Die vorgegebene Funktion $v \in L^p(\mathbb{R}_+)$ und die gesuchte Funktion $u \in L^p(\mathbb{R}_+)$ denken wir uns durch die Werte Null auf die gesamte t-Achse als in p-ter Potenz integrable Funktionen v_+ bzw. u_+ fortgesetzt, dann kann die Wiener-Hopf-IGL (4.4.31) als Faltungs-IGL zweiter Art geschrieben werden:

$$(4.4.34) \qquad u_+(t) - \int\limits_{-\infty}^{\infty} k(t-\tau)u_+(\tau)\,d\tau = v_+(t) + w_-(t)$$

mit einer zweiten unbekannten Funktion w_- gegeben durch

$$(4.4.35) \qquad w_-(t) := \begin{cases} 0 & \text{für } t \geq 0 \\[2ex] -\int\limits_{-\infty}^{\infty} k(t-\tau)u_+(\tau)\,d\tau & \text{für } t < 0 \end{cases}$$

die dann wegen Satz 4.9 ebenfalls in $L^p(\mathbb{R})$ liegt. Wendet man auf
(4.4.34) nun die Fouriertransformation an, so resultiert

$$(4.4.36) \quad [1-\sqrt{2\pi}\cdot\hat{k}(x)]\ \hat{u}_+(x) = \hat{v}_+(x) + \hat{w}_-(x), \quad \text{zumindest für} \quad \text{f.a.} \quad x \in \mathbb{R}.$$

Für $p = 1$ ist das ein Riemannsches Kopplungsproblem längs der Geraden
$\mathfrak{g} = \mathbb{R}$ im Bereich stetiger Funktionen, für $1 < p \leq 2$ dagegen für
Bildfunktionen aus $L^q(\mathbb{R}_x)$; $1/p+1/q=1$; mit dem Faktor
$G(x) := [1-\sqrt{2\pi}\cdot\hat{k}(x)]^{-1}$, dessen Index κ ist, und dem inhomogenen Term
$g(x) := \hat{v}_+(x)\cdot[1-\sqrt{2\pi}\cdot\hat{k}(x)]^{-1}$. Wenn diese beiden Funktionen - oder wenigstens $\hat{k}(x)$ - auf $\dot{\mathbb{R}} = \mathbb{R} \cup \{\infty\}$ Hölderstetig sind, können die Resultate aus Abschnitt 3.1 übernommen werden, denn die Funktionen $\hat{u}_+$ und
$\hat{v}_+$ bzw. $\hat{w}_-$ sind in die obere bzw. untere komplexe $z = x + iy$ - Halbebene holomorph fortsetzbar (siehe Abschnitt 4.3, Satz 4.10 für $p=2$!).

Die kanonische Lösung $X_o(z)$, $z = x + iy \notin \mathbb{R}$, des zugehörigen homogenen
Kopplungsproblems lautet hier

$$(4.4.37) \quad X_o(z) := \begin{cases} \exp\left\{\dfrac{-1}{2\pi i} \displaystyle\int_{-\infty}^{\infty} \log\left[\left(\dfrac{t-i}{t+i}\right)^\kappa (1-\sqrt{2\pi}\hat{k}(t))\right] \dfrac{dt}{t-z}\right\} & \text{für } z \in H^+ \\[4ex] \left(\dfrac{z+i}{z-i}\right)^{+\kappa}\cdot\exp\left\{\dfrac{-1}{2\pi i} \displaystyle\int_{-\infty}^{\infty} \log\left[\left(\dfrac{t-i}{t+i}\right)^\kappa (1-\sqrt{2\pi}\hat{k}(t))\right] \dfrac{dt}{t-z}\right\} & \\[2ex] & \text{für } z \in H^- \end{cases}$$

Mit dem Grenzwert eins für $z \to \infty$. Ist $\kappa \geq 0$, so liegt in $z = -i$ eine
Nullstelle der Ordnung κ, für $\kappa < 0$ ein Pol der Ordnung $|\kappa|$ vor.
Die Lösungen des inhomogenen Problems sind dann hier gegeben durch

$$(4.4.38) \quad \hat{u}_{+inh}(z) = \frac{X_o(z)}{2\pi i} \int_{-\infty}^{\infty} \frac{\hat{v}_+(\xi)}{[1-k(\xi)]X_o^+(\xi)} \frac{d\xi}{\xi-z} + \sum_{k=o}^{\kappa-1} c_k\cdot\frac{X_o(z)}{(z+i)^{k+1}}$$
$$\text{für } z \in H^+$$

mit κ beliebigen Konstanten c_k, falls $\kappa > 0$ ist. Im Falle $\kappa < 0$
muß die durch das Integral in (4.4.38) definierte, in H^- holomorphe
Funktion in $z = -i$ eine $|\kappa|$-fache Nullstelle haben, um dort den pol-
artigen Vorfaktor in $X_o(z)$ zu kompensieren, d.h. es muß sein

$$\frac{d^k}{dz^k} \int_{-\infty}^{\infty} \frac{\hat{v}_+(\xi)}{[1-k(\xi)]\cdot X_o^+(\xi)} \frac{d\xi}{\xi-z}\ \Bigg|_{z=-i} =$$

(4.4.39)

$$= \frac{k!}{2\pi i} \int_{-\infty}^{\infty} \frac{\hat{v}_+(\xi)d\xi}{X_o^-(\xi)(\xi+i)^{k+1}} = 0 \quad \text{für} \quad k = 0,\ldots,\ |\kappa|-1$$

- 210 -

Die adjungierte homogene Wiener-Hopf-IGL (4.4.33) geht nach demselben
Prinzip über in das Kopplungsproblem

$$(4.4.40) \qquad [1-\sqrt{2\pi}\cdot\hat{k}^*(x)]\,\hat{u}^*_{o+}(x) = \hat{w}^*_{o-}(x) \qquad \text{für} \quad x \in \mathbb{R}$$

mit

$$(4.4.41) \qquad \hat{k}^*(x) := \frac{1}{\sqrt{2\pi}} \int\limits_{-\infty}^{\infty} \overline{k(-t)\,e^{itx}}\,dt = \frac{1}{\sqrt{2\pi}} \overline{\int\limits_{-\infty}^{\infty} k(t)\,e^{itx}\,dt} = \overline{\hat{k}(x)}$$

$$\text{für} \quad x \in \mathbb{R},$$

so daß folgt

$$(4.4.42) \qquad [1-\sqrt{2\pi}\cdot\overline{\hat{k}(x)}]\,\hat{u}^*_{o+}(x) = \hat{w}^*_{o-}(x) \qquad \text{für} \quad x \in \mathbb{R}$$

mit den $\quad - = |\kappa| \geq 0 \quad$ linear unabhängigen Lösungen

$$\hat{u}^*_{o+,k}(x) := X^{*+}_{o}(x)\,(x+i)^{-k-1} =$$

$$(4.4.43a)$$

$$= (x+i)^{-k-1}\exp\left\{ -\frac{1}{2\pi i} \int\limits_{-\infty}^{\infty} \log\!\left[\left(\tfrac{t-i}{t+i}\right)^{|\kappa|} (1-\sqrt{2\pi}\cdot\overline{\hat{k}(t)}) \right] \frac{dt}{t-z} \right\}\Bigg|_{H^+ \ni z\to x} ,$$

also

$$(4.4.43b) \qquad \hat{u}^*_{o+,k}(x) = (x-i)^{-k-1}\cdot\exp\left\{ \frac{1}{2\pi i} \int\limits_{-\infty}^{\infty} \log\left[\left(\tfrac{t+i}{t-i}\right)^{|\kappa|}\cdot (1-\sqrt{2\pi}\,\hat{k}(t)) \right] \frac{dt}{t-\bar{z}} \right\}\Bigg|_{H^- \ni z\to x}$$

Andererseits ist

$$1/X^-_{o}(x)\cdot(x+i)^{k+1} =$$

$$(4.4.44)$$

$$= (x+i)^{-k-1}\cdot\left(\tfrac{x+i}{x-i}\right)^{|\kappa|}\cdot\exp\left\{ \frac{1}{2\pi i} \int\limits_{-\infty}^{\infty} \log\left[\left(\tfrac{t+i}{t-i}\right)^{|\kappa|} (1-\sqrt{2\pi}\cdot\hat{k}(t)) \right] \frac{dt}{t-\bar{z}} \right\}\Bigg|_{H^- \ni z\to x}$$

also gilt

$$\overline{\hat{u}^*_{o+,k}(x)} = \left(\tfrac{x-i}{x+i}\right)^{|\kappa|-k-1}\cdot\left[X^-_{o}(x)\,(x+i)^{k+1}\right]^{-1}$$

$$(4.4.45) \qquad\qquad = \left(1-\tfrac{2i}{x+i}\right)^{|\kappa|-k-1}\cdot\left[X^-_{o}(x)\,(x+i)^{k+1}\right]^{-1}$$

$$\qquad\qquad = \sum_{j=o}^{|\kappa|-k-1} \binom{|\kappa|-k-1}{j} (-2i)^{|\kappa|-k-1-j}\cdot\left[X^-_{o}(x)\,(x+i)^{|\kappa|-j} \right]^{-1}$$

Aus der Orthogonalitätsbedingung (4.4.39) und der Parsevalformel
(Satz 4.8) folgt dann

$$(4.4.46) \qquad \int_{-\infty}^{\infty} \hat{v}_+(x) \; \overline{\hat{u}^*_{o+,k}(x)} \, dx = \int_{-\infty}^{\infty} v_+(t) \cdot \overline{u^*_{o+,k}(t)} \, dt = 0$$

$$\text{für} \quad k=0,1,\ldots,|\kappa|-1,$$

da in der Formel zuvor sämtliche Potenzen der Ordnungen 1 bis $|\kappa|$ von
$(x+i)^{-1}$ durchlaufen werden, zu denen die Integrale nach (4.4.39) Null
sein müssen.

Um die expliziten Formeln der Lösungen u_{inh} im Urbildbereich zu erhalten, sind die Funktionen in (4.4.38) bzgl. x Fourierrückzutransformieren. Explizite Formeln sollen aber hier nicht angegeben werden.

Bemerkung: KREIN & GOCHBERG benötigen die hier gemachte Zusatzvoraussetzung über die Hölderstetigkeit von $\hat{k}$ und die Einschränkung $1 \leq p \leq 2$
nicht. Die Lösung des Kopplungsproblems (4.4.36) ist stets in der Wiener-Algebra möglich, die aus denjenigen auf $\dot{\mathbb{R}} = \mathbb{R} \cup \{\infty\}$ stetigen
Funktionen besteht, die in der Form von Konstanten plus Fouriertransformierten von absolut integrablen Funktionen k dargestellt werden
können.

Kapitel 5: Anwendungen auf Probleme der Strömungsmechanik

5.1. Die Grundgleichungen der Hydromechanik

In einem einfach oder mehrfach zusammenhängenden Gebiet D_t in $\mathbb{R}^3$, das sich zeitlich verändern darf, bewege sich eine Flüssigkeit oder ein Gas mit der Dichte $\rho(\underset{\sim}{x},t)$ und der lokalen Geschwindigkeit $\underset{\sim}{v}(\underset{\sim}{x},t) = (u_1(\underset{\sim}{x},t), u_2(\underset{\sim}{x},t), u_3(\underset{\sim}{x},t))$ für $\underset{\sim}{x} = (x_1,x_2,x_3) \in D_t$ und $t \in (t_o,t_1)$. Wir nehmen an, daß es sich um ein ideales, d.h. reibungsfreies, Medium handelt, bei dem an der Oberfläche jedes Flüssigkeitsteilchens nur Druckkräfte $p(\underset{\sim}{x},t)$ in Richtung der inneren Normalen $\underset{\sim}{n}$ und keine Scherkräfte wirken. Außerdem mögen im Medium sogenannte Massenkräfte angreifen, wie beispielsweise die Schwerkraft, elektrische Kräfte - bei leitenden Medien - oder magnetische Kräfte $\underset{\sim}{k}$. Die Bewegung des Gases wird dann beschrieben durch die folgenden Gleichungen

$$(5.1.1) \qquad \frac{d\underset{\sim}{v}}{dt} := \frac{\partial \underset{\sim}{v}}{\partial t} + (\underset{\sim}{v}\nabla)\underset{\sim}{v} = -\frac{1}{\rho}\nabla p + \underset{\sim}{k}(\underset{\sim}{x},t),$$

die Eulerschen Bewegungsgleichungen,

$$(5.1.2) \qquad \frac{d\rho}{dt} := \frac{\partial \rho}{\partial t} + \nabla(\rho\underset{\sim}{v}) = 0,$$

die Kontinuitätsgleichung,

$$(5.1.3) \qquad p = f(\rho)$$

die Barotropiegleichung,

sofern nicht ein komplizierter thermodynamischer Zusammenhang zwischen Druck p, Dichte ρ und Temperatur T oder Entropie S besteht, so daß eine weitere Gleichung, die thermodynamische Energiebilanz hinzukäme. Es ist sehr häufig die Adiabatengleichung erfüllt

$$(5.1.4) \qquad p = \text{const} \cdot \rho^{\kappa}, \text{ mit } \kappa := c_p/c_v,$$

dem Verhältnis der spezifischen Wärmen des Mediums bei konstantem Druck c_p bzw. Volumen c_v. Zu den Feldgleichungen (5.1.1) - (5.1.3), die für $(\underset{\sim}{x},t) \in D_t \times (t_o,t_1)$, mit stetig differenzierbaren Funktionen ρ, $\underset{\sim}{v}$, p zu erfüllen sind, kommen noch die Anfangsbedingungen

$$(5.1.5a) \quad \lim_{t \to t_o + 0} \underset{\sim}{v}(\underset{\sim}{x},t) = \underset{\sim}{v}_o(\underset{\sim}{x})$$

$$(5.1.5b) \quad \lim_{t \to t_o + 0} \rho(\underset{\sim}{x},t) = \rho_o(\underset{\sim}{x}) \qquad \left. \right\} \quad \text{für} \quad \underset{\sim}{x} \in D_o \subset \mathbb{R}^3$$

$$(5.1.5c) \quad \lim_{t \to t_o + 0} p(\underset{\sim}{x},t) = p_o(\underset{\sim}{x})$$

mit vorgegebenen Feldfunktionen $\underset{\sim}{v}_o, \rho_o, p_o \in C^1(D_o)$.

Es sei vorausgesetzt, daß ∂D_t, der Rand des Strömungsgebiets zu den Zeiten $t_o \leq t \leq t_1$, genügend glatt sei bis auf endlich viele Kanten und Ecken, in denen die Flächennormale $\underset{\sim}{n}(\underset{\sim}{x},t)$ nicht existiert, jedoch einseitige Grenzwerte vorhanden sind bei Annäherung an die Ausnahmekurven von den glatten, berandenden Flächenstücken her. (Man denke etwa an einen Würfel oder Kegel!)

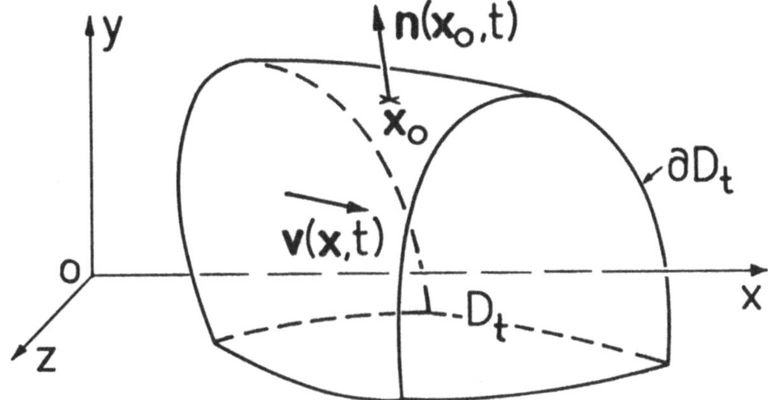

<u>Figur 5.1:</u> Stückweise glatt berandetes Gebiet D_t im $\mathbb{R}^3$ zur Zeit t

Die Berandung ∂D_t sei für Flüssigkeitsteilchen undurchdringlich und es sollen dort auch keine haften (Reibungsfreiheit des Mediums!). Dann muß die <u>Normalgeschwindigkeit</u> $v_n(\underset{\sim}{x}_o,t)$ gleich der Normalkomponente der Geschwindigkeit $\partial \underset{\sim}{x}_o / \partial t$ sein, wenn $\underset{\sim}{x}_o = \underset{\sim}{x}_o(t)$, $t_o \leq t \leq t_1$, einen Randpunkt zur Zeit t beschreibt. Es muß also für $t_o \leq t \leq t_1$, die <u>Randbedingung</u> erfüllt sein:

$$(5.1.6) \quad < \underset{\sim}{v}(\underset{\sim}{x}_o(t),t), \underset{\sim}{n}(\underset{\sim}{x}_o(t)) > \; = \; < \frac{\partial \underset{\sim}{x}_o}{\partial t}, \underset{\sim}{n}(\underset{\sim}{x}_o(t)) > .$$

Dabei bezeichne $< \cdot, \cdot >$ das Skalarprodukt im $\mathbb{R}^3$.
Sind schließlich die D_t Außengebiete - oder zumindest unbeschränkt -, so ist noch eine Bedingung für $|\underset{\sim}{x}| \to \infty$ zu stellen:

$$(5.1.7) \qquad \lim_{|\underset{\sim}{x}|\to\infty} \underset{\sim}{v}(\underset{\sim}{x},t) = \underset{\sim}{v}_\infty(t) \quad \text{für} \quad t_o \leq t \leq t_1$$

oder - schwächer -

$$(5.1.7a) \qquad \lim_{x_1\to\pm\infty} \underset{\sim}{v}(\underset{\sim}{x},t) = v_\infty^\pm(t)$$

oder

$$(5.1.7b) \qquad \underset{\sim}{v}(\underset{\sim}{x},t) = O(1) \quad \text{für} \quad |x|\to\infty \; ,$$

wenn sich D_t in beiden Richtungen der x_1-Achse ins Unendliche er-
streckt (beispielsweise ein Kanal ist!).

Das nunmehr vollständig formulierte Anfangsrandwertproblem ist sehr kom-
pliziert und generell noch nicht gelöst worden. So werden wir auch hier
entscheidende Vereinfachungen vornehmen müssen speziell im Hinblick auf
die anzuwendenden funktionentheoretischen Methoden. Wir machen die folgenden Annahmen:

1. *Das Medium sei inkompressibel*, d.h.

$$(5.1.8) \qquad \rho = \rho_o = \text{const. für alle} \quad \underset{\sim}{x} \in D_t, \; t_o \leq t \leq t_1;$$

2. *Das Kraftfeld* $\underset{\sim}{k}(\underset{\sim}{x},t)$ *sei konservativ*, d.h.

$$(5.1.9) \qquad \underset{\sim}{k}(\underset{\sim}{x},t) = - \text{grad } U(\underset{\sim}{x},t) \quad \text{für} \quad \underset{\sim}{x} \in D_t, \; t_o \leq t \leq t_1 \; ;$$

3. *Die Strömung sei wirbelfrei - bis auf isolierte Punkte -*, d.h.

$$(5.1.10) \qquad \nabla\wedge\underset{\sim}{v} \equiv \text{rot } \underset{\sim}{v} \equiv \underset{\sim}{0} \quad \text{für} \quad \underset{\sim}{x} \in D_t, \; t_o \leq t \leq t_1;$$

4. *Die Strömung sei eben*, d.h.

$$(5.1.11) \qquad u_3(\underset{\sim}{x},t) \equiv 0 \quad \text{und} \quad \frac{\partial}{\partial z} \equiv 0$$

für alle Feldgrößen für $\underset{\sim}{x} \in D_t, \; t_o \leq t \leq t_1$

Unter Beachtung der ersten drei Annahmen resultiert wegen

$$(5.1.12) \qquad (\underset{\sim}{v}\boldsymbol{\nabla})\underset{\sim}{v} = \frac{1}{2} \text{grad } |\underset{\sim}{v}|^2 - \underset{\sim}{v} \wedge \text{rot } \underset{\sim}{v}$$

aus (5.1.1.):

$$(5.1.13) \qquad \frac{\partial \underset{\sim}{v}}{\partial t} + \frac{1}{2} \text{grad } |\underset{\sim}{v}|^2 + \frac{1}{\rho_o} \text{grad } p + \text{grad } U = \underset{\sim}{0}$$

und aus (5.1.2):

(5.1.14) $\qquad \rho_o \cdot \text{div } \underset{\sim}{v} = \rho_o (u_{1x} + u_{2y} + u_{3z}) = 0$ in D_t, $t_o < t < t_1$.

In einfach zusammenhängenden Gebieten D_t existiert dann eine eindeutige Familie von Potentialen $\Phi(\underset{\sim}{x},t) + c(t)$ mit $\underset{\sim}{v}(\underset{\sim}{x},t) = \text{grad } \Phi$ in D_t, $t_o \leq t \leq t_1$, so daß - in (5.1.13) eingesetzt - durch Integration die sogenannte <u>Bernoulli-Gleichung</u> entsteht:

(5.1.15) $\qquad \dfrac{\partial \Phi}{\partial t} + \dfrac{1}{2} |\text{grad } \Phi|^2 + \dfrac{p}{\rho_o} + U(\underset{\sim}{x},t) = C(t)$

für $\underset{\sim}{x} \in D_t$, $t_o \leq t \leq t_1$. Aus dieser kann, da $C(t)$ immer in Verbindung mit $c(t)$ geeignet wählbar ist, bei bekanntem Potentialfeld Φ das Druckfeld p berechnet werden. Wenn D_t nicht einfach zusammenhängend ist, dann ist Φ möglicherweise mehrdeutig, aber natürlich $\underset{\sim}{v} = \text{grad } \Phi$ eindeutig. Die Wirbelfreiheit und die Gültigkeit der Kontinuitätsgleichung führen zusammen zu

(5.1.16) $\qquad \text{div grad } \Phi \equiv \Delta \Phi = 0$ für $\underset{\sim}{x} \in D_t$, $t_o < t < t_1$,

d.h. Φ ist eine harmonische Funktion. Die Anfangsbedingungen (5.1.5) gehen in solche für grad Φ und $\partial\Phi/\partial t$ für $t \to t_o + 0$ über, während die Randbedingung (5.1.6) in

(5.1.17) $\qquad < \text{grad } \Phi, \underset{\sim}{n} > \equiv \dfrac{\partial \Phi}{\partial n}(\underset{\sim}{x}_o(t),t) = < \dfrac{\partial \underset{\sim}{x}_o}{\partial t} , \underset{\sim}{n}(\underset{\sim}{x}_o(t)) > =: g(t)$

auf ∂D_t übergeht. Bei Außengebieten D_t ist noch grad $\Phi = O(1)$ für $|\underset{\sim}{x}| \to \infty$ oder grad $\Phi \to \underset{\sim}{v}_\infty^\pm(t)$ für $x_1 \to \pm \infty$ zu erfüllen.

Sollten Kanten und Ecken auf ∂D_t existieren, so benötigt man noch lokale Integrabilitätsbedingungen, etwa grad $\Phi \in L_{loc}^2(D_t)$, d.h. die kinetische Energie der Strömung muß lokal endlich bleiben:

(5.1.18) $\qquad \displaystyle\int_K |\text{grad } \Phi|^2 \, d(x,y,z) < \infty$

für alle kompakten Teilbereiche $K \subset D_t$.

Wenn nun noch die Annahme 4. für eine ebene Strömung erfüllt ist, dann ist (5.1.16) die ebene Potentialgleichung. Es gibt dann also zu Φ eine konjugiert harmonische Funktion Ψ, die sogenannte <u>Stromfunktion</u>. Sie ist Stammfunktion zur Kontinuitätsgleichung

(5.1.19) $\qquad \text{div } \underset{\sim}{v} \equiv \dfrac{\partial u}{\partial x} + \dfrac{\partial v}{\partial y} = 0,$

d.h. es gelten die Cauchy-Riemannschen Differentialgleichungen

$$\frac{\flat}{\iota} = \frac{\partial \Psi}{\partial y} \ , \qquad v = \frac{\partial \Phi}{\partial y} = -\frac{\partial \Psi}{\partial x}$$

nit $z := x + iy \in D_t$ die komplexwertige, i.a. mehrdeu-
ə Funktion, $F(z;t) := \Phi(x,y;t) + i \cdot \Psi(x,y;t)$ das <u>komplexe</u>
spotential und

$$:) : \equiv \frac{\partial}{\partial z} F(z;t) = \Phi_x + i \cdot \Psi_x = u - iv$$

schwindigkeit an der Stelle z zur Zeit t. Die Kurven
heißen <u>Potentiallinien</u> und $\Psi(\underset{\sim}{x};t) = $ const. <u>Stromlinien</u>,
itenvektoren sind in jedem Punkt parallel zum dort de-
/indigkeitsvektor $\underset{\sim}{v}(\underset{\sim}{x},t) = \overline{F'(z;t)}$ in komplexer Schreib-
ıd $\Psi = (-v,u)$ steht senkrecht auf grad $\Phi = (u,v) = \underset{\sim}{v}$.
ıtiallinien schneiden sich mithin orthogonal in allen
<u>ıngspunkten</u> z_o, wo $\underset{\sim}{v} \neq \underset{\sim}{0}$, d.h. $F'(z_o;t) \neq 0$ ist.

ın: Der Rand ∂D_t bestehe aus endlich vielen disjunkten,
.en Jordankurven $L_\mu(t)$; $\mu = (0), 1,\ldots,m$; mit anwesendem
ıgebieten D_t und abwesendem $L_o(t)$, wenn sich D_t ins
·eckt.

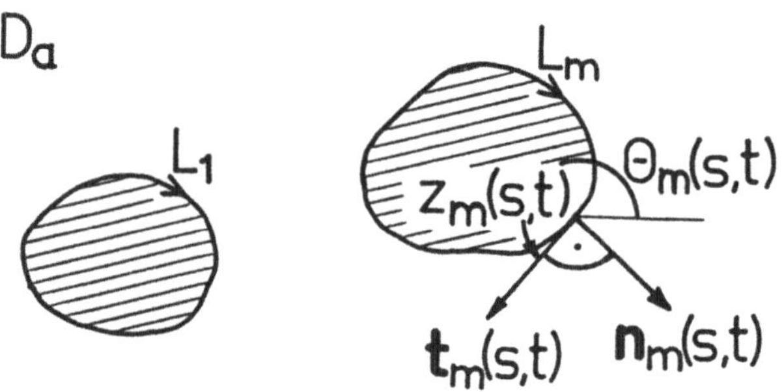

ungsaußengebiet D_a

ren die Randkurven $L_\mu(t)$ mittels der Bogenlänge vermöge

$$:= \{z \in \mathbb{C} : z = z_\mu(s;t); \ 0 \leq s \leq \ell_\mu(t), \ t_o \leq t \leq t_1\}.$$

Tangenten (-einheits) -Vektor an $L_\mu(t)$ gegeben durch

$$) = \dot{z}_\mu(s;t) := \frac{\partial z_\mu}{\partial s}(s;t) = e^{i\Theta_\mu(s;t)}$$

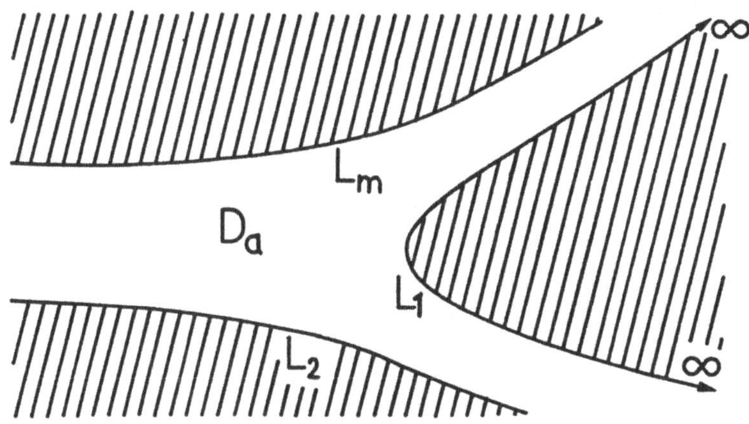

Figur 5.3: Halbunendliches Kanalgebiet D_a

mit Ausnahme von höchstens endlich vielen $s_{\mu j} \in [0, \ell_\mu]$, den Ecken von $L_\mu(t) \cdot \underset{\sim}{n}_\mu(s;t) := i \cdot \underset{\sim}{t}_\mu(s;t)$ bezeichnet dann die innere Normale im regulären Randpunkt $z_\mu(s;t)$. Damit ergibt sich aus (5.1.17):

$$\langle \underset{\sim}{v}, \underset{\sim}{n} \rangle = un_1 + vn_2 = \mathrm{Re}[(u-iv)\underset{\sim}{n}] = -\mathrm{Im}[(u-iv)\cdot \underset{\sim}{t}],$$

d.h. für $0 \leq s \leq \ell_\mu(t)$; $t_o \leq t \leq t_1$; $\mu = (0), 1, \ldots, m$; die Randbedingung

$$(5.1.24) \quad \mathrm{Im}[F'(z_\mu(s;t),t) \cdot \dot{z}_\mu(s;t)] = \mathrm{Im}[\frac{\partial \bar{z}_\mu}{\partial t} \cdot z_\mu(s;t)]$$

Ist $L_o(t)$ nicht vorhanden, so gelte

$$(5.1.25) \quad \lim_{x \to \pm\infty} F'(z;t) = \overline{\underset{\sim}{v}_\infty^{\pm}} = |v_\infty^{\pm}| e^{-i\alpha^{\pm}},$$

worin $\alpha^{\pm}$ den **Ab-** bzw. **Anströmungswinkel** bezeichnen. Im übrigen sei $F'(z;t) = O(1)$ für $z \to \infty$ in einem unbeschränkten Gebiet D_t.

Die Bernoulligleichung (5.1.10) läßt sich nun umschreiben auf die folgende Gleichung für den Druck für $z \in D_t$, $t_o \leq t \leq t_1$:

$$(5.1.26) \quad p(x,y;t) = \rho \cdot C(t) - \rho U - \frac{1}{2}\rho \cdot |F'(z;t)|^2 - \rho \frac{\partial}{\partial t} \mathrm{Re}\, F(z;t).$$

5.2. Einfache ebene Potentialströmungen

Wie wir im Kapitel 1 gesehen hatten, ist eine holomorphe Funktion im wesentlichen durch die Lage und den Charakter ihrer Singularitäten festgelegt. Besonders die isolierten Singularitäten der komplexen Geschwindigkeit $w = u - iv$ sind physikalisch gut zu deuten. Dabei benutzen wir die

__Definition 5.1:__ *Es sei* D *in* $\mathbb{C}$ *ein Gebiet, in dem* $\underset{\sim}{v}$ *mit Ausnahmen von isolierten Punkten* z_k *ein stetiges Geschwindigkeitsfeld sei.* L *in* D *sei eine stückweise glatte, geschlossene Jordankurve, die die* z_k *nicht treffe, dann heißen*

$$(5.2.1) \qquad \Gamma_L := \oint_L \, \langle \underset{\sim}{v}, \underset{\sim}{t} \rangle \, ds$$

Zirkulation von $\underset{\sim}{v}$ *längs* L *und*

$$(5.2.2) \qquad Q_L := - \oint_L \, \langle \underset{\sim}{v}, \underset{\sim}{n} \rangle \, ds$$

Fluß von $\underset{\sim}{v}$ *durch* L.

Ist $\underset{\sim}{v} = w(z) = F'(z)$ ein - bis auf die $z_k \in D$ holomorphes Geschwindigkeitsfeld - so können wir diese Kurvenintegrale umschreiben zu

$$(5.2.3) \qquad \Gamma_L = \oint_L (u\,dx + v\,dy) \qquad = \mathrm{Re} \oint_L F'(z)\,dz$$

bzw.

$$(5.2.4) \qquad Q_L = - \oint_L (-u\,dy + v\,dx) = \mathrm{Im} \oint_L F'(z)\,dz$$

Zusammengefaßt gilt mithin aufgrund des Residuensatzes (Satz 1.7), wenn das Innengebiet D_L^+ von L ganz zu D gehört

$$(5.2.5) \qquad \Gamma_L + iQ_L = \oint_L F'(z)\,dz = 2\pi i \cdot \sum_{z_k \in D_L^+} \mathrm{Res}_{z=z_k} F'(z) \qquad .$$

__Definition 5.2:__ *Ist* $w(z) = F'(z) = u - iv$ *ein in* $D \setminus \{z_o\}$ *holomorphes komplexes Geschwindigkeitsfeld, so heiße*

1) z_o *Wirbelpunkt der Wirbelstärke* Γ, *falls*

$$(5.2.6) \qquad F'(z) = \frac{\Gamma}{2\pi i} \cdot \frac{1}{z-z_o} \quad \text{und} \quad F(z) = \frac{\Gamma}{2\pi i} \log(z-z_o)$$

ist mit einer reellen Konstanten $\Gamma \neq 0$,

2) z_o *Quelle (Senke) der Stärke* Q, *falls*

(5.2.7) $\quad F'(z) = {}_{(-)}^{(+)} \dfrac{Q}{2\pi} \dfrac{1}{z-z_o}$ $\quad$ *und* $\quad F(z) = \dfrac{(-)Q}{2\pi}^{(+)} \log(z-z_o)$

ist mit $Q > 0$,

3) z_o *Wirbelquelle (-senke) oder Strudelpunkt*, *falls*

(5.2.8) $\quad F'(z) = \dfrac{C}{2\pi i} \cdot \dfrac{1}{z-z_o}$ $\quad$ *und* $\quad F(z) = \dfrac{C}{2\pi i} \log(z-z_o)$

ist mit komplexem $C \neq 0$.

Die Bezeichnungen sind leicht zu veranschaulichen, wenn man die Strom-
und Potentiallinien aufzeichnet:

1) Für einen Wirbelpunkt in $z_o = 0$ gilt: Im $F = \Psi = -\dfrac{\Gamma}{2\pi} \log|z| =$ const., woraus folgt $z = e^{-c2\pi/\Gamma} =: a > 0$; d.h. die Stromlinien sind Kreise um den Ursprung.

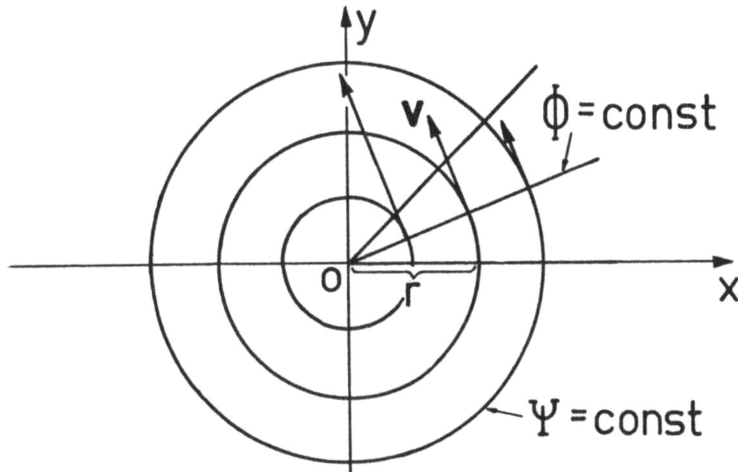

<u>Figur 5.4:</u> Wirbelpunkt in $z_o = 0$

Es sind andererseits die Kurven Re $F = \phi = \dfrac{\Gamma}{2\pi}$ arg $z =$ const. vom Ursprung ausgehende Strahlen. Aus

$$F'(z) = u - iv = \frac{\Gamma}{2\pi i} \cdot \frac{1}{z} = \frac{\Gamma}{2\pi i} \cdot \frac{\bar{z}}{|z|^2}$$

folgt

(5.2.9) $\qquad u = -\dfrac{\Gamma}{2\pi} \cdot \dfrac{y}{r^2} \; , \; v = \dfrac{\Gamma}{2\pi} \cdot \dfrac{x}{r^2} \; .$

2) Für einen Quell- (Senken-) -Punkt in $z_0 = 0$ gilt:
Im $F = \Psi = \frac{Q}{2\pi}$ arg z = const., d.h. die Strahlen vom Ursprung aus sind
Stromlinien und die dazu orthogonalen Kreise Potentiallinien. Es vertauschen sich gegenüber 1) mithin die Rollen von Strom- und Potentiallinien. Aus

$$F'(z) = u - iv = \frac{Q}{2\pi} \cdot \frac{1}{z} = \frac{Q}{2\pi} \cdot \frac{\bar{z}}{|z|^2} \qquad \text{folgt}$$

$$(5.2.10) \qquad u = \frac{Q}{2\pi} \cdot \frac{x}{y^2} \;,\; v = \frac{Q}{2\pi} \cdot \frac{y}{r^2} \;.$$

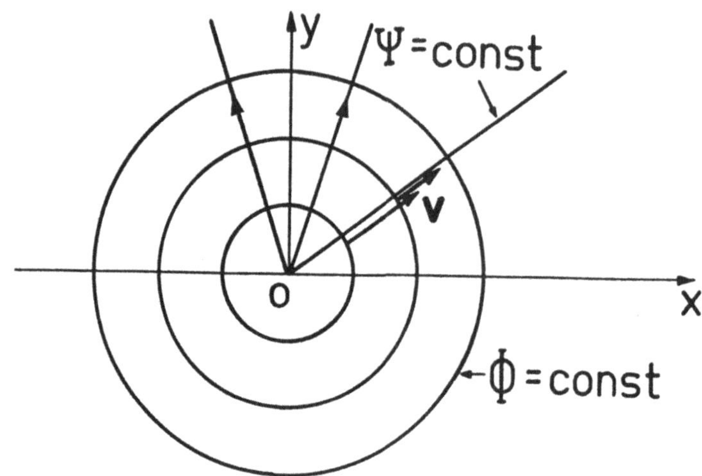

Figur 5.5: Quellpunkt in $z_0 = 0$

Es ist $|\underset{\sim}{v}| = \frac{Q}{2\pi r}$, d.h. die Geschwindigkeitsbeträge nehmen invers pro-
portional zum Abstand ab. Bei $Q > 0$ ist $\underset{\sim}{v}$ von 0 weggerichtet.

3) Bei $C = \Gamma + i Q$ mit Γ und $Q \neq 0$ überlagern sich die Felder, so
daß die Stromlinienbedingung lautet

$$\Psi = \text{Im } F = - \frac{\Gamma}{2\pi} \log |z| + \frac{Q}{2\pi} \text{ arg } z = \text{const.,}$$

oder mit $\Theta = \text{arg } z$ erhält man

$$(5.2.11) \quad \Theta = \frac{\Gamma}{Q} \log r + \frac{2\pi c}{Q} \;,\; \text{d.h.}$$

logarithmische Spiralen.

Die Geschwindigkeitskomponenten lauten hier

$$(5.2.12) \qquad u = \frac{1}{2\pi r^2} (x \cdot Q - y \cdot \Gamma) \ , \quad v = \frac{1}{2\pi r^2} (x \cdot \Gamma + y \cdot Q) \ .$$

Durch Wahl von $z_0 \in \mathbb{C}$ können wir Wirbel- und Quellpunkte in jeden Punkt legen und durch Summation Felder dieser speziellen Art überlagern, also z.B. in $z_0 = z_1 = -h < 0$ eine Quelle der Stärke Q und in $z_0 = z_2 = +h > 0$ eine Senke der Stärke Q anbringen. Dies liefert das komplexe Potential eines <u>Quellensenkenpaars</u>:

$$(5.2.13) \qquad F(z) = \phi + i \, \psi = \frac{Q}{2\pi} \left[\log(z+h) - \log(z-h) \right]$$

mit der komplexen Geschwindigkeit

$$(5.2.14) \qquad F'(z) = u - iv = \frac{Q}{2\pi} \left\{ \frac{1}{z+h} - \frac{1}{z-h} \right\} = - \frac{Q}{\pi} \cdot \frac{h}{z^2 - h^2} \ .$$

Wenn man $Q = D/2h$ wählt, so resultiert für $h \to +0$:

$$(5.2.15) \qquad F_D(z) = \frac{D}{2\pi} \cdot \frac{1}{z} = \frac{D}{2\pi r^2}(x - iy) , \ F_D'(z) = - \frac{D}{2\pi \cdot z^2}$$

als komplexes Potential bzw. komplexe Geschwindigkeit eines <u>Dipols der Stärke D in O mit Achse parallel zur positiven x-Achse</u>.

Betrachten wir nun einen Kreis $K_R(O)$ vom Radius R mit Mittelpunkt im Ursprung. Dieser werde von einer inkompressiblen, reibungsfreien Flüssigkeit der Dichte ρ mit der Geschwindigkeit $\underset{\sim}{v}_\infty$ angeströmt, d.h. $\lim\limits_{x \to -\infty} \underset{\sim}{v} = \lim\limits_{x \to -\infty} \bar{w} = \underset{\sim}{v}_\infty = u_\infty + iv_\infty = |\underset{\sim}{v}_\infty| \cdot e^{i\alpha_\infty}$. Man nennt α_∞ den <u>Anström-winkel</u>.

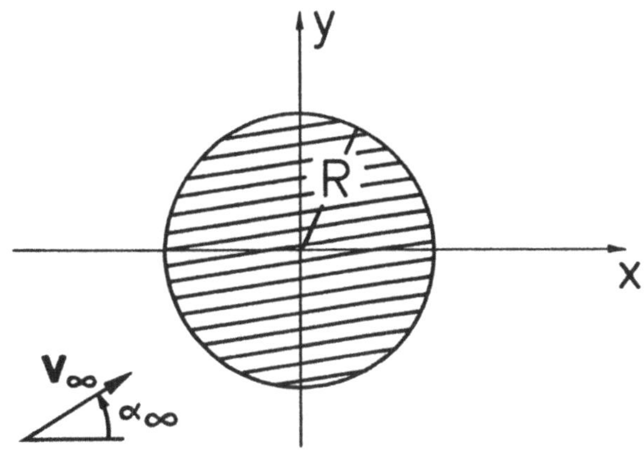

<u>Figur 5.6</u>: Angeströmter Kreiszylinder

Gesucht ist eine Funktion $F(z) = \phi(x,y) + i \cdot \psi(x,y)$, das komplexe Potential, für $z \in \mathbb{C} \setminus K_R(0) = \{z \in \mathbb{C}: |z| \geq R\}$, so daß F' für $|z| > R$ holomorph und für $|z| \geq R$ stetig ist mit

$$(5.2.16) \qquad \lim_{x \to -\infty} F'(z) = \overline{\underset{\sim}{v}}_\infty \;.$$

Aufgrund der Holomorphie läßt sich $F'(z)$ in eine Laurentreihe (s. Satz 1.6) entwickeln für $|z| > R$,

$$(5.2.17) \qquad w(z) = F'(z) = |\underset{\sim}{v}_\infty| e^{-i\alpha_\infty} + \sum_{n=1}^{\infty} \frac{a_n}{z^n} \;,$$

die sogar für $|z| \geq R$ noch gleichmäßig konvergiert, falls die Geschwindigkeitskomponenten auf $|z| = R$ z.B. noch Hölderstetig sind (hinreichende Bedingung für die Entwickelbarkeit in eine 2π-periodische Fourierreihe nach $\theta = \arg z$!). Durch Integration von (5.2.17) erhalten wir für $|z| \geq R$ das komplexe Potential in der Form

$$(5.2.18) \qquad F(z) = \phi + i\psi = |\underset{\sim}{v}_\infty| e^{-i\alpha_\infty} \cdot z + a_1 \cdot \log z + C - \sum_{n=2}^{\infty} \frac{a_n}{n-1} \cdot \frac{1}{z^{n-1}}$$

mit beliebigem $C \in \mathbb{C}$. Setzen wir $a_n = \rho_n e^{i\theta_n}$ für $n \in \mathbb{N}$ und $a_1 = \alpha_1 + i\beta_1$, dann folgt

$$
\begin{aligned}
F(z) = \phi + i\psi = {}& |\underset{\sim}{v}_\infty| \cdot r \cdot \cos(\theta - \alpha_\infty) + \alpha_1 \cdot \log r - \beta_1 \theta \\
& - \sum_{n=1}^{\infty} \frac{\rho_{n+1}}{n} r^{-n} \cdot \cos(\theta_{n+1} - n\theta) \qquad (=\phi) \\
& + i\,\{ |v_\infty| \cdot r \sin(\theta - \alpha_\infty) + \alpha_1 \theta + \beta_1 \cdot \log r \\
& \quad - \sum_{n=1}^{\infty} \frac{\rho_{n+1}}{n} r^{-n} \sin(\theta_{n+1} - n\theta) \} \qquad (=i\psi) \;.
\end{aligned}
$$

$$(5.2.19)$$

Ist $\alpha_1 \neq 0$, so ist F mehrdeutig. Da $r = R$ Stromlinie sein soll, muß dort $\psi = \text{const.}$ sein. Dies ist zu erreichen durch Wahl von $\alpha_1 = 0$ und $\rho_{n+1} = 0$ für $n \geq 2$, so daß

$$(5.2.20) \qquad \psi|_{r=R} = |\underset{\sim}{v}_\infty| \cdot R \cdot \sin(\theta - \alpha_\infty) + \beta_1 \cdot \log R - \frac{\rho_2}{R} \sin(\theta_2 - \theta) = \text{const.}$$

für $0 \leq \theta \leq 2\pi$ gelten muß. Also wird gefordert

$$(5.2.21) \qquad \theta_2 = \alpha_\infty \quad \text{und} \quad |\underset{\sim}{v}_\infty| \cdot R + \frac{\rho_2}{R} = 0$$

Mit $\beta_1 = -\frac{\Gamma}{2\pi} \in \mathbb{R}$ wird dann das komplexe Potential

$$(5.2.22) \qquad F(z) = \phi + i \cdot \psi = |\underset{\sim}{v}_\infty| e^{-i\alpha_\infty} \cdot z + \frac{\Gamma}{2\pi i} \cdot \log z + R^2 |\underset{\sim}{v}_\infty| \frac{e^{i\alpha_\infty}}{z} + C$$

mit dem zugehörigen Geschwindigkeitsfeld

$$(5.2.23) \qquad w(z) = u - iv = F'(z) = \frac{\Gamma}{2\pi i} \cdot \frac{1}{z} + |\underset{\sim}{v}_\infty| \cdot (e^{-i\alpha_\infty} - \frac{R^2 e^{i\alpha_\infty}}{z^2}) \ .$$

Die Umströmung eines Zylinders setzt sich also zusammen aus einer reinen Kreiszirkulationsströmung der Stärke Γ des im Ursprung $z = 0$ befindlichen erzeugenden Wirbels, einer Parallelströmung (der ungestörten Anströmung) und einer Strömung, die von einem Dipol im Ursprung herrührt.

Definition 5.3: *Ist durch* $F = \Phi + i\Psi$ *in* $\bar{D} \subset \mathbb{C}$ *ein komplexes Geschwindigkeitspotential mit der komplexen Geschwindigkeit* $w = F' = u - iv$ *gegeben, so heiße* $z_0 \in \bar{D}$ *Staupunkt der Strömung, falls* $w(z_0) = F'(z_0) = 0$ *ist.*

Wir erhalten nun die Staupunkte z_1, z_2 der Kreisumströmung (5.2.23) zu

$$(5.2.24) \qquad z_{1,2} := \frac{1}{4\pi|\underset{\sim}{v}_\infty|} \cdot \{i\Gamma \pm \sqrt{16\pi^2|\underset{\sim}{v}_\infty|^2 R^2 - \Gamma^2}\}$$

Fallunterscheidung:

(i) Ist $|\Gamma| \leq 4\pi|\underset{\sim}{v}_\infty|R$, so ist der Radikand ≥ 0 und folglich $|z_{1,2}| = R$, d.h. die Staupunkte liegen auf der Kreisperipherie $\partial K_R(0)$.

(ii) Ist $|\Gamma| > 4\pi|\underset{\sim}{v}_\infty|R$, so gilt

$$|z_{1,2}| = \frac{1}{4\pi|\underset{\sim}{v}_\infty|} \cdot |\Gamma \pm \sqrt{\Gamma^2 - (4\pi|\underset{\sim}{v}_\infty|R)^2}| \ ,$$

d.h. es ist $|z_1| > \Gamma/4\pi|\underset{\sim}{v}_\infty| > R$, also z_1 im Strömungsgebiet, während $|z_2| = (4\pi|\underset{\sim}{v}_\infty|R)^2 [4\pi|\underset{\sim}{v}_\infty|(\Gamma + \sqrt{\Gamma^2 - (4\pi|\underset{\sim}{v}_\infty|R)^2})]^{-1} < R$ im Innern des Kreises liegt.

Bei der später zu berechnenden Verteilung der auf die Kontur $\partial K_R(0)$ wirkenden Druckkräfte wird es sich zeigen, daß der Kreis eine Kraft in Richtung der negativen y-Achse erfährt, sofern $\Gamma > 0$ ist, so daß die Stromlinien unmittelbar unterhalb des Kreises dichter verlaufen als oberhalb.

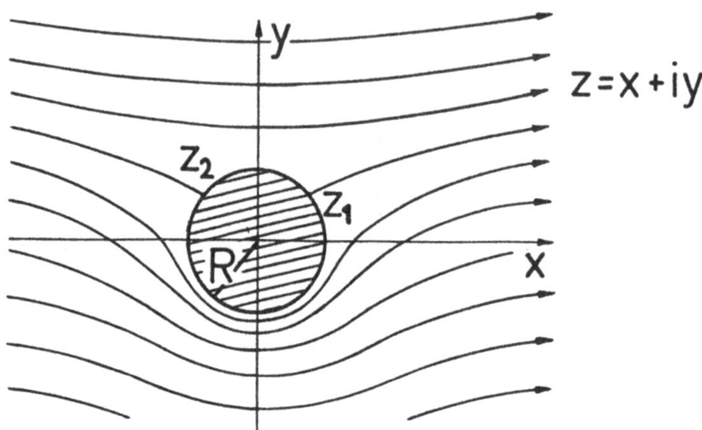

Figur 5.7: Umströmung eines Kreiszylinders bei kleiner Zirkulation Γ.

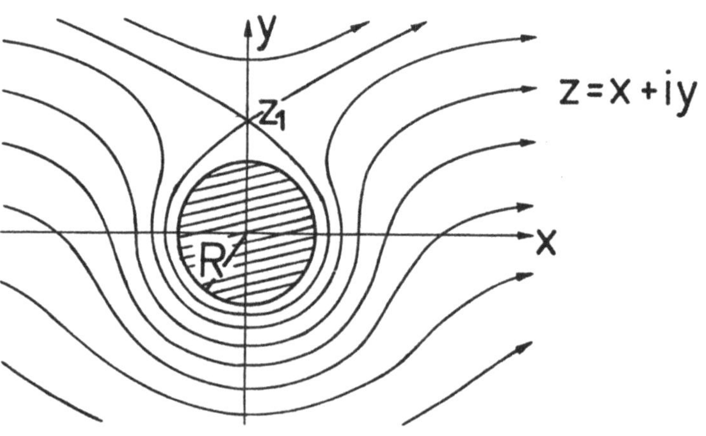

Figur 5.8: Umströmung eines Kreiszylinders bei großer Zirkulation Γ.

Nun wollen wir die Umströmung eines beliebigen <u>Profils</u> $\mathfrak{P}$ in der z-
Ebene bestimmen. Dieses sei gegeben durch eine stückweise glatte, geschlossene Jordankurve $L = \partial\mathfrak{P}$ mit -i.a.- der einzigen Ecke, der sogenannten <u>Hinterkante</u> z_H:

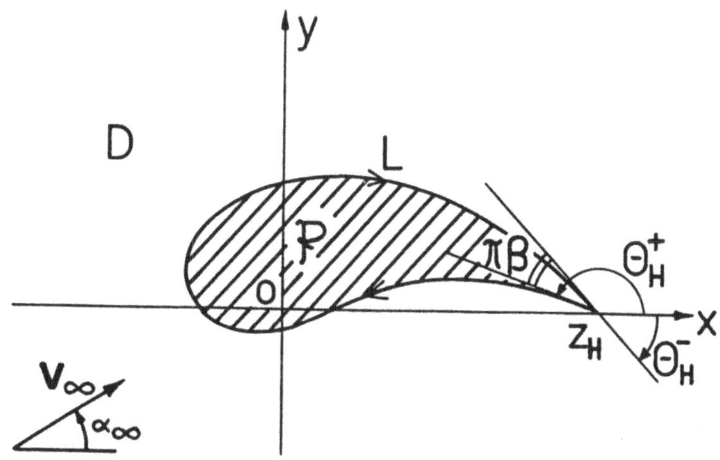

<u>Figur 5.9</u>: Anströmung eines Profils mit Hinterkante z_H .

Aufgrund des Riemannschen Abbildungssatzes (Satz 1.15) gibt es eine eindeutig bestimmte konforme Abbildung $z = z(\zeta) : \tilde{D} \to D$ des Äußeren $\tilde{D}$
des Einheitskreises $\bar{E} \subset \mathbb{C}_\zeta$ auf das Profiläußere $D \subset \mathbb{C}_z$, so daß z
noch stetige erste Ableitungen nach ξ, η auf $\tilde{\bar{D}}$ hat - mit Ausnahme
des Urbildpunkts $\zeta_H = \xi_H + i\eta_H$ der Hinterkante z_H - und diese Abbildung durch

$$(5.2.25) \qquad z(\zeta) = A\cdot\zeta + \sum_{k=1}^{\infty} b_k/\zeta^k$$

mit $A > 0$ normiert ist. Das gesuchte komplexe Potential
$F(z) = \Phi(x,y) + i\cdot\Psi(x,y)$ kann nunmehr in die ζ-Ebene übertragen werden
vermöge

$$(5.2.26) \qquad \tilde{F}(\zeta) := F(z(\zeta)) = \tilde{\Phi}(\xi,\eta) + i\cdot\tilde{\Psi}(\xi,\eta) \quad .$$

Die übertragene komplexe Geschwindigkeit $\tilde{w}$ berechnet sich nun durch
Anwendung der Kettenregel:

$$\tilde{w}(\zeta) = \tilde{u} - i\tilde{v} = \frac{d\tilde{F}}{d\zeta} = \frac{dF}{dz} \cdot \frac{dz}{d\zeta} = w(z)\cdot z'(\zeta)$$

$$(5.2.27)$$

$$=[u(w(\zeta)) - i\cdot v(w(\zeta))]\cdot z'(\zeta) .$$

Speziell resultiert

$$(5.2.28) \qquad \tilde{w}(\infty) = w(\infty) \cdot z'(\infty) = |\underset{\sim}{v}_\infty| e^{-i\alpha_\infty} \cdot A \ ,$$

d.h. die Anströmung wird in der ζ-Ebene nicht in der Richtung, sondern nur im Betrag geändert.

Nun muß $L = \partial D$ eine Stromlinie, d.h. $\psi(x,y) = $ const. auf L sein, was aufgrund der topologischen Beziehung zwischen L und $\partial\tilde{D} = \partial E \subset \mathbb{C}_\zeta$ bedeutet:

$$(5.2.29) \qquad \tilde{\psi}(\xi,\eta) = \text{const. für } \xi^2 + \eta^2 = 1 \ .$$

In der ζ-Ebene haben wir somit das Umströmungsproblem für den Einheitskreis vorliegen, dessen Lösung nach (5.2.22) für $|\zeta| \geq 1$ lautet

$$(5.2.30) \qquad \tilde{F}(\zeta) = \frac{\Gamma}{2\pi i} \cdot \log \zeta + |\underset{\sim}{v}_\infty| A \cdot (e^{-i\alpha_\infty} \cdot \zeta + \frac{e^{i\alpha_\infty}}{\zeta}) + C \ .$$

Bezeichnet nun $\mu : \bar{D} \to \bar{\tilde{D}}$ die Umkehrfunktion zu $z : \bar{\tilde{D}} \to \bar{D}$, so erhalten wir für das komplexe Geschwindigkeitspotential durch Einsetzen in (5.2.30) in der ursprünglichen komplexen Ebene $\mathbb{C}_z$ des Profils $\mathfrak{P}$ für $z \in \bar{D}$:

$$(5.2.31) \qquad F(z) = \Phi + i\Psi = \frac{\Gamma}{2\pi i} \cdot \log \mu(z) + |\underset{\sim}{v}_\infty| A\{e^{-i\alpha_\infty} \cdot \mu(z) + \frac{e^{i\alpha_\infty}}{\mu(z)}\} + C.$$

Es ist nach (5.2.3) $\Gamma = \text{Re} \oint_{L_o} F'(z) \, dz$ die Zirkulation der Strömung um das Profil $\mathfrak{P}$, wenn L_o eine stückweise glatte Jordankurve um $\mathfrak{P}$ bezeichnet. L_o geht durch konforme Abbildung über in $\tilde{L}_o$, ebenfalls eine stückweise glatte, geschlossene Jordankurve um $\bar{E} \subset \mathbb{C}_\zeta$ und es ist

$$(5.2.32) \qquad \Gamma = \text{Re} \oint_{\tilde{L}_o} \frac{d\tilde{F}}{d\zeta} \cdot \frac{d\zeta}{dz} \cdot \frac{dz}{d\zeta} \cdot d\zeta = \text{Re} \oint_{\tilde{L}_o} \frac{d\tilde{F}}{d\zeta} \, d\zeta \ ,$$

also invariant gegenüber der konformen Abbildung. Für genügend große $|z|$ hat $F(z)$ die Entwicklung

$$(5.2.33) \qquad F(z) = |\underset{\sim}{v}_\infty| \cdot A \, e^{-i\alpha_\infty} \cdot \frac{z}{A} + \frac{\Gamma}{2\pi i} \cdot \log z + \sum_{n=1}^{\infty} A_n \cdot z^{-n} + C \ ,$$

d.h. die Parallelanströmung und die Zirkulationsströmung sind beim Kreis und Profil gleich, die Änderungen im Strömungsfeld rühren <u>nur</u> von den Gliedern der unendlichen Reihe her.

Bei tatsächlich beobachteten Strömungen ist Γ nicht beliebig wählbar; es zeigt sich nämlich, daß sich derjenige Wert einstellt, der bei einer echten Kante in $z = z_H$, wo also $\lim\limits_{s \to s_H+o} \dot{z}(s) \neq \lim\limits_{s \to s_H-o} \dot{z}(s)$ gilt,

keine beliebig großen Geschwindigkeitsbeträge $|w(z)| = |F'(z)|$ in z_H zuläßt. Dies ist die sog. <u>Kuttasche Abflußbedingung für die Hinterkante</u> z_H <u>eines Profils.</u> Sie ist Ausdruck der stets vorhandenen, in der Theorie hier aber vernachlässigten Flüssigkeitsreibung.

Ist $\pi\beta$ mit $0 \leq \beta < 1$ der Innenwinkel der Profilkontur $L = \partial\mathbb{P}$ bei $z_H = z(s_H)$ also $\pi\beta = -(\Theta_H^+ - \Theta_H^-)$, wenn L mit $\dot{z}(s_H \pm o) = e^{-\Theta_H^\pm}$, so orientiert ist, daß das Profilaußengebiet D zur Linken liegt. Es muß dann die Abbildungsfunktion $z(\zeta)$ in der Umgebung von $\zeta_H = \mu(z_H) \in \partial E$ die analytische Form

$$(5.2.34) \qquad z(\zeta) = z(\zeta_H) + (\zeta - \zeta_H)^{2-\beta} \cdot \Omega(\zeta)$$

mit $\Omega(\zeta_H) \neq 0$ haben. Für $\beta = 1$ wäre die Abbildung lokal konform, während für $\beta = 0$ die Schnittwinkel zwischen Kurven durch ζ_H und ihren Bildern durch z_H verdoppelt werden. Für $0 \leq \beta < 1$ ist mithin $z'(\zeta_H) = 0$, d.h. $|\mu'(z_H)| = \infty$.

Aus (5.2.27) folgt $w(z) = \dfrac{dF}{dz} = \dfrac{d\tilde{F}}{d\zeta} \cdot \dfrac{d\zeta}{dz} = \dfrac{d\tilde{F}}{d\zeta}(\mu(z)) \cdot \mu'(z)$, also

$|w(z_H)| = \infty$, es sei denn $\dfrac{d\tilde{F}}{d\zeta}(\zeta_H) = 0$. Letzteres führt auf die Gleichung

$$(5.2.35) \qquad \frac{\Gamma}{2\pi i}\,\frac{1}{\zeta_H} + |\underset{\sim}{v}_\infty| A \cdot (e^{-i\alpha_\infty} - \frac{e^{i\alpha_\infty}}{\zeta_H^2}) = 0,$$

d.h.

$$(5.2.36) \qquad \frac{\Gamma}{2\pi i} = -A|\underset{\sim}{v}_\infty|(e^{-i\alpha_\infty} \cdot \zeta_H - \frac{e^{i\alpha_\infty}}{\zeta_H})$$

In (5.2.31) eingesetzt resultiert dann für $z \in \bar{D}$:

$$(5.2.37) \quad F(z) = |\underset{\sim}{v}_\infty| A \cdot \left\{ e^{-i\alpha_\infty} \cdot \mu(z) + \frac{e^{i\alpha_\infty}}{\mu(z)} - \log \mu(z) \cdot \left[e^{-i\alpha_\infty} \cdot \mu(z_H) - \frac{e^{i\alpha_\infty}}{\mu(z_H)} \right] \right\}$$

$$+ C \ .$$

Wir berechnen nunmehr die an der Profilkontur $\partial\mathbb{P} = L$ angreifenden Luftkräfte. Aus der Bernoulligleichung (5.1.30) für stationäre Strömungen $(\partial/\partial t \equiv 0)$ folgt

$$(5.2.38) \qquad p(x,y) = \rho M - \frac{1}{2}\rho |F'(z)|^2 \ ,$$

so daß sich für den Druck $p_\infty := \lim_{x \to -\infty} p(x,y)$ wegen $\lim_{x \to -\infty} F'(z) = |\underset{\sim}{v}_\infty| e^{-i\alpha_\infty}$

ergibt: $p_\infty = \rho M - \frac{1}{2} \rho |\underset{\sim}{v}_\infty|^2$, woraus ρM zu

$$(5.2.39) \qquad \rho M = P_\infty + \frac{1}{2} \rho |v_\infty|^2$$

berechnet werden kann. Damit erhalten wir für das Druckfeld p einer stationären Potentialströmung um ein Profil $\mathcal{P}$ für $z = x + iy \in \mathbb{C} \setminus \mathcal{P}$:

$$(5.2.40) \qquad p(x,y) - P_\infty = \frac{1}{2}\rho [|\underset{\sim}{v}_\infty|^2 - |F'(z)|^2] \ .$$

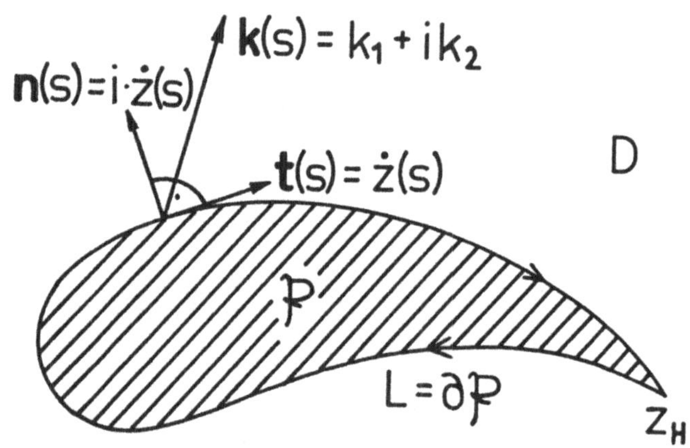

<u>Figur 5.10:</u> An der Profilkontur L angreifende Kräfte $\underset{\sim}{k}$

Im Punkte $z = z(s) \in L = \partial \mathcal{P}$ mit Tangenteneinheitsvektor $\underset{\sim}{t}(s) = \dot{z}(s)$ und äußerem Normalenvektor $\underset{=}{n}(s) = i \cdot \dot{z}(s)$ greife die Kraftdichte (pro Längeneinheit) $\underset{\sim}{k}(s) = k_1(s) + ik_2(s)$ an. Bei idealer Flüssigkeit wirkt die Druckkraft $p \cdot \underset{\sim}{n}$ in Richtung der inneren Normalen, d.h.

$$(5.2.41) \qquad \underset{\sim}{k}_{Druck} = - i \cdot \dot{z}(s) \cdot p(z(s)) \quad \text{für} \quad 0 \leqq s \leqq \ell \ .$$

Die gesamte auf L wirkende Druckkraft wird dann unter Beachtung von (5.2.40)

$$\underset{\sim}{K}_{Druck} = K_1 + iK_2 = -i \int_{s=o}^{\ell} p(z(s)) \cdot \dot{z}(s) ds = -i \oint_L p(z) dz$$

$$(5.2.42)$$

$$= -i \cdot p_\infty \oint_L dz - \frac{i}{2}\rho |\underset{\sim}{v}_\infty|^2 \oint_L dz + \frac{i}{2}\rho \oint_L |F'(z)|^2 dz$$

$$= \frac{i}{2} \rho \oint_L |F'(z)|^2 dz \quad .$$

Nun gilt aber auf $L : u + iv = \overline{F'(z)} = \pm |F'(z)| \cdot \underset{\sim}{t}(s)$, da keine Komponente in Normalenrichtung $\underset{\sim}{n}$ bei ruhendem Profil $\not{p}$ vorhanden ist.

Daraus folgt $|F'(z)| = \pm \overline{F'(z)}/\dot{z}(s) = \pm \overline{F'(z)} \cdot \overline{\dot{z}(s)}$ oder $= \pm F'(z) \cdot \dot{z}(s)$.

Aus (5.2.42) wird dann

$$\overline{\underset{\sim}{K}}_{Druck} = K_1 - iK_2 = - \frac{i}{2} \rho \int_{s=o}^{\ell} |F'(z(s))|^2 \, \overline{\dot{z}(s)} ds$$

$$= - \frac{i}{2} \rho \int_{s=o}^{\ell} [F'(z)]^2 \cdot [\dot{z}(s)]^2 \, \overline{\dot{z}(s)} \, ds$$

$$= - \frac{i}{2} \rho \int_{s=o}^{\ell} [F'(z(s))]^2 \cdot \dot{z}(s) ds,$$

also

$$(5.2.43) \qquad K_1 - iK_2 = - \frac{i}{2} \rho \cdot \oint_L [F'(z)]^2 \, dz$$

Das ist die <u>erste Blasius-Tschaplygin-Formel</u>. (Beachte hierbei, daß L im mathematisch negativen, also im Uhrzeigersinn, $\not{p}$ umläuft!)

Nun bestimmen wir das statische Moment der Druckkräfte, die auf die Kontur L wirken, bzgl. des Ursprungs $z = O$. Dieses ist

$$(5.2.44a) \qquad \underset{\sim}{m}_{Druck} = \underset{\sim}{x} \wedge \underset{\sim}{k}_{Druck} = (xk_2 - yk_1) \cdot \underset{\sim}{e}_3 \quad ,$$

mit dem Einheitsvektor $\underset{\sim}{e}_3$ senkrecht zur (x,y)-Ebene, oder, komplex geschrieben,

$$(5.2.44b) \qquad \underset{\sim}{m}_{Druck} = -Im(z \cdot \overline{\underset{\sim}{k}}) \cdot \underset{\sim}{e}_3 \quad .$$

Damit ergibt sich das an L angreifende Gesamtmoment zu

$$\underset{\sim}{M}_{Druck} = - \int_{s=o}^{\ell} Im(z(s) \cdot \overline{\underset{\sim}{k}}(z(s)) \, ds \cdot \underset{\sim}{e}_3$$

$$= - Re \int_{s=o}^{\ell} z(s) \cdot p(z(s)) \cdot \overline{\dot{z}(s)} ds \cdot \underset{\sim}{e}_3$$

$$= - (p_\infty - \frac{\rho}{2} |\underset{\sim}{v}_\infty|^2) \cdot Re \int_{s=o}^{\ell} z(s) \cdot \overline{\dot{z}(s)} ds \cdot \underset{\sim}{e}_3$$

$$+ \frac{\rho}{2} Re \int_{s=o}^{\ell} z(s) \cdot |F'(z(s))|^2 \cdot \overline{\dot{z}(s)} ds \cdot \underset{\sim}{e}_3$$

$$= + \frac{\rho}{2} Re \int_{s=o}^{\ell} z(s)[F'(z(s))]^2 \cdot [\dot{z}(s)]^2 \cdot \overline{\dot{z}(s)} ds \cdot \underset{\sim}{e}_3 \quad ,$$

also

$$(5.2.45) \qquad \underset{\sim}{M}_{Druck} = + \frac{\rho}{2} \, Re \oint_{L} z \cdot [F'(z)]^2 \, dz \cdot \underset{\sim}{e}_3 \ .$$

Das ist die sog. <u>zweite Blasius-Tschaplygin-Formel.</u> Hierbei haben wir beachtet, daß $\int\limits_{s=0}^{\ell} z(s) \cdot \overline{\dot{z}(s)} ds = 0$ ist.

Ist nun $w(z) = F'(z) = u - iv$ holomorph für z im Äußeren D des Profils $\mathcal{P}$ und stetig in $\bar{D}$, so können die Integrale in den Blasius-Tschaplygin-Formeln über beliebige geschlossene Kurven L_o erstreckt werden, die $\mathcal{P}$ im Uhrzeigersinne einmal umlaufen. Für genügend große $|z|$ konvergiert dann aber die zugehörige Laurentreihe

$$(5.2.46) \qquad F'(z) = |\underset{\sim}{v}_\infty| \cdot e^{-i\alpha_\infty} + \Gamma/2\pi i z - \sum_{n=1}^{\infty} nA_n/z^{n+1} \ ,$$

woraus folgt

$$(5.2.47) \quad [F'(z)]^2 = |\underset{\sim}{v}_\infty|^2 e^{-2i\alpha_\infty} + 2|\underset{\sim}{v}_\infty| e^{-i\alpha_\infty} \cdot \Gamma/2\pi i z + \sum_{m=2}^{\infty} B_m/z^m$$

$$z[F'(z)]^2 = |\underset{\sim}{v}_\infty|^2 \cdot e^{-2i\alpha_\infty} \cdot z + 2|\underset{\sim}{v}_\infty| e^{-i\alpha_\infty} \cdot \Gamma/2\pi i$$

$$(5.2.48)$$

$$+ \ B_2/z + \sum_{m=3}^{\infty} B_m/z^{m-1}$$

mit

$$(5.2.49) \quad B_2 = (\Gamma/2\pi i)^2 - 2|\underset{\sim}{v}_\infty| e^{-i\alpha_\infty} \cdot A_1 \ .$$

Für die an der Profilkontur $\partial\mathcal{P}$ angreifende Gesamtkraft $\underset{\sim}{K}$ erhalten wir damit

$$\underset{\sim}{K}_{Druck} = - \frac{i}{2} \rho \cdot (-2\pi i) \cdot \underset{z=0}{Res}[F'(z)]^2 = - \rho\pi \cdot |\underset{\sim}{v}_\infty| e^{-i\alpha_\infty} \cdot \Gamma/2\pi i$$

d.h.

$$(5.2.50) \qquad \underset{\sim}{K}_{Druck} = - i\rho \underset{\sim}{v}_\infty \cdot \Gamma$$

Das ist die sog. <u>Kutta-Joukowski-Formel,</u> die besagt, daß die am Profil $\mathcal{P}$ angreifende Gesamtkraft $\underset{\sim}{K}$ senkrecht auf der Anströmrichtung $\underset{\sim}{v}_\infty$ steht, also nur eine Auf- (bzw. Abtriebs-) komponente aber keine Widerstandskomponente (Kraft antiparallel zu $\underset{\sim}{v}_\infty$) besitzt. Sie ist im übrigen bei gleichem Zirkulationswert Γ von der Form des Profils unabhängig.

Für das Gesamtmoment $\underset{\sim}{M}_{Druck}$ liefert die Residuenrechnung nun

$$\underset{\sim}{M}_{Druck} = \frac{\rho}{2} \, \mathrm{Re}\{ (-2\pi i) \, \underset{z=o}{\mathrm{Res}} \, z\cdot[F'(z)]^2 \}\cdot\underset{\sim}{e}_3$$

$$= \frac{\rho}{2} \, \mathrm{Re}\{-2\pi i\cdot B_2\}\cdot\underset{\sim}{e}_3$$

$$= -\frac{\rho}{2} \, \mathrm{Re}\{2\pi i[\, (\Gamma/2\pi i)^2 - 4\pi i\cdot|\underset{\sim}{v}_\infty|e^{-i\alpha_\infty}\cdot A_1\,]\}\cdot\underset{\sim}{e}_3 \ ,$$

d.h.

$$(5.2.51) \qquad \underset{\sim}{M}_{Druck} = -\, 2\pi\rho\cdot\mathrm{Im} \, (\underset{\sim}{\bar{v}}_\infty\cdot A_1)\cdot\underset{\sim}{e}_3$$

Das Gesamtmoment - bzgl. des Ursprungs $z = 0$ -, das an der Profilkontur $L = \partial \mathcal{P}$ angreift, ist also unabhängig von der Zirkulation!

Als Beispiel werde hier noch die Umströmung einer Ellipse

$\mathcal{E} := \{z\in\mathbb{C} : \frac{x^2}{a^2} + \frac{y^2}{b^2} \leq 1\}$ diskutiert. Wir wollen also das Ellipsenäußere

$D = \mathbb{C} \setminus \mathcal{E}$ auf das Kreisäußere $\tilde{D}_R$ abbilden vermöge $\mu : D \to \tilde{D}_R$. Dazu

setzen wir zunächst $z = cz'$ mit $c := \sqrt{a^2 - b^2}$ bei $a > b$, so daß im

$z' = x' + iy'$ - Koordinatensystem die Exzentrizität c' der neuen El-

lipse $\mathcal{E}' := \{z'\in\mathbb{C} : \frac{x'^2}{a'^2} + \frac{y'^2}{b'^2} \leq 1\}$ gleich 1 ist. $(a':=a/c, b':=b/c)$.

Vermöge

$$(5.2.52) \qquad z' = \omega(\zeta) := (\zeta+\zeta^{-1})/2$$

wird $K_R(o)$ in $\mathbb{C}_\zeta$ auf die Ellipse $\mathcal{E}'$ mit $a' := (R+R^{-1})/2$,
$b' := (R-R^{-1})/2$ abgebildet, wie man sofort erkennt, wenn man Polarkoordinaten $\zeta = \rho e^{i\Theta}$, $0 \leq \Theta < 2\pi$, $0 \leq \rho \leq R$, einsetzt;

$$z'(\Theta) = x'(\Theta) + iy'(\Theta) = \tfrac{1}{2}(\rho e^{i\Theta} + \tfrac{1}{\rho} e^{-i\Theta}) =$$

$(5.2.53)$

$$= \tfrac{1}{2}(\rho + \tfrac{1}{\rho})\cos\Theta + \tfrac{i}{2}(\rho - \tfrac{1}{\rho})\sin\Theta \ .$$

Das Äußere $\tilde{D}_R$ des Kreises, also für $\rho > R$, geht dann in das Ellipsenäußere $\mathbb{C} \setminus \mathcal{E}$ über. Dabei gilt : $\zeta = \infty \to z' = \infty \to z = \infty$ und aus der Forderung vorgegebener Anströmung, d.h. der Gültigkeit von

$$F(z) = |v_\infty|e^{-i\alpha_\infty} + \sum_{n=1}^{\infty} a_n/z^n \quad \text{für große } |z|, \text{ resultiert für große } |\zeta|:$$

$$\tilde{F}'(\zeta) = \frac{d}{d\zeta}F(z(\zeta)) = \frac{dz}{d\zeta}\cdot F'(z)\Big|_{z=z(\zeta)}$$

$$(5.2.54) \qquad = \frac{c}{2}\cdot F'(z)\Big|_{z=z(\zeta)} + O(z^{-2})$$

$$= \frac{c}{2}|\underset{\sim}{v}_\infty|e^{-i\alpha_\infty} + \sum_{n=1}^\infty \tilde{a}_n/\zeta^n \quad .$$

Ferner ist:

$$(5.2.55) \qquad \frac{1}{2}(R + \frac{1}{R}) = \frac{a}{\sqrt{a^2-b^2}} \;,\; \frac{1}{2}(R - \frac{1}{R}) = \frac{b}{\sqrt{a^2-b^2}} \;,$$

also $\;R = \sqrt{\dfrac{a+b}{a-b}} > 1\;$.

Die inverse Abbildung $\;\mu : D \to \tilde{D}_R\;$ lautet

$$(5.2.56) \qquad \zeta = \mu(z) = \frac{1}{c}(z + \sqrt{z^2-c^2})$$

mit Wahl der positiven Wurzel für $\;z = x > c.$

Das komplexe Geschwindigkeitspotential $\;\tilde{F}(\zeta) = \tilde{\phi}(\xi,\eta) + i\cdot\tilde{\psi}(\xi,\eta)\;$ der Strömung um den Kreis $\overline{K_R(0)}$ lautet bei Ersetzung der Anströmgeschwindigkeit $\;|\underset{\sim}{v}_\infty|\;$ durch $\;\frac{c}{2}|\underset{\sim}{v}_\infty|:$

$$(5.2.57) \qquad \tilde{F}(\zeta) = \frac{c}{2}|\underset{\sim}{v}_\infty|e^{-i\alpha_\infty}\cdot \zeta + \frac{\Gamma}{2\pi i}\log\zeta + R^2\frac{c}{2}|\underset{\sim}{v}_\infty|\frac{e^{i\alpha_\infty}}{\zeta} + C$$

Nach Einsetzen von $\;\zeta = \mu(z)\;$ gemäß (5.2.56) ergibt sich das komplexe Geschwindigkeitspotential in der $\;z$-Ebene zu

$$F(z) = \phi(x,y) + i\cdot\psi(x,y) = \tilde{F}(\zeta) = \tilde{F}(\mu(z))$$

$$= \frac{1}{2}|\underset{\sim}{v}_\infty|e^{-i\alpha_\infty}(z + \sqrt{z^2-c^2}) + R^2\frac{c^2}{2}|\underset{\sim}{v}_\infty|e^{i\alpha_\infty}(z + \sqrt{z^2-c^2})^{-1}$$

$$+ \frac{\Gamma}{2\pi}\log(z+\sqrt{z^2-c^2}) + C + \frac{\Gamma}{2\pi i}\log(1/c)$$

$$(5.2.58) \qquad = \frac{1}{2}|\underset{\sim}{v}_\infty|\{e^{-i\alpha_\infty}z + e^{-i\alpha_\infty}\sqrt{z^2-c^2} +$$

$$+ \frac{a+b}{a-b}e^{i\alpha_\infty}\cdot z - \frac{a+b}{a-b}e^{i\alpha_\infty}\cdot\sqrt{z^2-c^2}\} +$$

$$+ \frac{\Gamma}{2\pi i}\log(z + \sqrt{z^2-c^2}) + C'$$

und die komplexe Geschwindigkeit für die Umströmung der Ellipse $\;\mathcal{E}\;$ zu

$$F'(z) = w(z) = u(x,y) - i \cdot v(x,y) =$$

$$(5.2.59) \qquad = \frac{1}{2}|\underset{\sim}{v}_\infty| \left\{ e^{-i\alpha_\infty} + e^{-i\alpha_\infty} \cdot \frac{z}{\sqrt{z^2-c^2}} + \frac{a+b}{a-b} e^{i\alpha_\infty} \right.$$

$$\left. - \frac{a+b}{a-b} e^{i\alpha_\infty} \cdot \frac{z}{\sqrt{z^2-c^2}} \right\} + \frac{\Gamma}{2\pi i} \cdot \frac{1}{\sqrt{z^2-c^2}} \quad ,$$

so daß $\lim\limits_{z\to\infty} F'(z) = |\underset{\sim}{v}_\infty| e^{-i\alpha_\infty}$ erfüllt ist.

Das reelle Intervall $[-c,c]$ ist dabei Verzweigungsschnitt für w.

Während die an der Ellipsenkontur $\partial\mathcal{E}$ wirkende Auftriebskraft mittels der Kutta-Joukowski-Formel sofort angegeben werden kann als $\underset{\sim}{K} = -i\rho\, \underset{\sim}{v}_\infty \Gamma$, muß für das Druckmoment $\underset{\sim}{M}_{Druck}$ gemäß (5.2.51) der Entwicklungskoeffizient A_1, d.i. gemäß (5.2.46) der negative Koeffizient von $w(z) = F'(z)$ zur Potenz z^{-2} in der Laurententwicklung zu $z = \infty$, erst berechnet werden.

Es gilt für $|z| > c$

$$(5.2.60) \qquad (z^2-c^2)^{-1/2} = z^{-1}(1 - \frac{c^2}{z^2})^{-1/2} = z^{-1} \cdot \sum_{\nu=o}^{\infty} \binom{-1/2}{\nu} (-1)^\nu \cdot (\frac{c}{z})^{2\nu}$$

$$= z^{-1} + \frac{c^2}{2} \cdot z^{-3} + O(z^{-5}) \quad \text{für } z\to\infty,$$

also ist

$$w(z) = \frac{1}{2}|\underset{\sim}{v}_\infty| \cdot \{2e^{-i\alpha_\infty} + \frac{a^2-b^2}{2}(e^{-i\alpha_\infty} - \frac{a+b}{a-b} e^{i\alpha_\infty}) z^{-2}\}$$

$$+ \Gamma \cdot (2\pi i z)^{-1} + O(z^{-3}) \quad \text{für } z \to \infty,$$

d.h. es resultiert

$$A_1 = -\frac{1}{4}|\underset{\sim}{v}_\infty|(a^2-b^2) \cdot (e^{-i\alpha_\infty} - \frac{a+b}{a-b} e^{i\alpha_\infty})$$

$$(5.2.62)$$

$$= |\underset{\sim}{v}_\infty|(a+b) \cdot (b \cos\alpha_\infty + i \cdot a \sin\alpha_\infty)/2$$

Damit ergibt sich schließlich für das Gesamtmoment bzgl. des Ursprungs aus (5.2.51)

$$(5.2.63a) \qquad \underset{\sim}{M}_{Druck} = -\pi\rho \cdot \mathrm{Im}\, \{|\underset{\sim}{v}_\infty|^2 e^{-i\alpha_\infty}(a+b)(b\cos\alpha_\infty + ia\sin\alpha_\infty)\}\underset{\sim}{e}_3$$

oder

$$(5.2.63b) \qquad \underset{\sim}{M}_{Druck} = -\frac{\pi\rho}{2}|\underset{\sim}{v}_\infty|^2 (a^2-b^2)\sin 2\alpha_\infty \cdot \underset{\sim}{e}_3$$

5.3. Ebene Strömung eines inkompressiblen Gases um ein instationär bewegtes, dünnes Profil

Gegeben sei ein dünnes und schwach gewölbtes Profil (s. Figur 5.11), dessen projizierte *Mittel-* oder *Skelettlinie* auf der x_o-Achse zwischen -c und c liege. Dieses Profil führe instationäre Bewegungen mit kleinen Amplituden um seine Ruhelage aus verglichen mit der Anströmgeschwindigkeit U parallel zur positiven x_o-Achse. Aufgrund des Helmholtzschen Wirbelsatzes (s.z.B. [60, S. 134]) schwimmen freie Wirbel von der Hinterkante $(x_o,y_o) = (c,0)$ ab.

In einer linearen Störungstheorie denken wir uns die Normalgeschwindigkeiten $W(x_o;t) = U \cdot \omega(x;s)$ auf $-c \leq x_o \leq c$, $y_o = 0$ für $t > 0$ gegeben mit $|\omega| \ll 1$ und im <u>Kielwasser</u> $x_o > c$, $y_o = 0$, den Sprung der Tangentialgeschwindigkeitskomponente $U[u(x,+0;s)-u(x,-0;s)] = U \cdot \varepsilon(x;s)$. Dabei werden die dimensionslosen Koordinaten x,y,s verwendet, definiert durch

$$(5.3.1) \qquad x_o = c \cdot x, \quad y_o = c \cdot y, \quad t = sc/U$$

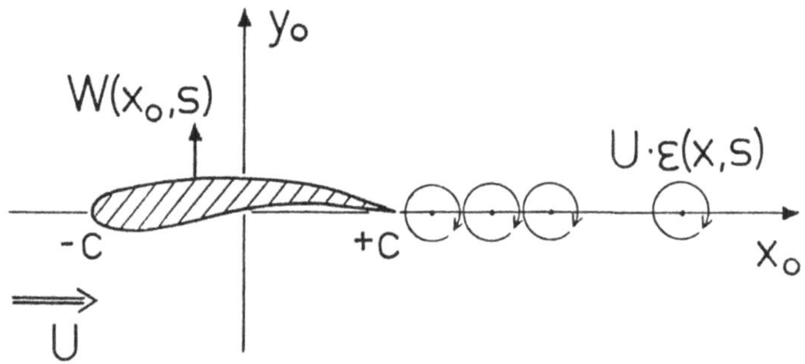

<u>Figur 5.11</u>: Dünnes angeströmtes und schwingendes Profil

Die Linearisierung der Eulerschen Bewegungsgleichungen (s. Abschnitt 5.1.!) führt unter der Annahme einer außerhalb des Profils und seines Kielwassers wirbelfreien Strömung zu dem folgenden <u>Anfangsrandwertproblem</u> für die dimensionslosen Geschwindigkeitskomponenten des Störfeldes $u(x,y;s)$, $v(x,y;s)$ und den reduzierten Stördruck $p(x,y;s)$ bezogen auf den Druck p_o, die Dichte ρ_o und die Anströmgeschwindigkeit U der stationären Grundströmung:

Gesucht sind die für $(x,y) \neq (\xi,0)$; $\xi \geq -c$; *stetig differenzierbaren Funktionen* u,v,p, *so daß*

$$(5.3.2a) \qquad \frac{\partial u}{\partial s} + \frac{\partial u}{\partial x} = - \frac{p_o}{\rho_o U^2} \cdot \frac{\partial p}{\partial x}$$

$$(5.3.2b) \qquad \frac{\partial u}{\partial s} + \frac{\partial u}{\partial y} = - \frac{p_o}{\rho_o U^2} \cdot \frac{\partial p}{\partial y}$$

$$(5.3.2c) \qquad \frac{\partial u}{\partial x} + \frac{\partial v}{\partial y} = 0 \; .$$

gilt. Am Rande seien die Bedingungen erfüllt für alle $s > 0$:

$$(5.3.3a) \qquad \lim_{y \to o} v(x,y;s) = \omega(x;s) \quad \text{für} \quad -1 < x < +1$$

$$(5.3.3b) \qquad \lim_{y \to +o} v(x,y;s) = \lim_{y \to -o} v(x,y;s) \qquad \text{für} \quad 1 < x < 1+s$$

$$(5.3.3c) \qquad \lim_{y \to +o} p(x,y;s) = \lim_{y \to -o} p(x,y;s)$$

<u>*(keine Quellen und kein Drucksprung im Kielwasser)*</u>

Die Anfangsbedingungen lauten im gesamten Strömungsgebiet:

$$(5.3.4) \qquad \lim_{s \to +o} u(x,y;s) = \lim_{s \to +o} v(x,y;s) = \lim_{s \to +o} p(x,y;s) = 0.$$

Außerdem sollen die asymptotischen Bedingungen erfüllt sein:

$$(5.3.5a) \qquad u,v,p = O\big[(x+1)^2 + y^2 \big]^{-\beta/2} \big) \quad \textit{für} \quad (x,y) \to (-1,0) \quad \textit{mit einem}$$

$0 \le \beta < 1$ *sog.* <u>*Vorderkantensingularität*</u>

$$(5.3.5b) \qquad u,v,p = O(1) \quad \textit{für} \quad (x,y) \to (1,0)$$

sog. <u>*Kuttasche Abflußbedingung*</u>

$$(5.3.5c) \qquad u,v,p = O\big(([x-s-1]^2 + y^2)^{-\delta/2} \big) \quad \textit{für} \quad (x,y) \to (s+1,0) \quad \textit{mit einem}$$

$0 < \delta < 1$ *sog.* <u>*Anfahrwirbel*</u>

$$(5.3.5d) \qquad u,v,p = O(1) \quad \textit{für} \quad x^2 + y^2 \to \infty,$$

d.i. die <u>*ungestörte Anströmung im Unendlichen*</u> .

Unter der Annahme der Wirbelfreiheit der Strömung außerhalb des Schlitzes $-1 \le x \le 1 + s$, $y = 0$ können wir das komplexe Geschwindigkeitspotential $F(z;s) = \Phi + i \cdot \Psi$ und die komplexe Geschwindigkeit $F'(z;s) = w(z;s) = u - iv$ als dort holomorphe Funktion definieren.
Aufgrund gleicher Normalgeschwindigkeiten auf beiden Ufern, $y = \pm 0$, der reellen Achse denken wir uns das Geschwindigkeitsfeld allein durch

Wirbel erzeugt, die längs des Schlitzes $y = 0$, $-1 \leq x \leq 1 + s$, verteilt sind:

$$(5.3.6) \qquad w(z;s) = \frac{1}{2\pi i} \int_{-1}^{+1} \frac{\gamma(\xi;s)\,d\xi}{\xi - z} + \frac{1}{2\pi i} \int_{1}^{1+s} \frac{\varepsilon(\xi;s)\,d\xi}{\xi - z}$$

mit den sog. <u>gebundenen Wirbeln der Dichte γ</u> auf dem Profilskelett und <u>den freien Wirbeln der Dichte $\varepsilon(\xi;s)$</u> im Kielwasser des Profils. Da w für $z \to 1$ auf Grund der Kuttaschen Abflußbedingung beschränkt bleiben soll, müssen γ und ε für $\xi \to 1$ beschränkt bleiben und gleiche Grenzwerte besitzen (s. Abschn. 2.2!) für alle $s > 0$. Die Plemelj-Sochozki-Formeln (2.2.9) zeigen unmittelbar, daß die Dichten γ und ε reellwertige Funktionen sein müssen:

$$(5.3.7) \qquad \lim_{y \to \pm 0} w(x+iy;s) = \pm \frac{1}{2} \left\{ \begin{matrix} \gamma(x;s) \\ \varepsilon(x;s) \\ 0 \end{matrix} \right\} + \frac{1}{2\pi i} \cdot \int_{-1}^{1} \frac{\gamma(\xi;s)\,d\xi}{\xi - x}$$

$$+ \frac{1}{2\pi i} \cdot \int_{1}^{1+s} \frac{\varepsilon(\xi;s)\,d\xi}{\xi - x}$$

für $x \in (-1,1)$, $(1,1+s)$ bzw. $x \in \mathbb{R} \setminus [-1,1+s]$. Hieraus folgt für $x \neq -1, +1, s + 1$:

$$(5.3.8) \qquad \lim_{y \to \pm 0} \operatorname{Im} w(x+iy;s) = -v(x,\pm 0;s) =$$

$$= -\frac{1}{2\pi} \int_{-1}^{+1} \frac{\gamma(\xi;s)\,d\xi}{\xi - x} - \frac{1}{2\pi} \int_{1}^{1+s} \frac{\varepsilon(\xi;s)\,d\xi}{\xi - x} \,.$$

Für $x \in (-1,1)$ ist diese Funktion gemäß der Randbedingung (5.3.3a) vorgegeben, so daß (5.3.8) für diese x eine <u>singuläre Integralgleichung</u> für $\gamma(\xi;s)$ darstellt. Die Funktion $\varepsilon(\xi;s)$ muß hingegen aus den Übergangsbedingungen (5.3.3b und c) bestimmt werden. Dieser Lösungsweg ist von vielen Autoren (s.z.B. H. SÖHNGEN [104]) vor etwa vierzig Jahren eingeschlagen worden.

Hier wollen wir ein Riemannsches Randwertproblem für stückweise stetige Daten auf $[-1,1+s]$ formulieren und lösen (s. hierzu auch die Arbeiten von P. LEEHEY [66] und G.W. VELTKAMP [118]). Zunächst ist wegen der Reellwertigkeit von γ und ε die komplexe Geschwindigkeit antisymmetrisch bzgl. der reellen Achse, d.h. es gilt

$$(5.3.9) \qquad w(\bar{z};s) = - \overline{w(z;s)}$$

so daß $\operatorname{Re} w = u$ eine ungerade Funktion bzgl. y ist. Im Regularitätsbereich $\mathbb{R} \setminus [-1,1+s]$ ist sie mithin Null und besitzt Sprünge längs des Schlitzes $[-1,1+s]$. Aufgrund der Bedingung (5.3.3c) folgt aus der ersten Eulerschen Gleichung (5.3.2a):

$$\left(\frac{\partial u}{\partial s} + \frac{\partial u}{\partial x}\right)(x,+0;s) - \left(\frac{\partial u}{\partial s} + \frac{\partial u}{\partial x}\right)(x,-0;s) =$$

(5.3.10)

$$= \left(\frac{\partial}{\partial s} + \frac{\partial}{\partial x}\right)\varepsilon(x;s) = 0 \quad \text{für} \quad 1<x<1+s,$$

also

(5.3.11) $\quad \varepsilon(x;s) = f(x-s) = \varepsilon(1;s-x+1) \quad$ für $\quad x \geq 1, \, s \geq 0$.

Die Stärke dieser <u>Kielwasserwirbelschicht</u> ist mit der <u>gebundenen</u> <u>Wirbel-</u><u>dichte</u> γ über den Helmholtzschen Wirbelsatz gekoppelt, der besagt, daß für jede geschlossene rektifizierbare Jordankurve $L(s)$, die den Schlitz $[-1,1+s]$ einmal umschließt, gilt

(5.3.12) $\quad \displaystyle\oint_{L(s)} u\,dx + v\,dy = \text{Re} \oint_{L(s)} w(z;s)\,ds = 0$.

Da w aufgrund der Vorderkantenbedingung (5.3.5a), der Hinterkantenbe-dingung (5.3.5b) und der Kielwasserendbedingung absolut integrable Rand-werte längs $y = 0$ haben soll, erhalten wir das folgende Kopplungspro-blem

(5.3.13) $\quad w^+(x;s) = G(x)\, w^-(x;s) + g(x) \quad$ auf $\quad [-1,1+s]$

mit

(5.3.14a) $\qquad G(x) := \begin{cases} -1 & \text{für} \quad -1\leq x\leq +1 \\[2mm] 1 & \text{für} \quad 1<x\leq 1+s \quad (s>0) \end{cases}$

und

(5.3.14b) $\qquad g(x) := \begin{cases} -2i\cdot\omega(x;s) & \text{für} \quad -1\leq x\leq 1 \\[2mm] \varepsilon(1,s-x+1) & \text{für} \quad 1<x\leq 1+s \end{cases}$

Gesucht ist w aus der Klasse $H(1;1+s)$ (s. Abschnitt 3.2), wenn ω und ε Hölderstetig auf ihren Definitionsintervallen sind.

Eine im Unendlichen und bei $(1,0)$ und $(1+s,0)$ beschränkte Lösung des homogenen Problems ist (s. Abschnitt 3.2!) durch

(5.3.15) $\quad w_0(z) = X(z) := \sqrt{\dfrac{z-1}{z+1}}$

gegeben mit der Fixierung des Zweiges durch $w_0(z) \to 1$ für $z \to \infty$. Das allgemeine Lösungsverfahren für das inhomogene Kopplungsproblem führt dann zur Darstellung

$$w(z;s) = \sqrt{\frac{z-1}{z+1}} \left\{ -\frac{1}{\pi i} \int_{-1}^{+1} \sqrt{\frac{1+\xi}{1-\xi}} \cdot \frac{\omega(\xi;s)\,d\xi}{\xi-z} \right.$$

$$\left. + \frac{1}{2\pi i} \int_{1}^{1+s} \sqrt{\frac{\xi+1}{\xi-1}} \cdot \frac{\varepsilon(1,s-\xi+1)\,d\xi}{\xi-z} \right\} .$$

Wir prüfen jetzt, ob $w = u-iv$ tatsächlich die geforderten Bedingungen, insbesondere die asymptotischen, erfüllt. Vorausgesetzt werde dabei die Hölderstetigkeit von $\omega(x;s)$ auf $[-1,1]$, so daß $\sqrt{\frac{1+\xi}{1-\xi}} \cdot \omega(\xi;s)$ in $[-1,1)$ ebenfalls Hölderstetig mit einer Quadratwurzelsingularität bei 1 und einer Nullstelle, mindestens von der Ordnung 1/2 bei -1 ist. Mithin bleibt das erste Integral vom Cauchy-Typ in (5.3.16) für $z \to -1$ beschränkt, hat aber für $z \to 1$ ein Verhalten wie $|z-1|^{-1/2}$. Nach Multiplikation mit dem Wurzelvorfaktor kompensiert sich gerade diese Wurzelsingularität an der Hinterkante, während an der Vorderkante sich das Verhalten $O(|z+1|^{-1/2})$ ergibt, das auch vom zweiten Summanden in (5.3.16) nicht geändert wird (i.a.!). Für $z \to 1 + s$ ergibt sich bei Hölderstetigem $\sqrt{\frac{\xi+1}{\xi-1}} \cdot \varepsilon(1;s-\xi+1)$ in der Umgebung von $\xi = 1 + s$ höchstens eine logarithmische Singularität für den zweiten Summanden, die sich auf w überträgt (s. Abschnitt 2.2, Formel (2.2.9')!). Für $z \to \infty$ strebt $w(z;s)$ wie $1/z$ gegen Null.

Es fehlt jetzt noch eine Information über die Funktion $\varepsilon(1;s-\xi+1)$, die wir uns aus dem Helmholtzschen Wirbelsatz (5.3.12) verschaffen. Es muß also für eine Kurve $L(s)$ um das Intervall $[-1,1+s]$ für alle $s > 0$ gelten:

$$(5.3.17) \quad \mathrm{Re}\,\frac{1}{\pi i} \oint_{L(s)} \sqrt{\frac{z-1}{z+1}} \left\{ -\int_{-1}^{+1} \sqrt{\frac{1+\xi}{1-\xi}} \cdot \frac{\omega(\xi;s)\,d\xi}{\xi-z} + \frac{1}{2} \int_{1}^{1+s} \sqrt{\frac{\xi+1}{\xi-1}} \frac{\varepsilon(1;s-\xi+1)\,d\xi}{\xi-z} \right\} dz = 0.$$

Beachten wir

$$(5.3.18) \quad \oint_{L} \sqrt{\frac{z-1}{z+1}} \frac{dz}{\xi-z} = 2\pi i$$

für jede Kontur L, die $[-1,1]$ einmal im positiven Sinne umrundet, so erhalten wir nach Vertauschung der Integrationsreihenfolge in (5.3.17) die Beziehung

$$(5.3.19a) \quad 2 \cdot \int_{-1}^{+1} \sqrt{\frac{1+\xi}{1-\xi}} \cdot \omega(\xi;s)\,d\xi - \int_{1}^{1+s} \sqrt{\frac{\xi+1}{\xi-1}}\, \varepsilon(1;s-\xi+1)\,d\xi = 0$$

oder nach der Substitution $\sigma := s - \xi + 1$:

$$(5.3.19b) \qquad \int\limits_{0}^{s} \sqrt{\frac{s-\sigma+2}{s-\sigma}} \cdot \varepsilon(1;\sigma)\,d\sigma = 2 \cdot \int\limits_{-1}^{+1} \sqrt{\frac{1+\xi}{1-\xi}}\; \omega(\xi;s)\,d\xi \quad,$$

welches eine <u>Integralgleichung vom Faltungstyp 1. Art</u> für $\varepsilon(1;\sigma)$ für $\sigma > 0$ darstellt. Diese kann am zweckmäßigsten mittels der Laplacetransformation gelöst werden, die das Faltungsprodukt in ein normales Produkt der Bildfunktionen überführt. (s. Abschnitt 4.3 und 4.4!) H. SÖHNGEN (loc.cit.) hat dazu folgendes Resultat gewonnen:

<u>Satz 5.1</u>: *Ist* $F(s)$, *die rechte Seite von* (5.3.19b), *in jedem endlichen* s-*Intervall* $0 \le s \le s_2$ *absolut stetig und konvergiert*

$$\mathcal{L}_{\mathrm{I}}\{F;v_0\} := \int\limits_{0}^{\infty} e^{-v_0 s}\, F(v)\,dv \quad \textit{für ein reelles } v_0 \textit{ und existiert ferner}$$

$F(+0)$, *dann gibt es eine eindeutig bestimmte Lösung* $\varepsilon(1;s)$ *mit gleichen Eigenschaften. Sie hat für* $s > 0$ *die Darstellung*

$$(5.3.20) \qquad \varepsilon(1;s) = F(+0) \cdot \varepsilon_0(s) + \int\limits_{0}^{s} \varepsilon_0(s-\sigma) \cdot F'(\sigma)\,d\sigma$$

mit der zu $F \equiv 1$ *gehörenden Lösung* ε_0, *die in der Form geschrieben werden kann*

$$(5.3.21) \qquad \varepsilon_0(s) = \frac{1}{\pi\sqrt{2s}} + \varepsilon_1(s)$$

mit $\varepsilon_1(+0) = 0$.

Hieraus folgt nun, daß $\varepsilon(1;s-\xi+1)$ für $\xi \to 1 + 0$ bei beliebigem, aber festem $s > 0$ beschränkt und für $1 < \xi < 1 + s$ Hölderstetig ist, aber sich für $\xi \to s + 1$ wie $O((s+1-\xi)^{-1/2})$ verhält, so daß das komplexe Geschwindigkeitspotential $w(z;s)$ für $z \to s + 1$ sich wie $O((z-s-1)^{-1/2})$, d.h. stärker singulär als logarithmisch verhält.

Sind $\varepsilon(\xi;s) = \varepsilon(1;s+1-\xi)$ für $1 \le \xi < s + 1$, $s > 0$, und damit $w(z;s)$ bekannt, dann können die praktisch interessierenden Funktionen, wie Druckfeld $p(x,y;s)$, Auftrieb und Moment am schwingenden Profil berechnet werden gemäß der aufintegrierten ersten Eulerschen Gleichung (5.3.2a) ($p_0 \cdot p$ = dimensionsbehafteter Druck):

$$(5.3.22) \qquad p_0 \cdot p(x,y;s) = -\rho_0 U^2 \{ u(x,y;s) + \int\limits_{-\infty}^{x} \frac{\partial}{\partial s}\, u(\xi,y;s)\,d\xi \} \quad.$$

Die Dichte der Auftriebsverteilung ergibt sich dann zu

$$\ell(x;s) = \rho_0 U^2 \cdot \{ [u(x,+0;s) - u(x,-0;s)] + \frac{\partial}{\partial s} \int\limits_{-\infty}^{x} [u(\xi,+0;s) - u(\xi,-0;s)]d\xi \}$$

oder

$$(5.3.23a) \qquad = \rho_o U^2 \cdot \{\gamma(x;s) + \frac{\partial}{\partial s} \int\limits_{-1}^{x} \gamma(\xi;s)d\xi\}$$

oder auf Grund der Stetigkeit der Normalgeschwindigkeit über das Profil hinweg

$$(5.3.24) \qquad \gamma(x;s) = w(x+iO;s) - w(x-iO;s),$$

so daß sich ergibt

$$(5.3.23b) \qquad \ell(x;s) = \rho_o U^2 \{w(x+iO;s) - w(x-iO;s) +$$

$$+ \frac{\partial}{\partial s} \int\limits_{-1}^{x} [w(\xi+i\cdot O;s)-w(\xi-i\cdot O;s)]d\xi\}$$

auf $-1 < x < +1$. Setzen wir den Ausdruck von der rechten Gleichungs-seite (5.3.16) ein, so ergibt sich nach einigen Umformungen unter Verwendung der Plemelj-Sochozki-Formeln und unter Beachtung des Vorzeichenwechsels für den Quadratwurzelterm beim Übergang vom oberen (+) zum unteren Schlitzufer (-) längs $[-1,1]$:

$$\ell(x;s) = - \frac{\rho_o U^2}{\pi} \sqrt{\frac{1-x}{1+x}} \left\{ 2 \cdot \oint\limits_{-1}^{1} \sqrt{\frac{1+\xi}{1-\xi}} \cdot \frac{\omega(\xi;s)}{\xi-x} d\xi \right.$$

$$\left. - \int\limits_{1}^{1+s} \sqrt{\frac{\xi+1}{\xi-1}} \cdot \frac{\varepsilon(1;s+1-\xi)}{\xi-x} d\xi \right\}$$

$$- \frac{\rho_o U^2}{\pi} \cdot 2 \int\limits_{-1}^{x} \sqrt{\frac{1-\sigma}{1+\sigma}} \frac{\partial}{\partial s} \int\limits_{1}^{1+s} \sqrt{\frac{\xi+1}{\xi-1}} \cdot \frac{\varepsilon(1;s+1-\xi)}{\xi-\sigma} d\xi \, d\sigma .$$

Der instationäre Gesamtauftrieb $A(s)$ wird dann gegeben durch

$$(5.3.26) \qquad A(s) = c \cdot \int\limits_{-1}^{1} \ell(x;s)dx = c \cdot \int\limits_{-1}^{1+s} \ell(x;s)dx,$$

da im Kielwasser $[1,1+s]$ kein Drucksprung auftritt. Beachten wir noch die Gleichheit der Normalgeschwindigkeiten $v(x,\pm O;s)$ auf dem gesamten Schlitz $[-1,1+s]$, so erhalten wir für den dimensionslosen instationären Gesamtauftrieb

$$A(s)/c\rho_o U^2 = \int\limits_{-1}^{1+s} \left\{ [w(x+i\cdot O;s) - w(x-i\cdot O;s)] + \right.$$

$$(5.3.27a)$$

$$\left. + \int\limits_{-1}^{x} \frac{\partial}{\partial s} [w(\xi+i\cdot O;s) - w(\xi-i\cdot O;s)]d\xi\right\}dx$$

Partielle Integration des zweiten Summanden liefert

$$(5.3.27b) \qquad A(s)/c\rho_o U^2 = \int_{-1}^{1+s} \Big\{ [w(x+i\cdot O;s) - w(x-i\cdot O;s)] + (s+1-x)\, \frac{\partial}{\partial s}\, [w(x+i\cdot O;s)-w(x-i\cdot O;s)] \Big\}\, dx$$

$$(5.3.27c) \qquad = \int_{-1}^{1+s} \frac{\partial}{\partial s} \Big\{ (s+1-x)[w(x+i\cdot O;s)-w(x-i\cdot O;s)] \Big\}\, dx$$

Die Differentiation bzgl. s kann vor das Integralzeichen gezogen werden, da aufgrund des asymptotischen Verhaltens von $w(z;s)$

$$\lim_{z\to 1+s} (s+1-z)w(z;s) = O \quad \text{ist; also ist}$$

$$(5.3.27d) \qquad A(s)/c\rho_o U^2 = \frac{d}{ds} \int_{-1}^{1+s} (s+1-x)[w(x+i\cdot O;s) - w(x-i\cdot O;s)]dx.$$

w ist außerhalb des Schlitzes $[-1,1+s]$ holomorph, so daß aufgrund
des Cauchyschen Integralsatzes für jede Kontur L, die - für festes
$s > O$ - diesen Schlitz umrundet, das letzte Integral den gleichen Wert
hat. Für den dimensionsbehafteten Gesamtauftrieb gilt mithin

$$(5.3.28) \qquad A(s) = c\rho_o U^2 \cdot \frac{d}{ds} \oint_L (z-s-1)w(z;s)dz \quad .$$

Analog kann das Gesamtmoment der Auftriebskräfte am Profil berechnet
werden, wenn es bzgl. der Vorderkante $(x,y) = (-1,O)$ und entgegen dem
Uhrzeigersinn positiv gezählt wird:

$$(5.3.29) \qquad M(s) = c^2 \cdot \int_{-1}^{1} (x+1)\,\ell(x;s)dx = c^2 \cdot \int_{-1}^{1+s} (x+1)\,\ell(x;s)dx$$

mit durch Werte Null forgesetzter Funktion $\ell(x;s)$.
Setzen wir wiederum die komplexe Störgeschwindigkeit $w(z;s)$ hierein
ein, so ergibt sich analog zu (5.3.26a):

$$(5.3.30a) \qquad M(s)/c^2\rho_o U^2 = \int_{-1}^{1+s} \Big\{ (x+1)[w(x+i\cdot O;s)-w(x-i\cdot O;s)] + (x+1)\cdot \int_{-1}^{x} \frac{\partial}{\partial s}[w(\xi+i\cdot O;s)-w(\xi-i\cdot O;s)]d\xi \Big\}\, dx$$

oder nach partieller Integration des zweiten Summanden

$$(5.3.30b) \qquad = \int_{-1}^{1+s} \Big\{ (x+1)[w(x+i\cdot O;s) - w(x-i\cdot O;s)] + \frac{1}{2}\, [(s+2)^2-(x+1)^2]\, \frac{\partial}{\partial s}\, [w(x+i\cdot O)-w(x-i\cdot O)] \Big\}dx$$

oder

$$= \int_{-1}^{1+s} \left\{ (x-1-s)\,[w(x+i\cdot 0;s)-w(x-i\cdot 0;s)] + \right.$$

$$\left. + \frac{\partial}{\partial s}\,(\tfrac{1}{2}(s+1-x)(s+3+x)[w(x+i\cdot 0)-w(x-i\cdot 0)]) \right\} dx$$

$$(5.3.30c) \qquad = \int_{-1}^{1+s} (x-1-s)\,[w(x+i\cdot 0;s)-w(x-i\cdot 0;s)]\,dx$$

$$+ \frac{1}{2}\frac{d}{ds}\int_{-1}^{1+s} (s+1-x)(s+3+x)[w(x+i\cdot 0;s)-w(x-i\cdot 0;s)]\,dx$$

auf Grund des asymptotischen Verhaltens von w in der Umgebung von
(1+s,o). Der Cauchysche Integralsatz liefert dann schließlich für eine
beliebige Kontur L, die $[-1,1+s]$ bei festem $s > 0$ positiv umrundet

$$(5.3.31) \quad M(s) = c^2 \rho_0 U^2 \left\{ \oint_L (s+1-z)w(z;s)\,dz - \frac{1}{2}\frac{d}{ds}\oint_L (s+1-z)(s+3+z)w(z;s)\,dz \right\}$$

Durch Entwicklung von w in eine Laurentreihe zum Punkt $z = \infty$ können
die Konturintegrale (5.3.28) und (5.3.31) noch ausgewertet werden, wenn
etwa für L ein Kreis mit Radius $R > 1 + s$ gewählt wird. Einzelheiten, auch für spezielle Bewegungsformen $\omega(x;s)$ des Profils, sollen hier
nicht betrachtet werden. Sie sind u.a. in der Arbeit von P. LEEHEY
(loc. cit.) zu finden.

5.4. Strömung eines inkompressiblen Gases durch ein Gitter schwingender dünner Profile

Zunächst einige Bemerkungen zur Herkunft des nachfolgenden Randwertproblems: Bei gewissen Betriebsbedingungen können die Schaufeln der
Leit- und Laufräder eines Achsialkompressors zu schwingen beginnen. Es
können sich u.U. sogar Flattererscheinungen wie bei einem Flugzeugtrag-
flügel zeigen, die so heftig werden, daß die Schaufeln schließlich Er-
müdungsbrüche aufweisen. Dieses sehr komplexe aeroelastische Problem
bedarf zum theoretischen Studium erheblich vereinfachender Annahmen.
Zunächst wird i.a. aus dem System von Schaufelrädern ein einziges her-
ausgegriffen und untersucht. Meist wird angenommen, daß die Schaufeln
in einem Ringkanal kleiner Höhe arbeiten, so daß die radiale Abhängigkeit der Strömungsgrößen vernachlässigt werden kann.

Das ebene Profilgitter (s. Fig. 5.12) entsteht durch Abwicklung des mit
N Schaufeln besetzten Leit- oder Laufrades und periodische Fortsetzung
in y_0'-Richtung

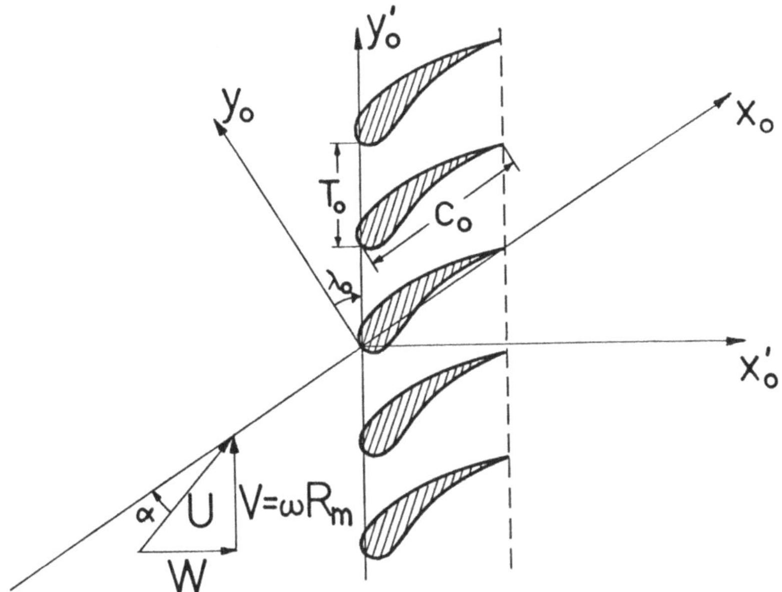

Figur 5.12: Angeströmtes gestaffeltes Profilgitter

Es werde angenommen, daß sich das Gitter in Richtung der negativen y_o'-Achse mit der Geschwindigkeit V bewege, die einer mittleren Umfangsgeschwindigkeit des Schaufelkranzes entspreche: $V = \Omega \cdot R_m$. $\dot{W}$ sei die achsiale Anströmgeschwindigkeit des Gases im zylinderförmigen Ringkanal. U bezeichne dann den Betrag der resultierenden Gitteranströmgeschwindigkeit bzgl. eines gitterfesten Koordinatensystems.

Es werde weiterhin vorausgesetzt, daß die Profile dünn und nur schwach gewölbt und stationär nicht gegen die Anströmung angestellt seien (d.h. $\alpha = 0!$), so daß die Grundströmung durch das Gitter nicht umgelenkt werde. Die Profile mögen mit kleinen Amplituden - gemessen an der Sehnenlänge 2c - um ihre Ruhelagen mit der Frequenz ν schwingen. Dabei dürfen sich jeweils N benachbarte unabhängig voneinander bewegen, aber nach N Profilen soll ein periodisches Verhalten aller Strömungsgrößen bzgl. y_o' vorliegen.

In einer komplexen $z_o = x_o + iy_o$ -Ebene mit dimensionsbehafteten Längenkoordinaten x_o, y_o werden die Profilsehnen, auf denen die Randbedingungen zu erfüllen sind, beschrieben durch

$$(5.4.1) \qquad z_o = x_o + iy_o = c \cdot z_m[x'] := c \cdot [x' + iTme^{-i\lambda}] \quad \text{für} \ -1 \leq x' \leq 1, \ m \in \mathbb{Z}$$

mit der <u>Teilung</u> T = a/c, dem Abstand a der Profilvorderkanten, der <u>Sehenlänge</u> 2c und dem <u>Staffelungswinkel</u> λ mit $|\lambda| < \pi/2$ (s. Fig. 5.13)

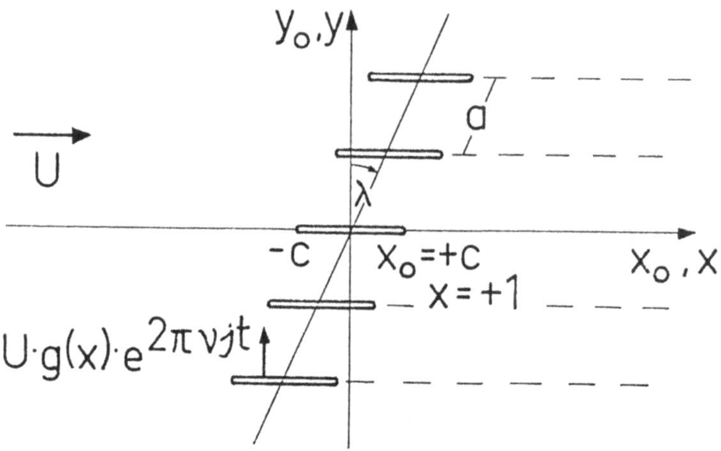

<u>Figur 5.13:</u> Streckengitter in der xy-Ebene

Aufgrund der zeitlich sich ändernden Profilströmung variiert die Zirkulation um die Profile, so daß nach dem Helmholtzschen Wirbelsatz freie Wirbel von den Hinterkanten $z_0 = z_{Hm} := c \cdot z_m[1]$, $m \in \mathbb{Z}$, mit der Grundströmung in die Kielwasser $z_0 = c \cdot z_m[x']$; $x' > 1$; abschwimmen. Die räumliche Periodizität bezieht sich dann auf die Ersetzung der Variablen (x_0, y_0) durch $(x_0 + Na \cdot \sin \lambda$, $y_0 + Na \cdot \cos \lambda)$.

Eine Reihe von Autoren haben sich seit etwa dreißig Jahren mit solchen Gitterströmungen beschäftigt, dabei jedoch i.a. noch zusätzliche Annahmen gemacht, wie etwa A.E. BILLINGTON (1949) [5] mit $\lambda = 0$ und N = 1, d.h. synchron schwingenden Schaufeln. Andere Autoren lösten die zugehörige singuläre Integralgleichung analog zur Tragflügelgleichung (s.z.B. H. SÖHNGEN (1955) [105]) oder transformierten einen Periodenstreifen konform auf einen Halbstreifen (s.z.B. L.C. WOODS (1955) [123]). Der Fall gestaffelter Gitter wurde erst 1958 von MD. CHASKIND [11] bei N = 1 und vom Autor [69] für beliebiges N gelöst. Er soll hier dargestellt werden.

Durch $z_0 = c \cdot z = c \cdot (x+iy)$ werden dimensionslose Koordinaten und durch

$$u_0(x_0,y_0;t) - i \cdot v_0(x_0,y_0;t) = \mathrm{Re}_j\{U \cdot [u(x,y) - i \cdot v(x,y)] e^{2\pi j\nu t}\}$$

(5.4.2)
$$= \mathrm{Re}_j\{Uw(z) e^{2\pi j\nu t}\}$$

die komplexe dimensionslose Störgeschwindigkeitsamplitude w(z) eingeführt. Diese setzt sich aus _vier_ Anteilen zusammen, da die imaginären
Einheiten i und j wohl unterschieden bleiben müssen, d.h. es gilt
nicht ij= -1. Analog zum Fall des im Abschnitt zuvor behandelten instationär bewegten Einzelprofils erhalten wir das folgende funktionentheoretische Randwertproblem:

Gesucht ist eine Funktion $w(z) = w_1(z) + jw_2(z)$, *die im periodischen
Gebiet* D_T *außerhalb der Halbgeraden* $z = z_m[x']$, $m \in \mathbf{Z}$; $x' \geq -1$;
holomorph ist und den folgenden Bedingungen genügt:

(5.4.3) $w(z+iTNe^{-i\lambda}) = w(z)$ *für* $z \in D_T$

(5.4.4) $\mathrm{Im}_i\{w(z_m[x'])\} = -g_m(x')$ *für* $x' \in (-1,1)$, $m \in \mathbf{Z}$,

wobei $g_m(x') = g_k(x')$ *sei für* $m=k+n \cdot N$, $n \in \mathbf{Z}$.
Die Normalgeschwindigkeit $\mathrm{Im}_i\{w(z)\}$ *und der Stördruck* $p_0(x,y)$ *gemäß
der Eulerschen Gleichungen* (5.3.2a,b) *sollen sich stetig durch die Kielwasser* $z = z_m[x']$; $x' > 1$, $m \in \mathbf{Z}$; *verhalten.*

Ferner soll w *das folgende asymptotische Verhalten besitzen:*

(5.4.5a) $w(z) = O(|z-z_m[-1]|^{-\beta_m})$ *für* $z \to z_m[-1]$ *mit* $0 \leq \beta_m < 1$

Vorderkantenbedingungen

(5.4.5b) $w(z) = O(1)$ *für* $z \to z_m[1]$

Kuttasche Abflußbedingungen

(5.4.5c) $w(z) = \begin{cases} o(1) & \textit{für}\quad x = \mathrm{Re}\, z \to -\infty \\ O(1) & \textit{für}\quad x = \mathrm{Re}\, z \to +\infty \end{cases}$

*Störungen sollen sich also höchstens weit entfernt vom Gitter stromab-
wärts bemerkbar machen können.*

Bemerkung: Die Abklingbedingung für $x \to -\infty$ kann für kompressible Gase in instationärer Potentialströmung i.a. nicht mehr gefordert werden,
wie der Autor [71] zeigte. Das Gitter strahlt dann akustische Energie
in bestimmten ebenen Wellen ab (s. hierzu auch Abschnitt 6.3 für ein
analoges elektromagnetisches Problem!)

Zunächst soll durch Verteilung von gebundenen Wirbeln der Dichten $\gamma_k(x')$, $x' \in (-1,1)$, und freier Wirbel $\varepsilon_k(x')$, $x' \in (1,\infty)$, das Störströmungsfeld wie im Falle eines Einzelprofils erzeugt werden und dann aus den Randbedingungen ein System von singulären Integralgleichungen mit periodischen Kernen gewonnen werden. Anschließend soll das Randwertproblem mittels konformer Abbildung des Äußeren des gestaffelten Gitters auf das Äußere eines Horizontalgitters ($\lambda = \pi/2$) gelöst werden.

Das komplexe Geschwindigkeitspotential eines einzigen Wirbels der Stärke Γ war gegeben durch (5.2.6). Wenn wir durch Verschiebung jeweils um $ine^{-i\lambda}NT$, $n \in \mathbf{Z}$, eine Wirbelreihe erzeugen, so erhalten wir die Partialbruchreihe zur Funktion

$$(5.4.6) \qquad \frac{\Gamma e^{-i\lambda}}{2iT} \, \mathrm{ctg}(\pi i e^{-i\lambda} z/TN) = \frac{\Gamma}{2\pi i} \left\{ \frac{1}{z} + \underset{\substack{n \neq o \\ n \in \mathbf{Z}}}{\sum}{}' \frac{1}{z - nTNie^{-i\lambda}} \right\},$$

Für $\mathrm{Re}\, z = x \to -\infty$ soll jedoch kein Störfeld induziert werden, so daß wegen $\lim\limits_{\alpha \to \mp\infty} \mathrm{ctg}\,\pi i \alpha = \pm i$ sich für das periodische Wirbelfeld, das keine Störung für $x \to -\infty$ induziert ergibt:

$$w(z) = \frac{ie^{i\lambda}}{2TN} \sum_{k=o}^{N-1} \int_{-1}^{+1} \gamma_k(\xi) \, \frac{\exp\{2\pi e^{i\lambda} z/TN\}}{\exp\{2\pi e^{i\lambda} z/TN\} - \exp\{2\pi e^{i\lambda} z_k[\xi]/TN\}} d\xi$$

$$(5.4.7)$$

$$+ \frac{ie^{i\lambda}}{2TN} \sum_{k=o}^{N-1} \varepsilon_k \int_{1}^{\infty} e^{-j\omega\xi} \, \frac{\exp\{2\pi e^{i\lambda} z/TN\}}{\exp\{2\pi e^{i\lambda} z/TN\} - \exp\{2\pi e^{i\lambda} z_k[\xi]/TN\}} d\xi$$

Hierbei wurde bereits der Helmholtzsche Wirbelsatz in der folgenden Form für zeitharmonische Störungen $(e^{j\omega s} = e^{2\pi j \nu t})$ verwendet

$$(5.4.8) \qquad \frac{d}{dt}\, c \int_{-1}^{1} \gamma_k(\xi)\,d\xi \cdot e^{2\pi\nu jt} + U\varepsilon_k(1)\, e^{2\pi\nu jt} = 0 \quad \text{für} \quad k=0,1,\ldots,N-1,$$

und die Tatsache, daß die freien Wirbel der Dichte $\varepsilon_k(x)\, e^{2\pi\nu jt}$ mit der Grundströmung U abschwimmen, d.h. daß

$$(5.4.9) \qquad \varepsilon_k(x')e^{2\pi\nu jt} = \varepsilon_k(1) \cdot \exp[j\omega(s-x'+1)] \quad \text{für} \quad x' \geq 1$$

gilt. Dabei wurden die dimensionslose Zeit s und Frequenz ω durch

$$(5.4.10) \qquad s := U \cdot t/c \quad \text{bzw.} \quad \omega := 2\pi\nu c/U$$

eingeführt. Die in (5.4.7) auftretenden Konstanten ε_k sind Abkürzungen von

(5.4.11) $\quad \varepsilon_k := -j\omega e^{j\omega} \cdot \int\limits_{-1}^{+1} \gamma_k(\xi)d\xi \quad$ für $\quad k = 0, 1, \ldots, N-1.$

Schreiben wir die räumlich periodischen Kernfunktionen in der Geschwindigkeitsdarstellung (5.4.7) in der folgenden Form

$$K(z,z_k[\xi];\lambda,TN) := \frac{\exp\{2\pi e^{i\lambda}z/TN\}}{\exp\{2\pi e^{i\lambda}z/TN\} - \exp\{2\pi e^{i\lambda}z_k[\xi]/TN\}}$$

(5.4.12)

$$= \frac{-1}{2\pi i}\,\frac{1}{z_k[\xi]-z} + R(z-z_k[\xi];\lambda,TN),$$

worin $R(\xi;\lambda,TN)$ in einer vollen Umgebung von $\xi = 0$ holomorph ist, so liefern die Randbedingungen $\mathrm{Im}_i w(z_1[x']) = - g_1(x')$ für $1=0,\ldots,N-1$ und $-1<x'<+1$ das folgende <u>System von periodischen singulären Integralgleichungen</u>

$$- \frac{1}{4TN} \sum_{k=o}^{N-1} \int\limits_{-1}^{+1} \gamma_k(\xi) K_{1-k}(x',\xi;\lambda,TN)d\xi = q_1(x')$$

(5.4.13)

$$:= g_1(x') - \sum_{k=o}^{N-1} \varepsilon_k h_{1-k}(x';\lambda,TN) \quad \text{für} \quad -1<x'<1;\ 1=0,1,\ldots,N-1;$$

mit den Kernen

$$K_{1-k}(x',\xi;\lambda,TN) :=$$

(5.4.14)

$$= \frac{\cos\lambda \cdot \exp[\frac{2\pi}{TN}(x'-\xi)\cos\lambda] - \cos\{\lambda + \frac{2\pi}{TN}[(x'-\xi)\sin\lambda + T(1-k)]\}}{\sin h^2[\frac{\pi}{TN}(x'-\xi)\cos\lambda] + \sin^2\{\frac{\pi}{TN}[(x'-\xi)\sin\lambda + T(1-k)]\}}$$

für $x',\xi \in \mathbb{R},\ x' \neq \xi;\ 1,k=0,1,\ldots,N-1;$

und den von den freien Wirbeln erzeugten Abwinden

(5.4.15) $\quad h_{1-k}(x') := - \frac{1}{4TN} \int\limits_{1}^{\infty} e^{-j\omega\xi} K_{1-k}(x',\xi;\lambda,TN)d\xi$

für $-1<x'<1;\ 1,k=0,1,\ldots,N-1.$

Die Parameter ε_k, die Amplituden der freien Wirbel, gehen linear als Unbekannte in das System (5.4.13) ein, sie müssen aus (5.4.11) später berechnet werden, wenn die Amplituden der Gesamtzirkulationen $\Gamma_k = \int\limits_{-1}^{1} \gamma_k(\xi)d\xi;\ k=0,1,\ldots,N-1;$ bekannt sind.

Die Kutta-Bedingung (5.4.5b) eines glatten Abflusses an den Hinterkanten $z=z_k[1]$ verlangt auf Grund der Untersuchungen über die Asymptotik

- 248 -

von Cauchy-Hauptwertintegralen in Abschnitt 2.2, daß

$$(5.4.16) \qquad \varepsilon_k(1) = \gamma_k(1) \quad \text{für} \quad k=0,1,\ldots,N-1,$$

d.h. $\gamma_k(1) = \varepsilon_k e^{-j\omega}$ gilt.

Das System von Integralgleichungen (5.4.13) konnte im Falle von $\lambda = 0$ von L. BITTNER und J. HIRCHE (1964) [7] explizit gelöst werden. Zuvor war ebenfalls für $\lambda = 0$ das Randwertproblem von H. SÖHNGEN und E. MEISTER (1958) [106] mittels Anwendung der konformen Abbildung gelöst worden. Die Lösung im hier vorliegenden allgemeineren Fall wurde vom Autor (1960) [69] geliefert und soll kurz beschrieben werden.

Die Funktion

$$(5.4.17) \quad z=z(\zeta) := - \frac{T\cos\lambda}{\pi} \left\{ \log \frac{\cos\pi\zeta/\tau + \sqrt{\sin^2\pi/\tau - \sin^2\pi\zeta/\tau}}{\cos\pi/\tau} - \pi\cdot\tan\lambda\cdot\zeta/\tau \right\}$$

mit der Festlegung der Quadratwurzel und dem Logarithmus als Hauptzweige auf dem oberen Ufer des Schlitzes $-1 \leq \xi \leq 1$, $\mu = 0$ der $\zeta = \xi + i\mu$ – Ebene bildet das Äußere eines horizontalen Streckengitters ($\lambda = \pi/2$) der Teilung $\tau > 2$ auf das Äußere des gestaffelten Gitters in der z-Ebene ab. Dabei entsprechen einander die folgenden Punkte $(m \in \mathbb{Z})$:

$$\zeta_{mV} = - \zeta_0 + m\cdot\tau + i\cdot 0 \quad \text{der Vorderkante} \quad z = z_m[-1] \ ,$$

$$\zeta_{mH} = \zeta_0 + m\cdot\tau - i\cdot 0 \quad \text{der Hinterkante} \quad z = z_m[+1]$$

mit

$$(5.4.18) \qquad \zeta_0 := \tau/\pi \cdot \text{arc } \sin_H(\sin\lambda \cdot \sin\pi/\tau)$$

und

$\zeta = 1$ dem Punkt $z = T/\tau \cdot \sin\lambda + i\cdot 0$,

$\zeta = -1$ dem Punkt $z = -T/\tau \cdot \sin\lambda - i\cdot 0$

Das Randwertproblem wird nun in die ζ-Ebene übertragen. $\tilde{w}(\zeta)$ bezeichne das komplexe Geschwindigkeitsfeld dort. Es ist definiert durch

$$(5.4.19) \qquad \tilde{w}(\zeta) = \tilde{u}(\xi,\mu) - i\cdot\tilde{v}(\xi,\mu) = w(z(\zeta))\cdot dz/d\zeta$$

mit

$$(5.4.20) \qquad dz/d\zeta = T/\tau \cdot \cos\lambda \cdot \left\{ \frac{\sin\pi\zeta/\tau}{\sqrt{\sin^2\pi/\tau - \sin^2\pi\zeta/\tau}} + \tan\lambda \right\}$$

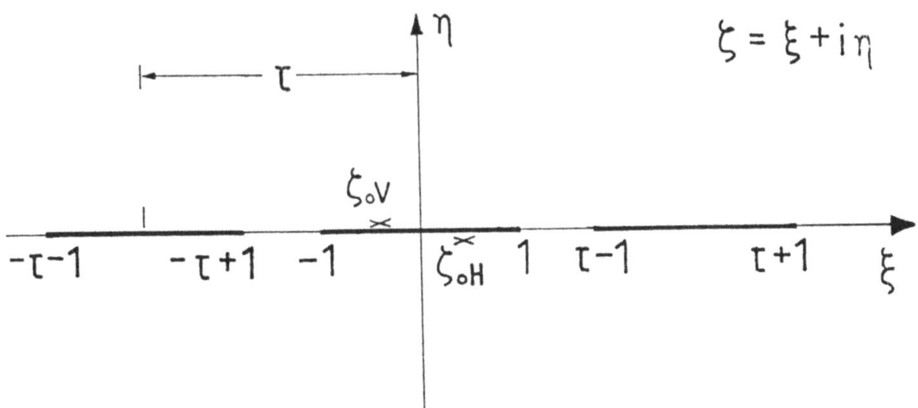

Figur 5.14: Horizontalgitter in der ζ-Ebene

Die Randbedingungen an den Profilen $z = z_1[x']$, $-1<x'<+1$, gehen über in

$$(5.4.21) \quad \tilde{v}(\xi,\pm 0) = q_1[z(\xi\pm i\cdot 0)]\cdot T\cos\lambda\cdot\left\{\frac{\pm\sin\pi(\xi/\tau-1)}{\sqrt{\sin^2\pi/\tau-\sin^2\pi\xi/\tau}} + \tan\lambda\right\} =: r_1^{\pm}(\xi)$$

für $\tau\cdot 1-1<\xi<\tau\cdot 1+1$; $1=0,1,\ldots,N-1$. Dabei haben die neuen Randdaten das folgende asymptotische Verhalten

$$(5.4.22a) \quad r_1^{+}(\xi) = \begin{cases} O(|\xi-\tau\cdot 1+\xi_o|) & \text{für} \quad \xi\to\tau\cdot 1 - \xi_o \\[2ex] O(|\xi-\tau\cdot 1\pm 1|^{-1/2}) & \text{für} \quad \xi\to\tau\cdot 1 \mp 1 \end{cases}$$

bzw.

$$(5.4.22b) \quad r_1^{-}(\xi) = \begin{cases} O(|\xi-\tau\cdot 1-\xi_o|\cdot|\log|\xi-\tau\cdot 1-\xi_o||) & \text{für} \quad \xi\to\tau\cdot 1+\xi_o \\[2ex] O(|\xi-\tau\cdot 1\pm 1|^{-1/2}) & \text{für} \quad \xi\to\tau\cdot 1 = 1 \end{cases}$$

In den Bildbereichen der Kielwasser $z = z_m[x']$, $x' > 1$, $m \in \mathbb{Z}$, brauchen wir keine Zusatzbedingungen außer denen der Holomorphie von $\tilde{w}$ zu stellen, da das Integralgleichungssystem (5.4.13) so verstanden werden kann, daß nur längs der Gitterprofile die modifizierten Auslenkgeschwindigkeiten q_1 vorgegeben sind und die Kielwasser wirbelfrei sind.

Die Randdaten $r_1^{\pm}(\xi)$ an den horizontalen Schlitzen der ξ-Ebene werden nun symmetrisiert gemäß

$$r_{11}(\xi) := \frac{1}{2}[r_1^+(\xi) + r_1^-(\xi)]$$

(5.4.23)

$$r_{12}(\xi) := \frac{1}{2}[r^+(\xi) - r_1^-(\xi)] \, ,$$

dann kann das transformierte Randwertproblem aufgrund seiner Linearität in die folgenden beiden aufgespalten werden:

Gesucht sind zwei Funktionen $\tilde{w}_1$ *und* $\tilde{w}_2$, *die in der längs der Schlitze* $\tau \cdot m-1 \leq \xi \leq \tau \cdot m+1$, $\eta=0$, $m \in \mathbf{Z}$, *aufgeschnittenen komplexen* ζ-*Ebene holomorph und periodisch mit der Periode* N *sind und den folgenden Bedingungen genügen:*

(5.4.24a) $\lim\limits_{\eta \to +o} \mathrm{Im}_i \tilde{w}_1(\xi+i\eta) = \lim\limits_{\eta \to -o} \mathrm{Im}_i \tilde{w}_1(\xi+i\eta) = - r_{11}(\xi)$

bzw.

(5.4.24b) $\lim\limits_{\eta \to +o} \mathrm{Im}_i \tilde{w}_2(\xi+i\eta) = - \lim\limits_{\eta \to -o} \mathrm{Im}_i \tilde{w}_2(\xi+i\eta) = -r_{12}(\xi)$

auf $\tau \cdot l-1 < \xi < \tau \cdot l+1$; $l = 0,1,\ldots,N-1$.

Für $|\eta| \to \infty$ *sollen* $\tilde{w}_1$ *und* $\tilde{w}_2$ *beschränkt bleiben, aber* $\tilde{w}_1(\zeta) + \tilde{w}_2(\zeta)$ *strebe gegen Null für* $\eta \to +\infty$. *In den Endpunkten* $\zeta = \tau \cdot m \pm 1$, $m \in \mathbf{Z}$, *der Schlitze sollen* $\tilde{w}_1$ *und* $\tilde{w}_2$ *höchstens (eindimeinsional) integrable Singularitäten besitzen. Für* $\zeta \to \tau m + \xi_o - i \cdot O$ *soll die transformierte KUTTA-Bedingung in der Form*

(5.4.25) $[\tilde{w}_1(\zeta) + \tilde{w}_2(\zeta)](dz/d\zeta)^{-1} = O(|\log|\zeta - \tau m - \xi_o\||)$

gelten.

Es ist leicht einzusehen, daß die Überlagerung mit einem homogenen Strömungsfeld parallel zur ξ-Achse die Kopplungsbedingungen auf den Schlitzen nicht beeinflußt und lediglich eine Auswirkung auf das Feld im Unendlichen hat.

Zunächst bestimmen wir das Feld $\tilde{w}_2$ mit im Vorzeichen entgegengesetzten Normalgeschwindigkeiten an den beiden Schlitzufern als reines <u>Quellfeld</u>, d.h. machen den Ansatz

(5.4.26) $\tilde{w}_2(\zeta) = \dfrac{1}{2\tau N} \sum\limits_{k=o}^{N-1} \int\limits_{\tau \cdot k-1}^{\tau \cdot k+1} Q_k(\omega) \cot[\pi(\zeta-\omega)/\tau N] d\omega$

mit den (bzgl. i reellen) Quelldichten $Q_k(\omega)$.

Das asymptotische Verhalten des Kotangenskerns in der Nachbarschaft von $\zeta = \omega$ liefert zusammen mit den Plemelj-Sochozki-Formeln

- 251 -

$$(5.4.27) \quad \tilde{w}_2(\xi+i\cdot 0)-\tilde{w}_2(\xi-i\cdot 0) = \begin{cases} -i\cdot Q_1(\xi) & \text{für} \quad \tau\cdot l-1<\xi<\tau\cdot l+1 \\[2mm] 0 & \text{sonst} \end{cases}$$

Es gilt ferner cot $(\bar{\zeta}-\omega)/\tau N = \overline{\cot\pi(\zeta-\omega)/\tau N}$, woraus sofort

$$(5.4.28) \quad \tilde{w}_2(\bar{\zeta}) = \overline{\tilde{w}_2(\zeta)}$$

folgt. Damit können wir die Randbedingungen (5.4.24b) umformen zu

$$(5.4.29) \quad -i\,Q_1(\xi) = \tilde{w}_2(\xi+i\cdot 0) - \tilde{w}_2(\xi-i\cdot 0) = 2i\,\text{Im}_i\,\tilde{w}_2(\xi+i\cdot 0) = 2ir_{12}(\xi)$$

$$\text{für} \quad \tau\cdot l-1<\xi<\tau\cdot l+1; \quad l=0,1,\ldots,N-1.$$

Das <u>Quellfeld</u> ist nunmehr vollkommen bekannt:

$$(5.4.30) \quad \tilde{w}_2(\zeta) = \frac{1}{\tau N} \sum_{k=0}^{N-1} \int_{\tau k-1}^{\tau k+1} r_{k2}(\omega)\cdot\cot\pi(\zeta-\omega)/\tau N\cdot d\omega$$

Auf Grund des asymptotischen Verhaltens der Funktionen $r_k^{\pm}(\omega)$, und demzufolge auch der $r_{k2}(\omega)$, können wir feststellen, daß gilt

$$(5.4.31) \quad \tilde{w}_2(\zeta) = O(|\zeta-\tau m\bar{+}1|^{-1/2}) \quad \text{für} \quad \zeta\to\tau m\bar{+}1 \;, \quad m \in \mathbf{Z} \;.$$

Wegen $\lim\limits_{\eta\to\pm\infty} \cot\pi(\zeta-\omega)/\tau N = \bar{+}i$ gilt noch

$$(5.4.32a) \quad \lim_{\eta\to\pm\infty} \tilde{w}_2(\zeta) = \frac{-}{+}\frac{i}{N\tau} \sum_{k=0}^{N-1} \int_{\tau k-1}^{\tau k+1} r_{k2}(\omega)\,d\omega$$

Substituieren wir $\omega_k = \omega(z_k[x'])$ für $-1\leq x'\leq+1$, so erhalten wir

$$(5.4.32b) \quad \lim_{\eta\to\pm\infty} \tilde{w}_2(\zeta) = \frac{-}{+}\frac{i}{2\tau N} \sum_{k=0}^{N-1} \int_{x'=-1}^{1} \{q(z_k[x']+i\cdot 0)-q(z_k[x']-i\cdot 0)\}dx'=0$$

d.h. die Gesamtquellstärke verschwindet.

Nun soll $\tilde{w}_1$ als ein Wirbelfeld mit auf beiden Schlitzufern gleichen Normalgeschwindigkeiten bestimmt werden. Wie im Abschnitt 5.3 werden wir auch hier ein Riemannsches Kopplungsproblem mit unstetigen Daten formulieren, das überdies periodisch ist (s. Abschnitt 3.3.)

Aus

$$(5.4.33) \quad \tilde{w}_1(\bar{\zeta}) = - \overline{\tilde{w}_1(\zeta)}$$

erhalten wir

(5.4.34a) $\quad \tilde{w}_1(\xi+i\cdot 0) = \overline{-\tilde{w}_1(\xi-i\cdot 0)} = -\tilde{w}_1(\xi-i\cdot 0) - 2i\cdot r_{11}(\xi)$

$$\text{für} \quad \tau\cdot 1-1 < \xi < \tau\cdot 1 + 1, \ m \in \mathbf{Z},$$

bzw.

(5.4.34b) $\quad \tilde{w}_1(\xi+i\cdot 0) = \tilde{w}_1(\xi-i\cdot 0)$

zwischen den Schlitzen, d.h. für $\quad \tau\cdot m+1 < \xi < \tau(m+1)-1, \quad m \in \mathbf{Z}$.

Die Periodizität kommt in der Beziehung

(5.4.35) $\quad \tilde{w}_1(\zeta+\tau N) = \tilde{w}_1(\zeta)$

für alle ζ zum Ausdruck. Ferner verlangen wir das asymptotische Verhalten

(5.4.36) $\quad \tilde{w}_1(\zeta) = O(|\zeta-\tau m\overline{+}1|^{-\mu_m})$ für $\zeta \to \tau m \pm 1$ bei $0 \le \mu_m < 1$

und

(5.4.37) $\quad \tilde{w}_1(\zeta) = O(1)$ für $|\mathrm{Im}\,\zeta| = |\eta| \to \infty$

Im Falle gerader N erhalten wir als kanonische Funktion des homogenen periodischen Kopplungsproblems

(5.4.38) $\quad X_{\tau N}(\zeta) := \dfrac{T\cos\frac{\lambda}{2}}{2Ni\tau} \left\{ \sin\pi(\zeta+1)/\tau \cdot \sin\pi(\zeta-1)/\tau \right\}^{-1/2} ,$

die alle Bedingungen mit $r_{11}(\xi) \equiv 0$ und $\mu_m = 1/2$ erfüllt, wenn die Quadratwurzel durch

(5.4.39) $\quad \{.....\}^{1/2} := i \underset{+}{\cdot} \sqrt{\sin^2\pi/\tau - \sin^2\pi\zeta/\tau}$

für $\zeta = \xi + i\cdot 0$, $-1 < \xi < +1$, definiert wird.

Ist $\tilde{w}_{1o}$ eine beliebige zulässige Lösung des homogenen Kopplungsproblems und $H := \tilde{w}_{1o}/X_{\tau N}$, so ist leicht zu sehen, daß gilt

(5.4.40) $\quad H(\xi+i\cdot 0) = H(\xi-i\cdot 0)$

für $\xi \in \mathbb{R}$, $\xi \neq \tau m\pm 1$, $m \in \mathbf{Z}$. Außerdem hat auch H die Periode τN. Mithin ist H eine periodische in $\mathbf{C}$ meromorphe Funktion. Die asymptotischen Bedingungen in den Ausnahmestellen - Unendlichkeitsstellen für $|H|$ mit Ordnungen <1 - lassen nur hebbare Singularitäten dort zu, d.h. H ist eine ganze τN-periodische Funktion, mithin in die Fourierreihe

$$(5.4.41) \qquad H(\zeta) = \sum_{\nu=-\infty}^{\infty} a_\nu \cdot \exp(2\pi i\nu\zeta/\tau N)$$

entwickelbar. Wegen $X_{\tau N}(\bar{\zeta}) = -\overline{X_{\tau N}(\zeta)}$ und $\tilde{w}_{1o}(\bar{\zeta}) = -\overline{\tilde{w}_{1o}(\zeta)}$ ist $H(\bar{\zeta}) = \overline{H(\zeta)}$, d.h. $H(\zeta)$ ist reellwertig für reelle ζ. Folglich gilt für die Fourierkoeffizienten $a_{-\nu} = \overline{a_\nu}$ für $\nu = 0,1,2,\ldots$ Die asymptotische Bedingung

$$(5.4.42) \qquad \tilde{w}_{1o}(\zeta) = X_{\tau N}(\zeta)\, H(\zeta) = O(1) \quad \text{für} \quad |\eta| \to \infty$$

zieht nach sich:

$$(5.4.43) \qquad a_\nu = 0 \quad \text{für} \quad |\nu| \geq N/2+1,$$

d.h. H ist ein Fourierpolynom der Ordnung $N/2$:

$$(5.4.44) \qquad H(\zeta) = \sum_{\nu=-N/2}^{N/2} a_\nu \cdot \exp(2\pi i\nu\zeta/\tau N)$$

Die allgemeine Lösung des homogenen periodischen Kopplungsproblems lautet nunmehr

$$\tilde{w}_{1o}(\zeta) = \frac{T\cos\lambda}{2Ni\tau^2} \{\sin\pi(\zeta+1)/\tau \cdot \sin\pi(\zeta-1)/\tau\}^{1/2} \cdot$$

$$(5.4.45)$$

$$\cdot \{c_o + \sum_{\nu=1}^{N/2} c_\nu \cdot \cos(2\pi\nu\zeta/N\tau) + d_\nu \cdot \sin(2\pi\nu\zeta/N\tau)\}$$

mit den $N+1$ freien reellen Konstanten c_ν, d_ν .

Eine spezielle Lösung des inhomogenen Problems ergibt sich nun leicht auf Grund der Vorgehensweise von Abschnitt 3.3, Satz 3.5:

$$(5.4.46) \qquad \tilde{w}_1(\zeta) = \frac{i}{2N\tau} X_{\tau N}(\zeta) \cdot \sum_{k=o}^{N-1} \int_{\tau k-1}^{\tau k+1} \frac{-2i \cdot r_{k1}(\omega)}{X_{\tau N}(\omega+i\cdot 0)} \cot\pi(\zeta-\omega)/\tau N \cdot d\omega$$

Zu dieser müssen zunächst alle Funktionen $\tilde{w}_{1o}$ gemäß (5.4.45) addiert werden.

Das asymptotische Verhalten der Daten $r_{k1}(\omega)$ in $\tau k-1 \leq \omega \leq \tau k+1$ hat zur Folge

$$(5.4.47) \qquad r_{k1}(\omega)/X_{\tau N}(\omega+i\cdot 0) = O(|\omega-\tau k\mp 1|^{1/2}) \quad \text{für} \quad \omega \to \tau k \pm 1$$

Nach Abschnitt 2.2 folgt daraus die Beschränktheit des periodischen Integrals vom Cauchy-Typ in (5.4.46) für $\zeta \to \tau m\pm 1$, $m \in \mathbf{Z}$, so daß sich $\tilde{w}_1(\zeta)$ für $\zeta \to \tau m\mp 1$ wie $(|\zeta-\tau m\mp 1|^{-1/2})$ verhält.

Wir wollen nun die N+1 freien reellen Parameter c_ν, d_ν festlegen. Wegen

$$(5.4.48) \qquad \lim_{\eta \to +\infty} \tilde{w}_1(\zeta) = - \frac{T\cos\lambda}{2N\tau^2} (c_{N/2} + i \cdot d_{N/2})$$

dürfen wir $\tilde{w}_{11}$ durch $\tilde{w}_1 + \tilde{w}_{11}$ ersetzen mit

$$(5.4.49) \qquad \tilde{w}_{11}(\zeta) := \frac{T\cos\lambda}{2N\tau^2} \cdot c_{N/2}$$

und $d_{N/2} = 0$ setzen, so daß $\tilde{w}_1 + \tilde{w}_{11}$ für $\eta \to +\infty$ gegen Null strebt und für $\eta \to -\infty$ beschränkt bleibt. Von $\tilde{w}_2$ hatten wir bereits $\lim_{\eta \to +\infty} \tilde{w}_2(\zeta) = 0$ festgestellt (5.4.32b).

Die transformierten Kutta-Bedingungen lauten

$$(5.4.50) \qquad \{\tilde{w}_1(\zeta) + \tilde{w}_{11}(\zeta) + \tilde{w}_2(\zeta)\} \cdot \frac{d\zeta}{dz} = O(|\log|\zeta - \tau m - \xi_o||)$$

$$\text{für} \quad \zeta \to \tau m + \xi_o - i \cdot O, \ m \in \mathbf{Z}.$$

Dies sind wegen der τN-Periodizität N Bedingungen, die ausreichen $c_o, \ldots, c_{N/2}, \ d_1, \ldots, d_{N/2-1}$ eindeutig zu bestimmen. Die etwas längere Rechnung sei hier ausgelassen (s. hierzu die Arbeit [69] des Verfassers!).

Die endgültige Lösung des vollen Kopplungsproblems in der ζ-Ebene lautet dann

$$\tilde{w}(\zeta) = - \frac{1}{iN\tau} \{\sin\pi(\zeta+1)/\tau \cdot \sin\pi(\zeta-1)/\tau\}^{-1/2} \cdot$$

$$\cdot \sum_{k=o}^{N-1} \int_{-1}^{+1} \left(r_{k1}(\sigma+\tau k) \cdot \left(\sin^2\pi/\tau - \sin^2\pi\sigma/\tau\right)^{1/2} \cdot \right.$$

$$\cdot \left\{ \frac{\sin\pi[(N-1)\zeta+\sigma+\tau k-N\xi_o]/\tau N}{\sin(\zeta-\sigma-\tau k)/\tau N} + \frac{\cos\pi\zeta/\tau}{\sin\pi/\tau \cdot \cos\lambda + \cos\pi\xi_o/\tau} \right\}$$

$$- r_{k2}(\sigma+\tau k) \cdot \sin\pi/\tau \cdot \cos\lambda \cdot$$

$$\cdot \left\{ \frac{\sin\pi[(N-1)(\zeta-\sigma)+\tau k]/\tau N}{\sin\pi(\zeta-\sigma-\tau k)/\tau N} + \frac{\cos\pi(\sigma-\xi_o)/\tau \cdot \cos\pi\zeta/\tau}{\sin\pi/\tau \cdot \cos\lambda + \cos\pi\xi_o/\tau} \right\} \right) \cdot$$

$$(5.4.51) \qquad\qquad\qquad \cdot \frac{d\sigma}{\sin\pi(\sigma-\xi_o)/\tau}$$

$$+ \frac{1}{N\tau} \sum_{k=o}^{N-1} \int_{-1}^{+1} \left(r_{k2}(\sigma+\tau k)\{\cot\pi(\zeta-\sigma-\tau k)/\tau N \cdot \sin\pi(\tau-\xi_o)/\tau + \right.$$

$$+ \frac{\sin\pi/\tau \cdot \cos\lambda \cdot \cos\pi(\sigma-\xi_o)/\tau}{\sin\pi/\tau \cdot \cos\lambda + \cos\pi\xi_o/\tau} \Big\} -$$

$$\left. - r_{k1}(\sigma+\tau k) \cdot \frac{(\sin^2\pi/\tau - \sin^2\pi\sigma/\tau)^{1/2}}{\sin\pi/\tau \cdot \cos\lambda + \cos\pi\xi_o/\tau} \right) \cdot \frac{d\sigma}{\sin\pi(\sigma-\xi_o)/\tau}$$

Ist N eine ungerade natürliche Zahl, so ergibt sich am Ende der gleiche Ausdruck wie zuvor. Es ist bei der Herleitung aber zu beachten, daß

$$(5.4.52) \qquad X_{\tau N}(\zeta+\tau N) = - X_{\tau N}(\zeta)$$

für alle ζ gilt. Um dann eine spezielle Lösung $\tilde{w}_1(\zeta)$ des zweiten inhomogenen τN-periodischen Kopplungsproblems zu erhalten, muß der cot-Kern in Formel (5.4.46) durch einen $1/\sin$-Kern ersetzt werden, der das Minuszeichen in (5.4.52) kompensiert.

Kehren wir nun zurück zum ursprünglichen Problem der Störströmung in der z-Ebene! Die modifizierten Abwindverteilungen $q_k(x)$, $-1<x<+1$, in (5.4.13) hängen linear von den bislang noch unbekannten Amplituden ε_k der freien Wirbel ab. Dasselbe gilt dann für die transformierten Randwerte $r_k(\omega)$ bzw. $r_{k1}(\sigma+\tau k)$, $r_{k2}(\sigma+\tau k)$; $k=0,1,\ldots,N-1$. Die Formeln (5.4.11) für ε_k können umgeschrieben werden, wenn wir beachten, daß die Profilwirbeldichten $\gamma_k(x')$ sich als die Sprünge der lokalen Tangentialgeschwindigkeiten auffassen lassen. Da die Normalgeschwindigkeiten auf beiden Profilseiten gleich sein sollen, ist $\gamma_k(x')$ sogar dem Sprung der komplexen Geschwindigkeiten $w(z_k[x'] + i\cdot 0)-w(z_k[x']-i\cdot 0)$ gleichzusetzen. Unter Verwendung des Cauchyschen Integralsatzes können wir dann schreiben

$$(5.4.53a) \qquad \varepsilon_k = - j\omega e^{j\omega}\cdot \oint_{L_k} w(z)dz$$

mit einer Kontur L_k, die das k-te Profil $z=z_k[x']$; $-1\underline{<}x'\underline{<}+1$; $k=0,1,\ldots,N-1$; genau einmal - und nur dieses - umschließt. Wegen $w(z(\zeta)) = \tilde{w}(\zeta)\cdot d\zeta/dz$ können wir umformen zu

$$(5.4.53b) \qquad \varepsilon_k = -j\omega e^{j\omega}\cdot \oint_{\wedge_k} \tilde{w}(\zeta)d\zeta = -j\omega e^{j\omega}\cdot \oint_{\wedge_o} \tilde{w}(\zeta+\tau k)d\zeta$$

Da das Quellfeld $\tilde{w}_1(\zeta)$ keinen Beitrag liefert, können wir statt $\tilde{w}$ auch $\tilde{w}_1$ in der letzten Formel schreiben.

Setzen wir nun die Ausdrücke für die Daten $r_{k1}(\sigma+\tau k)$ und $r_{k2}(\sigma+\tau k)$ gemäß (5.4.23) und (5.4.21) in die Formel (5.4.51) ein und vertauschen dann die Integrationsreihenfolgen bzgl. ζ und σ, dann gewinnen wir ein System von N linearen Gleichungen für die gesuchten ε_k. Dieses System kann dadurch in einfacher Weise gelöst werden, daß eine <u>endliche diskrete Fouriertransformation</u> angewendet wird, die einer <u>Zerlegung jeder Schwingungsform des gesamten Schaufelkranzes in seine zugeordneten N Grundschwingungsformen</u> entspricht, bei der äquivalente Profilpunkte $z_k[x']$ und $z_{k+1}[x']$ benachbarter Profile mit derselben Amplitude aber einer festen Phasenverschiebung $e^{2\pi i\mu/N}$; $\mu=0,\ldots,N-1$; schwingen. Die Einzelheiten hierzu sind in der zitierten Arbeit [69] des Verfassers zu finden.

Sind die ε_k berechnet, so ist das Störgeschwindigkeitsfeld zumindest in komplexer parametrisierter Form bzgl. der Variablen $\zeta=\xi+i\eta$ bekannt. Im Falle eines Vertikalgitters, d.h. $\lambda = 0$, ist die komplexe Umkehrfunktion $\zeta=\zeta(z)$ explizit bekannt, wie H. SÖHNGEN und der Verfasser 1958 gezeigt haben [106]. Zur Berechnung von Gesamtauftrieb und -moment an jedem einzelnen Gitterprofil $z = z_1[x']$; $-1\leq x'\leq+1$, $1 = 0,1,\ldots,N-1$; reicht es aber aus, das Störfeld $\tilde{w}(\zeta)$ zu kennen, wie wir sogleich sehen werden.

Zunächst können wir die Amplitude des dimensionslosen Stördruckfeldes $p(x,y)$ aus der Formel

$$(5.4.54) \qquad p(x,y) = -u(x,y) -j\omega\cdot\int_{-\infty}^{x} u(x',y)dx'$$

berechnen. Die Auftriebsverteilung längs des m-ten Profils ist dann gemäß

$$(5.4.55) \qquad \Delta p_m(x) = \ell_m(x) = \gamma_m(x) + j\omega\cdot\int_{-1}^{x} \gamma_m(x')dx'$$

zu bestimmen. x werde dabei jeweils von der Vorderkante des entsprechenden Profils aus gezählt. Die dimensionslose Amplitude A_m des Gesamtauftriebs am m-ten Profil ergibt sich dann nach partieller Integration zu

$$(5.4.56) \qquad A_m := \int_{-1}^{+1} \ell_m(x)dx = (1+j\omega)\cdot\int_{-1}^{+1} \gamma_m(x)dx - j\omega\cdot\int_{-1}^{+1} x\gamma_m(x)dx$$

und die dimensionslose Amplitude des Gesamtmoments M_m bzgl. der m-ten Vorderkante - positiv im Gegenuhrzeigersinn gezählt - zu

$$M_m := \int_{-1}^{+1} (x+1)\ell_m(x)dx =$$

$$(5.4.57) \qquad = -(1+\frac{3}{2}j\omega)\cdot\int_{-1}^{+1} \gamma_m(x)dx - (1-j\omega)\cdot\int_{-1}^{+1} x\cdot\gamma_m(x)dx$$

$$+ \frac{1}{2}j\omega\cdot\int_{-1}^{+1} x^2\cdot\gamma_m(x)dx$$

Für $\int_{-1}^{+1} \gamma_m(x)dx$ können wir nach (5.4.11) $-e^{j\omega}\varepsilon_m/j\omega$, für $m=0,1,\ldots,N-1$ substituieren, während $x = z_m[x] -iTme^{-i\lambda}$ auf dem m-ten Profil ist.

Der Cauchysche Integralsatz erlaubt wiederum die Deformation des Integrationsweges von den beiden Profilufern $z_m[x]\pm i\cdot 0$ zu einer Kontur L_m, die genau das m-te Profil einmal im Uhrzeigersinn umfährt. So resultiert

$$(5.4.58) \qquad A_m = -e^{-j\omega}(1/j\omega+1)\,\varepsilon_m - j\omega\cdot\oint_{L_m} (z-iTme^{-i\lambda})w(z)\,dz$$

$$(5.4.59) \qquad M_m = -e^{-j\omega}(1/j\omega+3/2)\,\varepsilon_m - (1-j\omega)\oint_{L_m} (z-iTme^{-i\lambda})w(z)\,dz$$
$$+ j\omega/2\cdot\oint_{L_m} (z-iTme^{-i\lambda})^2 w(z)\,dz$$

Nach Anwendung der konformen Abbildung $z = z(\zeta)$ des Horizontalgitters auf das gestaffelte Streckengitter, wobei wir

$$(5.4.60) \qquad z(\zeta+\tau m) = z(\zeta) + iTme^{-i\lambda}$$

für alle $\zeta \in \mathbb{C}$ und $m \in \mathbb{Z}$ beachten, können wir schließlich die Amplituden für den Gesamtauftrieb und das Gesamtmoment am m-ten Profil durch Konturintegration berechnen:

$$(5.4.61) \qquad A_m = -e^{-j\omega}\varepsilon_m(1/j\omega+1)-j\omega \oint_{\Lambda_0} z(\zeta)\,\tilde{w}(\zeta+\tau m)\,d\zeta$$

bzw.

$$M_m = -e^{-j\omega}\varepsilon_m(1/j\omega+3/2)-(1-j\omega)\oint_{\Lambda_0} z(\zeta)\tilde{w}(\zeta+\tau m)\,d\zeta$$
$$+ j\omega/2\cdot\oint_{\Lambda_0} [z(\zeta)]^2\cdot\tilde{w}(\zeta+\tau m)\,d\zeta$$

beide für $m=0,1,\ldots,N-1$ mit der Bildkontur Λ_0 von L_0 und der Abbildungsfunktion $z(\zeta)$ gemäß Formel (5.4.17).

Kapitel 6: Einige Randwertprobleme aus der Schwingungstheorie

6.1. Das Sommerfeldsche Halbebenenproblem

In diesem Kapitel wollen wir einige charakteristische Randwertprobleme
untersuchen, wie sie in der Schwingungstheorie auftreten und die mittels
der Fouriertransformation und Überführung in funktionentheoretische
Randwertprobleme vom Wiener-Hopf-Typ gelöst werden können. Es handelt
sich dabei um Probleme der akustischen bzw. elektromagnetischen Wellen-
ausbreitung und Beugung an scharfen Kanten, wie auch um instationäre
Strömungen kompressibler Gase um schwingende Profile, wie sie für inkom-
pressible Medien im Kapitel 5 betrachtet wurden.

Das klassische Problem der Beugung einer (ebenen) Welle an einer scharfen Kante geht auf A. SOMMERFELD (1896) [108] zurück und ist nach ihm
als Halbebenenproblem benannt. Es ist das erste exakt formulierte und
gelöste Randwertproblem der Wellentheorie, damals allerdings mit anderen
Methoden behandelt. Die funktionentheoretische Methode läßt sich sehr
gut hier in ihrer Stärke demonstrieren. In der Literatur wurde dieses
Problem u.a. in den Büchern von B. NOBLE (1958) [86] und von D.S. JONES
(1964) [51] behandelt.

Eine ebene zeitharmonische Welle

$$(6.1.1) \qquad \Phi_e(x,y,t) = \text{Re} \exp[ik(x \cos\Theta + y \sin\Theta) - i\omega t]$$

mit $k = k_1 + ik_2 \neq 0$, $k_1, k_2 \geq 0$, $0 < \Theta < \pi$, falle auf eine Halbebene
$S := \{(x,y,z) \in \mathbb{R}^3 : 0 \leq x < \infty,\ y = 0,\ -\infty < z < +\infty\}$. Gesucht ist das
reflektierte bzw. gebeugte Wellenfeld oder das gesamte Wellenfeld
$\Phi_{tot}(x,y,t)$ im dreidimensionalen Raum bei Anwesenheit der Halbebene S
mit der scharfen Kante $K := \{(x,y,z) \in \mathbb{R}^3 : x = 0,\ y = 0,\ -\infty < z < \infty\}$
Das Feld Φ_{tot} werde ebenfalls als zeitharmonisch - Faktor $e^{-i\omega t}$ -
und nur von x,y abhängend angenommen; dann genügt die komplexwertige
Amplitudenfunktion $\Psi_{tot}(x,y)$ der Helmholtzschen Schwingungsgleichung

$$(6.1.2) \qquad (\Delta + k^2)\Psi_{tot} := \left(\frac{\partial^2}{\partial x^2} + \frac{\partial^2}{\partial y^2} + k^2 \right) \Psi_{tot} = 0$$

in $\mathbb{R}^2 \setminus \mathfrak{S}$ mit $\mathfrak{S} := \{(x,y) \in \mathbb{R}^2 : 0 \leq x < \infty,\ y = 0\}$.

Je nach der Art der Welle genüge Ψ_{tot} auf $\mathfrak{S}$ einer ersten oder zweiten Randbedingung:

(6.1.3a) $\lim\limits_{y \to 0} \Psi_{tot}(x,y) = 0$ für $0 < x < \infty$

bzw.

(6.1.3b) $\lim\limits_{y \to 0} \dfrac{\partial}{\partial y} \Psi_{tot}(x,y) = 0$ für $0 < x < \infty$

Der erste Fall tritt z.B. auf bei elektromagnetischen Wellen, deren E-Vektor parallel zur Kante, also zur z-Achse, polarisiert ist und σ eine ideal leitende Halbebene darstellt. Im zweiten Fall denke man z.B. an eine Schallwelle, die auf eine <u>schallharte</u> Halbebene fällt.

Zu den Randbedingungen auf σ kommen noch Bedingungen für das Verhalten des gestreuten Wellenanteils für $r = \sqrt{x^2+y^2} \to \infty$ und in der Nähe der Kante, d.h. für $r \to 0$. Zur Gewinnung der <u>Ausstrahlungsbedingungen</u> teilen wir das Gebiet $\mathbb{R}^2 \setminus \sigma$ gemäß der Figur 6.1 auf:

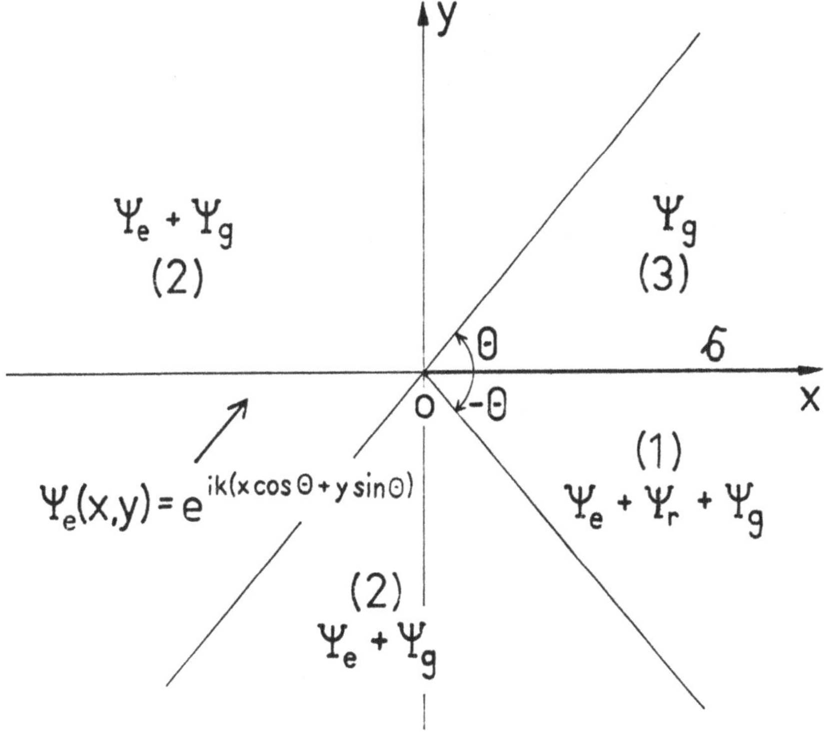

<u>Figur 6.1:</u> Streuung einer ebenen Welle an einer Halbebene

Im Gebiet (1), gekennzeichnet durch die Grenzen $\mathcal{S} \cup \{(x,y) \in \mathbb{R}^2 :$
$y = - \tan \Theta \cdot x, \ x \geq 0\}$, setzt sich das Gesamtfeld aus dem einfallenden,
dem optisch reflektierten und dem gebeugten Feld zusammen, das aus
Strahlungsquellen auf $\mathcal{S}$ resultiert:

$$(6.1.4a) \qquad \Psi_{tot}(x,y) = \Psi_e(x,y) + \Psi_r(x,y) + \Psi_g(x,y) \ .$$

Im Gebiet (2) wird der optisch reflektierte Anteil fehlen

$$(6.1.4b) \qquad \Psi_{tot}(x,y) = \Psi_e(x,y) + \Psi_g(x,y) ,$$

während im <u>optischen Schattengebiet</u> (3) nur eine gebeugte Welle Ψ_g
erwartet wird:

$$(6.1.4c) \qquad \Psi_{tot}(x,y) = \Psi_g(x,y) \ .$$

Dieser Schattenbereich (3) hat die Grenze $\mathcal{S} \cup \{(x,y) \in \mathbb{R}^2 : y = x \cdot \tan \Theta,$
$x \geq 0\}$. Da die einfallende zusammen mit der optisch reflektierten Welle
die homogene Randbedingung auf $\mathcal{S}$ erfüllen, wird eben diese auch für
$\Psi_g(x,y)$ verlangt. Im Folgenden wollen wir uns auf den Fall der <u>ersten</u>
oder <u>Dirichlet-Randbedingung</u> beschränken, so daß

$$(6.1.5) \qquad \lim_{y \to \pm 0} \Psi_g(x,y) = 0 \quad \text{für} \quad x > 0$$

gelten muß. Um die Asymptotik für $\Psi_{tot}(x,y)$ bzw. $\Psi_g(x,y)$ für $r \to \infty$
bzw. $r \to 0$ zu gewinnen, machen wir Gebrauch von der <u>Darstellungsfor-</u>
<u>mel für Ausstrahlungslösungen der zweidimensionalen Helmholtz-Gleichung</u>
<u>zu einem</u> (einfach zusammenhängenden) <u>Normalbereich B</u> (s.z.B. [116, S.
482])

$$(6.1.6) \qquad \Psi_{aus}(x,y) = \frac{-1}{4i} \oint_{\partial B} \{ H_0^{(1)}(kr_{PQ}) \frac{\partial}{\partial n_Q} \Psi_{aus}(\xi,\eta) -$$
$$- \frac{\partial}{\partial n_Q} H_0^{(1)}(kr_{PQ}) \Psi_{aus}(\xi,\eta) \} ds_Q$$

mit $P = (x,y) \in \mathbb{R}^2 \setminus B$, $Q = (\xi,\eta) \in \partial B$: stückweise glatt, doppelpunkt-
frei und beschränkt zunächst. Hierin ist $H_0^{(1)}(z) = J_0(z) + i \cdot Y_0(z)$ die
<u>Hankelfunktion erster Art und nullter Ordnung</u> mit der Asymptotik

$$(6.1.7) \qquad H_0^{(1)}(z) = \begin{cases} \dfrac{2i}{\pi} \log \dfrac{z}{2} + \mathcal{O}(1) & \text{für} \quad z \to 0 \\[2em] \sqrt{\dfrac{2}{\pi z}} \cdot \exp\{i(z - \pi/4)\}[1 + \mathcal{O}(z^{-1})] & \text{für} \quad z \to \infty \end{cases}$$

$$\text{in} \quad |\arg z| < \pi$$

Verlangt man die absolute (eindimensionale) Integrabilität von
grad $\Psi_g(x,y)$ längs jedes endlichen Strahls, der vom Ursprung ausgeht,
so kann für B der Bereich $B_{\varepsilon,R} := \{(x,y) \in \mathbb{R}^2 : \text{dist}[(x,y),\mathit{S}] \geq \varepsilon$, $0 \leq r \leq R\}$ gewählt und $\varepsilon \to +0$ geschickt werden. Wegen $\Psi_g(x,y) = 0$ auf
S wird dann

$$\Psi_{g,R}(x,y) = \frac{-i}{4} \int_0^R H_0^{(1)}(kr_{PQ}) \left[\frac{\partial}{\partial \eta} \Psi_g(\xi,\eta) \Big|_{\eta=+0} - \frac{\partial}{\partial \eta} \Psi_g(\xi,\eta) \Big|_{\eta=-0} \right] ds$$

$$(6.1.8)$$

$$- \frac{1}{4i} \oint_{\partial K_R(0)} \{\ldots\} ds_Q$$

Wenn der Normalableitungssprung auf S für $\xi \to +\infty$ genügend stark abklingt, also etwa stärker als $|\xi|^{-1/2}$, dann können wir auch den Grenzübergang $R \to \infty$ vornehmen und erhalten eine Darstellung für $\Psi_g(x,y)$

in $\mathbb{R}^2 \setminus \mathit{S}$ als Integral $\int_0^\infty \ldots d\xi$.

Jetzt kann das Verhalten von Ψ_g für $r \to \infty$ abgeschätzt werden in
$0 < \delta \leq \arg(x,y) \leq 2\pi - \delta$ wegen $r_{PQ} = \sqrt{(x-\xi)^2+y^2} \geq r \cdot \sin\delta =$
dist$((x,y),\mathit{S})$ einerseits und $r_{PQ} \geq |x-\xi|$ andererseits folgt mit
$J(\xi) := \left[\frac{\partial}{\partial \eta} \Psi_g(\xi,\eta) \Big|_{\eta=+0} - \frac{\partial}{\partial \eta} \Psi_g(\xi,\eta) \Big|_{\eta=-0} \right]$

$$|\Psi_g(x,y)| \leq \frac{1}{4} \int_0^\infty |H_0^{(1)}(kr_{PQ})| \cdot |J(\xi)| d\xi$$

$$(6.1.9) \qquad \leq \frac{c}{4} \int_0^\infty \frac{|\exp\{i(kr_{PQ}-\pi/4)\}|}{\sqrt{|k|r_{PQ}}} |J(\xi)| d\xi$$

$$\leq \frac{c}{4\sqrt{|k|}} e^{-k_2 r\sin\delta} \cdot \int_0^\infty \frac{|J(\xi)|d\xi}{\sqrt{|x-\xi|}}$$

$$= \mathcal{O}(e^{-k_2 r\sin\delta}) \quad \text{für} \quad r \to \infty.$$

Für $x \to +\infty$ parallel zum Schirm S, also für $y=\pm d$, $d > 0$, kann grob
allerdings nur die Beschränktheit von $\Psi_g(x,y)$ gezeigt werden. Für
$x \to -\infty$ hingegen ist $r \geq \sqrt{(|x|+\xi)^2} \geq |x|$, also $\Psi_g(x,y) = \mathcal{O}(e^{-k_2|x|})$.

Da das Gesamtwellenfeld $\Psi_{tot}(x,y)$ längs $y = 0$, $x < 0$ sich in allen
Ableitungen stetig verhalten muß, erhalten wir für das <u>Streufeld</u>
$\Psi_s := \Psi_{tot} - \Psi_e$ das folgende <u>gemischte Randwertproblem</u>:

Gesucht ist $\Psi_s \in C^2(\mathbb{R}_+^2) \cup C^2(\mathbb{R}_-^2)$ *mit* $(\Delta+k^2)\Psi_s = 0$ *in*
$\mathbb{R}_+^2 \cup \mathbb{R}_-^2 = \mathbb{R}^2 \setminus \mathbb{R}$ *und den Randbedingungen*

$$(6.1.10) \qquad \lim_{y \to \pm 0} \Psi_s(x,y) = - \Psi_e(x,0) = - e^{ikx\cos\Theta} \quad \textit{für} \quad x > 0$$

(6.1.11a) $\displaystyle\lim_{y\to+0} \Psi_s(x,y) = \lim_{y\to-0} \Psi_s(x,y) =: E(x)$ *für* $x < 0$

mit zunächst unbekanntem E, *und*

(6.1.11b) $\displaystyle\lim_{y\to+0} \frac{\partial \Psi_s}{\partial y}(x,y) = \lim_{y\to-0} \frac{\partial \Psi_s}{\partial y}(x,y) =: V(x)$ *für* $x < 0$

mit zunächst unbekanntem V.

Ferner sei die <u>*Kantenbedingung*</u>

(6.1.12a) $\Psi_s(x,y) = \mathcal{O}(1)$ *für* $r \to 0$

(6.1.12b) $\mathrm{grad}\,\Psi_s(x,y) = \mathcal{O}(r^{-\beta})$, $0 \le \beta < 1$ *geeignet*,

während für $r \to \infty$ *die* <u>*Ausstrahlungsbedingungen*</u>

(6.1.13a)

$$\Psi_s(x,y) = \begin{cases} \mathcal{O}(e^{-k_2 x \cos\theta}) + \mathcal{O}(1) & \text{\textit{für}}\quad x \to +\infty \\[2mm] \textit{in}\quad 0 \le \arg(x,y) \le \delta \quad \textit{und}\quad 2\pi-\delta \le \arg(x,y) \le 2\pi \\[2mm] \mathcal{O}(e^{-k_2 r \sin\delta}) & \text{\textit{für}}\quad r \to \infty \end{cases}$$

(6.1.13b)

in $0 < \delta \le \arg(x,y) \le 2\pi-\delta$

erfüllt sein sollen.

Dieses Problem wollen wir mittels der F-Transformation angreifen, indem wir setzen

(6.1.14) $\displaystyle \hat{\Psi}_s(\lambda,y) := \frac{1}{\sqrt{2\pi}} \int_{-\infty}^{\infty} e^{i\lambda x} \cdot \Psi_s(x,y)\,dx$

und noch einführen

(6.1.15) $\displaystyle \hat{J}_+(\lambda) := \frac{1}{\sqrt{2\pi}} \int_{0}^{\infty} e^{i\lambda x} \cdot J(x)\,dx =$

$\displaystyle \qquad\qquad := \frac{1}{\sqrt{2\pi}} \int_{0}^{\infty} e^{i\lambda x} \left(\frac{\partial \Psi_s}{\partial y}(x,y)\Big|_{y=+0} - \frac{\partial \Psi_s}{\partial y}(x,y)\Big|_{y=-0} \right) dx$

Auf Grund der Arbeitshypothese, daß alle Grenzprozesse wie Differentiationen, $\lim_{y\to\pm0}$ etc., mit der F-Transformation vertauschbar sind, erhalten wir aus der Helmholtz-Differentialgleichung mittels des Differentiationssatzes (s. Abschn. 4.3!) die gewöhnliche DGL

(6.1.16) $\quad \left(\dfrac{d^2}{dy^2} + (k^2-\lambda^2)\right) \hat{\Psi}_s(\lambda,y) = 0 \quad$ in $\quad y > 0 \quad$ bzw. $\quad y < 0$

mit den allgemeinen Lösungen

$$\hat{\Psi}_s(\lambda,y) = A_1(\lambda) \cdot \exp[-y\sqrt{\lambda^2-k^2}] + B_1(\lambda) \exp[y\sqrt{\lambda^2-k^2}] \quad \text{in} \quad y > 0$$

(6.1.17)

$$= A_2(\lambda) \cdot \exp[-y\sqrt{\lambda^2-k^2}] + B_2(\lambda) \exp[y\sqrt{\lambda^2-k^2}] \quad \text{in} \quad y < 0$$

und der Quadratwurzel $\sqrt{\lambda^2-k^2}$ mit Verzweigungsschnitten von $\lambda = k$ nach $i\infty$ und von $\lambda = -k$ nach $-i\infty$ mit $\sqrt{\lambda^2-k^2} \sim |\lambda|$ für $|\text{Re}\,\lambda| \to \infty$ gemäß der Festlegung in Abschnitt 1.3, Beispiel 1.7, Fall b)

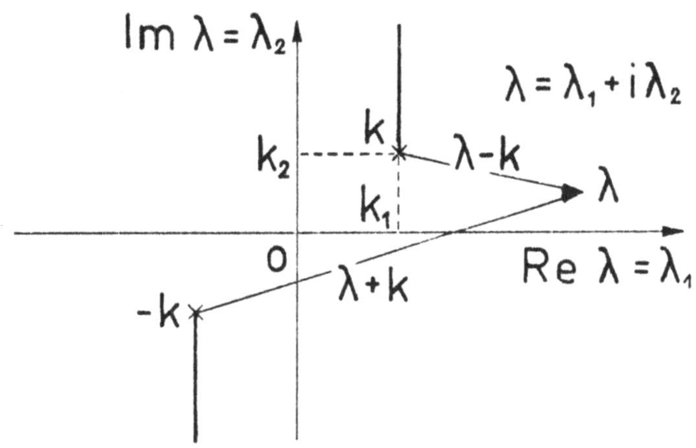

Figur 6.2: Wahl der Verzweigungsschnitte zu $\sqrt{\lambda^2-k^2}$

Da $\Psi_s(x,y)$ für $|y| \to \infty$ beschränkt bleiben muß, so auch $\hat{\Psi}_s(\lambda,y)$, so daß resultiert $B_1(\lambda) \equiv 0$ und $A_2(\lambda) \equiv 0$. Wir haben daher

(6.1.18a) $\quad \hat{\Psi}_s(\lambda,y) = \begin{cases} A_1(\lambda)\exp\,[-y\sqrt{\lambda^2-k^2}] & \text{für} \quad y > 0 \\[2mm] B_2(\lambda)\exp\,[\,y\sqrt{\lambda^2-k^2}] & \text{für} \quad y < 0 \end{cases}$

Auf Grund von $\Psi_s(x,+0) = \Psi_s(x,-0)$ für alle $x \in \mathbb{R}$ muß $A_1(\lambda) = B_2(\lambda) =: A(\lambda)$ sein, so daß folgt

(6.1.18b) $\quad \hat{\Psi}_s(\lambda,y) = A(\lambda) \exp\,[-|y|\sqrt{\lambda^2-k^2}\,]$

Differentiation in Normalenrichtung, $\partial/\partial y$, und Grenzübergang $y \to \pm 0$ liefern aus (6.1.11b) mit (6.1.15)

$$(6.1.19) \qquad \frac{\partial \hat{\Psi}_s}{\partial y}(\lambda,+0) - \frac{\partial \hat{\Psi}_s}{\partial y}(\lambda,-0) = \hat{J}_+(\lambda) = -2 \cdot \sqrt{\lambda^2-k^2} \cdot A(\lambda)$$

Die Dirichletrandbedingung ergibt hingegen

$$\lim_{y \to +0} \hat{\Psi}_s(\lambda,y) = \hat{E}_-(\lambda) - F_+[-\Psi_e(x,0)](\lambda),$$

d.h.

$$(6.1.20) \qquad A(\lambda) = \hat{E}_-(\lambda) + [i\sqrt{2\pi}(\lambda+k\cos\theta)]^{-1}$$

gültig für $-k_2\cos\theta < \text{Im } \lambda < k_2$, mit zunächst positivem k_2 (also Dämpfung!). Dabei ist $\hat{E}_-(\lambda)$ als F-Transformierte einer Funktion $E(x)$ mit Träger in $(-\infty,0)$ holomorph nach $\text{Im } \lambda < k_2$ fortsetzbar. Elimination von $A(\lambda) = \hat{\Psi}_s(\lambda,0)$ aus den GLn. (6.1.19) und (6.1.20) führt zur <u>Funktionalgleichung vom Wiener-Hopf-Typ für das Sommerfeldsche Halbebenenproblem</u>

$$(6.1.21) \qquad \hat{J}_+(\lambda) = -2\sqrt{\lambda^2-k^2} \cdot \left\{ \hat{E}_-(\lambda) + [i\sqrt{2\pi}(\lambda+k\cos\theta)]^{-1} \right\}$$

gültig in $-k_2\cos\theta < \text{Im } \lambda < k_2$ mit gesuchten Funktionen $\hat{J}_+(\lambda)$ holomorph fortsetzbar in $\text{Im } \lambda > -k_2\cos\theta$ und $\hat{E}_-(\lambda)$ in $\text{Im } \lambda < k_2$. Nach dem Riemann-Lebesgue-Lemma (s. Abschn. 4.3!) müssen sie für $|\lambda| \to \infty$ gegen Null streben. Für $L_c := \mathbb{R} + ic$ mit $k_2\cos\theta < c < k_2$ liegt damit ein nichtnormales Riemannsches Kopplungsproblem vor mit Kopplungsfaktor $G(\lambda) := -2(\lambda^2-k^2)^{1/2}$, welcher für $|\text{Re}\lambda| \to \infty$ linear anwächst, so daß die Theorie aus Abschnitt 3.1 oder 4.4 nicht unmittelbar übertragbar ist. Wir spalten nun die Quadratwurzel $\sqrt{\lambda^2-k^2}$ multiplikativ auf in $\sqrt{\lambda-k} \cdot \sqrt{\lambda+k}$, so daß $\sqrt{\lambda-k}$ in $\text{Im } \lambda < k_2$ und $\sqrt{\lambda+k}$ in $\text{Im}\lambda > -k_2$ holomorph und $\neq 0$ sind. Division der Gleichung (6.1.21) durch $-2\sqrt{\lambda+k}$ führt zur GL

$$(6.1.22) \qquad -\hat{J}_+(\lambda)\,/\,2\sqrt{\lambda+k} = \sqrt{\lambda-k} \cdot \hat{E}_-(\lambda) + \sqrt{\lambda-k} \cdot [i\sqrt{2\pi}(\lambda+k\cos\theta)]^{-1}$$

Der letzte Term wird noch additiv aufgespalten in eine für $\text{Im } \lambda > -k_2\cos\theta$ bzw. $\text{Im } \lambda < k_2$ holomorphe Funktion und GL (6.1.22) dann umgeordnet zu

$$\begin{aligned}(6.1.23) \quad & -\hat{J}_+(\lambda)/2\sqrt{\lambda+k} - \sqrt{-k\cos\theta-k} \cdot [i\sqrt{2\pi}(\lambda+k\cos\theta)]^{-1} = \\ & = \sqrt{\lambda-k} \cdot \hat{E}_-(\lambda) + [\sqrt{\lambda-k} - \sqrt{-k\cos\theta-k}] \cdot [i\sqrt{2\pi}(\lambda+k\cos\theta)]^{-1} \quad ,\end{aligned}$$

die sicher für $k_2|\cos\theta| < \operatorname{Im}\lambda < k_2$ gültig ist. Nun stellt die linke Gleichungsseite eine für $\operatorname{Im}\lambda > k_2|\cos\theta|$ holomorphe Funktion dar, die für $\lambda \to \infty$ gegen Null strebt, während die rechte Gleichungsseite diese Eigenschaften in $\operatorname{Im}\lambda < k_2$ hat, denn es gilt $\hat{E}_-(\lambda) = \mathcal{O}(|\lambda|^{-1})$ für $\lambda \to \infty$, da es eine Fouriertransformierte einer differenzierbaren Funktion ist, deren Ableitung bis $x = 0$ hinein absolut integrabel ist. Die GL (6.1.23) enthält also zwei verschiedene Darstellungen ein und derselben in der ganzen λ-Ebene holomorphen Funktion $\hat{g}(\lambda)$, die aufgrund des Liouville-Satzes (s. Abschn. 1.2.) identisch verschwinden muß. Damit zerfällt (6.1.23) in die beiden Gleichungen, die die Lösung der Wiener-Hopf-Funktionalgleichung (6.1.21) enthalten:

$$(6.1.24) \qquad \hat{J}_+(\lambda) = - 2\sqrt{\lambda+k} \cdot \sqrt{-k\cos\theta-k} \cdot [i\sqrt{2\pi}(\lambda+k\cos\theta)]^{-1} \quad \text{für} \quad \operatorname{Im}\lambda > -k_2\cos\theta$$

und

$$(6.1.25) \qquad \hat{E}_-(\lambda) = - [1-\sqrt{-k\cos\theta-k}/\sqrt{\lambda-k}] \cdot [i\sqrt{2\pi}(\lambda+k\cos\theta)]^{-1} \quad \text{für} \quad \operatorname{Im}\lambda < k_2$$

Beachten wir nun noch

$$(6.1.26) \qquad \sqrt{-k\cos\theta-k} = -i \cdot \sqrt{2k} \cdot \cos\theta/2$$

und den Zusammenhang zwischen $\hat{J}_+(\lambda)$ und $A(\lambda)$ gemäß (6.1.19), so können wir die gesuchte Bildfunktion $\hat{\Psi}_s$ des Streufeldes mittels (6.1.18b) in der Form darstellen

$$(6.1.27) \qquad \hat{\Psi}_s(\lambda,y) = - \sqrt{2k} \cdot \cos\theta/2 \; \frac{\exp[-|y|\sqrt{\lambda^2-k^2}]}{\sqrt{\lambda-k} \cdot \sqrt{2\pi}(\lambda+k\cos\theta)}$$

gültig für $- k_2\cos\theta < \operatorname{Im}\lambda < k_2$, $y \in \mathbb{R}$.

Durch Anwenden der inversen Fourier-Transformation ergibt sich dann eine Fourier-Integraldarstellung für das gesuchte Streufeld $\Psi_s(x,y)$:

$$(6.1.28) \qquad \Psi_s(x,y) = - \frac{\sqrt{2k} \cdot \cos\theta/2}{2\pi} \int\limits_{ic-\infty}^{ic+\infty} \frac{\exp[-i\lambda x-|y|\sqrt{\lambda^2-k^2}]}{\sqrt{\lambda-k} \cdot (\lambda+k\cos\theta)} \, d\lambda$$

Aus dieser Darstellung können wir andere herleiten, die mehr Informationen liefern, durch Deformation des Weges L_c, der zunächst eine Gerade parallel zur reellen λ-Achse durch ic mit $- k_2\cos\theta < c < k_2$ ist. Nehmen wir einmal an, es wäre $0 < \theta < \pi/2$, d.h. $0 < \cos\theta < 1$. Da der Integrand für $|\operatorname{Re}\lambda| \to \infty$ mindestens wie $|\lambda|^{-3/2}$ abklingt, können wir z.B. in die Gerade L_{-k_2} deformieren, wenn wir das Residuum im Punkte $\lambda = - k \cdot \cos\theta$ beachten:

$$\Psi_s(x,y) = - \exp[ik(x\cos\Theta + |y|\sin\Theta)] -$$

(6.1.29)

$$- \frac{\sqrt{2k}\cdot\cos\Theta/2}{2\pi} \cdot \int\limits_{-ik_2-\infty}^{-ik_2+\infty} \frac{\exp[(-i\lambda x-|y|\sqrt{\lambda^2-k^2})]}{\sqrt{\lambda-k}\cdot(\lambda+k\cos\Theta)}\, d\lambda$$

Für $x \geq 0$ kann nun der letzte Integrationsweg weiter deformiert werden in eine Schleife $\gamma(-k)$ um den Verzweigungsschnitt von $\lambda = -k$ nach $-i\infty$, da in der Halbebene $\mathrm{Im}\,\lambda \leq -k_2$ der Integrand wie $|\lambda|^{-3/2}\cdot\exp(\mathrm{Im}\,\lambda\cdot x)$ abklingt (s. Figur 6.3).

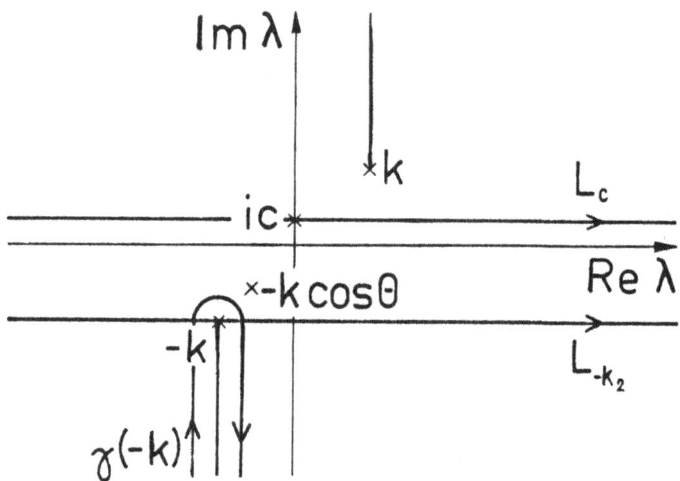

<u>Figur 6.3:</u> Deformation des Integrationsweges im Fourier-Umkehr-Integral

Führt man auf dem unteren Verzweigungsschnitt die Substitution

(6.1.30) $\lambda = -k-i\rho$ mit $\rho \geq 0$

aus, so wird mit der zuvor festgelegten Wahl der Quadratwurzel

(6.1.31) $\sqrt{\lambda^2-k^2} = \mp\, i\cdot\sqrt{\rho(\rho-2ik)}$

auf dem rechten bzw. linken Ufer des unteren Verzweigungsschnitts. Dann kann das letzte Integral in (6.1.29) so umgeformt werden, daß für $x \geq 0$ resultiert

$$\Psi_s(x,y) = -\exp[ik(x\cos\Theta + |y|\sin\Theta)]$$

(6.1.32)

$$-e^{i\pi/4}\cos\Theta/2\cdot\sqrt{2k}/\pi\cdot e^{ixk}\cdot\int\limits_{\rho=0}^{\infty}\frac{e^{-x\rho}\sin[\,|y|\sqrt{\rho(\rho-2ik)}\,]}{\sqrt{\rho-2ik}\cdot(\rho-2ik\sin^2\Theta/2)}\,d\rho\quad.$$

Diese Darstellung macht nun auch für $k_2 = 0$, d.h. $k = k_1 > 0$ Sinn. Das Integral ist eines vom Typ der einseitigen Laplace-Transformierten (s. Abschnitt 4.3). Das asymptotische Verhalten des Integranden für $\rho\to+0$ ist $\mathcal{O}(1)$ bzw. für $\rho\to+\infty$ $\mathcal{O}(\rho^{-3/2})$; es spiegelt sich im Verhalten des Integrals für $x\to+\infty$ wie $\mathcal{O}(|x|^{-1})$ bzw. für $x\to+0$ wie $\mathcal{O}(x^{1/2})$ wider (s.z.B. G. DOETSCH [20], Kap. 14/13, S. 473/456). Differenziert man bzgl. x, setzt $y = 0$ und läßt $x\to+0$ streben, so verhält sich der abgeleitete Integrand wie $\mathcal{O}(\rho^{-1/2})$ für $\rho\to+\infty$, woraus folgt $\partial\Psi_s/\partial x(x,0) = \mathcal{O}(x^{-1/2})$ für $x\to+0$. Entsprechendes gilt auch für $\partial\Psi_s/\partial y(x,\pm0)$, d.h. die Kantenbedingung ist zumindest längs des Schirms $\mathcal{S}$ erfüllt. Wegen des Vorfaktors e^{ixk} hat das Integral den Charakter einer nach $x = +\infty$ auslaufenden Welle.

Sei nun $x < 0$, also die Halbebene des $\mathbb{R}^2$, in der kein streuendes Hindernis liegt. Eine Deformation der Integrationsgeraden L_c in Formel (6.1.28) ist dann nur in den oberen Verzweigungsschnitt aus Konvergenzgründen möglich. Führt man hier die Substitution

(6.1.33) $\quad\lambda = k+i\cdot\rho\ $ mit $\ \rho\geqq 0$

aus, so ergibt sich wegen

(6.1.34) $\quad\sqrt{\lambda^2-k^2} = \pm\ i\sqrt{\rho(\rho-2ik)}$

die Darstellung

(6.1.35) $\quad\Psi_s(x,y) = -\ e^{-i\pi/4}\cos\Theta/2\cdot\sqrt{2k}/\pi e^{-ixk}\int\limits_{0}^{\infty}\frac{e^{x\rho}\cdot\cos[y\sqrt{\rho(\rho-2ik)}\,]}{\sqrt{\rho}(\rho-2ik\cos^2\Theta/2)}\,d\rho$

Wegen der Asymptotik $\mathcal{O}(\rho^{-1/2})$ des Integranden für $\rho\to+0$ verhält sich $\Psi_s(x,y)$ für $x\to-\infty$ wie $\mathcal{O}(e^{-ixk}/\sqrt{|x|})$, d.h. wie eine auslaufende Zylinderwelle entsprechend dem Verhalten von $H_o^{(1)}(k|x|)$ gemäß Formel (6.1.7). Für $x\to-0$ liegt dasselbe Verhalten wie für $x\to+0$ vor, da auch hier der Integrand bzgl. ρ für $\rho\to\infty$ wie $\rho^{-3/2}$ abklingt. Man beachte, daß jetzt keine ebene reflektierte Welle auftritt wie für $x > 0$!

Die Formel (6.1.35) zeigt auch noch, daß $\Psi_s(x,y)$ für $x < 0$ beliebig oft nach x und y differenzierbar ist im Gegensatz zur Halbebene x > 0 nach Formel (6.1.32), da dort $|y|$ im Argument der Sinusfunktion erscheint. Für $|y| \to 0$ ergibt sich andererseits dort sofort das Erfülltsein der Dirichletrandbedingung (6.1.10), da dann der Integralbeitrag in (6.1.32) verschwindet.

Eine weitere Integraldarstellung für das Streufeld Ψ_s können wir unter Beachtung des Faltungssatzes (s. Abschnitt 4.3!) der Fouriertransformation herleiten, wenn wir beachten

$$F\{\tfrac{i}{2}\cdot H_0^{(1)}(k\sqrt{x^2+y^2})\}(\lambda) = \frac{i}{2\sqrt{2\pi}} \int_{-\infty}^{\infty} e^{i\lambda x}\, H_0^{(1)}(k\sqrt{x^2+y^2})\; dx$$

(6.1.36)

$$= \frac{1}{\sqrt{2\pi}}\; \frac{\exp[-|y|\sqrt{\lambda^2-k^2}]}{\sqrt{\lambda^2-k^2}}$$

für $|\mathrm{Im}\,\lambda| < k_2$.

Wir schreiben dazu das inverse Fourier-Integral in Formel (6.1.28) wie folgt

$$(6.1.37)\quad \Psi_s(x,y) = \frac{1}{\sqrt{2\pi}}\int_{-\infty}^{\infty} e^{-i\lambda x}\cdot\frac{\exp[-|y|\sqrt{\lambda^2-k^2}]}{\sqrt{\lambda^2-k^2}}\cdot(-\tfrac{1}{2})\sqrt{\frac{2k}{2\pi}}\,2\cos\theta/2\cdot\frac{\sqrt{\lambda+k}}{\lambda+k\cos\theta}d\lambda$$

und können dann diese Formel interpretieren als

$$(6.1.38)\quad \Psi_s(x,y) = \frac{1}{4i}\int_0^{\infty} H_0^{(1)}(k\sqrt{(x-\xi)^2+y^2})\cdot J(\xi)d\xi\;,$$

eine Verteilung von Einfachschwingungspolen längs der streuenden Halbebene $\mathfrak{H}$ mit der Dichte $J(\xi)$, $\xi \geq 0$, wobei

$$(6.1.39)\quad J(\xi) := 2\sqrt{\frac{k}{\pi}}\cdot\frac{\cos\theta/2}{\sqrt{2\pi}}\cdot\int_{-\infty}^{\infty}\frac{\sqrt{\lambda+k}}{\lambda+k\cos\theta}\,e^{-i\lambda\xi}d\lambda$$

im Sinne von $\lim\limits_{k_2\to+0}$ ist. Da der Integrand in $\mathrm{Im}\,\lambda > -k_2\cos\theta$ holomorph ist und für $|\mathrm{Re}\,\lambda| \to \infty$ abklingt, kann auch jede Gerade L_c mit $c > 0$ als Integrationsweg gewählt werden. Durch Deformation dieses Weges in eine Schleife $\gamma(-k)$ um den unteren Verzweigungsschnitt der Wurzel $\sqrt{\lambda+k}$ von $-k$ nach $-i\infty$ können wir $J(\xi)$ auch als Laplace-Integral darstellen, wenn wir noch das Residuum für $\lambda = -k\cos\theta$ berücksichtigen:

$$(6.1.40)\quad J(\xi) = \frac{2}{\pi}\sqrt{2k}\cdot\cos\theta/2\;e^{i(k\xi-\pi/4)}\cdot\int_0^{\infty}\frac{\sqrt{\rho}\cdot e^{-\rho\xi}d\rho}{\rho-2ik\,\sin^2\theta/2} -$$

$$- 2ki\cdot\sin\theta\cdot e^{ik\cos\theta\cdot\xi}$$

Das Integral verhält sich für $\xi \to +0$ wie $O(\xi^{-1/2})$ und für $\xi \to +\infty$ wie $O(\xi^{-3/2})$, ist mithin auch für reelle $k > 0$ über $\mathbb{R}_+$ absolut uneigentlich integrierbar.

Das vorstehend beschriebene Lösungsverfahren für das Sommerfeldsche Halbebenenproblem läßt sich unmittelbar auf allgemeinere Randdaten, die etwa von strahlenden Quellen im Endlichen herrühren, verallgemeinern (s. dazu z.B. das Buch von D.S. JONES [51], Chap. 9, §§ 8,9!). Nach demselben Prinzip ist auch das allgemeine gemischte Randwertproblem für $(\Delta+k^2)\Psi(x,y) = 0$ in der oberen Halbebene $H^+ := \mathbb{R}_+^2$ mit den Randbedingungen

$$\lim_{y \to +0} \partial\Psi/\partial y(x,y) = f(x) \qquad \text{für} \quad x < 0$$

(6.1.41) und

$$\lim_{y \to +0} \Psi(x,y) = g(x) \qquad \text{für} \quad x > 0$$

und zusätzlichen asymptotischen Bedingungen an Ψ und grad Ψ für $r = \sqrt{x^2+y^2} \to 0$ und ∞ lösbar, wenn f und g einseitig Fouriertransformierbare Funktionen sind. Siehe hierzu etwa das Buch von B. NOBLE [86], Chap. VI! Das dargelegte Wiener-Hopf-Verfahren bildet auch die Grundlage für viel allgemeinere gemischte Randwertprobleme zu elliptischen Differentialgleichungen oder sogar Systemen von Pseudodifferentialgleichungen im Halbraum $\mathbb{R}_+^n$; $n \geq 2$ (s. hierzu etwa das Buch von ÈSKIN (1981) [26]!).

6.2. Das schwingende dünne Profil in einer kompressiblen Unterschallströmung

In diesem Abschnitt wollen wir zeigen, daß die Wiener-Hopf-Methode auch von großem Nutzen bei solchen Randwertproblemen ist, die sich analytisch nicht in geschlossener Form lösen lassen, aber effektive Näherungsverfahren zulassen. Es handelt sich dabei um ein spezielles sogenanntes Dreiteilproblem für die Helmholtzsche Schwingungsgleichung, wo auf drei disjunkten Intervallen der x-Achse drei verschiedene Bedingungen für die gesuchte Lösung zu erfüllen sind.

Ein dünnes, schwach gewölbtes Profil möge mit der Unterschallgeschwindigkeit $U < a_o$ parallel zur positiven x_o-Achse angeströmt werden (s. Figur 5.11 in Kap. 5!). Das strömende Gas sei kompressibel und reibungsfrei. In der Strömung sollen nur in einer dünnen Schicht hinter

dem zeitharmonisch schwingenden Profil Wirbel auftreten, die mit der Grundströmung abschwimmen. Das Störgeschwindigkeitspotential
$\Phi_o(x_o,y_o,t) = \mathrm{Re}\ \Psi_o(x_o,y_o)e^{-i\omega t}$ genügt dann der <u>modifizierten Wellen-gleichung</u>

$$[\Delta_o - \frac{1}{a_o^2}(\frac{\partial}{\partial t} + U\frac{\partial}{\partial x_o})^2]\Phi_o = 0$$

(6.2.1)

$$\text{in}\ \ \mathbb{R}^2 \setminus \{(x_o,y_o) \in \mathbb{R}^2 : x_o \geq c_o,\ y_o = 0\}\ \ \text{für}\ \ t > 0,$$

der Randbedingung einer vorgegebenen Schwingungsform des Profils

(6.2.2)
$$\lim_{y \to \pm o}\ \partial\Phi_o/\partial y_o(x_o,y_o,t) = W_o(x_o,t)\ \ \text{auf}\ \ -c_o < x_o < +c_o\ \ \text{für}\ \ t > 0,$$

der Bedingung einer stetig sich verhaltenden Normalgeschwindigkeit und eines stetigen Drucks $p_o(x_o,y_o,t)$ über den Kielwasserbereich

$$K_o := \{(x_o,y_o) \in \mathbb{R}^2 : x_o > c_o, y_o = 0\}\ \ \text{hinweg}$$

(6.2.3a)
$$\lim_{y_o \to +o}\ \partial\Phi_o/\partial y_o(x_o,y_o,t) = \lim_{y_o \to -o}\ \partial\Phi_o/\partial y_o(x_o,y_o,t)$$

und

(6.2.3b)
$$\lim_{y_o \to +o}\ -\rho(\partial/\partial t + U\cdot\partial/\partial x_o)\Phi_o(x_o,y_o,t) =$$

$$= \lim_{y_o \to -o}\ -\rho(\partial/\partial t + U\cdot\partial/\partial x_o)\Phi_o(x_o,y_o,t)\ .$$

Hinzu kommen noch Bedingungen für $(x_o,y_o) \to (\pm c_o,0)$ sowie für $x_o^2 + y_o^2 \to \infty$. Hierzu siehe etwa das Buch von R.L. BISPLINGHOFF [6] Chap. VI, § 4! Wir lehnen uns hier eng an die Arbeit von F.-O. SPECK (1970) [109] an!

Aufgrund des zeitharmonischen Ansatzes und der sog. <u>Prandtl-Glauert-Transformation</u>

(6.2.4)
$$x_o = \sqrt{1-M^2}\cdot T\cdot x,\ y_o = T\cdot y$$

mit der <u>Machzahl</u> $M := U/a_o < 1$ und den dimensionslosen Koordinaten x,y mit einer charakteristischen Länge T ergibt sich für

(6.2.5)
$$\Psi_o(x_o,y_o) := \exp\left[\frac{-iMT\omega\cdot x}{a_o\sqrt{1-M^2}}\right]\cdot \Psi(x,y)$$

das folgende gemischte Randwertproblem:

Gesucht ist eine in $\mathbb{R}^2 \setminus \{(x,y) \in \mathbb{R}^2 : x \geq -c, y = 0\}$
zweimal stetig differenzierbare Funktion Ψ, *die den folgenden*
Bedingungen genüge

$$(6.2.6) \qquad (\Delta + k^2)\Psi(x,y) = 0 \quad \textit{mit} \quad k := \omega T / a_0 \sqrt{1-M^2}$$

$$(6.2.7) \qquad \lim_{y \to \pm 0} \partial\Psi/\partial y(x,y) = H(x) \quad \textit{für} \quad |x| < c \qquad \textit{(Profil)}$$

$$(6.2.8a) \qquad \lim_{y \to +0} \partial\Psi/\partial y(x,y) = \lim_{y \to -0} \partial\Psi/\partial y(x,y)$$

und $\qquad\qquad\qquad\qquad$ *für* $x > c$ *(Kielwasser)*

$$(6.2.8b) \qquad \lim_{y \to +0} (\partial/\partial x - ik/M)\Psi(x,y) = \lim_{y \to -0} (\partial/\partial x - ik/M)\Psi(x,y)$$

$$(6.2.9a) \qquad \mathrm{grad}\ \Psi(x,y) = \mathcal{O}([x+c]^2+y^2]^{-\beta/2}) \quad \textit{für} \quad (x,y) \to (-c,0)$$

mit einem $0 \leq \beta < 1$ $\qquad$ *(Vorderkantenbedingung)*

$$(6.2.9b) \qquad \mathrm{grad}\ \Psi(x,y) = \mathcal{O}(1) \quad \textit{für} \quad (x,y) \to (c,0)$$

(Kuttasche Abflußbedingung)

sowie

$$(6.2.10a) \qquad \Psi(x,y) \quad \textit{und} \quad \mathrm{grad}\ \Psi(x,y) = \mathcal{O}(1) \quad \textit{für} \quad r = \sqrt{x^2+y^2} \to \infty$$

und

$$(6.2.10b) \qquad (\partial/\partial r - ik)\Psi(x,y) = \sigma(r^{-1/2}) \quad \textit{für} \quad r \to \infty$$

(Sommerfeldsche Ausstrahlungsbedingung)

Dieses <u>gemischte Dreiteilproblem</u> soll mittels der Fouriertransformation
bzgl. x und anschließender Wiener-Hopf-Technik gelöst werden. Die Umrechnung der Differentialgleichung (6.2.1) für $\Psi_0(x_0,y_0,t)$ und der zugehörigen Randbedingungen auf das <u>reduzierte Geschwindigkeitspotential</u> Ψ
ist elementar und soll hier übergangen werden. Lediglich auf die Konti-
nuitätsbedingung (6.2.8b) soll eingegangen werden. Sie folgt aus der
Bernoulli-Gleichung und der Bedingung, daß sich der Druck
$p(x_0,y_0,t) = p_0 + p_0 \ \mathrm{Re}\ p^*(x,y)e^{-i\omega t}$ stetig über das Kielwasserband der
freien abschwimmenden Wirbel hinweg verhalte. Es lautet die volle Bernoulli-Gleichung

$$(6.2.11) \qquad \partial\Psi_0/\partial t + \frac{1}{2}(U \cdot \underset{\sim}{e}_x + \mathrm{grad}\ \Psi_0)^2 + \int_{P_0}^{P} \frac{dp}{\rho(p)} = C(t)$$

für ein adiabatisches Gas mit der Druckdichtebeziehung $\rho = \rho(p)$ bzw. $dp/d\rho = a^2(\rho)$, a die <u>lokale Schallgeschwindigkeit.</u> Zur stationären Unterschallströmung mit Geschwindigkeit $U < a_o$ gehöre der überall konstante Druck p_o. Da wir $\partial\Psi_o/\partial t$ und $|\mathrm{grad}\ \Psi_o|$ klein gegen U und für $r \to \infty$ abklingend annehmen dürfen, folgt durch Linearisierung von (6.2.11)

$$(6.2.12) \qquad \partial\Psi_o/\partial t + U\cdot\partial\Psi_o/\partial x_o + (p-p_o)/\rho_o = O,$$

woraus für die komplexe Stördruckamplitude p^* folgt:

$$(6.2.13a) \qquad p^*(x,y) = - \frac{1}{\rho_o}\,(-i\omega + U\partial/\partial x_o)\Psi_o(x_o,y_o),$$

bzw. nach Umrechnung auf die (x,y)-Koordinaten,

$$(6.2.13b) \qquad p^*(x,y) = - \frac{U}{\rho_o T\sqrt{1-M^2}}\,\exp(-ikMx)\cdot(\partial/\partial x - ik/M)\Psi(x,y).$$

Wir nehmen nun zunächst wie beim Sommerfeldschen Halbebenenproblem an, daß das Gas schwach dämpfend auf die Schwingungen reagiere, d.h. daß $k = k_1 + ik_2$ mit $k_1,k_2 > O$ sei. Formale Anwendung der Fouriertransformation ergibt für

$$(6.2.14) \qquad \hat{\Psi}(\lambda,y) := (F\Psi)(\lambda) := \frac{1}{\sqrt{2\pi}}\int_{-\infty}^{\infty} e^{i\lambda x}\Psi(x,y)\,dx$$

in $y \gtrless O$ die Bild-Differentialgleichung

$$(6.2.15) \qquad \left[\frac{d^2}{dy^2} - (\lambda^2-k^2)\right]\hat{\Psi}(\lambda,y) = O$$

mit der für $|y| \to \infty$ beschränkt bleibenden Lösung

$$(6.2.16) \qquad \hat{\Psi}(\lambda,y) = A^{\pm}(\lambda)\cdot\exp\left[-|y|\sqrt{\lambda^2-k^2}\right]$$

mit der Definition der Quadratwurzel gemäß (6.1.17) f.f. Zur Bestimmung von $A^{\pm}(\lambda)$ nutzen wir die Rand- bzw. Kopplungsbedingungen (6.2.7) bzw. (6.2.8a,b) aus, die wir ergänzen durch die Bedingung, daß Ψ einschließlich aller Ableitungen sich stetig über $y = O$, $x < -c$ hinweg verhalte.

Die folgenden Bildfunktionen treten auf:

$$(6.2.17a) \qquad \hat{f}_-(\lambda) := \frac{1}{\sqrt{2\pi}}\int_{-\infty}^{-c} e^{i\lambda x}\cdot\Psi(x,O)\,dx, \quad \text{holomorph für}\ \mathrm{Im}\ \lambda < k_2$$

(6.2.17b) $\quad \hat{\Psi}_1(\lambda, \pm 0) := \dfrac{1}{\sqrt{2\pi}} \displaystyle\int_{-c}^{c} e^{i\lambda x} \cdot \psi(x, \pm 0)\, dx$, ganze Funktion in λ,

(6.2.17c) $\quad \hat{\Psi}_+(\lambda, \pm 0) := \dfrac{1}{\sqrt{2\pi}} \displaystyle\int_{c}^{\infty} e^{i\lambda x} \cdot \psi(x, \pm 0)\, dx$, holomorph für $\operatorname{Im} \lambda > -k_2$

(6.2.18a) $\quad \hat{V}_-(\lambda) := \dfrac{1}{\sqrt{2\pi}} \displaystyle\int_{-\infty}^{-c} e^{i\lambda x} \cdot \partial\psi/\partial y\,(x,0)\, dx$, holomorph für $\operatorname{Im} \lambda < k_2$,

(6.2.18b) $\quad \hat{H}_1(\lambda) := \dfrac{1}{\sqrt{2\pi}} \displaystyle\int_{-c}^{c} e^{i\lambda x}\, H(x)\, dx$, ganze Funktion in λ,

(6.2.18c) $\quad \hat{G}_+(\lambda) := \dfrac{1}{\sqrt{2\pi}} \displaystyle\int_{c}^{\infty} e^{i\lambda x} \cdot \partial\psi/\partial y\,(x,0)\, dx$, holomorph in $\operatorname{Im} \lambda > -k_2$.

Aus (6.2.16) erhalten wir durch Grenzübergang $y \to \pm 0$ direkt bzw. nach vorheriger Differentiation nach y:

(6.2.19) $\quad \hat{\Psi}(\lambda, \pm 0) = A^{\pm}(\lambda) = \hat{E}_-(\lambda) + \hat{\Psi}_1(\lambda, \pm 0) + \hat{\Psi}_+(\lambda, \pm 0)$

und

(6.2.20) $\quad \partial\hat{\Psi}/\partial y\,(\lambda, \pm 0) = \mp \sqrt{\lambda^2 - k^2} \cdot A^{\pm}(\lambda) = \hat{V}_-(\lambda) + \hat{H}_1(\lambda) + \hat{G}_+(\lambda)$

Durch Elimination von $A^{\pm}(\lambda)$ erhalten wir die sog. <u>Dreiteil-Wiener-Hopf-Funktionalgleichungen</u>:

(6.2.21) $\quad \mp \sqrt{\lambda^2 - k^2} \cdot \{\hat{E}_-(\lambda) + \hat{\Psi}_1(\lambda, \pm 0) + \hat{\Psi}_+(\lambda, \pm 0)\} = \hat{V}_-(\lambda) + \hat{H}_1(\lambda) + \hat{G}_+(\lambda)$.

Beachten wir, daß aus der Transmissionsbedingung (6.2.8b)

(6.2.22) $\quad \psi(x, +0) - \psi(x, -0) = D \cdot \exp(ikx/M) \quad$ für $\quad x > c$

folgt, so erhalten wir mit

(6.2.23) $\quad \hat{\Gamma}_1(\lambda) := \hat{\Psi}_1(\lambda, +0) - \hat{\Psi}_1(\lambda, -0)$,

der Fouriertransformierten des <u>Potentialsprungs</u> Γ <u>längs des Profils</u>; durch Addition der beiden Gleichungen in (6.2.21) die <u>Dreiteil-Wiener-Hopf-Funktional-Gleichung</u> für die drei gesuchten Bildfunktionen $\hat{V}_-(\lambda)$, $\hat{\Gamma}_1(\lambda)$ und $\hat{G}_+(\lambda)$:

(6.2.24)
$$-\tfrac{1}{2}\sqrt{\lambda^2 - k^2}\left\{\hat{\Gamma}_1(\lambda) + iD \cdot \exp\left[ic(\lambda + k/M)\right] \cdot \left[\sqrt{2\pi}\,(\lambda + k/M)\right]^{-1}\right\} =$$
$$= \hat{V}_-(\lambda) + \hat{H}_1(\lambda) + \hat{G}_+(\lambda) \qquad \text{in} \quad |\operatorname{Im} \lambda| < k_2$$

Es sind also die fehlenden Daten $\hat{V}_-$ und $\hat{G}_+$ zur Lösung des Neumann-Problems bzw. $\hat{\Gamma}_1$ zur Lösung des Sprungwertproblems zu bestimmen.

Wir wenden nun zweimal das Wiener-Hopf-Verfahren der multiplikativen und additiven Aufspaltung an. Zu diesem Zweck beachten wir, daß die für alle λ holomorphen Fouriertransformierten $\hat{\Gamma}_1(\lambda)$ und $\hat{H}_1(\lambda)$ auch folgendermaßen dargestellt werden können

$$(6.2.25\,a) \qquad \hat{H}_1(\lambda) = \frac{1}{\sqrt{2\pi}} \int_{-c}^{c} e^{i\lambda x} H(x)\,dx = \frac{e^{-i\lambda c}}{\sqrt{2\pi}} \int_{0}^{2c} e^{i\lambda\xi} H(-c+\xi)\,d\xi$$

oder

$$(6.2.25\,b) \qquad = \frac{e^{i\lambda c}}{\sqrt{2\pi}} \int_{-2c}^{0} e^{i\lambda\xi} H(c+\xi)\,d\xi$$

Daraus folgt, daß $e^{i\lambda c}\hat{H}_1(\lambda)$ und $e^{i\lambda c}\hat{\Gamma}_1(\lambda)$ in $\operatorname{Im}\lambda > \alpha$ für jedes $\alpha \in \mathbb{R}$ holomorph sind und für $\lambda \to \infty$ in diesen Halbebenen gegen Null streben (Riemann-Lebesgue-Lemma!). Entsprechendes gilt für $e^{-i\lambda c}\hat{H}_1(\lambda)$ und $e^{-i\lambda c}\hat{\Gamma}_1(\lambda)$ in jeder Halbebene $\operatorname{Im}\lambda < -\alpha$.
Durch eine analoge Substitution der Integrationsvariablen x im Fourierintegral erkennt man ferner, daß $e^{i\lambda c}\cdot\hat{V}_-(\lambda)$ in $\operatorname{Im}\lambda < k_2$ und $e^{-i\lambda c}\cdot\hat{G}_+(\lambda)$ in $\operatorname{Im}\lambda > -k_2$ holomorph sind und dort jeweils für $\lambda \to \infty$ gegen Null streben.

Im ersten Schritt zur Lösung von (6.2.24) multiplizieren wir mit $-2e^{+ic\lambda}/\sqrt{\lambda-k}$ und erhalten

$$\sqrt{\lambda+k}\,\left\{ e^{ic\lambda}\cdot\hat{\Gamma}_1(\lambda) + iD\cdot\exp\left[ic(2\lambda+k/M)\right]\cdot\left[\sqrt{2\pi}(\lambda+k/M)\right]^{-1} \right\} =$$

$$(6.2.26)$$

$$= -\frac{2}{\sqrt{\lambda-k}}\, e^{ic\lambda}\cdot\hat{V}_-(\lambda) - \frac{2}{\sqrt{\lambda-k}}\left\{ e^{ic\lambda}\cdot\hat{H}_1(\lambda) + e^{ic\lambda}\cdot\hat{G}_+(\lambda) \right\}$$

Die auf der linken Gleichungsseite stehende Funktion ist in $\operatorname{Im}\lambda > -k_2$ (wegen $M < 1$) holomorph, während der erste Summand auf der rechten Seite in $\operatorname{Im}\lambda < k_2$ holomorph ist. Die übrigen Terme stellen i.a. nur im Streifen $|\operatorname{Im}\lambda| < k_2$ holomorphe Funktionen dar und werden daher additiv mittels der Cauchyschen Integralformel (s. Fig. 64!) zerlegt in

$$(6.2.27) \qquad \frac{e^{ic\lambda}}{\sqrt{\lambda-k}}\left[\hat{H}_1(\lambda) + \hat{G}_+(\lambda)\right] = \tilde{H}_+(\lambda) - \tilde{H}_-(\lambda) + \tilde{G}_+(\lambda) - \tilde{G}_-(\lambda)$$

mit

$$(6.2.28) \qquad \tilde{H}_\pm(\lambda) := \frac{1}{2\pi i} \int_{L_{\mp}\alpha} \frac{e^{ic\zeta}\cdot\hat{H}_1(\zeta)\,d\zeta}{\sqrt{\zeta-k}\,(\zeta-\lambda)} \quad \text{für } \operatorname{Im}\lambda \lessgtr \mp\alpha$$

und

$$(6.2.29) \qquad \tilde{G}_{\pm}(\lambda) \; := \; \frac{1}{2\pi i} \int_{L_{\mp}\alpha} \frac{e^{ic\zeta}\cdot\hat{G}_{+}(\zeta)d\zeta}{\sqrt{\zeta-k}\;(\zeta-\lambda)} \qquad \text{für} \quad \text{Im } \lambda \gtrless \mp \alpha$$

mit einem fest gewählten $0 < \alpha < k_2$.

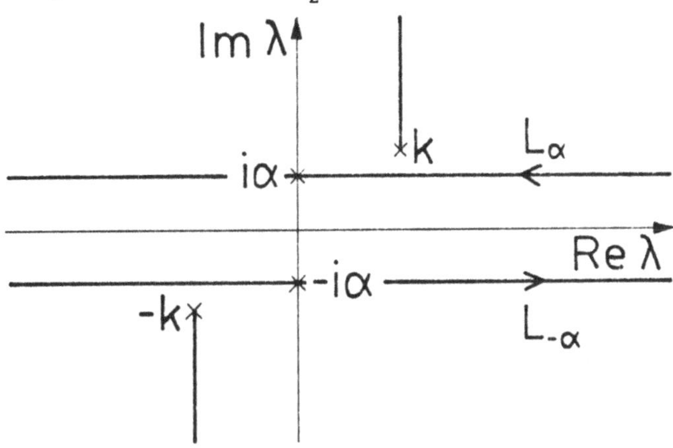

Figur 6.4: Integrationswege für die additive Zerlegung

Aufgrund des asymptotischen Verhaltens der Integranden für $|\text{Re }\zeta| \to \infty$ wie $\mathcal{O}(|\zeta|^{-3/2})$ konvergieren die Integrale und stellen in den angegebenen Halbebenen holomorphe, im Unendlichen gegen Null strebende Funktionen dar. Nach der Aufspaltung gemäß (6.2.27) werde GL (6.2.26) umgeordnet zu

$$\sqrt{\lambda+k}\;\{e^{ic\lambda}\cdot\hat{\Gamma}_1(\lambda)+iD\cdot\exp[ic(2\lambda+k/M)][\sqrt{2\pi}(\lambda+k/M)]^{-1}\}$$

$$(6.2.30)$$

$$+ 2\cdot\tilde{H}_{+}(\lambda) + 2\tilde{G}_{+}(\lambda) = -\frac{2e^{ic\lambda}}{\sqrt{\lambda-k}}\,\hat{V}_{-}(\lambda) + 2\tilde{H}_{-}(\lambda) + 2\cdot\tilde{G}_{-}(\lambda) \; .$$

Nun steht auf der linken Gleichungsseite eine für $\text{Im }\lambda > -\alpha > -k_2$ holomorphe und auf der rechten Seite eine für $\text{Im }\lambda < \alpha < k_2$ holomorphe Funktion, welche sich für $\lambda \to \infty$ wie $\mathcal{O}(|\lambda|^{1/2})$ bzw. wie $\mathcal{O}(1)$ verhalten. Also beinhaltet (6.2.30) zwei verschiedene Darstellungen ein und derselben ganzen Funktion, die auf Grund des Satzes von Liouville identisch Null sein muß. Daraus folgt die erste Aufspaltung von GL (6.2.24) in die beiden Gleichungen

$$\hat{\Gamma}_1(\lambda) + iD\cdot\exp[ic(\lambda+k/M)][\sqrt{2\pi}(\lambda+k/M)]^{-1} =$$

$$(6.2.31a)$$

$$= -2\,\frac{e^{-ic\lambda}}{\sqrt{\lambda+k}}[\tilde{H}_{+}(\lambda) + \tilde{G}_{+}(\lambda)] \qquad \text{für} \quad \text{Im } \lambda > -k_2$$

und

$$(6.2.31\text{b}) \qquad \hat{V}_-(\lambda) = e^{-ic\lambda} \sqrt{\lambda-k} \, [\tilde{H}_-(\lambda) + \tilde{G}_-(\lambda)] \qquad \text{für} \quad \text{Im } \lambda < k_2$$

in der letzten Gleichung ist $\hat{G}_+$ über $\tilde{G}_-$ mit $\hat{V}_-$ gekoppelt. Bei bekanntem $\hat{G}_+$ und D ist dann auch $\hat{\Gamma}_1$ bekannt.

Im zweiten Schritt multiplizieren wir GL (6.2.24) mit $-2e^{-ic\lambda}/\sqrt{\lambda+k}$ und erhalten jetzt

$$
\sqrt{\lambda-k} \cdot e^{-ic\lambda} \cdot \hat{\Gamma}_1(\lambda) = - \frac{2}{\sqrt{\lambda+k}} \, e^{-ic\lambda} \hat{G}_+(\lambda) -
$$

$$(6.2.32)$$

$$
- \frac{2}{\sqrt{\lambda+k}} \, [e^{-ic\lambda} \cdot \hat{V}_-(\lambda) + e^{-ic\lambda} \cdot \hat{H}_1(\lambda)]
$$

$$
- iDe^{ick/M} \, [\sqrt{2\pi}(\lambda+k/M)]^{-1} \cdot \sqrt{\lambda-k}
$$

Hier ist die Funktion auf der linken Gleichungsseite in $\text{Im } \lambda < k_2$ und die erste Funktion auf der rechten Seite in $\text{Im } \lambda > -k_2$ holomorph, während die übrigen Terme i.a. nur im Streifen $|\text{Im } \lambda| < k_2$ holomorph sind, so daß sie additiv aufgespalten werden müssen gemäß Figur 6.4 mit

$$(6.2.33) \qquad \frac{e^{-ic\lambda}}{\sqrt{\lambda+k}} \, [\hat{V}_-(\lambda) + \hat{H}_1(\lambda)] = \tilde{V}_+(\lambda) - \tilde{V}_-(\lambda) + \tilde{J}_+(\lambda) - \tilde{J}_-(\lambda)$$

und zusätzlich

$$(6.2.34) \qquad [\sqrt{2\pi}(\lambda+k/M)]^{-1} \cdot \sqrt{\lambda-k} = \frac{\sqrt{\lambda-k} - \sqrt{-k/M-k}}{\sqrt{2\pi}(\lambda+k/M)} + \frac{\sqrt{-k/M-k}}{\sqrt{2\pi}(\lambda+k/M)}$$

Nach Einsetzen in (6.2.32) und Umordnen ergibt sich zunächst im Streifen $|\text{Im } \lambda| < k_2$:

$$
\sqrt{\lambda-k} \cdot e^{ic\lambda} \cdot \hat{\Gamma}_1(\lambda) + iDe^{ick/M} \cdot \frac{\sqrt{\lambda-k} - \sqrt{-k/M-k}}{\sqrt{2\pi}(\lambda+k/M)} - 2\tilde{V}_-(\lambda) - 2\tilde{J}_-(\lambda) =
$$

$$(6.2.35)$$

$$
= - \frac{2e^{-ic\lambda}}{\sqrt{\lambda+k}} \, \hat{G}_+(\lambda) - 2\tilde{V}_+(\lambda) - 2\tilde{J}_+(\lambda) - iDe^{ick/M} \frac{\sqrt{-k/M-k}}{\sqrt{2\pi}(\lambda+k/M)}
$$

Die beiden Gleichungsseiten stellen wiederum verschiedene Formen ein und derselben ganzen Funktion dar, die für $\lambda \to \infty$ gegen Null strebt, also identisch Null ist. Daraus resultieren die zwei Gleichungen:

$$
\hat{\Gamma}_1(\lambda) + iD \cdot \exp[ic(\lambda+k/M)] \cdot [\sqrt{2\pi}(\lambda+k/M)]^{-1} \cdot [\sqrt{\lambda-k} - \sqrt{-k/M-k}] =
$$

$$(6.2.36\text{a})$$

$$
= \frac{2e^{ic\lambda}}{\sqrt{\lambda-k}} \, [\tilde{V}_-(\lambda) + 2\tilde{J}_-(\lambda)] \qquad \text{für} \quad \text{Im } \lambda < k_2
$$

und

$$\hat{G}_+(\lambda) = -\sqrt{\lambda+k}\cdot e^{ic\lambda}\cdot[\tilde{V}_+(\lambda) + \tilde{J}_+(\lambda)]$$

(6.2.36b)
$$\qquad\qquad\qquad\qquad\qquad\qquad\text{für}\quad \operatorname{Im}\lambda > -k_2$$

$$- \frac{iD}{2}\cdot\sqrt{\lambda+k}\cdot\exp[ic(\lambda+k/M)]\cdot\sqrt{-k/M-k}\,[\sqrt{2\pi}(\lambda + k/M)]^{-1}$$

Die letzte Funktionalgleichung stellt die <u>zweite Kopplungsgleichung</u>
zwischen den gesuchten Bildfunktionen $\tilde{V}_-(\lambda)$, holomorph in $\operatorname{Im}\lambda < k_2$, und
$\hat{G}_+(\lambda)$, holomorph in $\operatorname{Im}\lambda > -k_2$, dar. Man kann leicht zeigen, daß die
Gleichung (6.2.36a) gegenüber (6.2.31a) keine neuen Informationen lie-
fert. Die Gln (6.2.31b) und (6.2.36b) stellen ein <u>alternierendes Inte-</u>
<u>gralgleichungssystem</u> dar. In (6.2.31b) gehen dabei die Werte von $\hat{G}_+$
auf $\lambda = \zeta = \alpha i + \rho$, $\rho \in \mathbb{R}$ mit festem $0 < \alpha < k_2$, ein, während in
(6.2.36b) die von $\hat{V}_-$ auf $\lambda = \zeta = -\alpha i + \rho$ auftreten.

Dieses Integralgleichungssystem soll noch umgeformt werden, um etwas
über seine Lösbarkeit aussagen zu können. Zunächst soll aber die noch
freie Konstante D, die mit der Intensität der freien abschwimmenden
Wirbel wegen (6.2.22) zusammenhängt, über die Kuttasche Abflußbedingung
(6.2.9b) festgelegt werden. Aus grad $\psi = \mathcal{O}(1)$ für $(x,y) \to (c,0)$ kann

$$\hat{G}_+(\lambda) = \frac{1}{\sqrt{2\pi}}\int_c^\infty e^{i\lambda x}\cdot\partial\psi/\partial y(x,0)\cdot dx = \mathcal{O}(|\lambda|^{-1})\quad\text{für}\quad \lambda\to+\infty\quad\text{gefolgert wer-}$$

den, wenn z.B. $\lim\limits_{x\to c+o} \partial\psi/\partial y(x,0)$ existiert (s. z. B. G. DOETSCH [20]).
Damit diese Asymptotik aber für $\hat{G}_+(\lambda)$ in (6.2.36b) zutrifft, muß sein

$$(6.2.37)\quad \frac{iD}{2} e^{ick/M}\cdot\sqrt{-k/M-k}\cdot[\sqrt{2\pi}(\lambda + k/M)]^{-1} + \tilde{V}_+(\lambda) + \tilde{J}_+(\lambda) = \mathcal{O}(|\lambda|^{-3/2}).$$

Wegen

$$(6.2.38)\quad (\zeta-\lambda)^{-1} = -(\lambda+k/M)^{-1} + (\zeta+k/M)\,[(\zeta-\lambda)(\lambda+k/M)]^{-1}$$

wird

$$(6.2.39)\quad \frac{iD}{2} e^{ick/M}\sqrt{-k/M-k}/\sqrt{2\pi} = \frac{1}{2\pi i}\int_{L_{-\alpha}} \frac{e^{ic\zeta}}{\sqrt{\zeta+k}}\,[\hat{V}_-(\zeta) + \hat{H}_1(\zeta)]d\zeta$$

und damit

$$(6.2.40)\quad \hat{G}_+(\lambda) = -\sqrt{\lambda+k}\cdot e^{ic\lambda}\frac{1}{2\pi i}\int_{L_{-\alpha}} \frac{e^{-i\zeta c}\cdot(\zeta+k/M)[\hat{V}_-(\zeta)+\hat{H}_1(\zeta)]}{\sqrt{\zeta+k}\cdot(\lambda + k/M)(\zeta - \lambda)}\,d\zeta$$

Substituieren wir nun

$$(6.2.41a)\quad \hat{\chi}_+(\lambda) := e^{-ic\lambda}\cdot\hat{G}_+(\lambda)/\sqrt{\lambda+k},\text{ holomorph in }\operatorname{Im}\lambda > -k_2,$$

und

(6.2.41b) $\quad \hat{\chi}_-(\lambda) := e^{ic\lambda} \cdot \hat{V}_-(\lambda)/\sqrt{\lambda-k}$, holomorph in $\quad \operatorname{Im} \lambda < k_2$,

die sich asymptotisch für $\quad \lambda \to \infty \quad$ mindestens wie $\quad \mathcal{O}(|\lambda|^{-1/2})$ verhalten, so erhalten wir aus (6.2.31b) und (6.2.40) das IGL-System

$$\hat{\chi}_+(\lambda) + \frac{1}{2\pi i} \int_{L_{-\alpha}} e^{-2i\zeta c} \cdot \sqrt{\frac{\zeta-k}{\zeta+k}} \cdot \frac{\zeta+k/M}{\lambda+k/M} \frac{\hat{\chi}_-(\zeta)}{\zeta-\lambda} \, d\zeta =$$

(6.2.42a)

$$= -\frac{1}{2\pi i} \int_{L_{-\alpha}} \frac{e^{-i\zeta c} \cdot (\zeta+k/M)}{\sqrt{\zeta+k} \cdot (\lambda+k/M)} \frac{\hat{H}_1(\zeta)}{\zeta-\lambda} \, d\zeta$$

$$\text{für} \quad \operatorname{Im} \lambda > -\alpha > -k_2$$

und

$$(6.2.42b) \quad \hat{\chi}_-(\lambda) - \frac{1}{2\pi i} \int_{L_\alpha} e^{2i\zeta c} \cdot \sqrt{\frac{\zeta+k}{\zeta-k}} \frac{\hat{\chi}_+(\zeta)}{\zeta-\lambda} \, d\zeta = \frac{1}{2\pi i} \int_{L_\alpha} \frac{e^{i\zeta c}}{\sqrt{\zeta-k}} \frac{\hat{H}_1(\zeta)}{\zeta-\lambda} \, d\zeta$$

$$\text{für} \quad \operatorname{Im} \lambda < \alpha < k_2 \ .$$

Die Integrationsgeraden $L_{\mp\alpha}$ können nun in Schleifen um die Verzweigungsschnitte von $-k$ nach $-i\infty$ bzw. von k nach $+i\infty$ deformiert werden, da die Integranden mit Ausnahme der Quadratwurzeln dort holomorph sind und für $\zeta \to \infty$ dort gegen Null streben, so daß die Beiträge über die <u>Viertelkreise</u> (s. Fig. 6.5!) mit wachsendem Radius R gegen Null streben (s. hierzu auch das Lemma von Jordan in Abschnitt 1.2!).

Mit der Festlegung und Substitution der Quadratwurzeln gemäß Formeln (6.1.17 ff.) erhalten wir nach der Deformation

$$\hat{\chi}_+(\lambda) - \frac{e^{2ick}}{\pi i} \int_{\rho=0}^{\infty} e^{-2c\rho} \cdot \sqrt{\frac{\rho-2ik}{\rho}} \cdot \frac{\rho+ik(1-M)/M}{\lambda+k/M} \cdot \frac{\hat{\chi}_-(-k-i\rho)}{\rho-ik-i\lambda} \, d\rho$$

(6.2.43a)

$$= \frac{e^{i\pi/4} \cdot e^{ick}}{\pi i} \int_{\rho=0}^{\infty} \frac{e^{-c\rho}}{\sqrt{\rho}} \cdot \frac{\rho+ik(1-M)/M}{\lambda+k/M} \cdot \frac{\hat{H}_1(-k-i\rho)}{\rho-ik-i\lambda} \, d\rho \quad \text{für} \quad \operatorname{Im} \lambda > -k_2$$

und

$$\hat{\chi}_-(\lambda) - \frac{e^{2ick}}{\pi i} \int_{\rho=0}^{\infty} e^{-2c\rho} \sqrt{\frac{\rho-2ik}{\rho}} \cdot \frac{\hat{\chi}_+(i\rho+k)}{\rho-ik+i\lambda} \, d\rho$$

(6.2.43b)

$$= \frac{e^{i\pi/4} e^{ick}}{\pi i} \int_{\rho=0}^{\infty} \frac{e^{-c\rho}}{\sqrt{\rho}} \cdot \frac{\hat{H}_1(i\rho+k)}{\rho-ik+i} \, d\rho \quad \text{für} \quad \operatorname{Im} \lambda < k_2 \ .$$

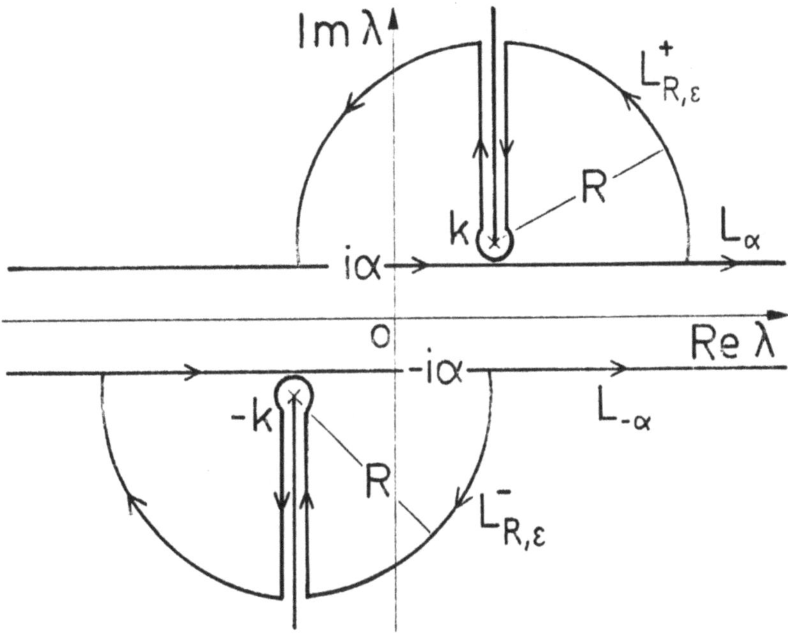

Figur 6.5: Zur Deformation der Integrationswege im IGL-System (6.2.42a,b)

Setzt man schließlich in der ersten Gleichung $\lambda = +k+i\sigma$, und in der zweiten $\lambda = -k-i\sigma$, $\sigma \geq 0$, so resultiert ein IGL-System für die Randwerte von $\hat{\chi}_-$ und $\hat{\chi}_+$ auf den Verzweigungsschnitten von $\sqrt{\lambda-k}$ bzw. $\sqrt{\lambda+k}$, d.h. für $\sigma \geq 0$:

$$\hat{\chi}_+(i\sigma+k) - \frac{e^{2ick}}{\pi i} \int_{\rho=0}^{\infty} e^{-2c\rho} \sqrt{\frac{\rho-2ik}{\rho}} \cdot \frac{\rho+ik(1-M)/M}{\sigma-ik(1+M)/M} \cdot \frac{\hat{\chi}_-(-i\rho-k)}{\rho+\sigma-2ik} \, d\rho$$

(6.2.44a)

$$= \frac{e^{i\pi/4}e^{ick}}{\pi i} \int_{\rho=0}^{\infty} \frac{e^{-c\rho}}{\sqrt{\rho}} \frac{\rho+ik(1-M)/M}{\sigma-ik(1+M)/M} \cdot \frac{\hat{H}_1(-i\rho-k)}{\rho+\sigma-2ik} \, d\rho$$

und

$$\hat{\chi}_-(-i\sigma-k) - \frac{e^{2ick}}{\pi i} \int_{\rho=0}^{\infty} e^{-2c\rho} \sqrt{\frac{\rho-2ik}{\rho}} \cdot \frac{\hat{\chi}_+(i\rho+k)}{\rho+\sigma-2ik} \, d\rho =$$

(6.2.44b)

$$= \frac{e^{-i\pi/4}e^{ick}}{\pi i} \int_{\rho=0}^{\infty} \frac{e^{-c\rho}}{\sqrt{\rho}} \cdot \frac{\hat{H}_1(i\rho+k)}{\rho+\sigma-2ik} \, d\rho$$

Die Funktionen $\hat{\chi}_+(\lambda)$ bzw. $\hat{\chi}_-(\lambda)$ sind zumindest für $\text{Im } \lambda > 0$ bzw. < 0 holomorph und klingen auf Grund von (6.2.41a,b) für $\lambda \to \infty$ mindestens wie $|\lambda|^{-1/2}$ ab, so daß die im Integralgleichungssystem gesuchten Funktionen $\hat{\chi}_+(k+i\rho)$ bzw. $\hat{\chi}_-(-k-i\rho)$ für $0 \leq \rho \leq \infty$ stetige und beschränkte Funktionen sind. Für $c \to +\infty$ streben die Integrale gegen Null, da sie den Charakter von einseitigen Laplace-Integralen haben (s. Abschnitt 4.3!). Es ist daher zu erwarten, daß für hinreichend große Profilsehnenlängen c das IGL-system (6.2.44 a,b) durch sukzessive Approximationen, d.h. iterativ gelöst werden kann.

Zu genaueren Untersuchungen, wobei wir uns hier eng an die Darstellung von F.-O. SPECK (loc.cit.) anlehnen, schreiben wir das Integralgleichungssystem symbolisch in der Form einer <u>Fixpunktgleichung</u> im Banachraum $\mathbf{X}$ der Paare $\vec{n}(\rho) := (n_1(\rho), n_2(\rho))$ von auf $\overline{\mathbb{R}}_+$ stetigen und für $\rho \to +\infty$ gegen Null strebenden Funktionen mit der Norm

$$(6.2.45) \qquad \| \vec{n}(\rho) \| := \max \left\{ \sup_{0 \leq \rho \leq \infty} |n_1(\rho)| , \sup_{0 \leq \rho \leq \infty} |n_2(\rho)| \right\}$$

Mit dem linearen Operator $\underline{\underline{T}} : \mathbf{X} \to \mathbf{X}$ und den bekannten rechten Seiten $\vec{r}(\rho) := (r_1(\rho), r_2(\rho))$ von (6.2.44 a,b) erhalten wir die Fixpunktgleichung

$$(6.2.46a) \qquad \vec{n} = \underline{\underline{T}}\vec{n} + \vec{r}$$

mit

$$(6.2.46b) \qquad \underline{\underline{T}} := \begin{pmatrix} O & T_1 \\ T_2 & O \end{pmatrix} .$$

Die Operatornorm $\| \underline{\underline{T}} \|_{\mathbf{X}} := \max\{ \| T_1 \|_{\mathbf{X}} , \| T_2 \|_{\mathbf{X}} \}$ mit

$$\| T_j \|_{\mathbf{X}} := \sup_{0 \leq \rho \leq \infty} \{ | (T_j n_j)(\rho) | : \sup_{0 \leq \rho \leq \infty} |n_j(\rho)| = 1 \}$$

kann folgendermaßen abgeschätzt werden:

$$\| T_1 \|_{\mathbf{X}} \leq \frac{e^{-2k_2 c}}{\pi} \cdot \int_{\rho=0}^{\infty} e^{-2\rho c} \cdot \left| \frac{\rho - 2ik}{\rho} \right|^{1/2} \cdot \left| \frac{\rho + ik(1-M)/M}{(\rho+\sigma-2ik)(\sigma-ik(1+M)/M)} \right| d\rho$$

$$(6.2.47a) \qquad \leq \frac{e^{-2k_2 c}}{\pi} \int_{\rho=0}^{\infty} e^{-2\rho c} \cdot \left| \frac{\rho - 2ik}{\rho} \right|^{1/2} \cdot \left| \frac{1}{\sigma-ik(1+M)/M} - \frac{1}{\rho+\sigma-2ik} \right| d\rho$$

$$\leq \frac{e^{-2k_2 c}}{\pi} \cdot \frac{M}{|k|(1+M)} \cdot \int_{\rho=0}^{\infty} e^{-2\rho c} \cdot \left(1 + \sqrt{\frac{2|k|}{\rho}}\right) d\rho + \frac{e^{-2k_2 c}}{\pi \sqrt{2|k|}} \int_{\rho=0}^{\infty} e^{-2\rho c} \cdot \frac{d\rho}{\sqrt{\rho}}$$

Mit der Substitution $2\rho c = u^2$, $d\rho/\sqrt{\rho} = \sqrt{\frac{2}{c}}\,du$ und $\int\limits_{0}^{\infty} e^{-u^2}\,du = \sqrt{\pi}/2$ erhalten wir

$$\| T_1 \|_{\mathcal{L}} \leq \frac{e^{-2k_2 c}}{\pi}\left[\frac{1}{2c}\,\frac{M}{|k|(1+M)} + \frac{(1+3M)}{2(1+M)}\sqrt{\frac{\pi}{|k|c}}\right]$$

$$(6.2.47\text{b}) \qquad \leq \frac{1}{2\pi(1+M)\sqrt{c|k|}}\left[\frac{M}{\sqrt{c|k|}} + (1+3M)\sqrt{\pi}\right]$$

$$< \frac{1}{2\pi\sqrt{c|k|}}\left(\frac{1}{\sqrt{c|k|}} + 2\sqrt{\pi}\right) =: q_1 \ .$$

Analog erhalten wir

$$\| T_2 \|_{\mathcal{L}} \leq \frac{e^{-2k_2 c}}{\pi}\cdot\int\limits_{\rho=0}^{\infty} e^{-2\rho c}\cdot\left|\frac{\rho-2ik}{\rho}\right|^{1/2}\cdot\frac{d\rho}{|\rho+\sigma-2ik|}$$

$$(6.2.48) \qquad \leq \frac{e^{-2k_2 c}}{\pi}\int\limits_{\rho=0}^{\infty} e^{-2\rho c}\cdot\frac{d\rho}{\sqrt{\rho}\cdot\sqrt{2|k|}}$$

$$= \frac{1}{2}\,e^{-2k_2 c}\cdot\sqrt{\pi/c|k|} \leq \frac{1}{2}\sqrt{\pi/c|k|} =: q_2 < q_1 \ .$$

Für $q_1 < 1$, d.h. $c|k| > (2+\sqrt{3})/2\pi$, also sicher für $c|k| > 2/\pi$, konvergiert dann das Iterationsverfahren zur Lösung von (6.2.44a,b) aufgrund des Banachschen Fixpunktsatzes.

Zum Schluß wollen wir noch die Fouriertransformierte $\hat{\Psi}$ des reduzierten Störgeschwindigkeitspotentials Ψ durch die bekannten Bildfunktionen und die Funktionen $\hat{\chi}_+$ und $\hat{\chi}_-$ darstellen, wobei die letzteren Funktionen über die Formeln (6.2.43 a,b) aus den beiden Lösungsfunktionen $\hat{\chi}_+(k+i\rho)$ und $\hat{\chi}_-(-k-i\rho)$, $0 \leq \rho \leq \infty$, des Integralgleichungssystems zu gewinnen sind.

$$\hat{\Psi}_+(\lambda,y) = A^{\pm}(\lambda)\cdot\exp[-|y|\sqrt{\lambda^2-k^2}]$$

$$= \mp\left[\hat{V}_-(\lambda) + \hat{H}_1(\lambda) + \hat{G}_+(\lambda)\right]\cdot\frac{\exp[-|y|\sqrt{\lambda^2-k^2}]}{\sqrt{\lambda^2-k^2}}$$

$$(6.2.49) \qquad = \mp\left[e^{-ic\lambda}\sqrt{\lambda-k}\cdot\hat{\chi}_-(\lambda) + \hat{H}_1(\lambda) +\right.$$

$$\left. + e^{ic\lambda}\sqrt{\lambda+k}\cdot\hat{\chi}_+(\lambda)\right]\cdot\frac{\exp[-|y|\sqrt{\lambda^2-k^2}]}{\sqrt{\lambda^2-k^2}} \ .$$

Transformiert man die rechte Gleichungsseite bzgl. λ in den x-Bereich zurück, so kann man in der Darstellung von $\Psi(x,y)$ vom Faltungssatz Gebrauch machen und dabei wiederum

$$(6.2.50) \qquad F^{-1} \left\{ \frac{\exp[-|y|\sqrt{\lambda^2-k^2}]}{\sqrt{\lambda^2-k^2}} \right\}(x) = i\,\sqrt{\frac{\pi}{2}} \cdot H_0^{(1)}(k\sqrt{x^2+y^2})$$

gemäß (6.1.36) verwenden. Die Urbilder zu $e^{-ic\lambda\sqrt{\lambda-k}}\cdot\hat{\chi}_-(\lambda)$ und $e^{ic\lambda\sqrt{\lambda+k}}\cdot\hat{\chi}_+(\lambda)$ könnten noch als endliche Faltungsintegrale mit gebrochener Differentiation geschrieben werden (s. hierzu auch Abschnitt 4.2.!), aber es soll auf Einzelheiten hier verzichtet werden.

Von besonderem praktischen Interesse ist die Druckverteilung $p(x_0,\pm O,t)$ am Profil und der daraus zu gewinnende instationäre Auftrieb $A(t)$ und das Moment $M(t)$ dieser Luftkräfte bzgl. der Vorderkante $(x_0,y_0) = (-c_0,O)$. Es gilt unter Beachtung von (6.2.13 a,b):

$$p(x_0,\pm O,t) = p_0 + p_0 \cdot \mathrm{Re}\; p^*(x,\pm O)\,e^{-i\omega t}$$

$$(6.2.51)$$

$$= p_0 \left\{ 1 - \frac{U}{\rho_0 T\sqrt{1-M^2}} \mathrm{Re}\left[e^{-ikMx}\left(\frac{\partial}{\partial x} - \frac{ik}{M}\right)\psi(x,\pm O)\cdot e^{-i\omega t}\right]\right\}$$

Durch Integration des Drucksprungs längs $-c_0 \le x_0 \le c_0$, folgt unter Beachtung von $x_0 = \sqrt{1-M^2}\,Tx$

$$A(t) = p_0 \cdot \mathrm{Re} \int_{-c_0}^{c_0} [p(x_0,-O,t) - p(x_0+O,t)]\,dx_0$$

$$(6.2.52a) \qquad = \frac{p_0 U}{\rho_0} \mathrm{Re}\left\{ e^{-i\omega t} \int_{-c}^{c} e^{-ikMx}\left(\frac{\partial}{\partial x} - \frac{ik}{M}\right)[\psi(x,+O) - \psi(x,-O)]\,dx\right\}$$

$$= \frac{p_0 U}{\rho_0} \mathrm{Re}\left\{ e^{-i\omega t} \int_{-c}^{c} e^{-ikMx}\cdot[\Gamma_1'(x) - \frac{ik}{M}\Gamma_1(x)]\,dx\right\}$$

oder

$$(6.2.52b) \qquad A(t) = \sqrt{2\pi}\cdot\frac{p_0 U}{\rho_0} \mathrm{Re}\left\{ e^{-i\omega t}[e^{-ikMc}\cdot\Gamma_1(c)/\sqrt{2\pi} + ik(M-1/M)\hat{\Gamma}_1(-ikM)]\right\}$$

Die Kuttasche Abflußbedingung (6.2.9b) zieht wegen (6.2.22) nach sich

$$(6.2.53) \qquad \Gamma_1(c) = D\cdot e^{ikc/M} \quad,$$

worin D nach Formel (6.2.39) berechnet werden kann. Damit läßt sich der Gesamtauftrieb $A(t)$ allein aus Fouriertransformierten berechnen! Dasselbe gilt für das Moment

$$M(t) := p_0 \cdot \text{Re} \int_{-c_0}^{c_0} (x_0 + c_0)[p(x_0, -0, t) - p(x_0, +0, t)]dx_0$$

(6.2.54a)

$$= \frac{p_0 U}{\rho_0} T\sqrt{1-M^2} \cdot \text{Re}\{e^{-i\omega t} \int_{-c}^{c} (x+c)e^{-ikMx}[\Gamma_1'(x) - \frac{ik}{M} \Gamma_1(x)] \cdot dx\}$$

oder

$$M(t) = \frac{p_0 U}{\rho_0} T\sqrt{1-M^2} \; \text{Re}\{e^{-i\omega t} \cdot (2c \cdot e^{-ikMc} \cdot \Gamma_1(c) +$$

(6.2.54b)

$$+ \sqrt{2\pi} \, [\,(ikc(M-1/M)-1)\hat{\Gamma}_1(-ikM) + k(M-1/M) \frac{\partial}{\partial \lambda} \hat{\Gamma}_1(\lambda)\Big|_{\lambda=-ikM} \,])\}$$

Auf eine Diskussion von $A(t)$ und $M(t)$ als Funktionen von k und M soll hier nicht eingegangen werden.

Bemerkung: Allgemeinere gemischte Randwertprobleme für dünne, harmonisch schwingende Profile in Unterschallströmungen, die teilweise abreißen und schmale Kavitäten bilden, wurden vom Autor (s. B. [80])(1978) untersucht. Auf ähnliche, etwas einfachere, Dreiteil-Wiener-Hopf-Probleme führen die verschiedenen Randwertaufgaben für die Beugung von zweidimensionalen Wellenfeldern an einem Spalt in einem ebenen Schirm oder an einem Streifen endlicher Breite $2c$ (s. hierzu beispielsweise die Bücher von D.S. JONES (1964) [51] bzw. B. NOBLE (1958) [86]!).

6.3. Beugung ebener elektromagnetischer Wellen an Systemen von dünnen, parallelen Platten

In diesem Abschnitt werden wir mittels der Fouriertransformation auf Dreiteil-Wiener-Hopf-Funktionalgleichungen geführt, in denen meromorphe Funktionen auftreten, die nach dem Prinzip von Korollar 2 zum Weierstraßschen Produktsatz (Satz 1.24) in Abschnitt 1.7 faktorisiert werden. Die physikalisch interessierenden Größen sind hier andere als in den Abschnitten zuvor (Fernfeldamplituden!) und können wiederum aus Bildfunktionen nach Lösung eines unendlichen linearen Gleichungssystems berechnet werden.

Gegeben sei ein Gitter aus abzählbar unendlich vielen, parallelen, dünnen, ideal leitenden Platten der Länge ℓ und unendlich großer Breite in z-Richtung. Das zugehörige Gittergebiet G besitze also die Berandung (s. Fig. 6.6!)

$$\partial G = \bigcup_{n=-\infty}^{\infty} \{(x,y,z) \in \mathbb{R}^3 : nT\sin\alpha \leq x \leq \ell + nT\sin\alpha, \; y = nT\cos\alpha, \; z \in \mathbb{R}\}$$

T heiße <u>Teilung</u> und α <u>Staffelungswinkel</u> (s. auch Abschnitt 5.2!).
Es sei $|\alpha| < \pi/2$; später werden wir nur den Sonderfall eines geraden
Gitters mit $\alpha = 0$ diskutieren.

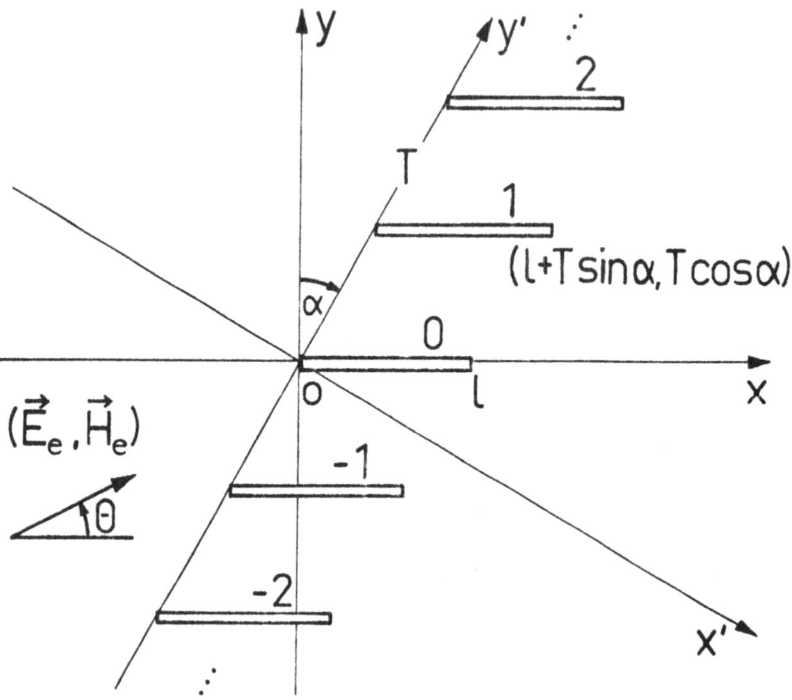

<u>Figur 6.6:</u> Ebenes elektromagnetisches Wellenfeld auf periodisches Plat-
tengitter fallend

Auf dieses Gitter falle ein ebenes, zeitharmonisches elektromagnetisches
Wellenfeld ($\vec{E}_e \cdot e^{-i\omega t}$, $\vec{H}_e \cdot e^{-i\omega t}$) als Überlagerung der folgenden beiden
speziell polarisierten Wellen

$$(6.3.1) \qquad \vec{E}_{e1} = \underset{\sim}{e}_z \cdot \exp[ik(x\cos\theta + y\sin\theta)]$$

und

$$(6.3.2) \qquad \vec{H}_{e2} = \underset{\sim}{e}_z \cdot \exp[ik(x\cos\theta + y\sin\theta)]$$

mit $-(\pi/2+\alpha)<\theta<\pi/2-\alpha$, d.h. es liege kein streifender Einfall bzgl. der
<u>Gitterfront</u> $x' = 0$, d.i. $y = x \cdot \cot\alpha$, $x \in \mathbb{R}$ vor! Das $\vec{H}_{e1}$- bzw. $\vec{E}_{e2}$-
Feld ist jeweils aus den <u>Maxwellschen Gleichungen</u>

$$(6.3.3a) \qquad \text{rot } \vec{E} - i\omega\mu \ \vec{H} = \vec{0}$$

$$(6.3.3b) \qquad \text{rot } \vec{H} + i\omega\varepsilon \cdot \vec{E} = \vec{0}$$

leicht zu berechnen. Gesucht sind die gestreuten Felder $(\vec{E}_s, \vec{H}_s)$, so daß die Tangentialkomponenten des elektrischen Gesamtfeldes $\vec{E}_{tot} := \vec{E}_e + \vec{E}_s$ auf den Platten, d.h. auf ∂G, verschwinden. Dabei soll das Streufeld eine lokal endliche Energie und einen Energiefluß vom Gitter weg ins Unendliche besitzen.

Für den Fall $\ell = \infty$ wurden diese Probleme von J.F. CARLSON & A.E. HEINS (1947) [10] bzw. A.E. HEINS (1957) [42] eingehend untersucht, während der Autor den Fall endlicher ℓ (1965) [73] betrachtete und (1970) [78] auf beliebige schräg zur z-Achse einfallende ebene elektromagnetische Wellen ausdehnte.

Zu den beiden Polarisationstypen der einfallenden Felder machen wir auch für die Streufelder einen entsprechenden Ansatz in Form von

$$(6.3.4a) \qquad \vec{E}_{s1}(x,y) := (0 \quad , \quad 0, \ \Phi(x,y))$$

$$(6.3.4b) \qquad \vec{H}_{s1}(x,y) := (H_1(x,y), \ H_2(x,y), 0)$$

mit

$$(6.3.5a) \qquad H_1(x,y) := \ 1/i\omega\mu \cdot \partial\Phi/\partial y$$

$$(6.3.5b) \qquad H_2(x,y) := \ -1/i\omega\mu \cdot \partial\Phi/\partial x$$

bzw.

$$(6.3.6a) \qquad \vec{E}_{s2}(x,y) := (E_1(x,y), \ E_2(x,y), 0)$$

$$(6.3.6b) \qquad \vec{H}_{s2}(x,y) := (\ 0, \ 0, \ \Psi(x,y))$$

mit

$$(6.3.7a) \qquad E_1(x,y) := \ -1/i\omega\varepsilon \cdot \partial\Psi/\partial y$$

$$(6.3.7b) \qquad E_2(x,y) := \ 1/i\omega\varepsilon \cdot \partial\Psi/\partial x \quad .$$

Wir werden dann zu den beiden Randwertproblemen geführt:

Gesucht sind die Wellenfunktionen $\Phi(x,y), \Psi(x,y) \in C^2(G) \cap C^1(\overline{G}')$
(mit Ausnahme der Plattenkanten!), die den folgenden Bedingungen genügen:

$$(6.3.8) \quad (\Delta + k^2) \begin{cases} \Phi(x,y) \\ \\ \Psi(x,y) \end{cases} = 0 \quad \text{in} \quad G \quad \text{mit} \quad k > 0,$$

$$(6.3.9a) \qquad \lim_{\varepsilon \to +0} \Phi(x, nT\cos\alpha \pm \varepsilon) = -\exp[ik(x\cos\Theta + nT\cos\alpha\sin\Theta)]$$

bzw.

$$(6.3.9b) \quad \lim_{\varepsilon \to +0} \partial\Psi/\partial y(x, nT\cos\alpha \pm \varepsilon) = - ik\sin\Theta \cdot \exp[ik(x\cos\Theta + nT\cos\alpha\sin\Theta)]$$

beide für $\quad nT\sin\alpha < x < \ell + nT\sin\alpha, \ n \in \mathbf{Z},$

$$(6.3.10a) \quad \text{grad} \begin{cases} \Phi(x,y) \\ \\ \Psi(x,y) \end{cases} = \mathcal{O}(r_n^{-\beta'}) \quad \textit{für} \quad r_n \to 0$$

und

$$(6.3.10b) \qquad\qquad = \mathcal{O}(r_n'^{-\beta'}) \quad \textit{für} \quad r_n' \to 0 \ ,$$

sog. Kantenbedingung, mit

$$(6.3.11a) \quad r_n := \sqrt{(x-nT\sin\alpha)^2 + (y-nT\cos\alpha)^2}$$

bzw.

$$(6.3.11b) \quad r_n' := \sqrt{(x-\ell-nT\sin\alpha)^2 + (y-nT\cos\alpha)^2}$$

und Exponenten $0 \leq \beta_n, \ \beta_n' < 1.$
Für $|x| \to \infty$ *sollen* $\Phi(x,y), \ \Psi(x,y)$ *beschränkt bleiben - sofern* $k > 0$
*ist - und keine Partialwellen enthalten, die einlaufenden ebenen Wellen
entsprechen (Ausstrahlungsbedingung).*

Dieses <u>Dirichletproblem für</u> ϕ und das <u>Neumannproblem für</u> ψ sollen
mittels Fouriertransformation bzgl. x und der Wiener-Hopf-Technik gelöst werden. Aufgrund der quasiperiodischen Randbedingungen (6.3.9a,b)
liegt es nahe, nur solche Wellenfelder ϕ und ψ zuzulassen, die der
<u>Quasiperiodizitätsbedingung</u>

$$(6.3.12) \qquad \Phi(x+nT\sin\alpha, y+nT\cos\alpha) = e^{in\delta} \cdot \Phi(x,y)$$

$$- 287 -$$

für $n \in \mathbb{Z}$ mit $\delta := kT\sin(\alpha+\Theta)$, $|\alpha + \Theta| \leq \pi/2$, genügen.

Im weiteren Verlauf werde $\alpha = 0$ angenommen. (Zum allgemeineren Fall siehe die Arbeit [78] des Autors!). Die für $x < 0$ und $x > \ell$ dann zweimal und damit beliebig oft differenzierbaren Wellenfunktionen Φ und Ψ lassen sich dort in verallgemeinerte Fourierreihen bzgl. y auf Grund der Relation (6.3.12) entwickeln:

$$(6.3.13a) \quad \Phi(x,y) = \sum_{n=-\infty}^{\infty} A_n \cdot \exp\left[x\sqrt{\left(\frac{2\pi n}{T} - k\sin\Theta\right)^2 - k^2} + \left(\frac{2\pi n}{T} - k\sin\Theta\right)iy\right]$$

$$\text{für } x < 0$$

bzw.

$$(6.3.13b) \quad \Phi(x,y) = \sum_{n=-\infty}^{\infty} B_n \cdot \exp\left[-(x-\ell)\sqrt{\left(\frac{2\pi n}{T} - k\sin\Theta\right)^2 - k^2} + \left(\frac{2\pi n}{T} - k\sin\Theta\right)iy\right]$$

$$\text{für } x > \ell$$

und analoge Reihen mit Koeffizienten C_n bzw. D_n für $\Psi(x,y)$. Wir wollen nun annehmen, daß die ganzen Zahlen $\nu, \nu' \geq 0$ so bestimmt seien, daß gilt

$$(6.3.14) \quad \frac{2\pi\nu}{T(1+\sin\Theta)} \leq k < \frac{2\pi(\nu+1)}{T(1+\sin\Theta)} \quad \text{und} \quad \frac{2\pi\nu'}{T(1-\sin\Theta)} \leq k < \frac{2\pi(\nu'+1)}{T(1-\sin\Theta)}$$

Wir können dann von den Reihen jeweils $\nu + \nu' + 1$ Glieder abspalten, die für $|x| \to \infty$ nicht exponentiell abklingen, sondern auslaufende Partialwellen darstellen:

$$(6.3.15a) \quad \Phi(x,y) = \sum_{n=-\nu'}^{\nu} A_n \exp[i(-x\kappa_n + y\mu_n)] + F_D(x,y) \quad \text{für } x < 0$$

bzw.

$$(6.3.15b) \quad \Phi(x,y) = \sum_{n=-\nu'}^{\nu} B_n \cdot \exp[+i((x-\ell)\kappa_n + y\mu_n)] + \tilde{F}_D(x,y) \quad \text{für } x > \ell$$

mit für $x \to -\infty$ bzw. $x \to +\infty$ exponentiell abklingenden <u>reduzierten Wellenfunktionen</u> F_D bzw. $\tilde{F}_D$. Analoge Aufspaltungen mit C_n, D_n, $F_N(x,y)$ bzw. $\tilde{F}_N(x,y)$ gelten für $\Psi(x,y)$. Dabei wurde zur Abkürzung gesetzt

$$(6.3.16a) \quad \kappa_n := \sqrt{k^2 - \left(\frac{2\pi n}{T} - k\sin\Theta\right)^2} \geq 0$$

$$\text{für } -\nu' \leq n \leq \nu$$

$$(6.3.16b) \quad \mu_n := \frac{2\pi n}{T} - k\sin\Theta.$$

Die auf S. 286 formulierten beiden Randwertprobleme für ϕ und ψ können nun in solche für F_D, F_N bzw. $\tilde{F}_D$, $\tilde{F}_N$ umformuliert werden, wobei sich die Randbedingungen (6.3.9a,b) auf $0 < x < \ell$ wie folgt ändern:

$$(6.3.17a) \qquad \lim_{\varepsilon\to+0} F_D(x,\pm\varepsilon) = -e^{ikx\cos\Theta} - \sum_{n=-\nu'}^{\nu} A_n e^{-ix\kappa_n}$$

bzw.

$$(6.3.17b) \qquad \lim_{\varepsilon\to+0} \partial F_N/\partial y(x,\pm\varepsilon) = -ik\sin\Theta\cdot e^{ikx\cos\Theta} - \sum_{n=-\nu'}^{\nu} i\mu_n\cdot C_n\cdot e^{-ix\kappa_n}$$

und

$$(6.3.18a) \qquad \lim_{\varepsilon\to+0} \tilde{F}_D(x,\pm\varepsilon) = -e^{ikx\cos\Theta} - \sum_{n=-\nu'}^{\nu} B_n\cdot e^{i(x-\ell)\kappa_n}$$

bzw.

$$(6.3.18b) \qquad \lim_{\varepsilon\to+0} \partial\tilde{F}_N/\partial y(x,\pm\varepsilon) = -ik\sin\Theta\cdot e^{ikx\cos\Theta} - \sum_{n=-\nu'}^{\nu} i\mu_n\cdot D_n e^{i(x-\ell)\kappa_n}.$$

Die Beschränktheits- und Ausstrahlungsbedingungen ändern sich zu

$$(6.3.19a) \quad F_D(x,y),F_N(x,y),\ \mathrm{grad}\,F_D(x,y),\ \mathrm{grad}\,F_N(x,y) = \begin{cases} \mathcal{O}(e^{\tau(k)x}) & ,x\to-\infty \\ \mathcal{O}(1) & ,x\to+\infty \end{cases}$$

$$(6.3.19b) \quad \tilde{F}_D(x,y),\ \tilde{F}_N(x,y),\ \mathrm{grad}\,\tilde{F}_D(x,y),\ \mathrm{grad}\,\tilde{F}_N(x,y) = \begin{cases} \mathcal{O}(1) & ,x\to-\infty \\ \mathcal{O}(e^{-\tau(k)x}) & ,x\to+\infty \end{cases}$$

mit dem positiven

$$(6.3.20) \quad \tau(k) := \mathrm{Min}\left\{ \sqrt{\left(\tfrac{2\pi(\nu+1)}{T} - k\sin\Theta\right)^2-k^2},\ \sqrt{\left(\tfrac{2\pi(\nu'+1)}{T} + k\sin\Theta\right)^2-k^2} \right\}$$

Die Fouriertransformation kann jetzt auf F_D,F_N bzw. $\tilde{F}_D$,$\tilde{F}_N$ angewendet werden, wenn der Fourierparameter $\lambda = \lambda_1 + i\lambda_2$ komplex gewählt wird. Die entstehende Bildgleichung

$$(6.3.21) \quad [d^2/dy^2 - (\lambda^2-k^2)]\ \hat{F}_{D,N}(\lambda,y) = 0$$

gilt dann für $0 < \lambda_2 < \tau(k)$, $0 < y < T$, bzw. $-\tau(k) < \lambda_2 < 0$, $0 < y < T$. Die Einarbeitung der Dirichletdaten auf $y = 0$ und $y = T$ bzw. der Sprungwerte der Neumann-daten auf diesen beiden Geraden führt im ersten Falle zu den beiden Darstellungsformeln

$$\hat{F}_D(\lambda,y) = \left[\hat{E}_{D-}(\lambda) + \hat{H}_{D1}(\lambda) - \hat{a}_D(\lambda) + e^{i\ell\lambda}\cdot\hat{b}_D(\lambda) + e^{i\ell\lambda}\cdot\hat{G}_{D+}(\lambda)\right]\cdot$$

(6.3.22a)
$$\cdot\;\frac{e^{ikT\sin\Theta}\sinh[y\sqrt{\lambda^2-k^2}]+ \sinh[(T-y)\sqrt{\lambda^2-k^2}]}{\sinh[T\sqrt{\lambda^2-k^2}]}$$

bzw.

(6.3.22b)
$$\hat{F}_D(\lambda,y) = -\frac{\hat{Q}_1(\lambda)}{2}\;\frac{e^{ikT\sin\Theta}\cdot\sinh[y\sqrt{\lambda^2-k^2}]+ \sinh[(T-y)\sqrt{\lambda^2-k^2}]}{\sqrt{\lambda^2-k^2}\cdot[\cosh(T\sqrt{\lambda^2-k^2}) - \cos(kT\sin\Theta)]}$$

gültig für $0 < \lambda_2 < \tau(k)$, $0 < y < T$.

Analog ergeben sich beim Neumannschen Randwertproblem

$$\hat{F}_N(\lambda,y) = [\hat{E}_{N-}(\lambda) + \hat{H}_{N1}(\lambda) - \hat{a}_N(\lambda) + e^{i\ell\lambda}\cdot\hat{b}_N(\lambda) + e^{i\ell\lambda}\cdot\hat{G}_{N+}(\lambda)]$$

(6.3.23a)
$$\cdot\;\frac{e^{ikT\sin\Theta}\cdot\cosh[y\sqrt{\lambda^2-k^2}] - \cosh[(T-y)\sqrt{\lambda^2-k^2}]}{\sqrt{\lambda^2-k^2}\cdot\sinh[T\sqrt{\lambda^2-k^2}]}$$

bzw.

(6.3.23b)
$$\hat{F}_N(\lambda,y) = -\frac{\hat{\Gamma}_1(\lambda)}{2}\cdot\frac{e^{ikT\sin\Theta}\cdot\cosh[y\sqrt{\lambda^2-k^2}] - \cosh[(T-y)\sqrt{\lambda^2-k^2}]}{\cosh[T\sqrt{\lambda^2-k^2}] - \cos(kT\sin\Theta)}$$

gültig for $0 < \lambda_2 < \tau(k)$, $0 < y < T$.

Hierbei treten die folgenden einseitigen Fouriertransformierten auf:

(6.3.24a)
$$\hat{E}_{D-}(\lambda) := \frac{1}{\sqrt{2\pi}}\int_{-\infty}^{0} e^{i\lambda x}\cdot F_D(x,0)\,dx$$

bzw.

(6.3.24b)
$$\hat{E}_{N-}(\lambda) := \frac{1}{\sqrt{2\pi}}\int_{-\infty}^{0} e^{i\lambda x}\cdot\partial F_N/\partial y(x,0)\,dx\;,$$

beide holomorph für $\lambda_2 < \tau(k)$,

(6.3.25a)
$$\hat{G}_D^+(\lambda) := \frac{1}{\sqrt{2\pi}}\int_{0}^{\infty} e^{i\lambda x}\cdot G_D(\ell+x,0)\,dx$$

bzw.

(6.3.25b)
$$\hat{G}_N^+(\lambda) := \frac{1}{\sqrt{2\pi}}\int_{0}^{\infty} e^{i\lambda x}\cdot\partial G_N/\partial y(\ell+x,0)\,dx$$

beide holomorph für $\lambda_2 > 0$,

(6.3.26a)
$$\hat{H}_{D1}(\lambda) := \frac{-1}{\sqrt{2\pi}} \int_0^\ell e^{i\lambda x} \cdot e^{ikx\cos\Theta} dx = \frac{i}{\sqrt{2\pi}} \frac{e^{i\ell(\lambda+k\cos\Theta)}-1}{\lambda+k\cos\Theta}$$

bzw.

(6.3.26b)
$$\hat{H}_{N1}(\lambda) := -\frac{1}{\sqrt{2\pi}} \int_0^\ell iks\sin\Theta \cdot e^{i\lambda x} e^{ikx\cos\Theta} dx$$

$$= -\frac{ks\sin\Theta}{\sqrt{2\pi}} \cdot \frac{e^{i\ell(\lambda+k\cos\Theta)}-1}{\lambda+k\cos\Theta} \quad,$$

beides ganze Funktionen in λ, die für $\lambda \to \infty$ in $\lambda_2 \geq 0$ wie $|\lambda|^{-1}$ abklingen.

(6.3.27a)
$$\hat{a}_D(\lambda) := \sum_{n=-\nu}^{\nu}{}' \frac{iA_n/\sqrt{2\pi}}{\lambda-\kappa_n}$$

bzw.

(6.3.27b)
$$\hat{a}_N(\lambda) := \sum_{n=-\nu}^{\nu}{}' \frac{-\mu_n C_n/\sqrt{2\pi}}{\lambda-\kappa_n}$$

sowie

(6.3.28a)
$$\hat{b}_D(\lambda) := \sum_{n=-\nu}^{\nu}{}' \frac{iB_n/\sqrt{2\pi}}{\lambda+\kappa_n}$$

bzw.

(6.3.28b)
$$\hat{b}_N(\lambda) := \sum_{n=-\nu}^{\nu}{}' \frac{-\mu_n D_n/\sqrt{2\pi}}{\lambda+\kappa_n}$$

alles rationale Funktionen in λ mit zunächst unbekannten Partialbruch-koeffizienten A_n, C_n, B_n, D_n. Außerdem treten die folgenden <u>gesuchten</u> ganzen Funktionen auf:

(6.3.29a)
$$\hat{Q}_1(\lambda) := \frac{1}{\sqrt{2\pi}} \int_0^\ell e^{i\lambda x} \cdot \left[\partial\Phi/\partial y(x,+0) - \partial\Phi/\partial y(x,-0) \right] dx \quad,$$

die endliche F-Transformierte der Ladungsverteilung $Q_1(x)$ auf den Platten, und

(6.3.29b)
$$\hat{\Gamma}_1(\lambda) := \frac{1}{\sqrt{2\pi}} \int_0^\ell e^{i\lambda x} \cdot \left[\Psi(x,+0) - \Psi(x,-0) \right] dx$$

die endliche F-Transformierte des Potentialsprungs $\Gamma_1(x)$ auf den Platten. Beide Funktionen streben für $\lambda \to \infty$ in $\mathrm{Im}\lambda = \lambda_2 \geq 0$ gegen Null, während dies in $\lambda_2 \leq 0$ nur für $e^{-i\lambda\ell} \cdot Q_1(\lambda)$ und $e^{-i\lambda\ell} \cdot \hat{\Gamma}_1(\lambda)$ zutrifft (ganze Funktionen vom Exponentialtyp!).

Da die Darstellungen (6.3.22a) bzw. (6.3.22b) und (6.3.23a) bzw. (6.3.23b) jeweils zur gleichen Bildfunktion für $0 < \lambda_2 < \tau(k)$, $0 < y < T$, gehören, müssen zwischen den transformierten Daten auf $y = 0$ die beiden <u>Dreiteil-Wiener-Hopf-Funktionalgleichungen</u> bestehen:

$$-\frac{\hat{Q}_1(\lambda)}{2} \cdot \frac{\sinh(T\sqrt{\lambda^2-k^2})}{\sqrt{\lambda^2-k^2}\cdot\left[\cosh(T\sqrt{\lambda^2-k^2})-\cos(kT\sin\Theta)\right]} =$$

(6.3.30)

$$= \hat{R}_D(\lambda) \; := \; \hat{E}_{D-}(\lambda)+\hat{H}_{D1}(\lambda)-\hat{a}_D(\lambda)+e^{i\ell\lambda}\cdot\hat{b}_D(\lambda)+e^{i\ell\lambda}\cdot\hat{G}_{D+}(\lambda)$$

bzw.

$$-\frac{\hat{\Gamma}_1(\lambda)}{2} \cdot \frac{\sqrt{\lambda^2-k^2}\cdot\sinh(T\sqrt{\lambda^2-k^2})}{\cosh(T\sqrt{\lambda^2-k^2})-\cos(kT\sin\Theta)} =$$

(6.3.31)

$$= \hat{R}_N(\lambda) \; := \; \hat{E}_{N-}(\lambda)+\hat{H}_{N1}(\lambda)-\hat{a}_N(\lambda)+e^{i\ell\lambda}\cdot\hat{b}_N(\lambda)+e^{i\ell\lambda}\cdot\hat{G}_{N+}(\lambda)$$

beide gültig für $\lambda = \lambda_1 + i\lambda_2$ mit $0 < \lambda_2 < \tau(k)$, $\lambda_1 \in \mathbb{R}$, zunächst.

Gehen wir hingegen von den Randwertproblemen für die Funktionen $\tilde{F}_D(x,y)$ und $\tilde{F}_N(x,y)$, die für $x \to +\infty$ in $0 < y < T$ exponentiell abklingen, aus, so gelangen wir zu denselben Wiener-Hopf-Gleichungen (6.3.30) bzw. (6.3.31), die aber nunmehr im λ-Streifen $-\tau(k) < \lambda_2 < 0$, $\lambda_1 \in \mathbb{R}$, gelten.

Da die auftretenden Funktionen zumindest im größeren Streifen $-\tau(k) < \lambda_2 < \tau(k)$, $\lambda_1 \in \mathbb{R}$, meromorph sind, gelten also die Gleichungen zuvor dort mit Ausnahme der Polstellen $\lambda = \pm\kappa_n$; $n = -\nu',\ldots,0,\ldots\nu$; die ja zugleich die einzigen reellen Nullstellen von $\cosh(T\sqrt{\lambda^2-k^2})-\cos(kT\sin\Theta)$ sind.

Zur Lösung der Dreiteil-Wiener-Hopf-Funktionalgleichungen werde zunächst

$$(6.3.32) \qquad L(\lambda) = L(\lambda;k) \; := \; \frac{\sinh(T\sqrt{\lambda^2-k^2})/\sqrt{\lambda^2-k^2}}{\cosh(T\sqrt{\lambda^2-k^2})-\cos(kT\sin\Theta)}$$

faktorisiert in $L(\lambda;k) = L_+(\lambda;k)\cdot L_-(\lambda;k)$ mit Faktoren $L_\pm$, die in $\lambda_2 \gtrless 0$ holomorph, von Null verschieden sind und dort für $\lambda \to \infty$ algebraisches asymptotisches Verhalten zeigen. Die auf der reellen λ-Achse liegenden Null- und Polstellen werden symmetrisch auf L_+ und L_- verteilt gemäß

$$(6.3.33) \qquad L_\pm(\lambda;k) \; := \; \tilde{L}_\pm(\lambda;k) \cdot \prod_{m=1}^{M} (\lambda \pm \rho_m) \Big/ \prod_{n=-\nu'}^{\nu} (\lambda \pm \kappa_n)$$

mit

$\rho_m := \sqrt{k^2 - (\pi m/T)^2} \geq 0$; $m = 1,\ldots,M$ (dieses M maximal gewählt!). Die Faktoren $L_\pm(\lambda;k)$ sind unendliche Weierstraßprodukte gemäß Abschnitt (1.7), die im Falle von $\tilde{L}_+(\lambda;k)$ alle Null- und Polstellen von $L(\lambda;k)$ enthalten, die in der Halbebene $\lambda_2 \geq \Lambda(k) := \mathrm{Min}(\tau(k), \sqrt{(\pi(M+1)/T)^2 - k^2})$ liegen, während $\tilde{L}_-(\lambda;k)$ diejenigen in der Halbebene $\lambda_2 \leq -\Lambda(k)$ enthält. Die genaue explizite Form dieser Weierstraßprodukte soll hier nicht angegeben werden. Sie wurde vom Verfasser (1962) [70] in anderem Zusammenhang bei gestaffelten Gittern ($\alpha \neq 0$) unter Verwendung der zweiseitigen Laplace-Transformation ($-s$ statt $i\lambda$!) gewonnen.

Zunächst fassen wir $\hat{Q}_1(\lambda)$ und $\hat{\Gamma}_1(\lambda)$ als Plus-Funktionen auf, die für $\lambda_2 \to +\infty$ gegen Null gehen, und dividieren demzufolge die Gleichungen (6.3.30) bzw. (6.3.31) durch $L_-(\lambda;k)$ bzw. $(\lambda-k)\, L_-(\lambda;k)$ und erhalten dann

$$(6.3.34) \qquad -\frac{1}{2}\, L_+(\lambda;k)\hat{Q}_1(\lambda) = \hat{R}_D(\lambda)/L_-(\lambda;k)$$

bzw.

$$(6.3.35) \qquad -\frac{1}{2}(\lambda+k)L_+(\lambda;k)\cdot\hat{\Gamma}_1(\lambda) = \hat{R}_N(\lambda)/(\lambda-k)\cdot L_-(\lambda;k)\ .$$

Die rechts stehenden Funktionen werden dann im Streifen $0 < \lambda_2 < \Lambda(k)$ additiv zerlegt - hier im Fall $\hat{R}_D(\lambda)$ -

$$\hat{R}_D(\lambda)/L_-(\lambda;k) = [\hat{E}_{D-}(\lambda) - \hat{a}_D(\lambda)]/L_-(\lambda;k) -$$

$$- \sum_{m=1}^{M} \frac{\hat{E}_{D-}(\rho_m) - \hat{a}_D(\rho_m)}{\tilde{L}_-(\rho_m;k)(\lambda-\rho_m)} \cdot \prod_{n=-\nu}^{\nu}{}' (\rho_m - \kappa_n) / \prod_{\substack{h=1 \\ h\neq m}}^{M} (\rho_m - \rho_h)$$

$$(6.3.36) \qquad - H^*_{D-}(\lambda) - b^*_{D-}(\lambda) - G^*_{D-}(\lambda) +$$

$$+ \sum_{m=1}^{M} \frac{\hat{E}_{D-}(\rho_m) - \hat{a}_D(\rho_m)}{\tilde{L}_-(\rho_m;k)(\lambda-\rho_m)} \cdot \prod_{n=-\nu}^{\nu}{}' (\rho_m - \kappa_n) / \prod_{\substack{h=1 \\ h\neq m}}^{M} (\rho_m - \rho_h)$$

$$+ H^*_{D+}(\lambda) + b^*_{D+}(\lambda) + G^*_{D+}(\lambda)$$

mit

$$(6.3.37) \qquad H^*_{D\pm}(\lambda) := \frac{1}{2\pi i} \int_{L_{\pm\varepsilon}} \frac{\hat{H}_{D1}(\zeta)}{L_-(\zeta;k)} \frac{d\zeta}{\zeta-\lambda}$$

holomorph für $\lambda_2 > \varepsilon$ bzw. $\lambda_2 < \Lambda(k)-\varepsilon$, wenn $L_{\pm\varepsilon}$ die Parallelen zur reellen λ-Achse durch $i\varepsilon$ bzw. $i(\Lambda(k)-\varepsilon)$ bezeichnen.

$$(6.3.38) \qquad b^*_{D_\pm}(\lambda) := \frac{1}{\sqrt{2\pi}} \sum_{n=-\nu'}^{\nu} B_n \int\limits_{L_{\pm\varepsilon}} \frac{e^{i\ell\zeta}}{L_-(\zeta;k)(\zeta+\kappa_n)(\zeta-\lambda)} \, d\zeta$$

und

$$(6.3.39) \qquad G^*_{D_\pm}(\lambda) := \frac{1}{2\pi i} \int\limits_{L_{\pm\varepsilon}} \frac{e^{i\ell\zeta}\cdot\hat{G}_{D+}(\zeta)}{\ell_-(\zeta;k)(\zeta-\lambda)} \, d\zeta$$

Während sich bei der Division der $\hat{a}_D$ -Funktion durch $L_-(\lambda;k)$ die Pole zu $\lambda = \kappa_n$ von $\hat{a}_D$ wegkürzen, ist dies bei der Bildung von $b^*_{D_\pm}(\lambda)$ gemäß (6.3.38) nicht der Fall.

Nach Einsetzen von (6.3.36) und Umordnung der Glieder in (6.3.34), so daß auf der linken Gleichungsseite dann nur noch Funktionen von λ stehen, die für $\lambda_2 < \Lambda(k) -\varepsilon$ holomorph sind und rechts solche für $\lambda_2 > \varepsilon$, können wir mittels des Liouville-Satzes (s. Abschnitt 1.2!) schließen, daß die durch die beiden Gleichungsseiten repräsentierte ganze Funktion identisch verschwinden muß. Dies ergibt dann die zwei Gleichungen:

$$\hat{Q}_1(\lambda)/2 = - \left[L_+(\lambda;k)\right]^{-1}\left[H^*_{D+}(\lambda) + b^*_{D+}(\lambda) + G^*_{D+}(\lambda) + \right.$$

$$(6.3.40)$$

$$\left. + \sum_{m=1}^{M} \frac{\hat{E}_{D-}(\rho_m) - \hat{a}_D(\rho_m)}{\tilde{L}_-(\rho_m;k)(\lambda-\rho_m)} \prod_{n=-\nu'}^{\nu} (\rho_m - \kappa_n) / \prod_{\substack{h=1 \\ h\neq m}}^{M}{}' (\rho_m - \rho_h) \right]$$

gültig für $\mathrm{Im}\lambda = \lambda_2 > \varepsilon$

und

$$\hat{E}_{D-}(\lambda) = \hat{a}_D(\lambda) + L_-(\lambda;k)\cdot\left[H^*_{D-}(\lambda) + b^*_{D-}(\lambda) + G^*_{D-}(\lambda) + \right.$$

$$(6.3.41)$$

$$\left. + \sum_{m=1}^{M} \frac{\hat{E}_{D-}(\rho_m) - \hat{a}_D(\rho_m)}{\tilde{L}_-(\rho_m;k)(\lambda-\rho_m)} \cdot \prod_{n=-\nu'}^{\nu} (\rho_m-\kappa_n) / \prod_{\substack{h=1 \\ h\neq m}}^{M}{}' (\rho_m - \rho_h) \right]$$

gültig für $\mathrm{Im}\lambda = \lambda_2 < \Lambda(k) -\varepsilon$ mit Ausnahme von $\lambda = \kappa_n \in \mathbb{R}$, $n=-\nu',\ldots,\nu$. Im Falle des Neumannschen Randwertproblems erhalten wir hierzu analoge Gleichungen, wenn wir nur $\hat{Q}_1$ durch $\hat{\Gamma}_1$, $L_\pm(\lambda;k)$ durch $(\lambda\pm k)\, L_\pm(\lambda;k)$, den Index D durch N ersetzen und die Summen und Produkte über m von 0 statt 1 an laufen lassen, da $\rho_0 = k$ noch als Nullstelle bzw. Pol hinzukommt.

Nach (6.3.32) hat $L_-(\lambda;k)$ in $\lambda = \kappa_n$, $n = -\nu',\ldots,\nu$, Pole erster Ordnung, die sich gegen die entsprechenden Pole von $\hat{a}_D(\lambda)$ wegheben müssen, da $\hat{E}_{D-}$ in $\mathrm{Im}\,\lambda = \lambda_2 < \tau(k)$ holomorph sein muß. Dies ergibt $\nu'+\nu+1$ Gleichungen, aus denen die unbekannten Partialwellenamplituden A_n in $\hat{a}_D(\lambda)$ berechnet werden können. Wir werden darauf zurückkommen.

Beachten wir, daß die endlichen Fouriertransformierten $\hat{Q}_1, \hat{\Gamma}_1, \hat{H}_{D1}$ und $\hat{H}_{N1}$ nach Multiplikation mit $e^{-i\lambda\ell}$ in der unteren Halbebene $\mathrm{Im}\,\lambda = \lambda_2 \leq 0$ holomorph sind und dort für $\lambda \to \infty$ gegen Null streben (s. hierzu die Überlegungen in Abschnitt 6.2!), so können wir die Wiener-Hopf-Gleichungen (6.3.30) bzw. (6.3.31) durch $e^{i\lambda\ell} \cdot L_+(\lambda;k)$ bzw. $e^{i\lambda\ell} \cdot (\lambda+k)L_+(\lambda;k)$ dividieren und die entstehenden Funktionen auf den rechten Gleichungsseiten dann additiv im Streifen $-\Lambda(k) < \lambda_2 < 0$ zerlegen. Nach erfolgter Umordnung spalten die Gleichungen dann auf in zwei zu (6.3.40) und (6.3.41) analoge Gleichungen, von denen hier nur noch die zweite interessiert:

$$\tilde{G}_{D+}(\lambda) = -\hat{b}_D(\lambda) - L_+(\lambda;k)\left[H^*_{D+}(\lambda) - a^*_{D+}(\lambda) + E^*_{D+}(\lambda) + \right.$$

$$(6.3.42)$$

$$\left. - \sum_{m=1}^{M} \frac{\hat{G}_{D+}(-\rho_m) + \hat{b}_D(-\rho_m)}{\tilde{L}_+(-\rho_m;k)(\lambda+\rho_m)} \prod_{n=-\nu'}^{\nu}(-\rho_m + \kappa_n) \Big/ \prod_{\substack{h=1 \\ h\neq m}}^{M}(-\rho_m + \rho_h)\right]$$

gültig für $\mathrm{Im}\,\lambda = \lambda_2 > -\Lambda(k)+\varepsilon$ mit Ausnahme von $\lambda = -\kappa_n$, $n=-\nu',\ldots,\nu$, den Polstellen von $\hat{b}_D(\lambda)$ und $L_+(\lambda;k)$. Diese müssen sich in der letzten Formel kompensieren, da $\hat{G}_{D+}(\lambda)$ in $\lambda_2 > -\tau(k)$ holomorph sein muß. Das ergibt $\nu + \nu' + 1$ Bestimmungsgleichungen für die Partialwellenamplituden B_n.

Die entsprechende Formel für den Fall des Neumannproblems erhalten wir wiederum durch Ersetzen des Index D durch N, $L_+(\lambda;k)$ durch $(\lambda+k)L_+(\lambda;k)$ und $m = 0$ als untere Grenze in den Summen und Produkten bis M.

Die beiden Gleichungen (6.3.41) und (6.3.42) stellen ein <u>gekoppeltes bewichtetes lineares Integralgleichungssystem</u> für $\hat{E}_{D-}$ und $\hat{G}_{D+}$ dar, denn G_{D+} steht unter dem Integralzeichen von G^*_{D-} (6.3.39) und $\hat{E}_{D-}$ unter einem entsprechenden Integral E^*_{D+}. Wir führen nun die folgenden Funktionen ein

$$(6.3.43a) \qquad \chi_-(\lambda) := [\hat{E}_-(\lambda) - \hat{a}(\lambda)]/L_-(\lambda;k) ,$$

holomorph für $\mathrm{Im}\,\lambda = \lambda_2 < \tau(k)$, $\lambda \neq \rho_m$, $m = (0)1,\ldots,M,$

und

(6.3.43b) $\qquad \chi_+(\lambda) := [\hat{G}_+(\lambda) + \hat{b}(\lambda)]/L_+(\lambda;k),$

holomorph für $\mathrm{Im}\lambda = \lambda_2 > -\tau(k)$, $\lambda \neq -\rho_m$, $m = (0)1,\ldots,M$.

(Hier sind in den beiden Fällen D bzw. N jeweils die zugehörigen Funktionen $\hat{E}_{D^-}$ usw. zu nehmen!). Das gekoppelte System hat dann die explizite Form

$$\chi_-(\lambda) - \frac{1}{2\pi i} \int_{L_\varepsilon^-} e^{i\ell\zeta} \frac{L_+(\zeta;k)}{L_-(\zeta;k)} \frac{\chi_+(\zeta)}{\zeta-\lambda} d\zeta =$$

(6.3.44a)

$$= H_-^*(\lambda) + \sum_{m=(o)1}^{M} \frac{\hat{E}_-(\rho_m) - \hat{a}(\rho_m)}{\tilde{L}_-(\rho_m;k)(\lambda-\rho_m)} \cdot \prod_{n=-\nu}^{\nu}{}' (\rho_m - \kappa_n) \Big/ \prod_{\substack{h=(o)1 \\ h\neq m}}^{M}{}' (\rho_m-\rho_h),$$

gültig für $\lambda_2 < \Lambda(k)-\varepsilon$, $\lambda \neq \rho_m$, und

$$\chi_+(\lambda) + \frac{1}{2\pi i} \int_{L_{-\varepsilon}^+} e^{-i\ell\zeta} \cdot \frac{L_-(\zeta;k)}{L_+(\zeta;k)} \cdot \frac{\chi_-(\zeta)}{\zeta-\lambda} d\zeta =$$

(6.3.44b)

$$= -H_+^*(\lambda) - \sum_{m=(o)1}^{M} \frac{\hat{G}_+(-\rho_m) + \hat{b}(-\rho_m)}{\tilde{L}_+(-\rho_m;k)(\lambda+\rho_m)} \cdot \prod_{n=-\nu}^{\nu}{}' (-\rho_m+\kappa_n) \Big/ \prod_{\substack{h=(o)1 \\ h\neq m}}^{M}{}' (-\rho_m+\rho_h),$$

gültig für $\lambda_2 > -\Lambda(k)+\varepsilon$, $\lambda \neq -\rho_m$,

mit Integrationsgeraden $L_\varepsilon^- := \{\lambda \in \mathbb{C} : \lambda = \lambda_1 + i(\Lambda(k)-\varepsilon), \lambda_1 \in \mathbb{R}\}$ und $L_{-\varepsilon}^+ := \{\lambda \in \mathbb{C} : \lambda = \lambda_1 - i(\Lambda(k)-\varepsilon), \lambda_1 \in \mathbb{R}\}$.

Um noch die Werte $\hat{E}_-(\rho_m) - \hat{a}(\rho_m)$ bzw. $\hat{G}_+(-\rho_m) + \hat{b}(-\rho_m)$ durch Funktionswerte von χ_+ bzw. χ_- auszudrücken, setzen wir in den Wiener-Hopf-Gleichungen (6.3.30) bzw. (6.3.31) $\lambda = \pm\rho_m = \pm\sqrt{k^2-(\pi m/T)^2}$ für $m = (0)1,\ldots,M$ und erhalten wegen des Verschwindens der linken Gleichungsseiten an diesen λ-Stellen die Relationen

(6.3.45) $\quad \hat{E}_-(\pm\rho_m) + \hat{H}_1(\pm\rho_m) - \hat{a}(\pm\rho_m) + e^{\pm i\ell\rho_m}\cdot\hat{b}(\pm\rho_m) + e^{\pm i\ell\rho_m}\cdot\hat{G}_+(\pm\rho_m)=0.$

Hieraus folgt mit (6.3.43a) bzw. (6.3.43b) und (6.3.33) für $m = 0(1),\ldots,M:$

$$(6.3.46a) \quad \hat{E}_-(\rho_m) - \hat{a}(\rho_m) = -\hat{H}_1(\rho_m) - e^{i\ell\rho_m} \cdot L_+(\rho_m;k) \cdot \chi_+(\rho_m)$$

bzw.

$$(6.3.46b) \quad \hat{G}_+(-\rho_m) + \hat{b}(-\rho_m) = -e^{i\ell\rho_m} \cdot \hat{H}_1(-\rho_m) - e^{i\ell\rho_m} \cdot L_-(-\rho_m;k) \cdot \chi_-(-\rho_m)$$

Da L_-/L_+ in $\mathbb{C}$ meromorph ist und der Betrag auf einer festen Schar von Kreisen, auf denen keine Null- und Polstellen liegen, nach oben und unten beschränkt ist, können die Integrale über L_ε^- bzw. $L_{-\varepsilon}^+$ in (6.3.44 a,b) mittels der Halbkreismethode (s. Abschnitt 1.2: Lemma von Jordan!) als Residuenreihen ausgewertet werden. Dabei beachten wir, daß für $i\zeta_p := i\sqrt{(\pi p/T)^2-k^2}$ gilt:

$$\underset{\zeta=i\zeta_p}{\text{Res}}\ L_+(\zeta;k)/L_-(\zeta;k) = [L_+(i\zeta_p;k)]^2 \cdot \underset{\zeta=i\zeta_p}{\text{Res}}\ 1/L(\zeta;k) =$$

$$= [L_+(i\zeta_p;k)]^2 \cdot \sqrt{(i\zeta_p)^2-k^2} \cdot [\cosh(T\sqrt{(i\zeta_p)^2-k^2}) - \cos(kT\sin\Theta)] \cdot$$

$$(6.3.47a) \qquad \cdot \lim_{\zeta\to i\zeta_p} (\zeta-i\zeta_p)/\sinh(T\sqrt{\zeta^2-k^2}) =$$

$$= [L_+(i\zeta_p;k)]^2 \cdot [(i\zeta_p)^2-k^2] \cdot [\cosh(T\sqrt{(i\zeta_p)^2-k^2}) - \cos(kT\sin\Theta)] \cdot$$

$$\cdot [iT\zeta_p \cdot \cosh(T\sqrt{(i\zeta_p)^2-k^2})]^{-1}$$

$$= i \cdot [L_+(i\zeta_p;k)]^2 \cdot \pi^2 p^2 \cdot [1-(-1)^p\cos(kT\sin\Theta)]/T^3\sqrt{(\pi p/T)^2-k^2}$$

und analog

$$\underset{\zeta=-i\zeta_p}{\text{Res}}\ L_-(\zeta;k)/L_+(\zeta;k) = [L_-(-i\zeta_p;k)]^2 \cdot \underset{\zeta=-i\zeta_p}{\text{Res}}\ 1/L(\zeta;k) =$$

$$(6.3.47b)$$

$$= -i[L_-(-i\zeta_p;k)]^2 \pi^2 p^2 \cdot [1-(-1)^p\cos(kT\sin\Theta)]/T^3\sqrt{(\pi p/T)^2-k^2}$$

Die Integralgleichungen (6.3.44a,b) gehen dann über in

$$\chi_-(\lambda) + 2 \sum_{m=(0)1}^{M} \left(\frac{\rho_m}{\lambda - \rho_m} \cdot \frac{\tilde{L}_+(\rho_m;k)}{\tilde{L}_-(\rho_m;k)} \prod_{n=-\nu}^{\nu}{}' \frac{\rho_m - \kappa_n}{\rho_m + \kappa_n} \prod_{\substack{h=(0)1 \\ h \neq m}}^{M}{}' \frac{\rho_m + \rho_h}{\rho_m - \rho_h} \cdot \right.$$

$$(6.3.48a) \quad \left. \cdot e^{i\ell\rho_m} \chi_+(\rho_m) \right) - \frac{\pi^2}{T^3} \sum_{p=M+1}^{\infty} \left(\frac{p^2 [L_+(i\zeta_p;k)]^2 [1-(-1)^P \cos(kT\sin\theta)]}{\zeta_p \cdot (\zeta_p + i\lambda)} \right.$$

$$\cdot e^{-\ell\zeta_p} \cdot \chi_+(i\zeta_p)$$

$$= H_-^*(\lambda) - \sum_{m=(0)1}^{M} \frac{\hat{H}_1(\rho_m)}{\tilde{L}_-(\rho_m;k)(\lambda - \rho_m)} \prod_{n=-\nu}^{\nu}{}' (\rho_m - \kappa_n) \Big/ \prod_{\substack{h=(0)1 \\ h \neq m}}^{M,} (\rho_m - \rho_h),$$

gültig für alle $\lambda \neq \rho_m$; $m = (0)1,\ldots,M$; und $\lambda \neq i\zeta_p$; $p = M + 1$, $M + 2,\ldots$; und

$$\chi_+(\lambda) + 2 \sum_{m=(0)1}^{M} \left(\frac{\rho_m}{\lambda + \rho_m} \frac{\tilde{L}_-(-\rho_m;k)}{\tilde{L}_+(-\rho_m;k)} \prod_{n=-\nu}^{\nu}{}' \frac{\rho_m - \kappa_n}{\rho_m + \kappa_n} \prod_{\substack{h=0(1) \\ h \neq m}}^{M,} \frac{\rho_m + \rho_h}{\rho_m - \rho_h} \cdot \right.$$

$$\left. \cdot e^{i\ell\rho_m} \cdot \chi_-(-i\rho_m) \right) -$$

$$(6.3.48b) \quad - \frac{\pi^2}{T^3} \sum_{p=M+1}^{\infty} \left(\frac{p^2 \cdot [L_-(-i\zeta_p;k)]^2 \cdot [1-(-1)^P \cos(kT\sin\theta)]}{\zeta_p(\zeta_p - i\lambda)} e^{-\ell\zeta_p} \cdot \right.$$

$$\cdot \chi_-(-i\zeta_p)$$

$$= -H_+^*(\lambda) + \sum_{m=(0)1}^{M} \frac{e^{i\ell\rho_m}\hat{H}_1(-\rho_m)}{\tilde{L}_+(-\rho_m;k)(\lambda + \rho_m)} \prod_{n=-\nu}^{\nu}{}' (-\rho_m + \kappa_n) \Big/ \prod_{\substack{h=(0)1 \\ h \neq m}}^{M,} (-\rho_m + \rho_h)$$

gültig für alle $\lambda \neq -\rho_m$; $m = (0)1,\ldots,M$; und $\lambda \neq -i\zeta_p$; $p = M+1$, $M+2,\ldots$

Wenn wir in diesem Gleichungssystem in (6.3.48a) nacheinander $\lambda = -\rho_j$; $j = (0)1,\ldots,M$; und $\lambda = -i\zeta_q$; $q = M+1$, $M+1,\ldots$; und in (6.3.48b) $\lambda = \rho_j$ und $\lambda = i\zeta_q$ setzen, entsteht das unendliche lineare Gleichungssystem für die Folgen $\boldsymbol{z} := \{z_k\}_{k \in \mathbb{N}_0}$ mit

$$(6.3.49a) \quad z_{2j} := \chi_-(-\rho_j), \qquad z_{2j+1} := \chi_+(\rho_j); \quad j = (0)1,\ldots,M;$$

$$(6.3.49b) \quad z_{2p} := \chi_-(-i\zeta_p), \qquad z_{2p+1} := \chi_+(i\zeta_p); \quad p = M+1,\ldots$$

in der Form

$$(6.3.50) \quad \boldsymbol{z} - \boldsymbol{a}\,\boldsymbol{z} = \boldsymbol{b}.$$

mit einer unendlichen Matrix $\mathcal{A}$. Für $\ell \to +\infty$ streben die Matrizenelemente $A_{2j,2p+1}$ und $A_{2j+1,2p}$ für $p \geq M+1$ exponentiell gegen Null. Alle Elemente der Form $A_{2j,2p}$ und $A_{2j+1,2p+1}$; j, $p \in \mathbb{N}_o$; sind dabei gleich Null. Für große ℓ ist mithin das unendliche Gleichungssystem (6.3.50) genau dann lösbar, wenn das endliche Teilsystem für $j = (0),1\ldots,M$ lösbar ist. Die Zahl $2M$ gibt dabei die mögliche Maximalanzahl der sich ungedämpft in beiden x-Richtungen zwischen den Platten ausbreitenden <u>Kanalwellen</u> im Dirichletfall an. Im Neumannfall gibt es $2(M+1)$ solcher Wellen, da stets e^{ikx} und e^{-ikx} ebene Wellen sind, deren Normalableitungen auf $y = nT$, $n \in \mathbb{Z}$, verschwinden. Die Untersuchungen zur eindeutigen Lösbarkeit von (6.3.50) sind sehr schwierig und können hier nicht vollzogen werden.

Von physikalisch-technischem Interesse sind nun speziell die Amplituden A_n, B_n bzw. C_n, D_n der <u>ungedämpft</u> sich <u>vor und hinter dem Gitter</u> ausbreitenden Partialwellen des Streufeldes. Wir erhalten sie aus den auf S. 294 schon genannten Holomorphiebedingungen an $\hat{E}_-$ und $\hat{G}_+$ in den Stellen $\lambda = \kappa_n$ und $\lambda = -\kappa_n$; $n = -\nu',\ldots,\nu$. Zur Gewinnung der bestimmenden Gleichungen formen wir (6.3.43a,b) um zu

$$(6.3.51a) \qquad \hat{E}_-(\lambda) = \hat{a}(\lambda) + L_-(\lambda;k)\cdot\chi_-(\lambda)$$

$$(6.3.51b) \qquad \hat{G}_+(\lambda) = -\hat{b}(\lambda) + L_+(\lambda;k)\cdot\chi_+(\lambda)$$

Es muß nun sein: $\mathop{\mathrm{Res}}\limits_{\lambda=\kappa_n}\hat{E}_-(\lambda) = \mathop{\mathrm{Res}}\limits_{\lambda=-\kappa_n}\hat{G}_+(\lambda) = 0$ für $n = -\nu',\ldots,\nu$.

Dies führt auf die folgenden Gleichungen im Dirichletfall, (A_n,B_n), bzw. Neumannfall, (C_n,D_n), für $n = -\nu',\ldots,0,\ldots,\nu$:

$$(6.3.52a) \qquad \left.\begin{array}{c} A_n \\ i\mu_n\cdot C_n \end{array}\right\} = -i\sqrt{2\pi}\cdot\chi_-(\kappa_n)\cdot\tilde{L}_-(\kappa_n;k)\cdot\prod_{m=(0)1}^{M}(\kappa_n-\rho_m)\Big/\prod_{\substack{s=-\nu' \\ s\neq n}}^{\nu}{}'(\kappa_n-\kappa_s)$$

bzw.

$$(6.3.52b) \qquad \left.\begin{array}{c} B_n \\ i\mu_n\cdot D_n \end{array}\right\} = -i\sqrt{2\pi}\cdot\chi_+(-\kappa_n)\cdot\tilde{L}_+(-\kappa_n;k)\cdot\prod_{m=(0)1}^{M}(-\kappa_n+\rho_m)\Big/\prod_{\substack{s=-\nu' \\ s\neq n}}^{\nu}{}'(-\kappa_n+\kappa_s)$$

Für sehr große Plattenlängen ℓ kann das unendliche System (6.3.50) nach $j,m = M$ abgeschnitten werden, so daß sich die A_n,B_n,C_n,D_n näherungsweise aus dem endlichen System für $j,m = (0)1,\ldots,M$ durch die $z_o,z_1,z_2,\ldots,z_{2M+1}$ darstellen lassen. Bei bekannter Zahlenfolge $\mathfrak{z}$ als Lösungsvektor von (6.3.50) können $\chi_\mp(\lambda)$ nach (6.3.48a,b) berechnet werden. Mittels (6.3.51a,b) kann dann die gesuchte Fouriertansformierte $\hat{F}_D(\lambda,y)$ in $0 < \lambda_2 < \tau(k)$, $0 < y < T$, in der Form

$$\hat{F}_D(\lambda,y) = [\hat{H}_{D1}(\lambda) + L_-(\lambda;k)\chi_-(\lambda) + e^{i\lambda\ell}L_+(\lambda;k)\chi_+(\lambda)] \cdot$$

(6.3.53)

$$\cdot \frac{e^{ikT\sin\Theta} \sin h[y\sqrt{\lambda^2-k^2}] + \sin h[(T-y)\sqrt{\lambda^2-k^2}]}{\sin h[T\sqrt{\lambda^2-k^2}]}$$

geschrieben werden. Nach Fourierrücktransformation kann dann das gesuchte Wellenpotential $\Phi(x,y)$ durch die Summe $\sum\limits_{n=-\nu'}^{\nu} A_n \cdot \exp[i(-x\kappa_n+y\mu_n)]$ plus einem Faltungsintegral mit einer quasiperiodischen Greenfunktion $g_D(x,y;k)$ geschrieben werden, deren Fourierbild (bzgl. x) die Funktion in der zweiten Zeile von (6.3.53) ist. Analog ist beim Neumannproblem der Index N statt D zu setzen und statt der A_n die C_n; $n = -\nu',\ldots,\nu$; und als Bildfunktion der Greenfunktion $\hat{g}_N(x,y;k)$ dann

(6.3.54)
$$\hat{g}_N(\lambda,y;k) := \frac{e^{ikT\sin\Theta} \cosh[y\sqrt{\lambda^2-k^2}] - \cosh[(T-y)\sqrt{\lambda^2-k^2}]}{\sqrt{\lambda^2-k^2} \cdot \sinh[T\sqrt{\lambda^2-k^2}]}$$

zu nehmen. Auf die explizite Darstellung dieser Greenfunktionen werde hier verzichtet, aber auf die Arbeiten des Autors (1965) bzw. (1970) verwiesen (loc.cit.).

Bemerkungen: Das Studium einer instationären zweidimensionalen Unterschallströmung durch ein periodisches Gitter schwingender Profile oder um ein Einzelprofil in einem Windkanal führt, vermöge der Reduktionsschritte des Abschnittes (6.2) auf ähnliche Randwertprobleme und damit Dreiteil-Wiener-Hopf-Funktionalgleichungen in der komplexen λ-Ebene. Diese wurden vom Autor ausführlich untersucht und der Lösungsweg im Detail beschrieben (s. z. B. [74] und [72]!). Auch instationäre Strömungen um Gitter dünner Profile in Windkanälen lassen sich nach diesem Prinzip behandeln (s. z. B. die Arbeiten [75], [76] und [77] des Autors).

Andere Probleme aus der Strömungslehre bzw. der Theorie der Wärmeübertragung führen ebenfalls auf Dreiteil-Wiener-Hopf-Funktionalgleichungen und wurden u.a. von G. EISENHARDT [23], A.E. HEINS [40,41], W. KOCH [54, 55, 56, 57, 58] und V.F. VITIUK [119] studiert.

L i t e r a t u r v e r z e i c h n i s

[1] B a n c u r i, R. D.: Integro-differential equation on the half-
     axis with kernels depending on the difference of arguments (russ);
     Sakharth. SSR Mecn. Akad. Moambe 54 (1969) 17-20

[2] B e c k e r, E.: Die pulsierende Quelle unter der freien Ober-
     fläche eines Stromes endlicher Tiefe; Ing.-Archiv 24 (1956) 69-76

[3] B e h n k e, H., S o m m e r, F.: Theorie der analytischen Funk-
     tionen einer komplexen Veränderlichen; 3. Aufl., Springer Verlag,
     Berlin 1972

[4] B e l t r a m i, E. J., W o h l e r s, M. R.: Distributional boun-
     dary values of functions holomorphic in a half-plane; Journ. Math.
     Mech. 15 (1966) 137-146

[5] B i l l i n g t o n, A. E.: Aerodynamic lift and moment for os-
     cillating aerofoils in cascasde; Commonw. Austral. Council Sci.
     Ind. Res. Div. Aero. E63 (1949)

[6] B i s p l i n g h o f f, R. L.: Aeroelasticity; Addison Wesley
     Publishing Company Massachusetts 1957

[7] B i t t n e r, L.; H i r c h e, J.: Über eine singuläre Integral-
     gleichung mit Anwendung in der Theorie des schwingenden Gitters;
     Wiss. Zeitschr. Univ. Halle-Wittenb., Math.-Naturw. Reihe,
     13. Jahrg. Heft 1, (1964) 41-53

[8] B r e m e r m a n n, H. J.; D u r a n d, L. III.: On analytic con-
     tinuation, multiplication and Fouriertransformations of Schwartz
     distributions; Journ. Math. Phys. 2, no 2 (1961) 240-258

[9] C a r l e m a n, T.: Sur la résolution de certaines equations
     intégrales; Arkiv f. Matem. och Physik 16 no 26 (1922) 1-19

[10] C a r l s o n, J. F.; H e i n s, A. E.: The reflection of elec-
     tro-magnetic waves by an infinite set of plates I.; Quart. Appl.
     Math. 4 (1947) 313-329

[11] C h a s k i n d, M. D.: Oscillation of a cascade of thin sections
     in incompressible flow; Prikl. Matem. Mech. 22 (1958) 257-260

[12] C h i e n - K e, L u: On compound boundary problems; Sci. Sinica
     14 (1965) 1545-1555

[13] C h w e d e l i d s e, B. V.: Linear discontinuous boundary value problems of the theory of functions, singular integral equations and some applications; Trudy Tbilissk. Mat. Inst. 23 (1956) 3-158

[14] C l a n c e y, K. F.; G o s s e l i n, J. A.: The local theory of Toeplitz operators; Int. Equat. and Oper. Theory (1978)

[15] C o n s t a n t i n e s c u, F.: Boundary values of analytic functions; Comm. Math. Phys. 7 (1968) 225-233

[16] C o s t a b e l, M.: Kausale Distributionen und ihre Anwendung auf eine Klein-Gordon-Gleichung mit Potentialterm; Diss. TH-Darmstadt 1977, 163 S.

[17] Č u m a k o v, F. V.: General theory of integral equations with power-series kernels; Differen. Urav. 2 (1966) 544-559

[18] Č u m a k o v, F. V.: An Abel type equation on a composite contour; Vesci. Akad. Navuk BSSR Ser Fiz.-Mat. Navuk (1971) no.1, 55-61

[19] D a n i l j u k, I. I.: On Hilbert's problem with measurable coefficient; Sibirsk. Matem. Z. 1 (1960) no. 2, 171-197

[20] D o e t s c h, G.: Handbuch der Laplace-Transformation, Band I; Birkhäuser Verlag Basel 1971

[21] D o n i g, J.: Über eine Verallgemeinerung Hilbertscher Randwertprobleme auf abschnittweise meromorphe Funktionen; Dipl.-Arbeit TU-Berlin 1969, 61 S.

[22] E i c h l e r, M.: Konstruktion lösender Kerne für singuläre Integralgleichungen 1. Art, insbesondere bei Differenzenkern; Math. Zeitschrift 48 (1942) 503-526

[23] E i s e n h a r d t, G.: Das schwingende Profil unter der freien Oberfläche eines endlich tiefen Stromes; Diss. TU-Berlin 1973

[24] E r d é l y i, A.; K o b e r, H.: Some remarks on Hankel transforms; Quart. Journ. Math. (Oxford Ser.) (1) (1940) 11 212-221

[25] E r d é l y i, A.; M a g n u s, W.; O b e r h e t t i n g e r, F.: Higher Transcendental Functions; vol II, McGraw-Hill Book Com. 1953 New York

[26] È s k i n, G.: Boundary problems for elliptic pseudodifferential operators (russ); "Nauka" Moskau 1973

[27]   F r i e d r i c h, N.: Untersuchungen zur Schallabstrahlung aus
       einem in axialer Richtung angeströmten Ringkanal; DFVLR Forsch.-
       ber., Porz-Wahn 1975, 75-24

[28]   G a i e r, D.: Integralgleichungen erster Art und konforme Abbil-
       dung; Math. Zeitschr. 147 (1976) no. 2, 113-129

[29]   G a k h o v, F. D.: Boundary Value Problems; Pergamon Press Oxford
       1966

[30]   G a k h o v, F. D.; Č i b r i k o w a, L. I.: On some types of
       singular integral equations solvable in a closed form; Matem.
       Sbornik. N.S. 35 (1954) 395-436

[31]   G e r l a c h, E.: Zur Theorie einer Klasse von Integro-Differen-
       tialgleichungen; Diss. TU-Berlin 1969

[32]   G o g o n e a, S.: Sur un problème de Riemann à singularités
       donées; Atti. Accad. nac. Lincei, Rend; CL. Sci. fis. 46, 526-529
       (1969)

[33]   G o g o n e a, S.: Sur un problème mixte à singularités donées
       pour le plan muni des coupures rectilignes alignées; Atti. Accad.
       nac. Lincei, rend CL. Sci. fis. mat.nat. VIII Ser. 48 33-38 (1970)

[34]   G o g o n e a, S.: Sur un problème aux limites pour les fonctions
       analytique à singularites donées; Atti. Accad. nac. Lincei VIII
       Ser. Rend, CL. Sci. fis. mat. 55 (1973) 13-17

[35]   G o g o n e a, S.: Sur quelques problèmes aux limites pour le plan
       muni de coupures et leurs applications à la théorie de la filtra-
       tion; Bull. math. Soc. Sci. math R.S.R. n. Sér. 18(66) (1974)
       103-114

[36]   G o g o n e a, S.: Sur le problème de la détermination des fonc-
       tions analytiques par certaines conditions de raccordement et
       conditions aux limites mixtes; Accad. Lincei-Rend. Sci. fis. mat.
       e nat. Vol LXI now 1976

[37]   G o h b e r g, I; K r u p n i k, N. V.: Einführung in die Theorie
       der eindimensionalen singulären Integraloperatoren; Birkhäuser
       Verlag Basel 1979

[38]   G o l d e n s t e i n, L. S.; G o h b e r g, I.: On a multidimen-
       sional integral equation on a half-space whose kernel is a func-
       tion of the difference of the arguments, and a discrete analogue
       of this equation; Sov. Math. Dokl. ANSSSR 1 (1960) 173-176

[39] G o l u s i n, G. M.: Geometrische Funktionentheorie; Deutscher
      Verlag der Wissenschaften Berlin 1957

[40] H e i n s, A. E.: Water waves over a channel of finite depth with
      a dock; Amer. Journ. Math. $\underline{70}$ (1948) 730-748

[41] H e i n s, A. E.: Water waves over a channel of finite depth with
      a submerged plane barrier; Canad. Journ. Math. $\underline{2}$ (1950) 210-222

[42] H e i n s, A. E.: The Green's function for periodic structures in
      diffraction theory with an application to parallel plate media. I.;
      Journ. Math. Mech. $\underline{6}$ (1957) 401-426

[43] H e i n s, A. E.; M a c C a m y, R. C.: A function-theoretic solu-
      tion of certain integral equations. I.; Quart. Journ. Math. (Ox-
      ford Ser.) $\underline{9}$ 1958) 132-143

[44] H i l b e r t, D.: Über eine Anwendung der Integralgleichungen auf
      ein Problem der Funktionentheorie; Verhdlgn d. 3. internat. Math.
      Kongr. Heidelberg 1904, 233-240

[45] H o m e n t c o v s c h i, D.: Sur le resolution explicite du
      problème de Hilbert. Application au calcul de la portance d'un
      profil mince dans un fluid electroconducteur; Rev. Roumaine Math.
      Pures Appl. $\underline{14}$ (1969) 203-214

[46] H o m e n t c o v s c h i, D.: On the mixed boundary-value problem
      for harmonic functions in the plane domains; Zeitschr. angew.
      Math. Phys. $\underline{31}$ (1980) 352-366

[47] H s i a o, G.; W e n d l a n d, W.: A finite Element method for
      some Integral Equations of the first kind; Journ. Math. Anal. Appl.
      Vol. 58 no. 3 (1977) 449-481

[48] H u r w i t z, A.; C o u r a n t, R.: Funktionentheorie; 4. Aufl.
      Springer-Verlag 1964

[49] J a c o b, C.: Sur une interpretation des conditions de compati-
      bilité das le problème mixte de Volterra; Rev. Roumaine Math. pur
      appl. 12, hommage à Vivtor Valcovici pour son 80 anniversaire
      (1967) 87-92

[50] J ö r g e n s, K,: Lineare Integraloperatoren; Teubner-Verlag,
      Stuttgart 1970

[51] J o n e s, D. S.: The theory of electromagnetism; Pergamon Press
      1964 Oxford

[52] K a n t o r o w i t s c h, L. W.; A k i l o w, G. P.: Funktional-
      analysis in normierten Räumen; Akademie-Verlag, Berlin 1964

[53] K e l d y s c h, M. V.; S e d o v, L. I.: Effective solution of
      some boundary value problems for harmonic functions; Dokl. Akad.
      Nauk SSSR 16 no. 1 (1937) 7-10

[54] K o c h, W.: On the heat transfer from a finite plate in Channel
      Flow for Vanishing Prandtl Number; Journ. of Appl. Math. and Phys.
      (ZAMP) Vol. 21 Fasc. 6 (1970) 910-918

[55] K o c h, W.: Diffusion in Shear Flow Past a Semi-Infinite Flat
      Plate. Part II: Viscous Effects; Acta Mathematica 12 (1971) 99-120

[56] K o c h, W.: Heat transfer from two hot plates in laterally boun-
      ded uniform flow as an example of an n-part Wiener-Hopf-Problem;
      Journ. of Appl. Math. and Phys. (ZAMP) Vol 26 (1975) 187-198

[57] K o c h, W.: Radiation of sound from a two-dimensional acoustical-
      ly lined duct; Journ. of Sound and Vibration (1977) $\underline{55}$ (2) 255-274

[58] K o c h, W.: Sound generation and blade vibrations of cascaded
      flat plates in subsonic flow; DFVLR IB 251-78 A 27, 1978

[59] K o p p e l m a n n, W.: Singular integral equations, boundary
      value problems and the Riemann-Roch theorem; Journ. Math. Mech.
      $\underline{10}$ no.2 (1961) 247-277

[60] K o t s c h i n, N. J.; K i b e l, I. A.; R o s e, N. W.: Theore-
      tische Hydromechanik. Band I; Akademie Verlag Berlin 1954

[61] K r e i n, M. G.: Integral equations on the half-line with a ker-
      nel depending on the difference of the arguments; AMS translat. $\underline{22}$
      (1962) 163-288

[62] K r e i n, M. G.; G o c h b e r g, I. C.: Systems of integral
      equations on a half-line with kernels depending on the difference
      of argument; AMS translat. (2) $\underline{14}$ (1960) 217-287

[63] K r e m e r, M.: Über eine Klasse singulärer Integralgleichungen
      in einem Raum verallgemeinerter Funktionen; Dipl.-Arbeit, U Saar-
      brücken 1966, 64 Seiten

[64] L a u w e r i e r, H. A.: The Hilbert problem for generalized
      functions; Arch. Rat. Mech. Anal. $\underline{13}$ (1963) 157-166

[65] L a w r e n t j e w, M. A.; S c h a b a t, B. W.: Methoden der
komplexen Funktionentheorie; Deutscher Verlag der Wissenschaften,
Berlin 1967

[66] L e e h e y, P.: The Hilbert problem for an airfoil in unsteady
flow; Jour. Math. Mech. $\underline{6}$ no. 4 (1957) 427-453

[67] L o w e n g r u b, M.: Systems of 'Abel-Type' integral equations;
in Gilbert, R.P. Weinacht, R.J. (edit.): Function Theoretic Methods in Differetntial Equations; Pitman Pub. Co London 1877,
277-295

[68] M a c   C a m y, R. C.: On singular equations with logarithmic or
Cauchy kernels; Journ. Math. Mech. $\underline{7}$ (1958) 355-375

[69] M e i s t e r, E.: Flow of an Incompressible Fluid through an Os-
cillating Staggered Cascade; Arch. Rat. Mech. Anal. $\underline{6}$ no. 3 (1960)
198-230

[70] M e i s t e r, E.: Zum Dirichlet-Problem der Helmholtzschen
Schwingungsgleichung für ein gestaffeltes Streckengitter; Arch.
Rat. Mech. Anal. $\underline{10}$ no. 1 (1962) 67-100

[71] M e i s t e r, E.: Die instationäre Unterschallströmung durch ein
schwingendes, gestaffeltes Gitter mit halbunendlich tiefen Profilen. Teil I; DVL-Bericht Nr. 246 Porz.-Wahn 1963

[72] M e i s t e r, E.: Zur Theorie der ebenen, instationären Unterschallströmung um ein schwingendes Profil im Kanal; Zeitschr. Angew. Math. Phys. $\underline{16}$ no. 6 (1965) 770-780

[73] M e i s t e r, E.: Die Beugung ebener elektromagnetischer Wellen
an einem Parallelplattengitter; Zeitschr. Angew. Math. Mech. $\underline{45}$
(1965) T57-59

[74] M e i s t e r, E.: Zur Theorie der ebenen Unterschallströmung
durch ein schwingendes, gestaffeltes Gitter. Teile I, II, III;
Deutsche Luft- und Raumfahrt, Forschungsbericht DLR FB 66-12,13,14
Porz.-Wahn 1966

[75] M e i s t e r, E.: Unterschallströmung durch ein schwingendes Gitter in einem ebenen Kanal; Zeitschr. Angew. Math. Mech. Bd 48
(1968) T213-216

[76] M e i s t e r, E.: Theorie instationärer Unterschallströmungen
durch ein schwingendes Gitter im Windkanal; Zeitschr. Angew. Math.
Mech. (1969) Heft 8, 481-494

[77] M e i s t e r, E.: Ein System von Dreiteil-Wiener-Hopf-Funktional-
      gleichungen aus der Aerodynamik schwingender Gitter; Meth. u. Verf.
      Math. Phys. Band 1 (1969) 85-99

[78] M e i s t e r, E.: Randwertprobleme aus der Beugungstheorie ebener
      Wellen an Parallelplattengittern; Meth. u. Verf. Math. Phys. $\underline{3}$
      (1970) 85-116

[79] M e i s t e r, E.: Das Riemannsche Randwertproblem. Ergebnisse
      und Anwendungen; Überblicke Math. $\underline{6}$ (1973) 113-178

[80] M e i s t e r, E.: Some mixed boundary value problems in the theo-
      ry of subsonic flow past oscillating profils; Complex Analys. and
      its Appl. 70th annivers. volume in honor of I.N. Vekua. Soviet.
      Acad. Sci., Moscow 1978, 346-362

[81] M i k h a i l o v, L. G.: A new class of singular integral
      equations; Wolters-Noordhoff Publ., Groningen 1970

[82] M u s c h e l i s c h w i l i, N. I.: Singuläre Integralglei-
      chungen; Akademie Verlag, Berlin 1965

[83] M u s c h e l i s c h w i l i, N. I.: Some Basic Problems of the
      Mathematical Theory of Elasticity; 2. engl. Aufl., Noordhoff In-
      ternational Publish, Leyden 1975

[84] N i c k e l, K.: Lösung eines Integralgleichungssystem aus der
      Tragflügeltheorie; Math. Zeitschriften $\underline{54}$ (1951) 81-96

[85] N i c k e l, K.: Lösung von zwei verwandten Integralgleichungs-
      systemen; Math. Zeitschriften $\underline{58}$ (1953) 49-62

[86] N o b l e, B.: Methods based on the Wiener-Hopf-technique for the
      Solution of Partial Differential Equations; Pergamon Press New
      York 1958

[87] O k i k i o l u, G. O.: Aspects of the theory of Bounded Integral
      Operators in L^p-Spaces; Academic-Press 1971 London

[88] O r t o n, M.: Hilbert problems - a distributional approach; Proc.
      Roy. Soc. Edinburgh Sect. A77 (1977) no. 3-4, 193-208

[89] P e t e r s, A. S.: Some integral equations related to Abel's
      equation and the Hilbert transformation; Comm. Pure. Appl. Math.
      $\underline{22}$ (1969) 539-560

[90] P r i w a l o w, I. I.: Randeigenschaften analytischer Funktionen;
      Deutscher Verlag der Wissenschaften 1956, Berlin 2. Auflage

[91]   P r ö s s d o r f, S.: Einige Klassen singulärer Gleichungen; Akadem.-Verlag, Berlin 1974

[92]   R e i t e r, H.: Classical harmonic analysis and locally compact groups; Clarendon Press, Oxford 1968

[93]   R i e m a n n, B.: Beiträge der durch die Gaußsche Reihe $F(\alpha,\beta,\gamma;x)$ darstellbaren Funktionen; Gesammelte Werke, Leipzig 1876, 62-78

[94]   R o d i n, Y u. L.: Conditions for the solvability of Riemann's and Hilbert's boundary value problem on the Riemannian surfaces; Dokl. A. N. SSSR 129 (1959) 1234-1237

[95]   R o g o s h i n, V. S.: The Riemann boundary value problem in the class of generalized functions; Izvest. Akad. Navuk. SSSR Ser. Matem. 28 (1964) 1325-1344

[96]   S a k a l y u k, K. D.: Abel's generalized integral equation; Soviet. Math. Dokl. ANSSSR 1 (1960) 332-335

[97]   S a k a l y u k, K. D.: Certain singular integral equations with polar, exponential and logarithmic kernels; Kisinev. Gos. Univ. Ucen. Zap. 50 (1962) 103-109

[98]   S a m k o, S. G.: A generalized Abel equation and fractional integration operators; Differ. Uravn. 4 (1968) 298-314

[99]   S c h l e i f f, M.: Über eine singuläre Integralgleichung mit logarithmischem Zusatzkern; Math. Nachr. 42 (1969) 79-88

[100] S c h o r r, B.: Das Anfangs- Randwertproblem eines dünnen Profils in kompressibler Unterschallströmung; Zeitschr. Angew. Math. Phys. Vol. 18 Fasc. 2 (1967) 149-164

[101] S e d o v, L. I.: Two-Dimensional Problems in Hydrodynamics and Aerodynamics; Interscience Publisher 1965 New York et. al.

[102] S i m o n e n k o, I. B.: Riemann's boundary problem with a measurable coefficient; Sov. Math. Dokl. Akad. Nauk. SSSR 1 no. 6 (1960) 1295-1298

[103] S n e d d o n, I. N.: Mixed Boundary Value Problems in Potential Theory; North-Holland Publishing Company, Amsterdam 1966

[104] S ö h n g e n, H.: Bestimmung der Auftriebsverteilung für beliebige instationäre Bewegungen (ebenes Problem); Luftfahrtforschung 17 (1940) 401-420

[105] S ö h n g e n, H.: Luftkräfte an einem schwingenden Gitter belie-
       biger Teilung; Zeitschr. Angew. Math. Mech. 35 (1955) 81-88

[106] S ö h n g e n, H.; M e i s t e r, E.: Beitrag zur Aerodynamik ei-
       nes schwingenden Gitters. I.; Zeitschr. Angew. Math. Mech. Bd 38,
       Nr. 11/12 (1958) 442-465

[107] S o m m e r, H. J.; M e i s t e r, E.: Ein algebraisches Verfahren
       zur Lösung von gemischten Anfangsrandwertproblemen aus der Theorie
       instationärer Gitterströmungen; Math. Meth. Appl. Sci. 1 (1979)
       158-186

[108] S o m m e r f e l d, A.: Mathematische Theorie der Diffraction;
       Math. Annalen 47 (1896) 317-374

[109] S p e c k, F.-O.: Lösung des Randwertproblems für einen schwingen-
       den Einzelflügel in Unterschallströmung mittels des Wiener-Hopf-
       Verfahrens; Dipl. Arbeit, TU Berlin 1970

[110] S p e c k, F.-O.: Zum Anfangsrandwertproblem für nicht singuläre,
       elliptische Integrodifferentialgleichungen; Zeitschr. Angew. Math.
       Mech. 60 (1980) T271-273

[111] S r e e d h a r a n, V. P.: A Wiener-Hopf Integral Equation; Ne-
       derl. Akad. Wetensch. Proc. Ser. A71 (1968) 191-201

[112] S t o k e r, J. J.: Water waves. The mathematical theory with ap-
       plications; Interscience Publ., New York etd 1957 xxviii+567pp

[113] T i l l m a n n, H. G.: Darstellung der Schwartzschen Distribu-
       tionen durch analytische Funktionen; Math. Zeitschr. 77 (1961)
       106-124

[114] T i t c h m a r s h, E. C.: Introduction to the Theory of Fourier
       Integrals; Clarendon Press, Oxford 1937

[115] T s c h i b r i k o w a, L. I.: On the Riemann boundary value
       problem for automorphic functions; Uch. zap. Kazan. univ. 116 no.
       4 (1956) 59-109

[116] T y c h o n o f f, A. N.; S a m a r s k i, A. A.: Differentialglei-
       chungen der mathematischen Physik; Deutscher Verlag der Wissen-
       schaften Berlin 1959

[117] V e k u a, N. P.: Systems of Singular Integral Equations; Noord-
       hoff, Groningen 1967

[118] V e l t k a m p, G. W.: The drag on a vibrating aerofoil in incompressible flow. I., II.; Nederl. Akad. Wetensch. Proc. Ser. A 61 (1958) 278-297

[119] V i t i j u k, V. F.: Diffraction of surface waves at a dock of finite width; Appl. Math. Mech. 34 (1970) 27-35

[120] W e n d l a n d, W.: Elliptic Systems in the Plane; Pitman, London 1979

[121] W i e n e r, N.; H o p f, E.: Über eine Klasse singulärer Integralgleichungen; Sitz-B. Preuss. Akad. Wiss., Phys.-Math. Kle. 30-32 (1931) 696-706

[122] W o l f e r s d o r f, L.: Abelsche Integralgleichungen und Randwertprobleme für die verallgemeinerte Tricomi-Gleichung; Math. Nachr. 29 (1965) 161-178

[123] W o o d s, L. C.: On unsteady flow through a cascade of airofoils; Proc. Roy. Soc., London Ser. A 228 (1955) 50-65

[124] Z o r s k i, H.: Plates with discontinuous Supports; Arch. Mech. Stos. 3 (1958) 271-313

<u>Weitere Bücher:</u>

[125] M e i s t e r, E.: Integraltransformationen mit Anwendungen auf Probleme der mathematischen Physik; Verlag Peter Lang, Frankfurt/ Main - Bern - New York: 1983

[126] R o o s, B. W.: Analytic Functions and Distributions in Physics and Engineering; John-Wiley & Sons; New York - London - Sidney - Toronto: 1969

Symbolverzeichnis

Symbol		Symbol		Symbol	
$\mathbb{N},\ \mathbb{N}_O$	74	$o,\ \sigma$	27	$\gamma_\varepsilon(t_O)$	92
$\mathbb{Z}$	39	$C^k(D),\ C^{K,\alpha}(D)$	12	$\sphericalangle\,(f(t_O),b(t_O))$	99
$\mathbb{R},\ \dot{\mathbb{R}} = \mathbb{R}\cup\{\infty\}$	26	$C^\infty(D)$	16	$b_{\rho O}$	102
$\mathbb{C}$	10	$\mathcal{L}^{m,\alpha}$	84	$\Gamma(z)$	75
$z = x + iy = re^{i\theta}$	12	$L^p(L)$	106	$H_O^{(1)}(w)$	194
$|z|,\ \bar{z}$	12	$H(c_1,..,c_k)$	139	$(P_E\phi)(x,y)$	96
$\operatorname{Re}z,\ \operatorname{Im}z$	12	$C^\alpha_{loc}(L)$	146	$(P_D\phi)(x,y)$	96
$\bar{\mathbb{C}} := \mathbb{C}\cup\{\infty\}$	13	$\|f\|_{0,\lambda}$	106	$\left(\log\dfrac{b-t_O}{a-t_O}\right)^{\pm}$	97
$\cap$	18	$\int_L w(z)\,dz$	15	$F^{\pm}(t_O)$	98
$\cup$	18	$\oint$	29	$F^{\pm}(\infty)$	108
$L,\ L_\nu$	13	$\oint\!\!\!\!\diagup$	87	$F^*(\zeta)$	108
$\widehat{a_\nu b_\nu}$	13	S_L	92	$f^*(\tau)$	108
$[a_\nu,\beta_\nu]$	13	ΔU	16	$t \lessgtr t_\rho$	135
$B,\partial B$	14	$(^n\!\sqrt{w})_\nu$	33	κ	124
$\overset{\circ}{B}$	16	$\xi_\nu^{(n)}$	32	$X(z)$	126
$D,\partial D$	14	$\sqrt{z-z}_K$	34	$\underline{\underline{G}}$	133
D_L^+	15	$\log_H(z-z^*)$	36	$\mathcal{X},\chi$	154
$K_{r_O}(z_O)$	16	$(z-z_1)^\alpha(z-z_2)^\beta$	37	$\mathcal{L}(\mathcal{X})$	154
$\operatorname{dist}(z_O,\partial D)$	16	$u\big|_{\partial K_R(O)}$	37	K^O, K^{O*}	176
$L\backslash D$	19	$\dfrac{\partial u^*}{\partial r}\Big|_{\partial K_R(O)} = \dfrac{\partial u^*}{\partial r}\Big|_{r=R}$	41	$\alpha(T),\beta(T),\nu(T)$	175
$G\backslash D$	20	$\dfrac{\partial(u,v)}{\partial(x,y)}$	49	$\underset{\sim}{x},\underset{\sim}{v}$	212
$\partial E = \partial K_1(O)$	25	$R_j^{\pm}$	63	$\mathcal{R}_\alpha\{f,x\}$	188
H^+	26	$\underset{\sim}{t}_j$	51	$\mathcal{M}_\alpha\{f,x\}$	188
$\bar{H}^+ := H^+ \cup \dot{\mathbb{R}}$	27	$\dfrac{dw}{dt}(t_O),\ f^{(k)}(t_O)$	85	$(\underset{\sim}{v}\,\nabla)\underset{\sim}{v}$	212
Γ	24	$\boldsymbol{\delta}$	43	Γ_L	218
$\mathcal{R}_{r_1 r_2}(\tilde{z})$	21	$U_\varepsilon(x_O,y_O)$	49	$\mathcal{p},\partial\mathcal{p}$	225
$\mathcal{P}(z,z_O)$	16	γ	77	$\mathcal{E}$	231
$\mathcal{L}(z;\tilde{z})$	21	$\mathcal{g}$	84	Φ_e	258
$\mathcal{h}(w;z,\tilde{z})$	21	$\widehat{s(t_1,t_2)}$	84	Ψ_{tot}	258
Res	21			$\boldsymbol{\delta}$	258
$o,\ \sigma$	17			$M := U/a_O$	270
				$K := \omega T/a_O\sqrt{1-M}^{\,2}$	271

Verzeichnis der Definitionen
Inhalt (Stichwort)

Definition 1.1	Holomorphe Funktion	14
Definition 1.2	Komplexes Kurvenintegral	15
Definition 1.3	Unmittelbare analytische Fortsetzung	18
Definition 1.4	Hauptteil. Residuum	21
Definition 1.5	Hebbare Singularität. Pol. Wesentliche Singularität	22
Definition 1.6	Meromorphe Funktion	23
Definition 1.7	Verzweigungspunkt	31
Definition 1.8	Konforme Abbildung	51
Definition 1.9	Hauptproblem der geometrischen Funktionentheorie	52
Definition 1.10	Linear gebrochene Abbildung. Moebiustransformation	52
Definition 1.11	Schlitzgebiete	59/60
Definition 1.12	Randwertaufgaben der Potentialtheorie	61/62
Definition 1.13	Transmissionsproblem der Potentialgleichung	63
Definition 1.14	Greensche Funktion für die Potentialgleichung	66
Definition 1.15	Normale Familien	75
Definition 2.1	Kurvendifferenzierbare Funktion	85
Definition 2.2	Integral vom Cauchy-Typ längs L	86
Definition 2.3	Hauptwert des Cauchy-Integrals	87
Definition 2.4	Cauchy-Transformation längs L	91
Definition 3.1	Riemannsches Kopplungsproblem	122
Definition 3.2	Windungsindex	124/125
Definition 3.3	Adjungiertes Riemannsches Kopplungsproblem	130
Definition 3.4	Knoten als Sprungstellen von Belegungsfunktionen	137
Definition 3.5	Klassen $H(c_1,\ldots,c_k)$	139
Definition 3.6	Periodisches Riemannsches Kopplungsproblem	145
Definition 3.7	Riemannsches Kopplungsproblem mit Konjugation	152/153
Definition 3.8	Riemann-Hilbertsches Randwertproblem	157
Definition 3.9	Gemischtes Randwertproblem für die obere Halbebene	163
Definition 4.1	Singuläre Cauchy-Hauptwert-Integralgleichung	173
Definition 4.2	Normalauflösbare Gleichungen	175
Definition 4.3	Fredholm-Noether-Operator. Index	175
Definition 4.4	Abelsche Integralgleichung	186
Definition 4.5	Riemann-Liouvillesches gebrochenes Integral	188
Definition 4.6	Fouriertransformation	196
Definition 4.7	Faltung zweier Funktionen	197
Definition 4.8	Laplaceintegral	198
Definition 4.9	Hardy-Klasse	201
Definition 4.10	Integralgleichung vom Faltungstyp	202
Definition 4.11	Integralgleichung vom Wiener-Hopf-Typ	207
Definition 5.1	Zirkulation und Fluß	218
Definition 5.2	Wirbelpunkt, Quelle, Wirbelsenke	218
Definition 5.3	Staupunkte der Strömung	223

Verzeichnis der Sätze, Lemmata, Korollare
Inhalt (Stichwort)

Satz 1.1	Cauchy-Riemannsche Differentialgleichungen	14
Satz 1.2	Cauchyscher Integralsatz	15
Satz 1.3	Cauchysche Integralformel	16
Satz 1.4	Entwickelbarkeit in Potenzreihen	16
Satz 1.5	Liouville-Satz	17
Korollar	Fundamentalsatz der Algebra	17
Satz 1.6	Laurententwicklung	21
Satz 1.7	Residuensatz	23
Satz 1.8	Argumentprinzip	24
Lemma	von Jordan	28
Satz 1.9	Mittelwertformel	43
Satz 1.10	Maximumprinzip	44
Satz 1.11	Darstellungsformel	46
Satz 1.12	Holomorphe Abbildungen sind konform	51
Satz 1.13	Kreisverwandtschaften	53
Satz 1.14	Abbildungen der oberen Halbebene und des Einheitskreises auf sich	53
Satz 1.15	Riemannscher Abbildungssatz und Ränderzuordnung	54
Satz 1.16	Schwarzsches Spiegelungsprinzip	55
Satz 1.17	Konforme Abbildung zweifach zusammenhängender Gebiete	58
Satz 1.18	Abbildung auf Schlitzgebiete	60
Lemma	Greensche Formeln	64
Satz 1.19	Konforme Abbildung und Greensche Funktion	67
Satz 1.20	Konforme Abbildung und Neumann-Funktion	72
Satz 1.21	Folgen holomorpher Funktionen	74
Satz 1.22	Von Montel über normale Familien	76
Satz 1.23	Mittag-Lefflerscher Partialbruchsatz	76
Korollar 1	Additive Zerlegung einer meromorphen Funktion	78
Satz 1.24	Weierstraßscher Produktsatz	81
Korollar 2	Multiplikative Zerlegung einer meromorphen Funktion	82
Satz 2.1	Existenz des Cauchy-Hauptwert-Integrals	91/92
Satz 2.2	Cauchy-Hauptwert-Integral längs $\mathbb{R}$	94
Satz 2.3	Plemelj-Sochozki-Formeln	98
Satz 2.4	Hölderstetigkeit der Cauchy-Hauptwert-Integrale	102
Korollar	Ableitungen der Randwerte von Cauchy-Integralen	106
Satz 2.5	Randwerte von Cauchy-Integralen längs $\mathbb{R}$	108
Satz 2.6	Verhalten von Cauchy-Integralen an Bogenendpunkten	110
Korollar	Verhalten von Cauchy-Integralen an Unstetigkeitsstellen der Belegungsfunktion	114/115

Satz 2.7   Bedingungen an Belegungsfunktion f Randwert-   115/116
            funktion zu sein
Satz 3.1   Lösungen des homogenen Kopplungsproblems   128/129
Satz 3.2   Lösungen des inhomogenen Kopplungsproblems   132
Satz 3.3   Randverhalten von periodischen Integralen vom   146
            Cauchy-Typus
Korollar   Lösung des 2π-periodischen Kopplungsproblems mit G $\equiv$ 1   147
Satz 3.4   Lösung des 2π-periodischen homogenen Kopplungsproblems   148
Satz 3.5   Lösung des 2π-periodischen inhomogenen Kopplungsproblems   150
Satz 3.6   Lösung des Kopplungsproblems mit Konjugation   153
Satz 3.7   Lösung des homogenen Riemann-Hilbertschen Randwert-   158
            problems
Satz 3.8   Lösung des inhomogenen Riemann-Hilbertschen Randwert-   161
            problems
Satz 3.9   Lösung des gemischten Randwertproblems für die obere   165
            Halbebene
Satz 3.10   Lösung des kombinierten Kopplungs-Randwert-Problems   169/170
Satz 4.1   Fredholmeigenschaft spezieller singulärer Integral-   175/176
            operatoren
Satz 4.2   Lösung der Abelschen Integralgleichung   187
Satz 4.3   Fourier-Umkehrformel   196
Satz 4.4   Abbildung der Differentiation   197
Satz 4.5   Faltungssatz der F-Transformation   197/198
Satz 4.6   Differentiationssatz der L-Transformation   199
Satz 4.7   Fourier-Plancherel-Transformation   200
Satz 4.8   Parsevalformel   200
Satz 4.9   Faltungssatz für die Fourier-Plancherel-Transformation   200
Lemma   Quadratintegrable, im Streifen holomorphe Funktionen   201
Satz 4.10   Charakterisierung der in der oberen Halbebene holomor-   201
            phen, quadratintegrablen Funktionen
Satz 4.11   Lösung der Integralgleichung zweiter Art vom Faltungs-   203
            typ
Satz 4.12   Lösung der Abelschen Integralgleichung   205
Satz 4.13   Lösung der Wiener-Hopf Integralgleichung   208
Satz 5.1   Lösung einer Faltungsintegralgleichung erster Art   239
            aus der Aerodynamik

Verzeichnis der Figuren

Fig. 1.1   Beispiel für 4-fach zusammenhängendes beschränktes   13
             Gebiet
Fig. 1.2   m-fach zusammenhängender regulärer Bereich   14
Fig. 1.3   Zum Cauchyschen Integralsatz   15
Fig. 1.4   Zur analytischen Fortsetzung   18
Fig. 1.5   Analytische Fortsetzung durch Potenzreihenentwicklung 19
Fig. 1.6   Zur analytischen Fortsetzung längs eines Jordanbogens 19
Fig. 1.7   Zum Kreiskettenverfahrens längs eines Jordanbogens   20
Fig. 1.8   Windungszahl einer geschlossenen Kurve   24
Fig. 1.9   Zur multiplikativen und additiven Zerlegung von   26
             rationalen Funktionen bzgl. einer Kurve L
Fig. 1.10   "Halbkreismethode" zur Berechnung uneigentlicher Inte- 27
             grale längs der reellen Achse
Fig. 1.11   Zum Jordan-Lemma   29
Fig. 1.12   Schranken für $\sin \Theta$ in $[0, \pi/2]$ 30
Fig. 1.13   Zur Definition der Wurzelfunktion   32
Fig. 1.14   Zur Definition der Funktion $\sqrt{(z-z_1)(z-z_2)}$ 34
Fig. 1.15   Zur Definition von $\sqrt{(z-z_1)(z-z_1)}$ 36
Fig. 1.16   Zur Definition der Zweige von $\sqrt{\sin z}$ 37
Fig. 1.17   Zu Umlaufintegralen längs geschlossener Kurven in einem 40
             Kreisring
Fig. 1.18   Zum Beweis des Maximumprinzips   45
Fig. 1.19   Zum Darstellungssatz für harmonische Funktionen in   46
             der Ebene
Fig. 1.20   Zur Darstellungsformel bei mehrfachzusammenhängendem 48
             Gebiet
Fig. 1.21   Zur lokal topologischen Abbildung (u,v) 49
Fig. 1.22   Zur Konformität der Abbildung w in z_0 51
Fig. 1.23   Zur konformen Abbildung zweier einfach zusammenhängender 54
             Gebiete aufeinander
Fig. 1.24   Zum Schwarzschen Spiegelungsprinzip   56
Fig. 1.25   Zur analytischen Fortsetzung nach dem Spiegelungsprinzip 56
Fig. 1.26   Zur analytischen Fortsetzung über einen gemeinsamen   58
             Randbogen hinweg
Fig. 1.27   Parallelschlitzgebiet zum Winkel Θ 59
Fig. 1.28   Radialschlitzgebiet   59
Fig. 1.29   Kreisbogenschlitzgebiet   60
Fig. 1.30   Zur additiven Zerlegung einer meromorphen Funktion   78
Fig. 1.31   Zur additiven Zerlegung der Funktion $\cot z$ 79
Fig. 2.1   Normalfall des zugrunde gelegten Kurvensystems   85
Fig. 2.2   Zur Definition des Cauchyschen Hauptwerts   87

Fig. 2.3   Zur Berechnung der Randwerte von $\log(1-z)/(-1-z)$ 89

Fig. 2.4   Zur Berechnung des Cauchy-Hauptwert-Integrals über   90
            den Einheitskreis

Fig. 2.5   Zur Berechnung des Cauchyschen Hauptwerts   92

Fig. 2.6   Zur Festlegung der Randwerte von $\log(b-z)/(a-z)$ 97

Fig. 2.7   Zum Randverhalten von $\Psi(z,t_o)$ 98

Fig. 2.8   Zur Untersuchung des Randverhaltens von $I_3(z;t_o)$ 100

Fig. 2.9   Zur Hölderstetigkeit von Cauchy-Integralen   102

Fig. 2.10   Randwerte von $(z-a)^{-\gamma}$ 111

Fig. 3.1   Zur Berechnung der Partialwindungsindizes   127

Fig. 3.2   Zum Windungsindex auf $\mathbb{R}$ 129

Fig. 3.3   Zur Definition des Windungsindex bei stückweise   138
            stetigen Kurven

Fig. 3.4   Zum kombinierten Riemann-Hilbertschen Kopplungs-Rand-   170
            wertproblem

Fig. 4.1   Anströmung eines dünnen Profils   180

Fig. 4.2   Durchströmtes Gitter dünner Profile   185

Fig. 5.1   Stückweise glatt berandetes Gebiet im $\mathbb{R}^3$ zur Zeit t   213

Fig. 5.2   Strömungsaußengebiet D_a 216

Fig. 5.3   Halbunendliches Kanalgebiet   217

Fig. 5.4   Wirbelpunkt in $z_o = 0$ 219

Fig. 5.5   Quellpunkt in $z_o = 0$ 220

Fig. 5.6   Angeströmter Kreiszylinder   221

Fig. 5.7   Umströmung eines Kreiszylinders bei kleiner Zirkulation   224

Fig. 5.8   Umströmung eines Kreiszylinders bei großer Zirkulation   224

Fig. 5.9   Anströmung eines Profils mit Hinterkante   225

Fig. 5.10   An der Profilkontur angreifende Kräfte   228

Fig. 5.11   Dünnes angeströmtes und schwingendes Profil   234

Fig. 5.12   Angeströmtes gestaffeltes Profilgitter   243

Fig. 5.13   Streckengitter in der xy-Ebene   244

Fig. 5.14   Horizontalgitter in der ζ-Ebene   249

Fig. 6.1   Streuung einer ebenen Welle an einer Halbebene   259

Fig. 6.2   Wahl der Verzweigungsschnitte zu $\sqrt{\lambda^2-k^2}$ 263

Fig. 6.3   Deformation des Integrationsweges im Fourier-Umkehr-   266
            Integral

Fig. 6.4   Integrationswege für die additive Zerlegung   275

Fig. 6.5   Zur Deformation der Integrationswege im IGL-System   279
            (6.3.42a,b)

Fig. 6.6   Ebenes elektromagnetisches Wellenfeld auf periodisches   284
            Plattengitter fallend

Sachverzeichnis

Abbildung
- ganz lineare 52
- gebietstreue 50
- Joukowski 71
- konforme 51
- - global 52
- - Normal- 54
- linear gebrochene 52
- lokal topologische 49
- winkeltreue 51
Ableitung
- logarithmische 80
Adiabatengleichung 212
Anfahrwirbel 235
Anfangsbedingungen 212
Anfangsrandwertproblem 234
Anfangswert einer Funktion 199
Anströmungswinkel 217, 221
Argument 12
Argumentprinzip 24
Asymptotik in Knoten 141
Auftrieb 239
Auslenkgeschwindigkeit 249
Ausstrahlungsbedingungen 259, 262

Barotropiegleichung 212
Bereich 14
- regulärer 14
Bernoulli-Gleichung 215
Betrag
- absoluter 12
Bildbereich 12
Bild-Differentialgleichung 272
Bipotentialgleichung 9
Blasius-Tschaplygin-Formel
- erste 229
- zweite 230
Blatt 33

Cauchy-Folge
- lokal gleichmäßig konvergente 75
- lokal gleichmäßig beschränkte 76

Cauchy-Kern
- periodischer 146
Cauchyscher Hauptwert eines
   Integrals 87

Darstellungsformel 46
Defektpaar (α, β) 208
Definitionsbereich 12
Differentialgleichungen
- Cauchy-Riemannsche 14
- - allgemeine 47
Differentialoperator
- Laplacescher 37
Differentiationssatz der
   Fourier-Transformation 197, 198
Dinische Formel für den
   Einheitskreis 43
Dipol 221
Dispersionsformeln 119
Doppelsektor 100
Doppelverhältnis 53
Dreiteilproblem 269
Dreiteil-Wiener-Hopf-
   Funktionalgleichung 273, 290
dualer Exponent 200

Einheitswurzel 32
Eulersche Bewegungsgleichung 12
Eulersche Γ-Funktion 75

Faktor
- windungsindexfreier 125
faktorisieren 26
Faktorisierungsproblem 124
Faltung
- endliche 188
- von f mit g 197
Faltungskern 188
Faltungsproduktreihe 204
Faltungssatz 197, 198
Familie
- normale 75, 76
- von Funktionen 74

fast alle 39

Feldgleichungen 212

Fixpunktgleichung 280

Fluß 218

Formeln von Plemelj-Sochozki 98

Fortsetzung
- unmittelbare analytische 18

Fourierkoeffizient 38

Fourierreihe 38

Fourier-Plancherel-Trans-
  formierte 200

Fouriertransformierte 28, 196

Fundamentallösung 66, 126

Fundamentalsatz der Algebra 17

Funktion
- analytisch fortgesetzte 18
- automorphe 151
- der komplexen Variablen 12
- ebene harmonische 9
- ganze 17
- Greensche 66
- holomorphe 14
- meromorphe 23
- stückweise holomorphe 10, 86
- symmetrisierte 159
- 2π-periodische 38

Funktionalgleichung vom
  Wiener-Hopf-Typ 264

Funktionenklasse $H(c_1,\ldots,c_k)$ 139
- adjungierte $H^*(c_1,\ldots,c_k)$ 143
- Chwedelidse 145

Gebiet 13
- halbunendliches 68
- m-fach zusammenhängendes 13

Gesamtauftrieb 282
- instationärer 240, 257

Gesamtfeld
- elektrisches 285

Gesamtmoment 282, 229, 231, 241, 257

Geschwindigkeit
- komplexe 216

Geschwindigkeitspotential
- komplexes 216

Gitter 283

Gleichung
- normalauflösbare 175

Greensche Formeln 64

Greensche Funktion
- erster Art 66
- zweiter Art 66
- dritter Art 66

Halbebenenproblem von Sommerfeld 194, 258

Halbkreismethode 27

Hankelfunktion 1. Art 194

Hardy-Klasse 201

Hauptproblem der geometrischen
  Funktionentheorie 52

Hauptteil 21

Helmholtzsche Schwingungsgleichung 258

Helmholtzscher Wirbelsatz 234

Hinterkante 225

Hölderexponent 1
- lokaler 12

hölderstetig
- global oder gleichmäßig 12

Horizontalgitter 249

Identitätssatz für analytische
  Funktionen 18

Index 124
- eines Operators 175

Integral
- Cauchy- für die obere
    Halbebene 69
- gebrochenes von Riemann-
    Liouville 188
- gebrochenes von Weyl 188
- Poisson- für die obere
    Halbebene 68, 69
- vom Cauchy-Typ längs L 86
- 2π-periodisches vom Cauchy-
    Typus 146

Integraldarstellung für das
  Streufeld 265

Integralformel
- Cauchysche 16
- Poissonsche 39
Integralgleichung
- homogene adjungierte 174
- singuläre 236
- singuläre- mit Cauchy-
  Hauptwert-Integral 120
- singuläre vom Cauchy-
  Hauptwert-Typ 11, 173
- vom Abeltyp 186
- Volterra-IGL vom endlichen
  Faltungstyp 203
- vom Faltungstyp 1. Art 239
- vom Faltungstyp zum Kern k 202
- vom Wiener-Hopf-Typ 10, 207
- Volterrasche 1. Art 193
- Wiener-Hopf 1. Art 194
Integralgleichungssystem
- alternierendes 277
- gekoppeltes, bewichtetes,
  lineares 294
Integraloperator mit schwach
  singulärem Kern 174
Integralsatz
- Cauchyscher 15
Jordanbogen 13
- stückweise glatter 13
Jordankurve
- doppelpunktfreie 13
Kanalwellen 297
Kantenbedingung 262
kanonische Lösung 128
- des 2π-periodischen homogenen
  Problems 148

Kern
- logarithmischer 192
Kielwasser 234
Kielwasserwirbelschicht 237
Knoten
- spezieller 137
- - nicht 137
Kontinuitätsgleichung 212

konvergenzerzeugender Faktor 83
Kopplungsbedingung
- mit Konjugation 152
- - elliptischer Fall 152
- - hyperbolischer Fall 153
- - parabolischer Fall 152/153
Kopplungsgleichung 10
Kopplungsproblem
- adjungiertes Riemannsches 130
- einfachstes 118
- für ein Paar konjugiert
  harmonischer Funktionen 152
- periodisches 145
- Riemannsches 122
- Riemannsches mit Konjugation 152
Kopplungs-Randwert-Problem
- kombiniertes von Riemann-
  Hilbert 169
- nichtnormales 171
Kraftfeld
- konservatives 214
Kreisverwandtschaft 53
Kurvenintegral
- komplexes 15
Kutta-Joukowski-Formel 230
Kuttasche Abflußbedingung 181, 235,
  245

Laplace-Integral
- einseitiges 198
- zweiseitiges 198
Laurententwicklung 21
Lemma von Jordan 28

Machzahl 270
Maximumprinzip 44
Maxwellgleichungen 284
Mittelwertformel 43
Neumannproblem 42
Neumannsche Funktion 72
Norm einer Funktion 106
Normalgebiet 54
Normalgeschwindigkeit 213

Operator
- Fredholm-Noether 175

Parameterintegral 74
Parsevalformel 200
Partialwellen 286
Plattengleichung 9
Pol 22
- in ∞ 25
Polarisationstypen 285
Potential
- der Doppelschicht 96
- verallgemeinertes der
  einfachen Schicht 96
Potentialfunktion 9
Potentialgleichung 9
Potentiallinien 216
Problem
- Berechnungs- 64
- Eindeutigkeits- 64
- Existenz- 64
- Dirichlet 61
- Neumann 61
- Stabilitäts- 64
- Stetigkeits- 64
- Transmissions- 63
- Übergangs- 63
Profil 225
Profilgitter 242, 243
Projektor 118
Punkt
- singulärer 20

Quasiperiodizitätsbedingung 286
Quelle 219
Quellensenkenpaar 221
Quellenfeld 250

Ränderzuordnung 54
Randwertaufgabe (RWA) 61
- erste 61
- zweite 61
- dritte 61
- gemischte 62
- Poincarésche 62

Randwerte bei nichttangentialer
  Annäherung 98
Randwertproblem 9
- erstes 42
- zweites 42
- spezielle gemischte -'e 42
- gemischtes für die obere
  Halbebene 163
- Riemann-Hilbertsches 157
Residuensatz 23
Residuum 21/22
Resolventenkern 203
Riemannsche Fläche 33
Riemannscher Abbildungssatz 54

Satz
- von Mittag-Leffler 76
- von Montel 76
- von Weierstraß 81
Schattengebiet
- optisches 260
Schlitzgebiet
- Horizontal- 59
- Kreis- 60
- Parallel- 59
- Radial- 59
Schwarzsche Formel
- für den Einheitskreis 42
- für die obere Halbebene 42
Schwarzsches Spiegelungsprinzip 55
Schwingungsgleichung
- Helmholtzsche 9
Senke 219
Sesquilinearform 175
Singularität
- hebbare 22
- wesentliche 22
Skelettlinie des Profils 180
Spiegelgebiet 55
Spiegelung am Einheitskreis 159
Sprungwertproblem 123
Staffelungswinkel 244
Stammfunktion 36
Staupunkt der Strömung 223

Streckengitter 244
Strömung
- ebene 214
- wirbelfreie 214
Strömungspunkte
- reguläre 216
Stromfunktion 215
Stromlinien 216
Symbol des Wiener-Hopf-
  Operators 208
System von periodischen, singu-
  lären Integralgleichungen 247

Teilung 244
Transformation
- Cauchy 91
- Fourier 28
- Hilbertsche Kotangens- 120
- Laplace 28
- Moebius 52
- Prandtl-Glauert 270
Transformierte
- Cauchy 91

Übergangsproblem 10
- gemischtes 10
Umkehrabbildung 32
Umkehrformel
- Betzsche 181
- der Gitterintegralgleichung 186
- Kotangens- 120
Unterraum 118

Verzweigungspunkt 31
- algebraischer 31
- logarithmischer 31
Verzweigungsschnitt 32
Vorderkantensingularität 235

Wellenfunktion
- reduzierte 287
Wellengleichung
- d'Alembertsche 9
- modifizierte 270
Wertebereich 12

Windungsindex 124
- Gesamt- 125
- Partial- 125
Windungszahl 24
Winkelgrenzwert 136
Wirbel
- freie 236
- gebundene 236
Wirbelpunkt 218
Wirbelquelle (-senke) 219
Wirbelreihe 246

Zahl
- konjugiert komplexe 12
Zerlegung
- additive 25, 78
- multiplikative 25, 82
- Partialbruch- 25
Zirkulation 218
Zweig 33